Hochschultext

R. Doležal

Dampferzeugung

Verbrennung, Feuerung, Dampferzeuger

Mit 300 Abbildungen

Springer-Verlag
Berlin Heidelberg New York Tokyo

Dr. techn. RICHARD DOLEŽAL
o. Professor, Direktor des Instituts für Verfahrenstechnik
und Dampfkesselwesen an der Universität Stuttgart

CIP-Kurztitelaufnahme der Deutschen Bibliothek:

Doležal, Richard:
Dampferzeugung: Verbrennung, Feuerung, Dampferzeuger / R. Doležal.
Berlin; Heidelberg; New York; Tokyo: Springer, 1985.
(Hochschultext)

ISBN-13:978-3-540-13771-9   e-ISBN-13:978-3-642-82364-0
DOI: 10.1007978-3-642-82364-0

Vorwort

Der vorliegende Hochschultext "Dampferzeugung" ist eine Niederschrift
der Vorlesungen "Verbrennung und Feuerungstechnik" sowie "Dampferzeuger" des Hauptfaches "Kraftwerkstechnik" an der Universität Stuttgart.

Obwohl der Dampfantrieb 200 Jahre alt ist, ist er noch immer aktuell, da
sich Einheitsleistungen über 200 MW nur mit einer Dampfturbine erzielen
lassen. In den letzten 20 Jahren haben die Kesselfeuerungen merkbare
Fortschritte gemacht. Das Wachstum der Feuerungsleistung bis auf über
3000 MW$_{th}$ gab den notwendigen Anstoß dazu, ebenso wie die derzeitige
Rückkehr zur Kohle als vorherrschender Kraftwerksbrennstoff. Dabei sind
neue Themen wie die Wirbelschichtfeuerung, kombinierte Kreisläufe mit
einer der Kesselfeuerung vorgeschalteten Gasturbine, Nutzung der Abgas-
wärme, Schadstoffbildung u.ä. in den Vordergrund getreten. Eine ähnliche
Situation liegt auch beim Dampfsystem vor. Die Blockschaltung im Kraftwerk, die vorherrschende Anwendung des häufig mit Gleitdruck betriebenen
Durchlaufkessels, Zweischichtbetrieb im Verbundsystem mit Kernkraftwerken als Grundlastanlagen usw. haben neue Fragen aufgeworfen und den Aufbau des Kessels stark beeinflußt.

Das vorliegende Buch ist für die Studenten des oben angeführten Hauptfaches bestimmt. Auch dem Ingenieuranfänger auf dem Gebiet der Wärmekraftwerke sowie in der Kraftanlagenindustrie sollte dies als Einführung
in sein Arbeitsgebiet dienen. Für ein tieferes Studium sind an entsprechenden Stellen Literaturhinweise gegeben.

Den Mitarbeitern des von mir geleiteten Institutes, Herrn Dipl.-Ing.
K. Görner und Herrn Dipl.-Ing. G. Riemenschneider danke ich für ihre
Hilfe bei der Korrektur sowie für eigene Vorschläge. Beim Schreiben des
Textes und Zeichnen von Abbildungen haben mich Frau U. Docter und Frau
B. Vlahov unterstützt. Auch dem Springer Verlag möchte ich für die ange-
nehme Mitarbeit danken.

Stuttgart im Herbst 1984   R. Doležal

Inhaltsverzeichnis

I Einleitung

1. Entwicklung der Dampferzeugung

1.1 Formen der Energielieferung

Die industrielle Energielieferung mit Hilfe einer Wärmekraftmaschine beginnt im 18. Jahrhundert. Mehr als hundert Jahre später erreicht den Verbraucher der elektrische Strom und als weitere Energieform auch die Wärme, die sowohl für industrielle Prozesse als auch in Form von Fernwärme zu Heizzwecken (mit Dampf oder Heißwasser als Wärmeträger) genutzt wird.

Diese Entwicklung der Energielieferung war eng mit der Industrialisierung der Wirtschaft sowie dem allgemeinen technologischen Fortschritt verbunden. An deren Anfang stand die mit Sattdampf angetriebene Kolbendampfmaschine. Wurde deren Drehmoment bei Fahrzeugen wie Lokomotiven direkt auf die Räder übertragen, so erfolgte die Übertragung bei Arbeitsmaschinen in einer Fabrik indirekt über mechanische Transmissionen mit Riemenantrieb. Die Einführung der elektrischen Beleuchtung ließ später kommunale Kraftwerke entstehen, in denen ein Dynamo den Gleichstrom vorerst für die Stadtbeleuchtung erzeugte. Aus dieser Zeit stammt auch die mit Kraftlieferung noch nicht gekoppelte Zentralheizung mit Heizdampfkessel.

Die wenig leistungsfähige Kolbendampfmaschine wurde am Anfang dieses Jahrhunderts allmählich durch die Dampfturbine abgelöst. Der derzeitige hohe Stand der Strömungslehre sowie der Thermodynamik machen die Dampfturbine zur ausgereiften Kraftmaschine, in welcher die Umwandlung der Wärme in mechanische Energie mit höchster Wirtschaftlichkeit und Zuverlässigkeit möglich ist. Der immer größer werdende Dampfbedarf der Turbine wird durch den Einsatz von Wasserrohrkesseln gedeckt.

Die Bilder 1.1 bis 1.2 sollen eine Vorstellung über die Entwicklung der
Dampfkraft in der zweiten Hälfte dieses Jahrhunderts vermitteln /1/*).
Für die Entwicklung des Dampferzeugers ist neben der Steigerung der
Leistung (t/h, MW_{th}) auch die Erhöhung der Dampfparameter, d.h. die Er-
höhung von Druck (bar) und Temperatur ($^{\circ}$C), charakteristisch (Bild 1.1).

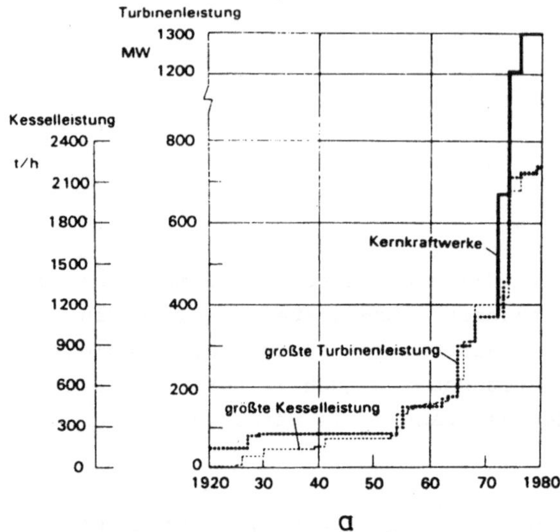

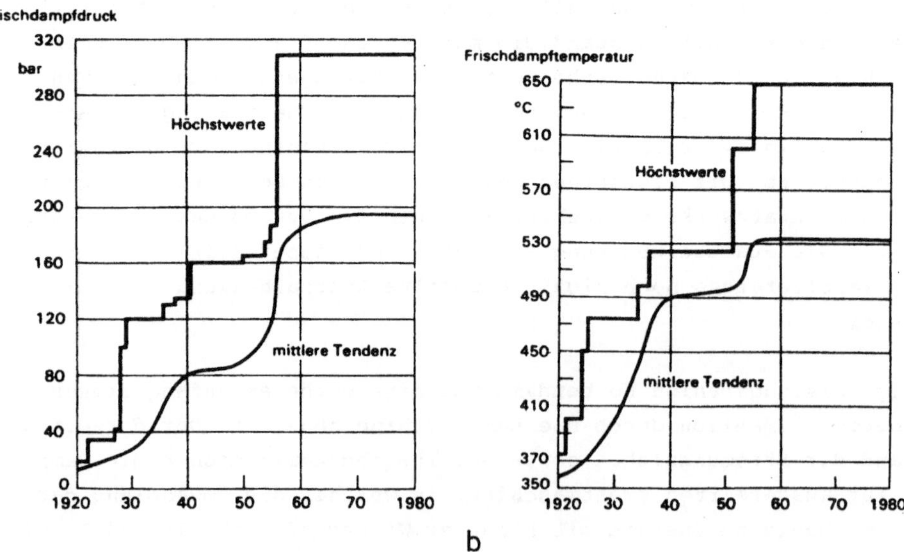

Bild 1.1. Die Entwicklung der Dampfkraftwerksleistung (a) und der Dampfparameter (b) /1/

*) Die Nummern zwischen Schrägstrichen / / sind Literaturhinweise, wäh-
rend sich die runden Klammern auf Gleichungen beziehen.

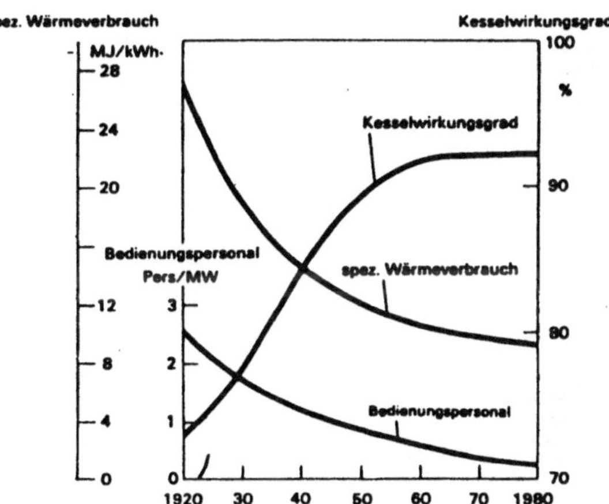

Bild 1.2. Entwicklung des Kesselwirkungsgrades, des spezifischen Wärme-
verbrauchs und der Personalstärke /1/

Weitere Kriterien zur Entwicklung der Dampferzeugertechnik, wie der Kesselwirkungsgrad, der spezifische Wärmeverbrauch des Dampfkraftwerkes sowie die Stärke des Bedienungspersonals, die unter anderem auch ein Maß
für den Automatisierungsgrad des Dampfkraftwerkes ist, sind im Bild 1.2
dargestellt.

Vor zweihundert Jahren entstanden, haben die Dampfanlagen, nicht zuletzt
wegen der hervorragenden thermodynamischen Eigenschaften des Wassers,
die Entwicklung der modernen Industrie bis heute mitgemacht und zum Teil
erst ermöglicht. Obwohl das Wort "Dampf" heutzutage gewissermaßen als
Merkmal des technischen Rückstandes betrachtet wird, so ist doch der aus
Dampferzeuger und Kondensationsturbine bestehende Block die einzige
Stromerzeugungseinheit, die eine Leistung bis 1500 MW pro Einheit zu
verwirklichen ermöglicht hat (Gasturbine 150 MW, Dieselmotor 30 MW). Die
Dampferzeuger, gleichgültig ob mit fossilem Brennstoff oder Kernbrenn-
stoff als Energiequelle, können bis zu 4500 t/h Hochdruck-Hochtempera-
turdampf liefern. Ein weiterer Vorteil des Dampferzeugers ist seine
Fähigkeit, auch minderwertige Brennstoffe wie aschenreiche und feuchte
Kohlen, Müll usw. anstandslos zu verfeuern.

Bild 1.3 zeigt schematisch**) ein derzeitiges Wärmekraftwerk. Es stellt
sich als eine umfangreiche Anlage dar, die neben dem Kessel und der Turbine weitere Untersysteme wie die Wasser- und Brennstoffaufbereitung,
eine Abgasreinigung usw. beinhaltet.

**)Die in den Schemata verwendeten Sinnbilder sind im Anhang 1 erläutert

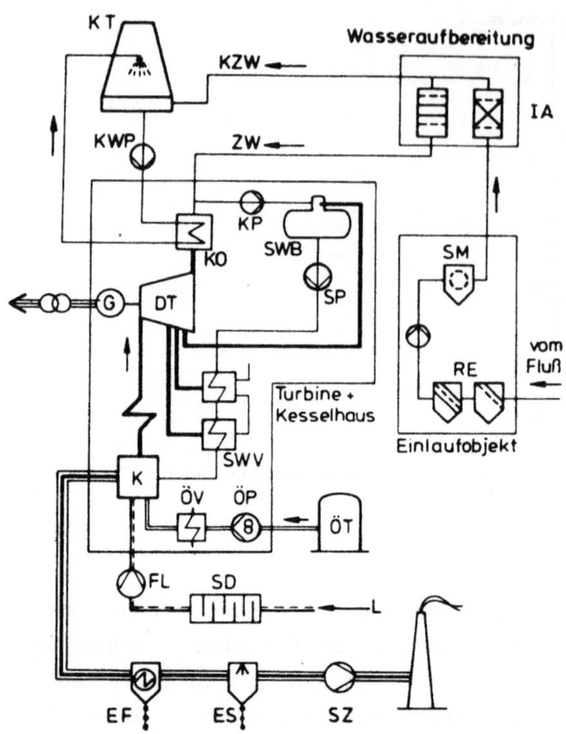

Bild 1.3. Schema des Kondensations-Dampfkraftwerkes. ÖT Öltank; ÖP Öl-
pumpe; ÖV Ölvorwärmer; K Kessel mit Ölfeuerung; EF elektrostatischer
Flugaschenabscheider; ES Entschwefelung; SZ Saugzug; SD Schalldämpfer;
FL Frischlüfter; L Luft; RE grobe und feine Rechen; SM Siebmaschine;
IA Ionenaustauscher; ZW Zusatzwasser für Kessel; KZW Zusatzwasser für
Kühlturm; KT Kühlturm; KWP Kühlwasserpumpe; KP Kondensatpumpe; SWB Spei-
sewasserbehälter; SP Speisepumpe; SWV Speisewasservorwärmer; DT Dampf-
turbine; G elektrischer Generator; KO Dampfkondensator

1.2 Verdampfungsverfahren

Die Aufgabe des Dampferzeugers (Kessels) ist es, aus dem Wasser Dampf
bei erhöhtem Druck zu erzeugen. Weil dazu Wärme benötigt wird, ist der
Dampferzeuger an sich ein Wärmetauscher. An einer Seite seiner Wärmeaustauschfläche wird ein heißer Rauchgasstrom abgekühlt und auf der anderen
der Wasserstrom verdampft. Dampfkessel gehören zu den größten Apparaten
der Technik. Die Probleme bei deren Bau ergeben sich zum einen aus den
hohen Dampfparametern (Druck, Temperatur), zum anderen aus der Verbrennung der meistens minderwertigen Brennstoffe. Der Bau von Dampferzeugern
verlangt ein breites Wissen sowie moderne Technologien.

Die Kesselentwicklung, die einerseits durch die Anforderungen des Benutzers und andererseits durch den jeweiligen Stand der Technologie vorangetrieben wird, hat wie folgt stattgefunden:

1. Großwasserraumkessel
2. Wasserrohrkessel mit Naturumlauf
3. Zwangsumlaufkessel
4. Durchlaufkessel

Die erste Entwicklungsstufe, der in der Aera der Kolbendampfmaschine übliche Niederdruck-Großwasserraumkessel, ist im Maßstab des Kraftwerkes ein Kleinkessel. Bei seinem Nachfolger, dem Wasserrohrkessel, der als Trommel- oder Durchlaufkessel ausgeführt wird, findet die Verdampfung im Innern von engen, außen beheizten Rohren statt, die dem inneren Überdruck ausgesetzt sind. Die beiden Kesselbauarten unterscheiden sich voneinander nur im Verdampfer, während die übrigen Kesselteile wie Speisewasservorwärmer (Ekonomiser), Überhitzer und Zwischenüberhitzer gleich gebaut sind. Beide Verdampfungsverfahren sind in keiner Weise von der Feuerungs- oder Brennstoffart abhängig /2,3/.

Nach Bild 1.4 strömt das Wasser beim Trommelkessel zuerst durch den Speisewasservorwärmer, in dem es auf eine Temperatur nahe dem Siedepunkt vorgewärmt bzw. bei manchen Anlagen schon dort zum Teil verdampft wird. Die Wasserströmung ist hier erzwungen, da das Speisewasser durch die Speisepumpe in den Kessel hineingedrückt wird. Im Ekonomiser vorgewärmtes Wasser strömt dann in die nur zur Hälfte mit Wasser gefüllte Kesseltrommel und vermischt sich dort mit dem umlaufenden Wasserinhalt des Kessels.

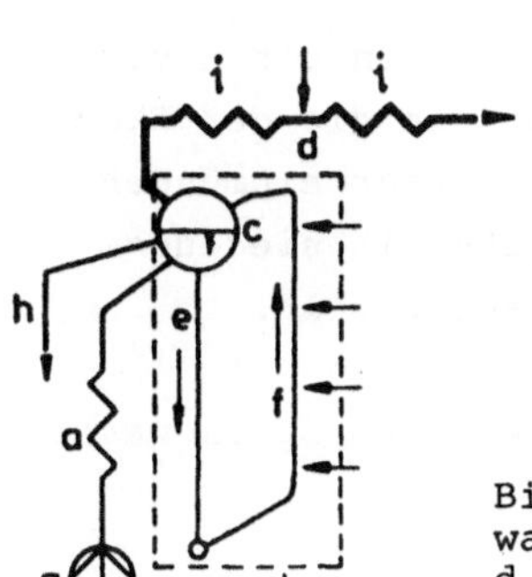

Bild 1.4. Trommelkessel mit Naturumlauf. a Speisewasservorwärmer (Eco); b Verdampfer; c Trommel; d Einspritzkühler; e Fallrohr; f Siederohr (Steigrohr); g Speisewasserpumpe; h Absalzung; i Überhitzerstufen

An die Trommel sind die meist unbeheizten Fallrohre angeschlossen, welche das auf Siedetemperatur erwärmte Wasser von der Trommel zunächst den unteren Sammlern der Feuerraumwände zuführen. Von dort aus tritt das Wasser in die aus den Steigrohren bestehenden Kühlschirme, welche die Feuerraumwände auskleiden, der Flammenstrahlung direkt ausgesetzt sind und den Strahlungsverdampfer bilden. Dort wird das Wasser teilweise verdampft; das dadurch entstandene Dampfwassergemisch, das eigentlich ein wasserreicher Naßdampf ist, wird durch das Gewicht der schwereren, noch dampffreien Wassersäule in den Fallrohren in die Kesseltrommel gedrückt. Auf diese Weise entsteht der Naturumlauf, der bei den Zwangsumlaufkesseln noch durch die Umlaufpumpe unterstützt wird.

Der Verdampfer besteht hier also aus den Fall- und Siederohren sowie aus der Trommel. Für das Dampfwassergemisch ist die Kesseltrommel zugleich der Ort, wo der Dampf vom Wasser getrennt wird. Nach der Höhe des im Wasserstandsglas angezeigten Wasserspiegels in der Trommel regelt man die Kesselspeisung. Aus der Kesseltrommel pflegt man auch einen Teil des durch Verdampfung eingedickten Wasserinhaltes des Kessels dauernd als Absalzung abzulassen, damit sein Salzgehalt eine bestimmte Höchstgrenze nicht überschreitet.

Der in der Kesseltrommel abgeschiedene Dampf wird im Überhitzer auf die verlangte Temperatur überhitzt. Der Dampf durchströmt den Überhitzer ebenfalls zwangsweise infolge des Druckunterschiedes zwischen Trommel und Dampfleitung. Zwischen der ersten und zweiten Überhitzerstufe wird zwecks Temperaturregelung ein Teil des Speisewassers in den Dampf eingespritzt.

Der Trommelkessel besitzt daher nachstehende Merkmale:

1. Der Zwangdurchfluß des zu verdampfenden Wassers wird in der Kesseltrommel unterbrochen. Diese dient als Mischstelle, in die der Ekonomiser, die Verdampfungsheizflächen sowie der Überhitzer einmünden. Die Kesseltrommel ist dabei in ihrer unteren Hälfte mit siedendem Wasser und in ihrer oberen Hälfte mit Sattdampf ausgefüllt.

2. Der Wasserstand in der Kesseltrommel ermöglicht es, den Speisewasserzufluß in den Kessel zuverlässig zu regeln.

3. Durch die Kesseltrommel strömt und vermischt sich dort der umlaufende und mit Salzen angereicherte Wasserinhalt des Kessels. Dadurch wird nicht nur der ständige Ausgleich der chemischen Zusammensetzung des Kesselwassers aus sämtlichen Steigrohren vor seinem

Abfluß in die Fallrohre gesichert, sondern auch das Absalzen des
Kessels ist leicht durchführbar.

4. Der Umlauf des zu verdampfenden Wassers beginnt und endet an der
   gleichen Stelle, d.h. in der Trommel, so daß am Fallrohreintritt
   und Steigrohraustritt derselbe Druck herrscht; dieser Umlauf wird
   also durch den natürlichen Auftrieb oder bei Zwangsumlaufkesseln
   durch die Wirkung einer Umlaufpumpe bewirkt.

5. Die Größe von Ekonomiser, Verdampfungsheizflächen sowie Überhitzer
   ist durch die Lage der Trommel fest fixiert.

6. Beim Durchfluß durch die Verdampfungsheizflächen wird das umlaufende
   Wasser nur zum Teil verdampft, d.h. der dortige Massenstrom stellt
   ein Mehrfaches des verdampften Speisewasserstromes dar.

Beim klassischen Durchlaufkessel gibt es keinen Wasserspiegel im Drucksystem. Der Durchlaufkessel unterscheidet sich nach Bild 1.5 vom Trommelkessel dadurch, daß in ihm auch der Durchfluß des Wasserdampfgemi-
sches durch den dem Ekonomiser (Eko) nachgeschalteten Verdampfer durch
die Speisepumpe erzwungen wird. Man kann daher die Wasser- bzw. Gemisch-
geschwindigkeit in den Siederohren nach Bedarf wählen.

Die Verdampfung beginnt im Durchlaufkessel unweit vom Anfang des Strahlungsverdampfers, da im Ekonomiser das Wasser nahe an die Siedetemperatur erwärmt wird. Das Ende der Verdampfung liegt ebenfalls innerhalb des
Verdampfers, in dem bei Vollast leicht überhitzter Dampf erzeugt wird.
Der Wasserabscheider am Ende des Verdampfers wird nur beim Anfahren und
bei Kleinlast mit Wasser bzw. Naßdampf beaufschlagt. Sonst führt dieser
einen leicht überhitzten Dampf und es gibt in diesem keinen Wasserstand.

Nach Bild 1.5 sind der Vorwärm-, Verdampfungs- und Überhitzungsteil des
Rohres untereinander keineswegs exakt abgetrennt, so daß zwischen ihnen
keine festen Grenzen vorliegen. Sowohl der Beginn als auch das Ende der

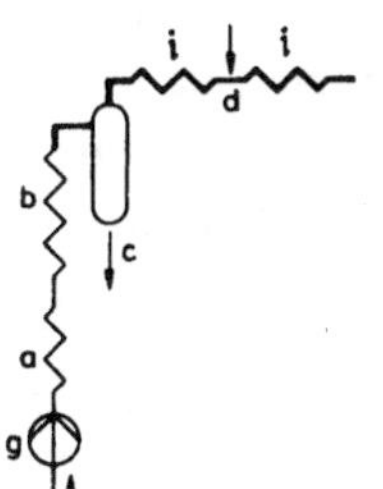

Bild 1.5. Durchlaufkessel mit Wasserabscheider.
a Speisewasservorwärmung; b Siederohre; c Wasserabscheider; d Einspritzkühler; g Speisewasserpumpe;
i Überhitzerstufen

Verdampfung können deshalb bei der Änderung der Kessellast, seiner Verschlackung, Temperaturänderung des Speisewassers usw. im Verdampfer wandern. Bei Teillast entfernt sich der Verdampfungsanfang sowie auch das Ende vom Verdampferaustritt, d.h. die anteilmäßige Länge des Vorwärm- bzw. Verdampfungsteiles verkürzt sich.

Den Durchlaufkessel kann man nicht absalzen. Deshalb müssen sämtliche mit dem Wasser in den Kessel gelangenden Salze den Kessel mit dem Dampf verlassen. Der im Verdampfer erzeugte Dampf wird wieder in dem zweistufigen Überhitzer überhitzt und seine Endtemperatur wird durch Einspritzen von Speisewasser geregelt.

Durch den Fortfall einer Trommel entfällt der Wasserstand im Kessel. Die Kesselspeisung muß deshalb so geregelt werden, daß stets ein richtiges Verhältnis zwischen dem in den Kessel eingespeisten Wasserstrom und der Feuerungsleistung eingehalten wird. Nur auf diese Weise kann man bei konstanter Speisewassertemperatur den gewünschten Frischdampfzustand aufrechterhalten. Einen gewissen Ersatz für den Wasserstand bietet beim Durchlaufkessel das Verhältnis des in den Überhitzer eingespritzten Wasserstromes zum Speisewasserstrom. Seine Abweichung vom Sollwert bezeugt, daß der Speisewasserstrom mit der Feuerungsleistung nicht richtig abgestimmt ist.

1.3 Brennstoff und Abwärme als Wärmequellen

Am Anfang der Dampftechnik steht die Kohle als Brennstoff. Der Anstieg des Stromverbrauches, bedingt vor allem durch die Einführung des Wechselstrommotors als das am meisten verbreitete Antriebsaggregat, hat sich in den letzten fünfzig Jahren fast verzwanzigfacht. Dabei wuchs neben der Kraftwerksgröße auch der Brennstoffverbrauch. Die daraus resultierende Kohlenknappheit führte später zur Verstromung von minderwertigen Kohlensorten. Um den Kohlenballast, bestehend aus Asche bzw. Feuchtigkeit, nicht zum entfernten Kraftwerk transportieren zu müssen, sind grubennahe Kraftwerke entstanden, da der Wechselstrom die Verlagerung der Kraftwerke vom Verbrauchsschwerpunkt ermöglicht. Wie sich z.B. die verfeuerbare Qualität der Steinkohle mit der Zeit änderte, zeigt das nachfolgende Diagramm (Bild 1.6). In der Nachkriegszeit um 1950, in der es einen Kohlenmangel gab, wurden in den Kohlenstaubfeuerungen Abfallkohlen mit einem Aschengehalt bis 50 % verfeuert. Heute begegnet man so hohen Aschengehalten nur in Wirbelschichtfeuerungen.

Bild 1.6. Zusammensetzung der verfeuerten Steinkohle

Die Leistung einer Feuerung, d.h. die Größe des von der Feuerung abgegebenen Wärmestromes, wird in MW angegeben. Oft bezeichnet man diese Leistungsdimension als MW_{th}. Dadurch will man die Verwechslung der thermischen Leistung mit der elektrischen Leistung des Turbosatzes, der die Wärme verbraucht und in Strom umwandelt, verhindern, wozu es z.B. bei Kraftwerksanlagen leicht kommen kann.

In der Entwicklung der Feuerung stellte die Einführung der mechanischen Roste nur eine Zwischenlösung dar, da auch diese in ihrer Wärmeleistung beschränkt sind (bis ca. 100 MW_{th}). Außerdem setzt der Rost stückige Brennstoffe voraus. Die volle Entfaltung der Dampfkraft bringt erst die dreidimensionale Verbrennung im Feuerraum mit Gemischbildung im Brenner /4/. Diese erlaubt in Form der Kohlenstaubfeuerung eine wirtschaftliche Verstromung selbst der feinen Fraktionen der Förderkohle, deren Anteil durch die inzwischen hoch mechanisierte Kohlenförderung gesteigert wurde. Somit wurde die Kohlenstaubfeuerung zum Nachfolger mechanischer Roste. Der Verbrennungsvorgang wurde dadurch von der beschränkten Fläche des Rostes in das Volumen des Feuerraumes verlagert, so daß auch sehr große Feuerungsleistungen (bis 5000 MW_{th}) erzielbar sind.

Eine wichtige Rolle bei der Verfeuerung ballasthaltiger Brennstoffe wie Kohle spielt deren Feuchtigkeits- sowie Aschengehalt. Die Asche entsteht in der Flammenhitze aus der Mineralsubstanz der Kohle und führt beim Kessel u.U. zu Heizflächenverschmutzung. Während die Feuchtigkeit das Kraftwerk in verdampftem Zustand mit dem Abgas verläßt, muß die Asche abgefangen und deponiert werden.

Die fünfziger Jahre brachten eine breite Verwendung von Öl als Brennstoff mit sich, wobei vor allem kleine und mittelgroße Anlagen von Kohlen- auf Ölverfeuerung umgebaut worden sind. Die einfache Belieferung mit Brennstoff, der saubere Betrieb sowie der Wegfall der ständigen Überwachung waren neben dem niedrigen Ölpreis die Hauptgründe für diesen Brennstoffwechsel. Dasselbe gilt auch für Erdgas, dessen große Reserven in Holland und in der Nordsee zur gleichen Zeit erschlossen wurden.

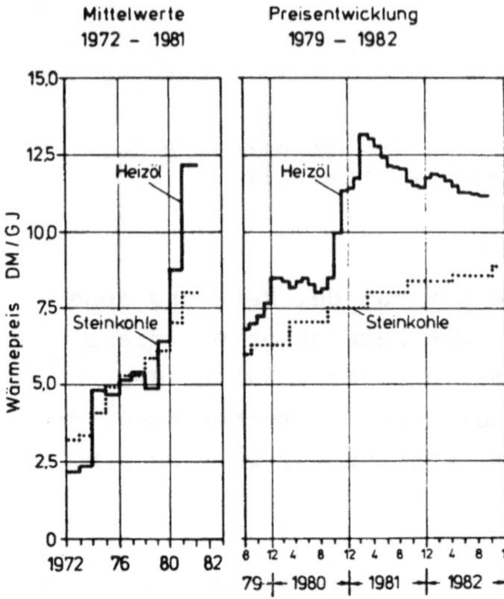

Bild 1.7. Preisentwicklung von Heizöl und Steinkohle

Der steile Preisanstieg des Öles und damit auch des Erdgases seit den siebziger Jahren (Bild 1.7) bewirkte eine starke Tendenz zur Rückkehr zur Kohle. Inzwischen fand auch eine Weiterentwicklung der Feuerungstechnik statt. Neu sind z.B. die kombinierten Anlagen, bei welchen z.Zt. der dort bisher übliche Gas- oder Ölkessel durch den Kohlenstaubkessel verdrängt wird. Die Gasturbine wertet hier die Krafterzeugung aus Kohle in dem Sinne auf, daß durch Nutzung der Gasturbinenabwärme der Wärmeverbrauch des Kraftwerkes bis zu 10 % verkleinert werden kann /5/. Es hat sich auch als neue Feuerungsart die Wirbelschichtfeuerung durchgesetzt.

Der Nutzung der Abwärme von Öfen, Motoren usw. kommt ebenfalls immer mehr Bedeutung zu. Selbst wenn es sich hierbei meistens um Niedertemperaturabwärme handelt, läßt diese die Gewinnung von Heißwasser oder Niederdruckdampf zu.

1.4 Belastungsweise

Nach Bild 1.8 ändert sich der Strombedarf im Laufe des Tages stark. Gerade diese Laständerungen sind durch die konventionellen Dampfkraftwerke auszuregeln. Es wird also ein Dampferzeuger im Kraftwerk nur selten mit konstanter Last betrieben. Letzteres kommt heute nur bei manchen Industrie-Dampfverbrauchern vor. Die überwiegende Mehrheit der Dampfanlagen arbeitet im Regelbetrieb, bei dem die Dampferzeugung dauernd dem Wärmebzw. Strombedarf angepaßt werden muß. Dies gilt nicht nur für die öffentlichen Energieversorgungsunternehmen (EVU), sondern auch für solche

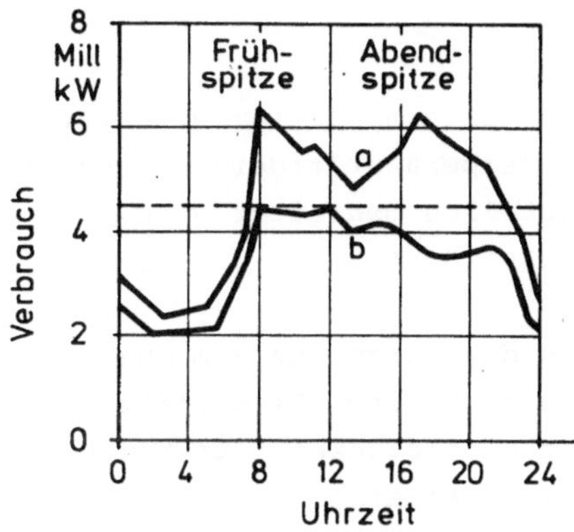

Bild 1.8. Tagesdiagramm des Stromver-
brauchs am Werktag. a Winter; b Sommer

Betriebe wie z.B. Hütten mit Walzwerken u.ä.. Auch das tägliche An- und
Abfahren ist als Betriebsweise keine Seltenheit mehr.

Das Bild 1.9 /6/ zeigt einige typische Betriebsweisen der EVU's. Beim
Grundlastbetrieb wird die Anlage, von einem Lasttal in der Nacht abgesehen, mit Vollast betrieben (a). Manchmal wird das Kraftwerk für das
Wochenende abgestellt (b). Die vorwiegend mit Tageslast betriebenen Anlagen fahren die Nacht mit Mindestlast (c) durch. Beim Zweischichtbetrieb wird nachts abgestellt (d).

Ein zuverlässiges Teillastverhalten mit gutem Wirkungsgrad ist deswegen
von Belang. Es wird oft auch eine niedrige Mindestlast des Kessels ange-
strebt, um das Nachtlasttal ohne Abstellen durchfahren zu können (Fahrweise (c)). Ziel dieser Vorgehensweise ist es, Wirkungsgradeinbußen bzw.
die Inbetriebnahme der einen edleren Brennstoff wie Öl oder Gas verfeu-

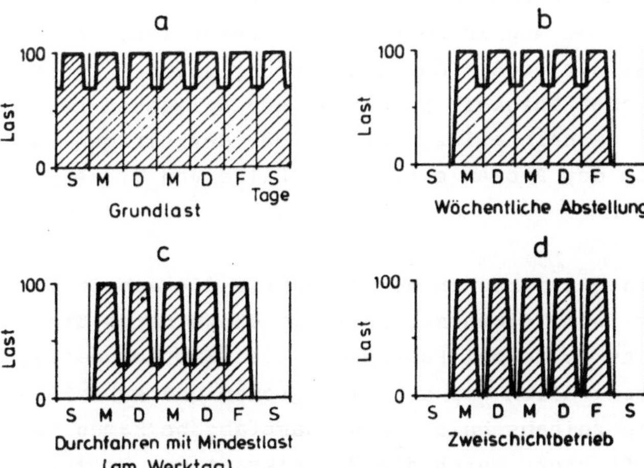

Bild 1.9. Betriebsweisen
eines Dampfkraftwerkes

ernden Stützbrenner zwecks Stabilisierung der Kohlenstaubflamme zu vermeiden. Da jeder Lastwechsel von veränderten Temperaturfeldern und somit von Wärmespannungen in dickwandigen Kesselbauteilen begleitet wird, ist die zulässige Laständerungsgeschwindigkeit beschränkt.

Vorkommen können im Betrieb auch Abweichungen der Parameter vom Auslegungszustand, wenn z.B. die Heizfläche verschlackt wird. Dies wirkt sich unter anderem auf die Dampfparameter aus. Der Gleitdruckbetrieb bringt einen lastabhängigen Dampfdruck mit sich, der zu einer absichtlichen Umverteilung des Wärmebedarfes von einzelnen Kesselheizflächen führt. Ähnliche Folgen hat auch der Ausfall von HD-Wasservorwärmern, der zusätzlich eine Erhöhung der Feuerungsleistung notwendig macht.

Tritt ein Störfall ein, so versucht man vorübergehend die Anlage weiter im Betrieb zu halten, wenigstens mit erniedrigter Last. Welche neuen Zustände sich dabei im Kessel einstellen und was sich beim Übergang des Blockes in den neuen sicheren Zustand abspielt, ist ebenfalls von Interesse und sollte schon bei der Planung der Anlage bekannt sein /7/.

1.5 Dynamisches Verhalten

Der Dampferzeuger muß sich in den Wärmekraftwerken unseres Verbundnetzes großen Lastwechseln anpassen, häufiges An- und Abfahren erlauben oder umgekehrt lange Betriebszeiten (bis 10.000 h ohne Abstellen) zulassen. Dabei soll gleiche Dampfgüte (zulässige Temperaturschwankungen $\pm$ 5 K) ohne eine Beeinträchtigung der Lebensdauer des Dampferzeugers sichergestellt sein, obwohl sein Werkstoff bis an die Grenze der metallurgischen und technologischen Möglichkeiten ausgelastet ist. Der Dampferzeuger gehört wegen seiner großen Massenanhäufung und der damit verbundenen großen Wärmespeicherfähigkeit zu den am schwierigsten regelbaren Systemen und bedarf deshalb aller Finessen der derzeitigen Regelungstechnik einschließlich der Prozeßleitung mit Hilfe von Prozeßrechnern.

Die ersten Kolbendampfmaschinen trieben in der Industrie die Arbeitsmaschinen an und in der Förder- und Verkehrstechnik kam es zu deren Einsatz bei Grubenfördermaschinen sowie bei Fahrzeugen wie Dampflokomotiven oder Schiffen. In allen diesen Fällen war u.U. mit großen und schnellen Lastwechseln zu rechnen. Auch Zeitabschnitte ohne Dampfabgabe kamen vor. Da andererseits die Brennstoffzufuhr durch die Muskelkraft des Heizers gleichmäßig ohne Rücksicht auf den jeweiligen Dampfverbrauch erfolgen mußte, war der Kessel auch ein Wärmespeicher, der die Unterschiede zwi-

schen Brennstoffzufuhr und Dampfabgabe zu überbrücken hatte. Die einzige
Regelgröße war hier der Dampfdruck, der konstant zu halten war. Die im
Einsatz befindliche Rostfeuerung, bei welcher der brennende Brennstoff-
vorrat am Rost ebenfalls ein Wärmespeicher war, betrieb man mit großem
Luftüberschuß, der sich im Betrieb meistens stark veränderte, da die
Luftzufuhr nur unvollkommen regelbar und das Eindringen der Falschluft
bei Kohlenzugabe nicht zu vermeiden war.

Anders sind die Ansprüche an die dynamischen Eigenschaften der Kraftanlagen im heutigen Großkraftwerk /8/. Hier ist die im Kessel gespeicherte
Wärme verglichen mit der Kesselleistung klein, so daß sich die Feuerung
mit ihrer Leistung unverzögert der jeweiligen Turbinenleistung anpassen
muß. Dazu ist durch Regelungen eine Reihe von Größen sowohl dampfseitig
als auch feuerseitig in engen Grenzen zu halten, da sonst nicht nur die
Wirtschaftlichkeit, sondern auch die Sicherheit der Anlage beeinträchtigt sein könnte. Da die optimierten Regelkreise die Regelgrößen in der
Nähe des Sollwertes halten, kommt man hier bei der Simulation der dynamischen Vorgänge im Kraftwerksblock mit linearen Modellen aus. Die Gesichtspunkte der Dynamik werden heute schon bei der Planung des Kessels
berücksichtigt, indem man z.B. den Aufbau sowie die Schaltung einzelner
Heizflächen entsprechend auslegt.

Die Notwendigkeit, den Block oft anzufahren bzw. abzustellen /9/ sowie
diesen bei Störfällen unverzögert und zuverlässig in den sicheren Zustand zu bringen, führt zur Simulation großer Zustandsübergänge. Man
will nicht nur an Wärme und Kondensat sparen, wie es bei häufigem An-
und Abfahren notwendig ist, sondern es sind auch die Überbeanspruchungen
der Anlagenbestandteile z.B. bei Störfällen zu verhindern bzw. zu minimieren /9,10/. Die mathematischen Modelle dazu sind vorhanden. Bald ist
mit einer Anlagensimulation "on line" zu rechnen, welche die Leitung des
Blockes z.B. bei Störfällen übernehmen soll /10/. Die leittechnischen
Mittel sollen dabei nicht nur die Erkennung des Störfalles übernehmen,
sondern auch mit Zustimmung des Operateurs die Gegenmaßnahmen in richtiger Folge und nach optimalem Zeitplan ergreifen. Die Größe der sonst
möglichen Schäden und die Überforderung des Menschen, die Fülle der
Informationen über den Störfall in vollem Umfang zu verarbeiten, sprechen schon dafür.

1.6 Computer und Kesselberechnung

Im Gegensatz zu früher, als nur einfache Rechenhilfsmittel zur Verfügung
standen, ermöglichen heutzutage Rechenprogramme eine wesentlich genauere

und umfassendere Kesselberechnung. Es ist üblich geworden, z.B. bei der
wärmetechnischen Berechnung den Kessel fein zu segmentieren, während
früher die grobe Aufteilung in Ekonomiser, Verdampfer oder Überhitzerstufen üblich war. Diese feine Segmentierung gestattet es, die Kesselgeometrie sowie die örtliche Natur der Vorgänge näher zu erfassen und
wird sowohl bei statischen als auch dynamischen Vorgängen allgemein verwendet. Die Grundlage dieser Simulation bildet das Unterprogramm für die
Massen-, Energie- und Impulsbilanz, welches bei der Berechnung einzelner
Heizflächen aufgerufen wird. Neben den Auslegungsrechnungen, deren Aufgabe die wärme- und strömungstechnische Dimensionierung von Heizflächen
und die Berechnung des dortigen Druckabfalles ist, bringt der Rechner
vor allem bei den zeitintensiven Teillast- sowie Störbetriebssimulatio-
nen große Vorteile. Hier werden für die vorgegebene Heizflächengröße die
Wärmeaufnahme sowie das Temperatur- und Druckfeld bei den, von den Aus-
legungswerten abweichenden Betriebsparametern (z.B. bei verkleinerter
Feuerungsleistung, anderem Brennstoff, verschmutztem Kessel, nicht ein-
gehaltener Speisewassertemperatur u.ä.) ermittelt.

Instationäre Vorgänge wie das Anfahren und Abstellen des Kessel oder
Störfallverläufe in einem Kessel sind mit Hilfe des Rechners ebenfalls
erfaß- und darstellbar geworden. Der Computereinsatz ermöglicht also
einen tieferen Einblick in die Vorgänge eines Kessels, wofür der Hersteller und in der letzten Zeit auch der Kraftwerksbetreiber eine dazu
notwendige Programmbibliothek besitzt.

Trotz der heutigen, hochentwickelten numerischen Rechentechnik sind die
früheren Rechenverfahren weiter von Bedeutung, welche von der analyti-
schen Integration von Wärme-, Massen- und Impulsbilanzen ausgehen. Hier
ist der Einfluß einzelner Faktoren besser sichtbar als bei numerischen
Rechnungen. Die quantitative Genauigkeit der Rechenergebnisse ist hier
allerdings nicht so groß wie bei fein segmentierten Modellen.

2. Entwicklung des Kraftwerk-Wärmeschaltbildes

2.1 Kondensationskraftwerk

2.1.1 Der Grundkreislauf

Die Entwicklung des modernen Großkraftwerkes beginnt mit der Einführung der Kondensation, welche im Dampfprozeß die größte Ersparnis am Wärmeverbrauch mit sich bringt (Bild 2.1) /11/. In seiner einfachen Form (Bild 2.2) besteht das Kondensationskraftwerk aus nachfolgenden Untersystemen:

1. Dampferzeuger mit seiner Wärmequelle
2. Dampfturbine
3. Kondensator
4. Speisewasserbehälter und -pumpe
5. Rohrleitungen mit Armaturen

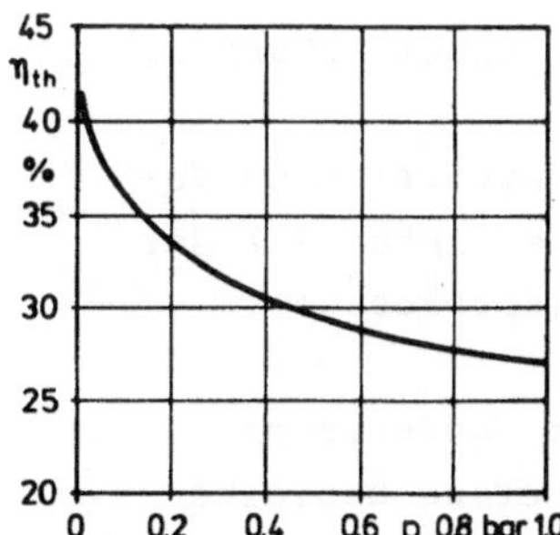

Bild 2.1. Verbesserung des thermischen Wirkungsgrades durch Verminderung des Turbinengegendruckes

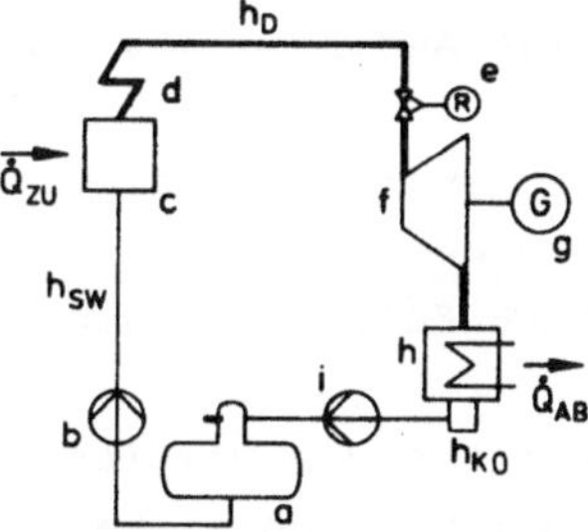

Bild 2.2. Einfacher Dampfkreislauf mit Kondensation. a Speisewasserbehälter; b Speisepumpe; c Dampfkessel; d Überhitzer; e Regelventil; f Dampfturbine; g elektrischer Generator; h Dampfkondensator; i Kondensatpumpe

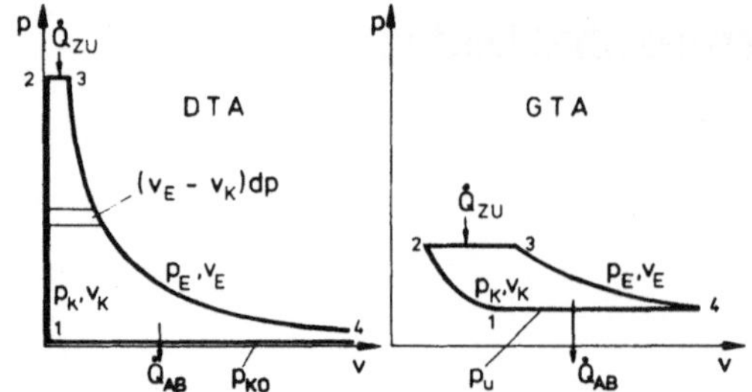

Bild 2.3. Vergleich der Arbeits-
diagramme einer Kondensations-
Dampfturbine (DTA) und einer Gasturbine (GTA). (Indizes: K Kompres-
sion; E Expansion)

Das pv-Diagramm (Bild 2.3) zeigt seinen idealisierten Kreislauf. Bei dem
umlaufenden Arbeitsstoff Wasser mit dem kleinen spezifischen Volumen v
findet im Abschnitt 1-2 in der Speisepumpe eine Druckerhöhung statt, die
bei dem wenig kompressiblen Wasser quasiisochor erfolgt. Im Dampferzeuger wird das Wasser bei hohem Druck unter Volumenzunahme isobar verdampft und überhitzt (Abschnitt 2-3). Das spezifische Volumen des Dampf-
fes am Kesselaustritt (Punkt 3) ist wegen des hohen Druckes klein, so
daß selbst bei größten Leistungen der Hochdruckteil der Turbine einflu-
tig ausgeführt werden kann.

Die Expansion des Dampfes mit dem spezifischen Volumen v_E in der Dampfturbine erfolgt im Abschnitt 3-4. Sie endet mit dem sehr großen spezifischen Volumen des Abdampfes (bis 20 m³/kg) in dem unter Vakuum stehenden Turbinenkondensator. Hier wird der Abdampf niedergeschlagen (Abschnitt 4-1). Mit dem Kondensator wird eine große Entspannung des Dampfes ermöglicht und eine niedrige Abdampftemperatur gesichert.

Die Merkmale des Dampfkreisprozesses sind demnach:

1. Die zweimalige Änderung des Aggregatzustandes des Arbeitsstoffes.

2. Druckerhöhung in der flüssigen Phase mit kleinem spezifischen Volumen bei kleinem Energieverbrauch der Speisepumpe (unter 3 % der
   in mechanische Energie umgesetzten Wärme des Kreisprozesses).

3. Tiefe Entspannung des Dampfes dank des Vakuums im Kondensator,
   welche von der beträchtlichen Dampfvolumenvergrößerung begleitet
   wird und die nur in einer Strömungsmaschine durchführbar ist.

2.1.2 Maßnahmen zur Verbesserung des Dampfkreislaufes

Zum derzeitigen Kondensationskraftwerk /12,13,14/ gehören nach Bild 2.4
neben dem Kessel und der Turbine noch weitere Untersysteme wie der Zwi-

schenüberhitzer und die Speisewasservorwärmer. Während der Zwischenüberhitzer im Kessel baulich integriert ist, erfolgt die Speisewasservorwärmung in einer Kaskade von Wasservorwärmern, welche mittels Turbinenanzapfungen mit dem schon z.T. expandierten Dampf mit erniedrigter Exergie gespeist werden.

Die mehrstufige Speisewasservorwärmung reduziert den Abdampf- sowie Abwärmestrom zum Kondensator und erhöht daher den thermischen Wirkungsgrad um 13 %. Der Frischdampfstrom hingegen wird größer. Die Wärmezufuhr ist nun sowohl dem Frischdampfstrom als auch dessen Enthalpieerhöhung im Kessel proportional. Da jedoch der Einfluß der verminderten Enthalpieerhöhung überwiegt, ist letztendlich die Wärmezufuhr im Kessel kleiner. Deswegen gibt es auch eine optimale Speisewasservorwärmung, die mit höherem Dampfdruck und größerer Anzahl der Vorwärmstufen höher wird /15/. Der bis um ein Drittel kleinere Abdampfstrom macht kürzere Schaufeln in den letzten Turbinenstufen möglich. Das hoch vorgewärmte Speisewasser beugt auch der Taupunktkorrosion der Ekonomiser-Heizfläche vor.

Als Nachteile der Speisewasservorwärmung sind zu nennen:

1. Ohne Vorwärmung der Verbrennungsluft ist die für den guten Kesselwirkungsgrad notwendige niedrige Abgastemperatur nicht zu erreichen.

2. Ein größerer Energieverbrauch der Speisepumpe (größeres $\dot{M}_D$).

3. Die volle Ausnutzung der Speisewasservorwärmung ist nur bei Blockanlagen möglich.

4. Bei Ausfall der Speisewasservorwärmung ein merkbarer Rückgang der Blockleistung (bei Trommelkesseln bis um 20 %).

Eine weitere Verbesserung des thermischen Wirkungsgrades bringt die Zwischenüberhitzung mit sich (Bild 2.4), welche den Temperaturpegel bei Umwandlung der Wärme in mechanische Energie hebt. Der bei der Expansion im Hochdruckteil der Turbine abgekühlte Dampf wird im Kessel erneut auf die ursprüngliche FD-Temperatur überhitzt, was neben anderem auch eine kleinere Abdampfnässe und somit einen besseren inneren Wirkungsgrad der Turbine zur Folge hat. Allerdings führt die gleichzeitige Anwendung von ZÜ und Speisewasservorwärmung im Gegensatz zur alleinigen Anwendung eines der Verfahren zu einer Verringerung der resultierenden Wirkungsgradverbesserung.

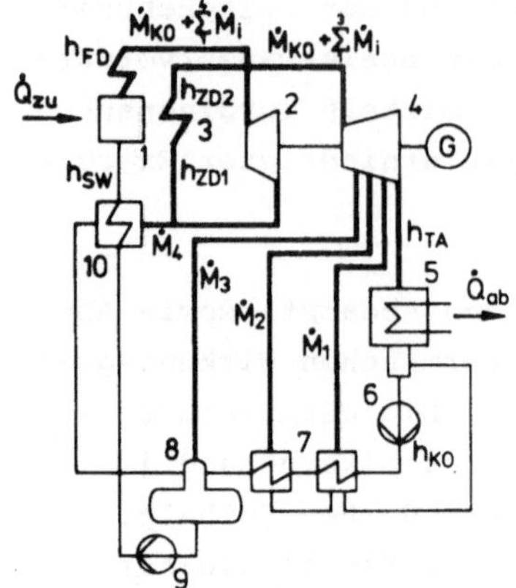

Bild 2.4. Block mit Speisewasservorwärmung und Zwischenüberhitzung. 1 Kessel mit Überhitzer; 2 HD-Turbinenteil; 3 Zwischenüberhitzer; 4 MD- und ND-Teil der Turbine; 5 Kondensator; 6 Kondensatpumpe; 7 zwei ND-Wasservorwärmer; 8 Speisewasserbehälter mit Entgaser; 9 Speisepumpe; 10 HD-Wasservorwärmer

Als Nachteil der Zwischenüberhitzung ist die große Dampfspeicherung im ZÜ-Trakt zu erwähnen, welche die Lastwechsel verzögert und zusätzliche Schutzeinrichtungen (Abfangventil) bei der Turbine unumgänglich macht.

Bei Anlagen mit sehr hohem Frischdampfdruck (> 250 bar) muß man zweifache Überhitzung anwenden, um einer zu großen Feuchte des Abdampfes vorzubeugen.

Nach vorgehenden Ausführungen sind als Vorteile des Kondensationskraftwerkes zu nennen:

1. Turbinenleistungen bis 1500 MW und höher sind möglich, da der hohe Dampfdruck zu kleinem Dampfstromvolumen am Turbineneintritt führt und das enorme Volumen des Abdampfes sich durch mehrflutigen Turbinenaustritt bewältigen läßt.

2. Der Gesamtwirkungsgrad einer Hochdruck-Hochtemperatur-Dampfanlage mit Zwischenüberhitzung beträgt bis zu 42 %, da die Möglichkeit der Abwärmenutzung durch Speisewasservorwärmung vorhanden ist.

3. Der Einsatz minderwertiger Brennstoffe als Primärenergiequelle ist möglich.

4. Es ergibt sich ein breiter Regelbereich und ein flacher Verlauf des Wirkungsgrades im Teillastbereich.

Die in Bild 1.1 erkennbare Tendenz zu höheren Dampfparametern wirkt sich stark auf die notwendige Güte des Heizflächenwerkstoffes aus. Ein hoher Dampfdruck verlangt nämlich eine hohe Frischdampftemperatur, falls die

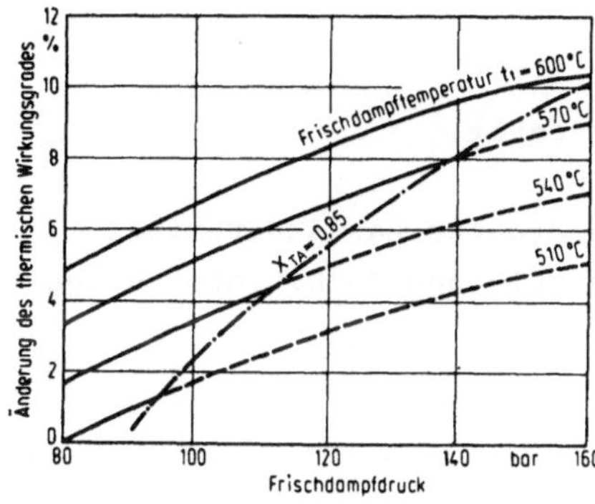

Bild 2.5. Einfluß von Frischdampfdruck und -temperatur auf den thermischen Wirkungsgrad und die Abdampfnässe /14/

Expansion in der Turbine nicht bei einem zu nassen Abdampf enden soll. In Bild 2.5 /12/ ist die mögliche Wirkungsgradverbesserung aus Druck- und Temperaturerhöhung des Frischdampfzustandes dargestellt, wenn man von 80 bar und 510 °C ausgeht. Dabei ist eine Grenzkurve zur Kennzeichnung derjenigen Frischdampfzustände eingezeichnet, die auf einen Dampfgehalt x_{TA} = 0,85 im Expansionsendpunkt führen. Dies entspricht einer Enddampfnässe von 15 %, dem in etwa höchstzulässigen Wassergehalt im Dampf, den die Turbinen mit Rücksicht auf die erosive Wirkung des Wassers noch vertragen können.

Die Entwicklung zu höheren Dampfzuständen ist praktisch in der ganzen Welt zum Stillstand gekommen, weil der Einsatz austenitischer Stähle, die etwa ab 560 °C Rohrwandtemperatur notwendig werden, zu unangemessener Erhöhung der Anlagekosten führt. Dennoch ist dank der vorgehenden Verbesserungen des Dampfkreislaufes der mittlere spezifische Wärmeverbrauch der Dampfkraftwerke in den letzten fünfzig Jahren auf die Hälfte vermindert worden.

Die heute üblichen Temperaturen sowohl beim Frisch- als auch beim Zwischendampf betragen 535 °C an der Turbine. Deshalb muß man von ungefähr 100 bar herauf bei weiterer Frischdampf-Druckerhöhung zur Zwischenüberhitzung greifen.

Zu den Nachteilen des Kondensationkraftwerkes verglichen mit einem Gasturbinenkraftwerk gehören:

1. Hohe Anlagekosten.

2. komplizierter Aufbau der Hochdruck-Hochtemperaturanlage mit ZÜ und Speisewasser-Vorwärmung.

3. Großer Raumbedarf und Werkstoffverbrauch.

4. Kühlwasser- bzw. Luftbedarf für den Kondensator.

5. Lange Anfahr- und Abstellzeiten sowie beschränkte Laständerungsgeschwindigkeiten, da es in dickwandigen Kessel- und Turbinenbauteilen bei Lastwechseln zu Wärmespannungen kommt.

2.2 Heizkraftwerk

Hier benutzt man eine Kraftanlage außer zur Erzeugung elektrischer Energie gleichzeitig zur Wärmelieferung. Die Kraft-Wärme-Kopplung ist außer für Stadtheizungen auch in der Industrie üblich und zweckmäßig, da man hier Dampf oder Warmwasser für Fabrikationszwecke benötigt /12/.

In industriellen Dampfkraftanlagen wie auch in Heizkraftwerken kommen häufig Gegendruckdampfturbinen (Bild 2.6) mit einem über dem Umgebungsdruck liegenden Abdampfdruck zum Einsatz. Der Druck des Turbinenabdampfes wird so hoch gewählt, daß der Dampf im Heiznetz am Verbrauchsort die benötigte Sättigungstemperatur hat. In den Wärmeverbrauchern kondensiert der Heizdampf und das Kondensat wird mittels Sammelleitungen und Kondensatpumpen wieder dem Speisewasserbehälter zugeführt.

Im Unterschied zum Kondensationskraftwerk, wo der Kessel mit Turbinenkondensat gespeist wird und nur die Dampf- bzw. Kondensatverluste durch vollentsalztes Zusatzwasser gedeckt werden, kann es bei Heizkraftwerken im Heiznetz zu größeren Kondensatverlusten kommen, so daß das Speisewasser des Kessels vorwiegend aus Zusatzwasser besteht. Die Speisewassertemperatur ist hier auch meistens niedriger als bei Kondensationsanlagen.

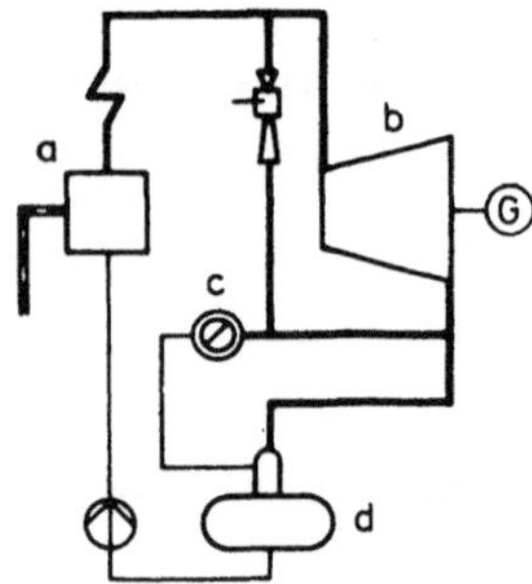

Bild 2.6. Schema einer Anlage mit Gegendruckturbine. a Kessel; b Gegendruckturbine; c Heiznetz; d Speisewasserbehälter mit Entgaser

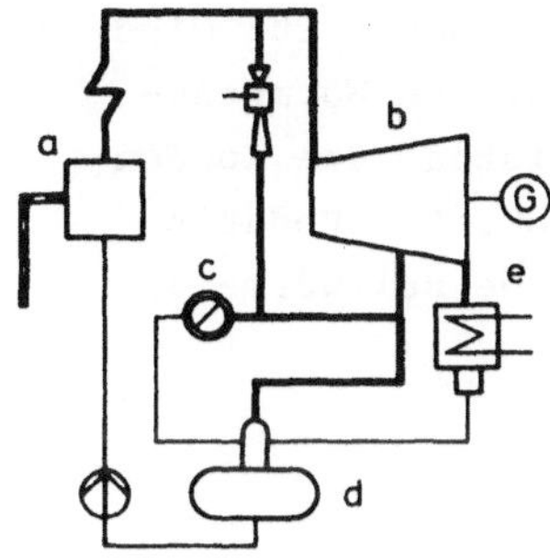

Bild 2.7. Schema einer Anlage mit Entnahmeturbine. a Kessel; b Entnahmeturbine;
c Heiznetz; d Speisewasserbehälter mit Entgaser; e Kondensator

Die Weiterentwicklung der Gegendruckturbine führte zur Entnahmeturbine
(Bild 2.7), welche die starre Wärme-Kraft-Kopplung des Gegendruckbetrie-
bes nach Bild 2.6 lockert und die z.B. im Winter vorwiegend die Heizwär-
me und im Sommer den Strom liefern kann. Dem als Gegendruckturbine ar-
beitenden Hochdruckturbinenteil ist in diesem Falle ein Kondensations-
Niederdruckteil angeschlossen, der den für Heizung nicht verbrauchten
Dampfstrom zur Stromerzeugung nutzt, so daß im Grenzfall ein reiner
Gegendruck- oder Kondensationsbetrieb möglich ist.

Da hier der thermische Wirkungsgrad des Kondensationsbetriebes wegen
fehlender Zwischenüberhitzung sowie Speisewasservorwärmung niedrig ist,
wurde als neue Lösung die Heizturbine entwickelt (Bild 2.8), welche eine

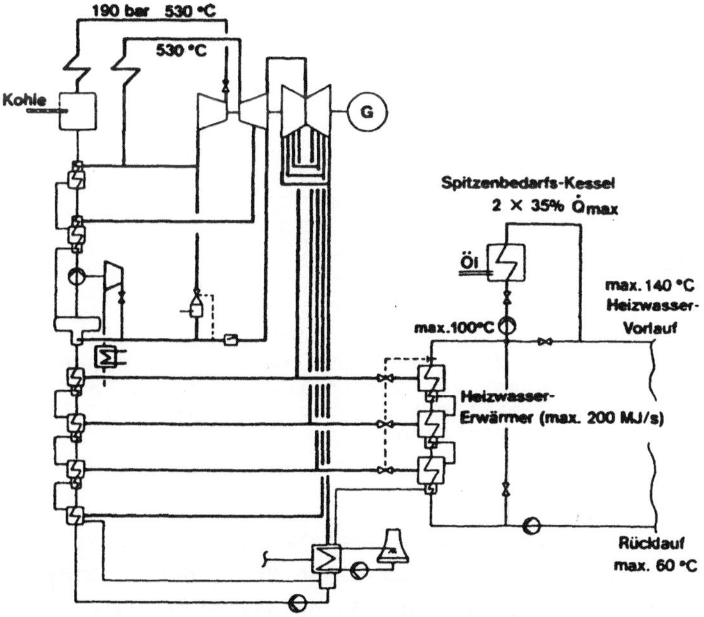

Bild 2.8. Block mit Kondensations-Heizturbine und Spitzenbedarf-Heizkes-
sel für Versorgung eines Heiznetzes

adaptierte Kondensationsturbine ist. Hier wird der im Sommer für Nieder-
druck-Speisewasservorwärmer entnommene Dampf im Winter den Wärmetauschern der Fernheizung zugeführt. Die elektrische Leistung des Konden-
sationskreislaufes geht dadurch nur geringfügig zurück. Bei Bedarfs-
spitzen wird ein Heizkessel angefahren, um die fehlende Heizwärme zu
liefern.

2.3 Kombianlagen

Ähnlich wie die Abwärme im Heizkraftwerk dampfseitig genutzt wird, dienen die Abhitzekessel der Nutzung der Abwärme von Gasturbinen, Diesel-
motoren, industriellen Öfen usw.. Nicht selten werden dem Abhitzekessel
Zusatzbrenner vorgeschaltet, durch welche die Abgastemperatur und somit
die Exergie des Abgases angehoben wird (um z.B. höhere Dampfparameter zu
erzielen) (Bild 2.9).

Die Weiterentwicklung führte von diesen Zusatzbrennern zur Zusatzfeuerung in dem der Gasturbine nachgeschalteten Großdampferzeuger (Bild
2.10) /5,16/. Der Kessel nützt die Gasturbinen-Abwärme und gegenüber dem
konventionellen Dampfturbinenblock ist der Wirkungsgrad besser und die
Blockleistung höher. Während Dampfturbinenkraftwerke mit einfacher Zwischenüberhitzung heute Wirkungsgrade von etwa 40 % erreichen, sind beim
kombinierten Kraftwerksblock Wirkungsgrade von 43 bis 45 % realisier-
bar.

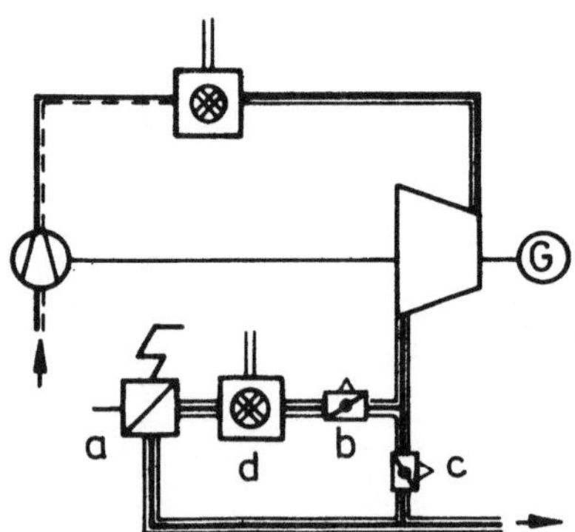

Bild 2.9. Gasturbinenanlage mit Zusatzbrenner vor dem Abhitzekessel. a Abhitzekessel; b und c Regelklappen;
d Zusatzbrenner

Während bei den konventionellen Anlagen die Kesselabwärme zur Luftvorwärmung genutzt wird, entfällt beim Kombiblock diese Möglichkeit. Eine
tiefe Abkühlung des Kesselabgases ist hier nur durch die Kondensater-
wärmung möglich.

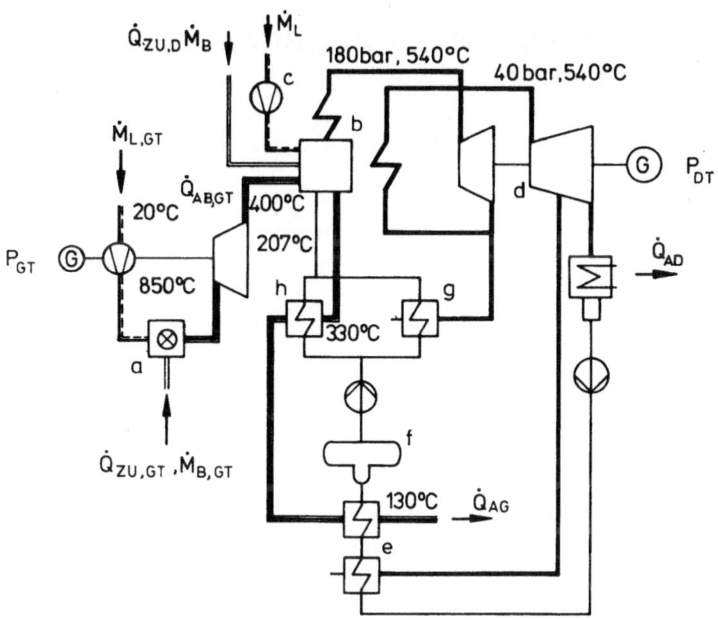

Bild 2.10. Kombinierte Gas-Dampfanlage. a GT-Brennkammer; b Dampfkessel;
c Frischlüfter; d Dampfturbine; e ND-Wasservorwärmer; f Speisewasserbehälter, g dampfbeheizter HD-Wasservorwärmer; h abgasbeheizter HD-Wasservorwärmer

Der kombinierte Gas-Dampfkreislauf hat die Existenz großer und zuverläs-
siger Gasturbinen mit offenem Kreislauf zur Voraussetzung. Die bisher
größte, im Kombikraftwerk benutzte Gasturbinenleistung ist 120 MW. Ursprünglich benutzte man hier gleichen Brennstoff sowohl für Gasturbine
als auch für den Kessel. Heute geht man zur Kohle als Kesselbrennstoff
über, wobei diese ca. drei Viertel des Blockwärmebedarfs deckt. Der Bedarf an dem Gasturbinenbrennstoff läßt sich auf Kosten des Kesselbrennstoffes durch Anwendung eines Gasturbinen-Luftvorwärmers senken, in welchem durch das GT-Abgas die verdichtete Luft erwärmt wird, wodurch die
notwendige Wärmezufuhr in die GT-Brennkammer reduziert wird.

3. Schaltung der Untersysteme des Dampfkraftwerkes und die Turbinenregelung

3.1 Blockschaltung

Bei der Blockschaltung, die bei heute gebauten Kondensationskraftwerken fast ausschließlich vorkommt, wird das Kraftwerk in mehrere selbstständige Stromerzeugungseinheiten aufgeteilt. Diese bestehen aus einem Kessel (nur selten sind es bei Leistungen über 1000 MW zwei Kessel), einer Turbine und den notwendigen Hilfseinrichtungen. Die Anzahl der selbständigen Arbeitsstoffkreisläufe ist identisch mit der Anzahl der Blöcke. Die jeweilige Leistung einzelner Untersysteme eines Blockes ist der Blockleistung proportional. Das Schema des Blockes ist mit der Darstellung in Bild 2.4 identisch.

Vorteile des Kraftwerkblockes sind /14/:

1. Einfachheit und Übersichtlichkeit.

2. Eindeutige Zuordnung zwischen Kessel und Turbine, auch bei Zwischenüberhitzung und Speisewasservorwärmung.

3. Minimale Anzahl der Eingriffe bei der Betriebsleitung der Anlage und zentralisierte Leitung des Blockes.

4. Kurze Dampf- und Wasserleitungen.

5. Turbinenleistung ist Regelgröße für die Feuerungsleistung, d.h. man braucht nicht auf die verzögerte Reaktion des Druckes zu warten.

6. Gleitdruckbetrieb des Durchlaufkessels ist möglich.

7. Folgen der Störfälle (z.B. undichter Kondensator, Ausfall des Hochdruckwasservorwärmers usw.) beschränken sich nur auf einen Block.

Nachteile:

1. Enge Kopplung von Kessel und Turbine. Deshalb ist hohe Verfügbarkeit und Zuverlässigkeit der Blockuntersysteme unerläßlich.

2. Hohe Ansprüche an die Regelbarkeit des Kessels.

Gemeinsam für alle Blöcke pflegt man die zentrale Speisewasseraufbereitungsanlage sowie die Kühlwasserversorgung aufzubauen.

In derzeitigen Großkraftwerken überwiegt die Blockschaltung, da hier schon ihr Wärmeschema mit Speisewasservorwärmung und Zwischenüberhitzung sowie die Abmessungen von Rohrleitungen und Armaturen das Sammelschienenkonzept praktisch ausschließen. Der z. Zt. größte Block mit einer Turbine und einem Kessel mit Kohlenstaubfeuerung hat eine Leistung von 1300 MW. Sein Kessel liefert 4430 t/h Frischdampf mit überkritischen Parametern (265 bar/543 $^\circ$C/538 $^\circ$C) /17/.

3.2 Bypasse

Bei Blockschaltung sind Bypasse (Umleitungen) nach Bild 3.1 üblich. Der Zwischenüberhitzer ist zwischen dem Hoch- und Niederdruckbypass eingegliedert, so daß er auch bei Dampfumleitung gekühlt wird. Beide Bypasse haben eigene Bypassventile, die den Dampf drosseln und abkühlen. Diese werden je nach Betriebslage von verschiedenen Impulsen automatisch gesteuert.

Bei Störungen übernehmen die Bypasse den Schutz des Kessels bzw. der Turbine vor unzulässigen Druck- bzw. Temperaturänderungen. Der HD-Bypass wird deshalb meistens für 100 % Dampfleistung ausgelegt, während der ND-

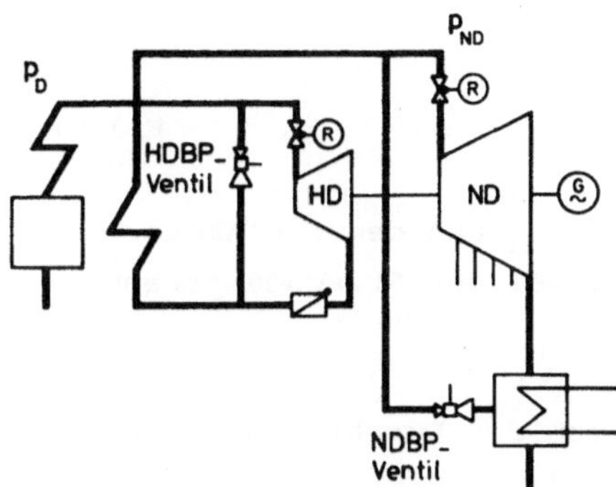

Bild 3.1. Schema des Kraftwerksblockes mit HD- und ND-Dampfumleitung durch Bypassventile

Bypass angesichts der Sicherheitsventile am Zwischenüberhitzer für 60
bis 70 % des Vollastdampfstromes bemessen wird. Die Bypasse, die den
Kessel bei Umgehung der Turbine unter Einbeziehung des Zwischenüberhitzers direkt mit dem Turbinen-Kondensator verbinden, überbrücken auch die
Differenz, die sich aus den unterschiedlichen Leistungen des Kessels und
der Turbine ergibt. So kann z.B. die leerlaufende Turbine nur einen
Bruchteil des im Kessel bei Mindestlast erzeugten Dampfes übernehmen, da
mit Rücksicht auf die Verbrennung sowie auf die Strömungsstabilität die
Kessellast im Verdampfer der Durchlaufkessel nicht beliebig tief herab-
geregelt werden darf.

Infolge des Aufstauens tritt durch Erreichen des kritischen Druckver-
hältnisses ($p_{kr}/p_O \approx 0,55$ beim überhitzten Dampf) schon beim Öffnen im
Bypassventil die vom Gegendruck unabhängige Schallgeschwindigkeit auf.
Die hier geltende lineare Abhängigkeit des Dampfstromes nur vom Vordruck bewirkt eine druckseitige Entkopplung des Frisch- und Zwischen-
dampftraktes. Der engste Durchflußquerschnitt liegt hier zwischen Kegel und Sitz des Bypassventils.

3.3 Fest- und Gleitdruckbetrieb

3.3.1 Regelung der Kondensationsdampfturbinen

Bei der Blockschaltung werden die Randbedingungen für den Dampferzeuger
durch die von seiten des Dampfverbrauchers gestellten Anforderungen
festgelegt. Neben der Größe des Dampfstromes spielt hier auch die Dynamik des Dampfzustandes eine wichtige Rolle. Dies soll nun anhand eines
Kondensation-Kraftwerkblockes gezeigt werden.

Bei Dampfturbinen wird die Turbinenleistung durch den Dampfstrom als
Stellgröße geregelt, wobei für die Leistung einer Kondensationsturbine
die Beziehung /18/

$$P \sim \dot{M}_D \sim A \frac{p_D}{\sqrt{T_D}} \tag{3.1}$$

gilt. Demnach ist diese Leistung dem Vordruck p_D und dem Einlaßquer-
schnitt A der Regelventile direkt und der Wurzel der Frischdampftemperatur T_D umgekehrt proportional.

Bei konstantem Vordruck (Festdruckbetrieb) muß der Durchflußquerschnitt
der Regelventile zur Stellgröße werden (Bild 3.2 links), da die Dampf-

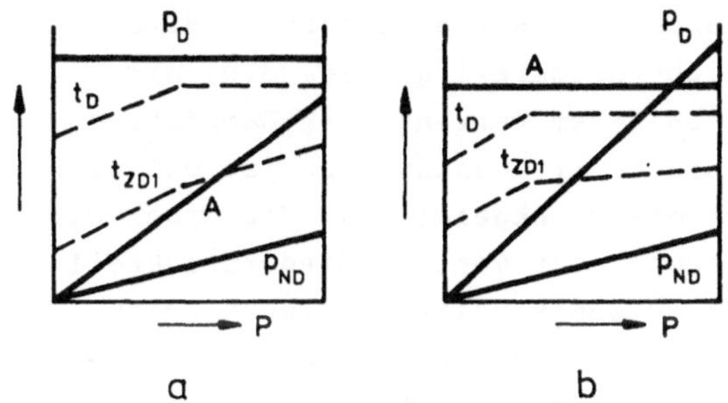

Bild 3.2. Druck- und Temperaturverhältnisse bei Teillast im Block mit Fest- (a) bzw. Gleitdruckbetrieb (b)

temperatur t_D ebenfalls konstant bleiben soll. Nach Unterschreiten eines bestimmten Teillastpunktes läßt sich allerdings die volle Frischdampf- temperatur kesselseitig nicht mehr einhalten. Dies erklärt den Knick im Temperaturverlauf.

Bei einer, wie im Bild 3.3 dargestellt, aus drei Düsen bestehenden Dü- sengruppenregelung wird der gewünschte Durchflußquerschnitt bei Teillast dadurch realisiert, daß z.B. bei Halblast ein Regelventil offen, eines geschlossen und eines in einer Zwischenstellung ist, in der der Dampf gedrosselt wird.

Dagegen steht bei einem konstanten Turbineneinlaßquerschnitt A als Stellgröße der Turbinenleistung nur der Turbinenvordruck (Bild 3.2 rechts) zur Verfügung. Dessen Regelung kann entweder bei festem Kessel- druck durch Drosselung oder durch Änderung des Kesseldruckes (Gleit- druckbetrieb) erfolgen. Beim Gleitdruckbetrieb ändern sich alle Stufen- drücke in gleichem Maße und die Temperaturen bleiben hinter den einzel- nen Stufen fast konstant, was die Gefahr von unzulässigen Wärmespannun- gen in der Turbine wesentlich verringert.

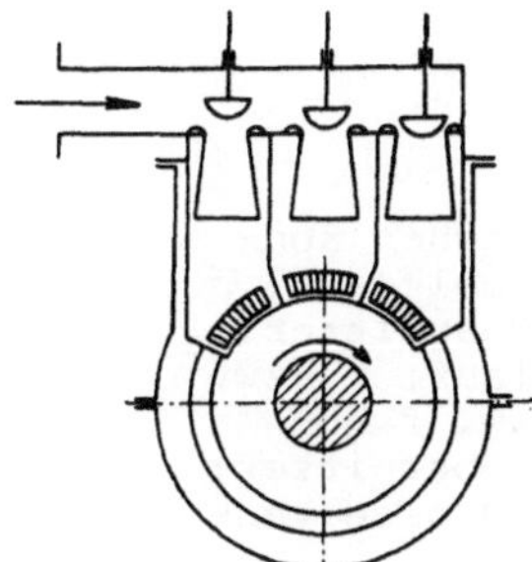

Bild 3.3. Schema der Düsengruppenregelung einer Dampfturbine

Die Beziehung (3.1) ist bei der aus Hoch- und Niederdruckteil (Bild 3.1)
bestehenden Turbine auch für deren Niederdruckteil gültig, d.h. der
Druck p_{ND} nimmt bei Teillast proportional dem verringerten Dampfstrom
ab. Bleibt der Druck p_D vor dem Hochdruckteil konstant, so ist bei einer Düsengruppenregelung bei Teillast das Druckgefälle im Hochdruckteil
größer als bei Vollast und die Dampftemperatur vor dem Niederdruckteil
(Bild 3.2) nimmt ab. Laständerungen sind somit beim Festdruckbetrieb
auch mit Temperaturänderungen in den Turbinenteilen verbunden. Dagegen
ändert sich beim Gleitdruckbetrieb die Zwischendampftemperatur vor dem
Zwischenüberhitzer wenig.

3.3.2 Gleitdruck mit Überstrom-Drosselventil

Trommelkessel werden in der Regel mit Festdruck betrieben. In USA, wo
der 170 bar/540 °C/540 °C Naturumlaufkessel auch für größte Leistungen
üblich ist, wird dieser entweder mit Festdruck oder mit vorgedrosseltem
Gleitdruck betrieben (Bild 3.4) /17/. Im letzteren Fall fährt der Verdampfer und Vorüberhitzer mit Fest- und der Nachüberhitzer mit Gleitdruck. Zwischen beiden Blockelementen ist ein Überstrom-Drosselventil
eingebaut, das den Dampfdruck im Verdampfer anstaut.

Der Festdruck im Verdampfer soll gewährleisten, daß der Naturumlauf seinen Auslegungswert beibehält. Man hat auch die Temperaturtransienten in
der Hand, z.B. wenn man bei Frequenzstützung durch vorübergehend vermin-
derte Drosselung und somit durch Druckabsenkung im Verdampfer zusätzlichen Dampf entlädt. Andererseits bietet der gleitende Druck am Überhitzeraustritt die meisten Vorteile des Gleitdruckbetriebes.

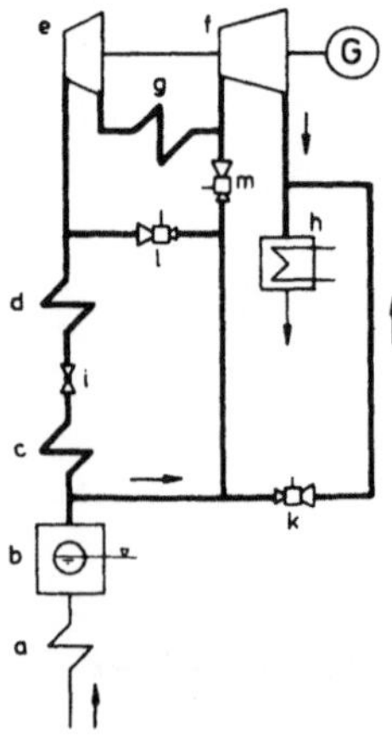

Bild 3.4. Schema eines amerikanischen Kon-
densationsblockes mit einem Trommelkessel
mit Überstrom-Drosselventil im Überhitzer.
a Eco; b Verdampfer mit Naturumlauf; c bzw.
d Vor- bzw. Nachüberhitzer; e bzw. f HD-
bzw. ND-Turbinenteil; g Zwischenüberhitzer;
h Dampfkondensator; i Überstrom-Drosselventil; k, l und m Bypassventile

3.4 Sammelschienenschaltung

Früher mußte der Dampf für die Maschinen von mehreren Kesseln erzeugt
werden /18/. Dies führte zum Sammelschienenkraftwerk, in welchem es neben Dampf- auch eine Wassersammelschiene gab. Um den Dampf-, Kondensat-
und Speisewasserstrom von einzelnen Kesseln zu einzelnen Turbinen zu
führen, waren hier viele Armaturen notwendig (siehe Bild 3.5).

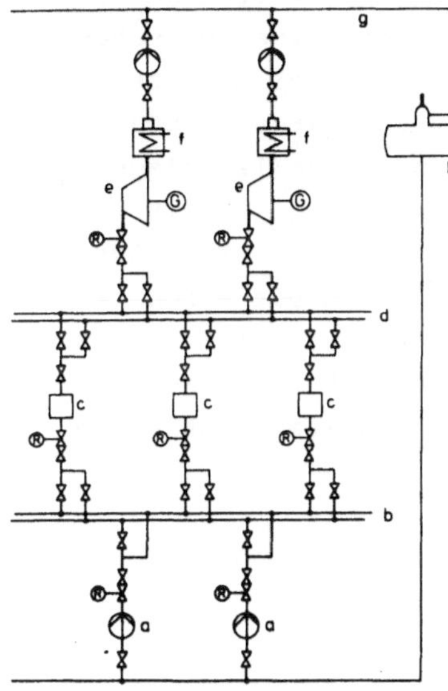

Bild 3.5. Dampfkraftwerk mit
Sammelschienen. a Speisewasserpumpe; b Speisewassersammel-
schiene; c Kessel; d Dampfsammelschiene; e Turbine; f Kondensator; g Kondensatsammelschiene;
h Speisewasserbehälter

Vorteile der Sammelschiene:

1. Keine Kopplung zwischen einem bestimmten Kessel und einer bestimmten Maschine.

2. Reserve in der Dampferzeugung.

3. Großer Speicherwert sämtlicher Kessel.

4. Ausgleichswirkung hinsichtlich Frischdampftemperatur.

5. Ersparnis in der Anzahl der Speisepumpen.

Nachteile:

1. Größere Störanfälligkeit wegen zu vieler Armaturen.

2. Zwischenüberhitzung und Speisewasservorwärmung schwer durchführbar.

3. Hohe Anlagekosten.

4. Mischen des Dampfes bzw. des Wassers, so daß bei schlechter Dampf-
   oder Kondensatgüte eines Kessels bzw. Kondensators das ganze Kraftwerk betroffen wird.

Die Sammelschienenschaltung kommt heute vorwiegend bei älteren Konden-
satkraftwerken vor. Der früher hoch geschätzte Vorteil einer bestehenden Sammelschienenanlage mit mittleren Dampfparametern bei Erweiterung
dampfseitig eine Hochdruck-Hochtemperaturanlage vorschalten zu können,
kommt heute nur selten vor und hat nur noch für industrielle Anlagen
eine größere Bedeutung. Es sind auch Zwischenlösungen möglich /19/, z.B.
wenn man bei der Erweiterung bestehender Großkraftwerke mit Mitteldruck-
Dampfsammelschiene und zwei- bzw. mehrwelligen Turbinen die schon exi-
stierende Sammelschienenanordnung beibehält, während der vorgeschaltete
HD-Teil des Kraftwerkes mit Zwischenüberhitzer und Hochdruck-Wasservor-
wärmern als Block konzipiert wird. Über die Mitteldruckdampfschiene bekommt die Fernwärmeversorgung den Dampf (Bild 3.6).

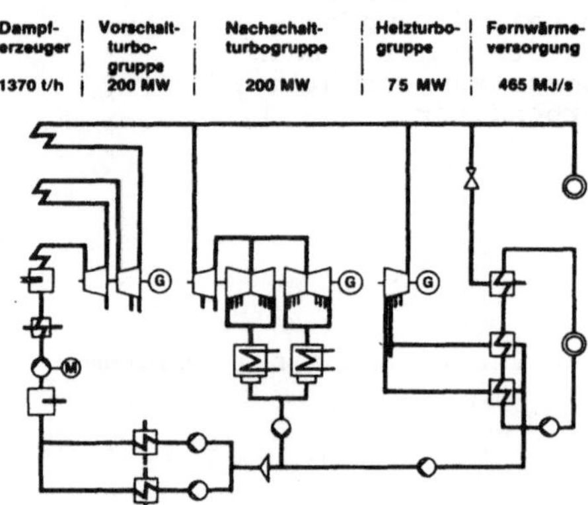

Bild 3.6. 475-MW-Heizkraftwerks-
block in Dreiwellenbauweise

II Verbrennung und Feuerung

4. Grundbegriffe der Verbrennungstechnik

4.1 Verbrennung und deren Teilvorgänge

Bei der Verbrennung findet eine Oxidation von Brennstoff bei hoher Temperatur statt, wobei Wärme frei wird. Voraussetzung ist eine gründliche Mischung von Brennstoff mit dem Sauerstoffträger (Luft) und die Vorwärmung des Gemisches auf Zündtemperatur. Die bei der Verbrennung entstehende hohe Temperatur stellt den schnellen Ablauf von chemischen Reaktionen sicher. Die entbundene Wärme wird z.T. an die Verbrennungsprodukte (Verbrennungsgase, Asche, Schlacke), z.T. an die Begrenzungswände des Feuerraumes bzw. an das zu erwärmende Gut (Industrieöfen) übertragen.

Die Verbrennung läßt sich also in folgende Teilvorgänge gliedern /20/:

1. Mischung von Brennstoff und Luft

2. Vorwärmung von Brennstoff und Luft auf Zündtemperatur

3. chemische Reaktionen der Verbrennung und der Schadstoffbildung

4. Wärmeabgabe an die Wand bzw. die Umgebung

Findet die Mischung im Brenner statt, bezeichnet man die entstehende Flamme als Vormischflamme. Flammen ohne Vormischung sind Diffusionsflammen. Die Mischung findet hier durch turbulente Diffusion im Feuerraum statt. Als Flamme bezeichnet man den dreidimensionalen Teil des Gemischstromes aus Brennstoff und Oxidationsmittel, in dem Verbrennung stattfindet. Die Verbrennung muß im begrenzten Raum und in endlicher Zeit abgeschlossen werden.

4.2 Feuerung und deren Leistung

Zur Feuerung als Verbrennungsanlage gehören nachfolgende Teileinrichtungen:

1. Brennstoffaufbereitungsanlagen (Kohlenmahlanlage, Ölvorwärmer).

2. Brennstoff- und Luftstellglied (Kohlenzuteiler, Ölpumpe, Gasregelklappe, Frischlüfter)

3. Verbrennungseinrichtung (Brenner, Rost, Wirbelbett)

4. Zündvorrichtung

5. Feuerraum

6. Abzug von Verbrennungsrückständen (Entaschung bzw. Entschlackung, Saugzug)

Eng hängen mit der Feuerung luftseitig der Luftvorwärmer und abgasseitig die Abgasreinigung (Entstaubung, Entschwefelung) zusammen. Die Gesamtdisposition einer Kohlenstaubfeuerung einschließlich Zubehör ist in Bild 4.1 dargestellt.

Die verfügbare Feuerungsleistung muß im Kraftwerksbetrieb in allen Betriebslagen die geforderte Dampfleistung gewähren. Insbesondere beim

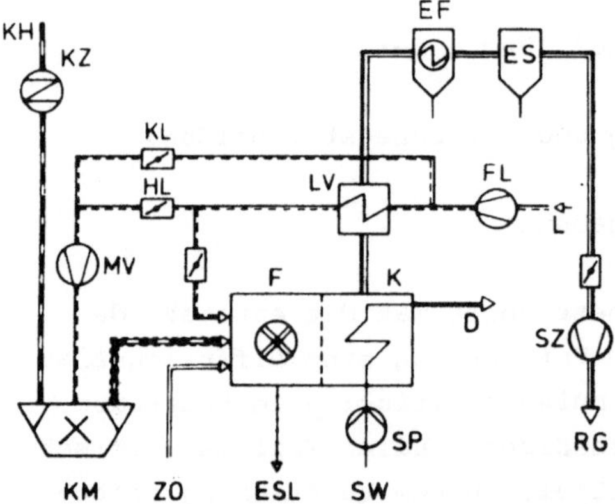

Bild 4.1. Schema einer Kohlenstaubfeuerung (Steinkohle). F Feuerung; K Kessel; KZ Kohlenzuteiler; KM Kohlenmühle; FL Frischlüfter; LV Luftvorwärmer; KL Kaltluftregelklappe; HL Heißluftregelklappe; MV Mühlenventilator; SZ Saugzug; SP Speisewasserpumpe; ESL Entschlackung; EF Elektroabscheider; ES Entschwefelung; KH Kohle; L Luft; RG Rauchgas; SW Speisewasser; D Dampf; ZÖ Zündöl

Gleitdruckbetrieb mit großer Wärmespeicherung im Kessel kann bei Lastwechseln der augenblickliche Wärmebedarf des Blockes den für die eigentliche Dampferzeugung notwendigen beträchtlich übersteigen. Dasselbe gilt
u.U. für den Betrieb nach einem Störfall, wie dem Ausfall des Hochdruckwasservorwärmers u.ä.. Deshalb sollte eine Leistungsreserve verfügbar
sein sowohl bei der Brennstoff- als auch bei der Luftzufuhr bzw. beim
Saugzug. Diese beträgt üblicherweise ca. 10 %.

4.3 Brennstoffe und ihre feuerungstechnisch wichtigen Eigenschaften

Eine Übersicht über die Bestandteile der für Wärmekraftwerke in Frage
kommenden gasförmigen, flüssigen und festen Brennstoffe gibt Tab. 4.1
/20/. Die brennbare Substanz besteht aus C, H, N und O bzw. deren Verbindungen und Gemischen verschiedener Verbindungen. Alle anderen Substanzen, einschließlich des brennbaren S sind unerwünschte Begleit-
stoffe.

Tabelle 4.1. Bestandteile der an Verbrennungsvorgängen beteiligten
Stoffe /20/

	Aggregatzustand des Brennstoffs		
	gasförmig	flüssig	fest
Brennstoff	H_2, CO, C_mH_n	C_mH_n	C, C_mH_n
Unerwünschte Begleitstoffe des Brennstoffs	CO_2, N_2, H_2O kleine Anteile H_2S, SO_2	S, kleine Anteile V und andere Metalle, H_2O	S, Asche, H_2O
Oxidationsmittel	Luft (O_2, N_2, H_2O), Gasturbinenabgas (O_2, N_2, CO_2, H_2O)		
Verbrennungsgas (Abgas mit festen Begleitstoffen = Rauchgas)	CO_2, H_2O, N_2 (meist auch O_2)		
Wichtigste Begleitstoffe der Verbrennungsgase	SO_2, NO_x	SO_2, NO_x, Ruß	SO_2, NO_x, Ruß Flugasche

4.4 Verbrennungsreaktionen

Die Beschreibung des Vorgangs der Verbrennung ist in den Summenformeln
der chemischen Reaktionen zusammengefaßt, die auf der linken Seite die
an der Reaktion teilnehmenden Komponenten und auf der rechten Seite die

entstehenden Endprodukte enthalten. In diesen Summenformeln muß für eine
vollständige Darstellung des Gesamtvorgangs auch die Reaktionsenthalpie
(MJ/kg) angegeben werden. Ist diese positiv, handelt es sich um eine
exotherme bzw. im umgekehrten Fall um eine endotherme Reaktion.

Nachfolgende Reaktionen sind für die Verbrennung wichtig:

1. Einstufige Verbrennung

$$C + O_2 \rightleftharpoons CO_2 + 33,9 \text{ MJ/kg}$$

$$H_2 + \tfrac{1}{2}O_2 \rightleftharpoons H_2O + 120,6 \text{ MJ/kg} \tag{4.1}$$

2. Zweistufige Verbrennung von Kohlenstoff

$$C + \tfrac{1}{2}O_2 \rightleftharpoons CO + 10,2 \text{ MJ/kg}$$

$$CO + \tfrac{1}{2}O_2 \rightleftharpoons CO_2 + 23,7 \text{ MJ/kg} \tag{4.2}$$

3. Teilschritte der C-Verbrennung (Zwischenreaktionen)

Boudouard-Reaktion

$$C + CO_2 \rightleftharpoons 2CO \qquad -13,3 \text{ MJ/kg} \tag{4.3}$$

Heterogene Wassergas-Reaktion

$$C + H_2O \rightleftharpoons CO + H_2 \qquad -9,8 \text{ MJ/kg} \tag{4.4}$$

Homogene Wassergas-Reaktion

$$CO + H_2O \rightleftharpoons CO_2 + H_2 \qquad -2,1 \text{ MJ/kg} \tag{4.5}$$

4.5 Massenbilanz der Verbrennung

4.5.1 Sauerstoffbedarf und Brennstoffoxidation

Nach Tabelle 4.1 besteht ein Brennstoff aus Brennbarem, Wasser und Mineralsubstanz. Aschenfreie, fossile Brennstoffe enthalten deshalb als Bestandteile C, H_2, S, O_2, N_2 und H_2O. Deren Stoffwerte sind in der Tabelle 4.2 zusammengestellt.

Tabelle 4.2. Stoffwerte der Brennstoffbestandteile

Stoff		molare Masse M kg/kmol	molares Normvolumen V_{mn} m_n^3/kmol	Normdichte ρ_n kg/m_n^3	Gaskonstante R kJ/kgK
Kohlenstoff	C	12,011	-	-	-
Schwefel	S	32,060	-	-	-
Luft (trocken)		28,965	22,401	1,2930	0,28689
Luftstickstoff N_2+Ar+CO_2+Ne		28,1609	22,403	1,2570	0,29510
Stickstoff	N_2	28,0134	22,403	1,2504	0,29666
Sauerstoff	O_2	31,9988	22,392	1,4290	0,25958
Argon	Ar	39,948	22,392	1,7840	0,20793
Neon	Ne	20,179	22,425	0,8998	0,41224
Kohlendioxid	CO_2	44,0098	22,261	1,9770	0,18763
Wasserdampf	H_2O	18,0152	·22,41	0,80389	0,46144
Schwefeldioxid	SO_2	64,059	21,856	2,9310	0,12656
Wasserstoff	H_2	2,0158	22,428	0,08988	4,12723

Für die Verbrennung von 1 kg Brennstoff wird im Idealfall das Luftvolumen V_{LoT} m^3 i.N./kg benötigt. Diesem entspricht die Luftzahl n = 1 (stöchiometrische Verbrennung). Ist die Luftzufuhr kleiner (n < 1), so findet die Verbrenung mit Luftmangel statt und es entsteht in der Flamme u.U. eine reduzierende Atmosphäre. Die meisten technischen Feuerungen werden mit Luftüberschuß (n > 1) betrieben, und die Flammenatmosphäre ist dort oxidierend.

Für die elementaren Verbrennungsreaktionen gilt nach Tab. 4.2:

$$
\begin{array}{lclcl}
C & + & O_2 & = & CO_2 \\
1\ kmol & + & 1\ kmol & = & 1\ kmol \\
12,01\ kg & + & 22,39\ m^3 i.N. & = & 22,26\ m^3 i.N.
\end{array}
\tag{4.6}
$$

$$
\begin{array}{lclcl}
2H_2 & + & O_2 & = & 2H_2O \\
2\ kmol & + & 1\ kmol & = & 2\ kmol \\
4,032\ kg & + & 22,39\ m^3 i.N. & = & 44,82\ m^3 i.N.
\end{array}
\tag{4.7}
$$

$$
\begin{array}{lclcl}
S & + & O_2 & = & SO_2 \\
1\ kmol & + & 1\ kmol & = & 1\ kmol \\
32,06\ kg & + & 22,39\ m^3 i.N. & = & 21,856\ m^3 i.N.
\end{array}
\tag{4.8}
$$

Aus diesen Bilanzen und aus der Zusammensetzung des Brennstoffes läßt sich die Menge an Sauerstoff- bzw. an Oxidationsprodukten berechnen

/21,22/. Der stöchiometrische Sauerstoffbedarf eines aus Elementge-
wichtsanteilen γ_C, γ_{H_2}, γ_S, γ_{O_2} und γ_{N_2} bestehenden trockenen Brennstoffes beträgt mit dem O_2-Molvolumen 22,39 m^3 i.N./kmol nach (4.6) bis
(4.8)

$$V_{O_2 o} = \frac{22,39}{12,01}\, \gamma_C + \frac{22,39}{4,032}\, \gamma_{H_2} + \frac{22,39}{32,06}\, \gamma_S - \frac{22,39}{32,00}\, \gamma_{O_2} \qquad (4.9)$$

$$= 1,8643\, \gamma_C + 5,5541\, \gamma_{H_2} + 0,6984\, \gamma_S - 0,6998\, \gamma_{O_2} \quad m^3 i.N./kg$$

bzw. nach Tab. 4.2 in kg/kg umgerechnet

$$\mu_{O_2 o} = 2,6641\, \gamma_C + 7,9370\, \gamma_{H_2} + 0,9981\, \gamma_S - \gamma_{O_2} \quad kg/kg \qquad (4.10)$$

Die durch Oxidation entstandene Menge an Reaktionsprodukten ist mit
Rücksicht auf die Massenbilanz des aschenfreien, trockenen Brennstoffes

$$\gamma_C + \gamma_{H_2} + \gamma_S + \gamma_{N_2} + \gamma_{O_2} = 1 \qquad (4.11)$$

gleich

$$\mu_1 = 1 + \mu_{O_2} = 3,6641\, \gamma_C + 8,9370\, \gamma_{H_2} + 1,9981\, \gamma_S + \gamma_{N_2} \quad kg/kg \qquad (4.12)$$

bzw.

$$V_1 = 1,8643\, \gamma_C + 5,5541\, \gamma_{H_2} + 0,6984\, \gamma_S + 0,8\, \gamma_{N_2} \quad m^3 i.N./kg \qquad (4.13)$$

4.5.2 Luftbedarf und Verbrennungsgasvolumen

Der Bedarf an Sauerstoffträger ist von dessen O_2-Gehalt abhängig. Ist
dieser O_2-Träger die trockene Luft mit den elementaren Volumanteilen
20,948 % O_2, 78,084 % N_2, 0,936 % Ar+Ne und 0,032 % CO_2 , so ist das
bezogene trockene Verbrennungsluftvolumen bei stöchiometrischer Verbrennung

$$V_{LoT} = V_{O_2 o}/0,2095 = 8,8996\, \gamma_C + 26,514\, \gamma_{H_2} + 3,342\, \gamma_S - 3,340\, \gamma_{O_2} \qquad (4.14)$$

Mit dem relativen Dampfgehalt feuchter Luft ϕ ist der Feuchtigkeitswert
/23/

$$x_{H_2 OL} = 0,622\, \frac{\phi\, p''(t)}{p_G - \phi\, p''(t)} \qquad (4.15)$$

wobei p''(t) der Sattdampfdruck bei der Temperatur t ist. Das Verbrennungsluftvolumen bei feuchter Luft ist dann

$$V_{Lo} = \left(1 + x_{H_2OL}\right)V_{LoT} \qquad (4.16)$$

Bei einer Luftzahl n > 1 steigt das bei der Verfeuerung von 1 kg Brennstoff zugeführte Verbrennungsluftvolumen auf

$$V_L = nV_{Lo} \quad m^3 i.N./kg \qquad (4.17)$$

Bei den Verbrennungsprodukten ist auch die Brennstoffeuchtigkeit zu berücksichtigen. Das stöchiometrische Verbrennungsgasvolumen (n=1) besteht
dann aus:

1. Produkten der Brennstoffoxidation V_1 nach (4.13)

2. Stickstoff- und Argonballast der Verbrennungluft

$$V_2 = (0,7808 + 0,00936)V_{LoT} = 0,7902\ V_{LoT}$$

3. Kohlensäureanteil in Luft $V_3 = 0,00032\ V_{LoT}$

4. Verdampfter Brennstoffeuchtigkeit ($v_D = 1,244\ m^3 i.N./kg$)

$$V_4 = 1,244\ \gamma_{H_2O}$$

Nach Einsetzen für V_{LoT} und Addition ist das stöchiometrische Verbrennungsgasvolumen mit trockener Luft

$$V_{GoB} = V_1 + V_2 + V_3 + V_4 = 8,889\ \gamma_C + 32,08\ \gamma_{H_2} + 3,317\ \gamma_S$$
$$+ 0,8\ \gamma_{N_2} - 2,641\ \gamma_{O_2} + 1,244\ \gamma_{H_2O} \qquad (4.18)$$

Mit feuchter Verbrennungsluft ist

$$V_{Go} = V_{GoB} + x_{H_2OL}\ V_{LoT} \qquad (4.19)$$

Das Verbrennungsgasvolumen bei der Luftzahl n beträgt

$$V_G = V_{Go} + (n-1)\ V_{Lo} \quad m^3 i.N./kg \qquad (4.20)$$

Bei einer Kombianlage nach Abschnitt 2.3 gelten die vorangehenden Beziehungen für die Verbrennung in der Brennkammer der Gasturbine. Das
GT-Abgas ist dann die Sauerstoffquelle für die nachgeschaltete Kesselfeuerung. Aus dessen Zusammensetzung sowie aus dem Sauerstoffbedarf des

Kesselbrennstoffes wird der Bedarf der Kesselbrenner an GT-Abgas sowie der um die Verbrennungsprodukte des Kesselbrennstoffes vermehrte Rauchgasstrom durch den Kessel einschließlich dessen Zusammensetzung ermittelt /22/.

4.5.3 Umrechnung der Dimensionen

Die Luft- und Rauchgasmengen kann man auch in bezogene Massen kg/kg umrechnen. So erhält man für die Verbrennungsluft

$$\mu_{Lot} = 11{,}508 \ \gamma_C + 34{,}284 \ \gamma_{H_2} + 4{,}3112 \ \gamma_S - 4{,}3195 \ \gamma_{O_2} \tag{4.21}$$

bzw.

$$\mu_{Lo} = \left(1 + x_{H_2OL}\right) \mu_{LoT} \tag{4.22}$$

und

$$\mu_L = n\mu_{Lo} \tag{4.23}$$

Für bezogene Massen des feuchten und trockenen Verbrennungsgases gelten

$$\mu_{GoB} = 12{,}508 \ \gamma_C + 35{,}284 \ \gamma_{H_2} + 5{,}3112 \ \gamma_S + \gamma_{N_2} - $$
$$- 3{,}3195 \ \gamma_{O_2} + \gamma_{H_2O} \tag{4.24}$$

bzw.

$$\mu_{GoT} = 12{,}508 \ \gamma_C + 26{,}347 \ \gamma_{H_2} + 5{,}3112 \ \gamma_S + \gamma_{N_2} - 3{,}3195 \ \gamma_{O_2} \tag{4.25}$$

und

$$\mu_G = \mu_{GoB} + (n - 1)\mu_L \tag{4.26}$$

Die der Feuerungsleistung entsprechenden Massenströme von Brennstoff, Luft bzw. Rauchgas werden als $\dot{M}_B$, $\dot{M}_L$ bzw. $\dot{M}_{RG}$ bezeichnet.

4.5.4 Rauchgasanalyse und Luftzahlbestimmung

Die Luftzahl läßt sich nur indirekt über die Messung des CO_2- bzw. O_2-Gehaltes im Verbrennungsgas bestimmen. Dazu benötigt man den maximal möglichen CO_2-Gehalt im trockenen Verbrennungsgas

$$\hat{x}_{CO_2T} = \frac{\mu_{CO_2}}{\mu_{GoT}} = \frac{3{,}6641 \ \gamma_C + 0{,}0005 \ \mu_{LoT}}{\mu_{GoT}} \tag{4.27}$$

bzw. auf den Raumanteil umgerechnet

$$\hat{y}_{CO_2} = \frac{\hat{x}_{CO_2T}}{1 + 0,5730\ (1 - \hat{x}_{CO_2T})} \tag{4.28}$$

Der Wert $\hat{y}_{CO_2T}$ (CO_{2max}) ist für einige Brennstoffe im Bild 4.2 aufgetragen.

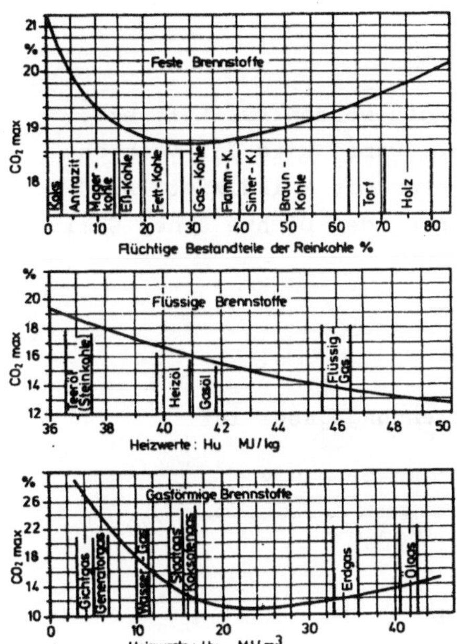

Bild 4.2. Maximaler CO_2-Gehalt für verschiedene Brennstoffe ($\hat{y}_{CO_2T}$) /35/

Bei n > 1 ist

$$x_{CO_2} = \frac{\mu_{GoT}}{\mu_{Go}}\,\hat{x}_{CO_2} = \frac{V_{GoT}}{V_{Go}}\,\hat{y}_{CO_2} \tag{4.29}$$

Den maximalen SO_2-Gehalt findet man ähnlich aus

$$\hat{x}_{SO_2T} = \frac{\mu_{SO_2}}{\mu_{GoT}} = \frac{1,9981\ \gamma_S}{\mu_{GoT}} \tag{4.30}$$

Die Luftzahl ergibt sich mit $\mu_{GoT}/\mu_{LoT} = \phi_T$ und der Gaskonstante der trockenen Luft R_{LT} aus dem gemessenen CO_2-Gehalt zu

$$n = 1 + \phi_T \left(\frac{\hat{x}_{CO_2T}}{x_{CO_2}} - 1 \right) = 1 + \phi_T \frac{R_{GoT}}{R_{LT}} \left(\frac{\hat{y}_{CO_2T}}{y_{CO_2T}} - 1 \right) \tag{4.31}$$

bzw.

$$n = 1 + \frac{\phi_T \, x_{O_2 T}}{0,2321 - x_{O_2 T}} = 1 + \phi_T \, \frac{R_{GoT}}{R_{LT}} \, \frac{y_{O_2 T}}{0,21 - y_{O_2 T}} \tag{4.32}$$

falls man den Sauerstoffgehalt des trockenen Verbrennungsgases mißt.
Bei den meisten Brennstoffen ist $\phi_T (R_{GoT}/R_{LoT}) \approx 1$. In (4.31) und (4.32)
wurde der SO_2-Anteil vernachlässigt, da in der Regel $\hat{x}_{CO_2} \gg \hat{x}_{SO_2}$ ist.

4.6 Stoffwerte von Luft und Rauchgasen

Für wärme- und strömungstechnische Berechnungen werden für Luft bzw.
Verbrennungsgas die Stoffwerte benötigt /23/. Dabei wird das Verbrennungsgas als ein Gasgemisch, dessen Komponenten mit k indiziert sind,
angenommen. Die Gaskonstante für die Berechnung der Dichte eines Gemisches beträgt

$$R_g = \sum_k x_k R_k \tag{4.33a}$$

bzw. bei bekannter Zusammensetzung des Verbrennungsgases ist

$$R_G = \sum_k x_k R_k \triangleq \left[0,2869 - \left(0,1075 - \frac{0,0082 - 0,1685\, \hat{x}_{SO_2 T}}{\hat{x}_{CO_2 T}} \right) x_{CO_2} + 0,1746\, x_{H_2 O} \right] \; kJ/kgK \tag{4.33b}$$

Ähnlich berechnet man die mittlere spezifische Wärmekapazität für den
Temperaturbereich t_1 bis t_2 aus

$$\bar{c}_p \Big|_{t_1}^{t_2} = \frac{1}{t_2 - t_1} \left[\bar{c}_p \Big|_{o}^{t_2} t_2 - \bar{c}_p \Big|_{o}^{t_1} t_1 \right] \tag{4.34}$$

Für ein Gasgemisch ist

$$\bar{c}_{pg} = \sum_k \bar{c}_{pk}\, x_k$$

bzw. für das Verbrennungsgas

$$\bar{c}_{pG} = \bar{c}_{pL} + \left[\bar{c}_{pCO_2} - \bar{c}_{pN_2} + \frac{\bar{c}_{pN_2} - \bar{c}_{pL} - \left(\bar{c}_{pN_2} - \bar{c}_{pSO_2} \right) \hat{x}_{SO_2 T}}{\hat{x}_{CO_2 T}} \right] x_{CO_2} + \left(\bar{c}_{pH_2 O} - \bar{c}_{pL} \right) x_{H_2 O} \qquad kJ/kgK \tag{4.35}$$

Weitere Stoffwerte sind die Wärmeleitfähigkeit des Verbrennungsgases

$$\lambda_G = \left[1 + \frac{y_{H_2O}\left(1 - y_{H_2O}\right)}{3,5} \right] \sum_k y_K \lambda_K \qquad \text{W/mK} \qquad\qquad (4.36)$$

und dessen dynamische Zähigkeit

$$\eta_G = \sum_k x_k \eta_k \sqrt{R_k} \Big/ \sum_k x_k \sqrt{R_k} \qquad \text{kg/sm} \qquad\qquad (4.37)$$

4.7 Optimale Luftzahl

Durch Luftüberschuß will man die vollkommene Verbrennung der Kohle erleichtern, weil dadurch ein kleiner Teildruck des Sauerstoffes selbst
am Flammenende ermöglicht wird. Der Luftüberschuß wirkt sich auf den
eigentlichen Verbrennungsvorgang in zweierlei Weise aus. Einmal beschleunigt die höhere Sauerstoffkonzentration die Verbrennung. Dieser
Einfluß ist in Bild 4.3 erfaßt, auf dem man sieht, daß die Verkürzung
der Brennzeit eben im Bereich kleiner Luftüberschüsse am größten ist.

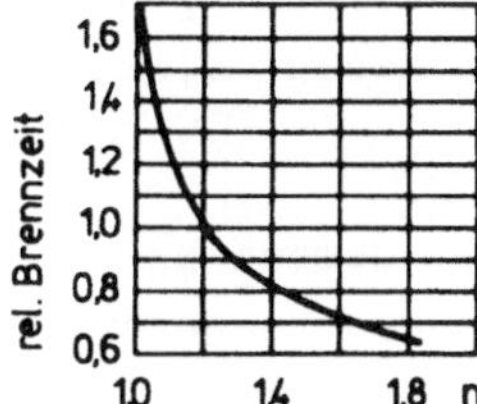

Bild 4.3. Einfluß der Luftzahl auf die Brennzeit

Andererseits wird durch Luftüberschuß die Flamme verdünnt, so daß die
theoretische und auch die tatsächliche Verbrennungstemperatur sinkt, was
umgekehrt eine Verzögerung des Verbrennungsprozesses herbeiführen kann.
Der Luftüberschuß, bei dem beide Einflüsse gerade im Gleichgewicht stehen, kann als optimales Luftverhältnis betrachtet werden.

Ein höherer Luftüberschuß vergrößert den Abgasverlust. Der Luftüberschuß
ist deshalb so zu wählen, daß die Summe der Verluste durch Unverbranntes
und durch Abgase ein Minimum erreicht. Die durch Erfahrung ermittelten
optimalen Luftzahlen für einige Brennstoffe und verschiedene Feuerungs-
typen sind in der Tabelle 4.3 zusammengefaßt /23/.

Tabelle 4.3. Optimale Luftzahl /23/

Feuerungsart	Brennstoffart	optimale Luftzahl
Trockenfeuerung	Anthrazitstaub	1,1
	magere Steinkohle	1,1
	fette Steinkohle	1,1 bis 1,3
	Braunkohle	1,2 bis 1,4
Schmelzfeuerung	Anthrazit	1,1
	Steinkohle	1,1
	Braunkohle	1,1
Zyklonfeuerung	alle Kohlesorten	1,05
Ölfeuerung	Schweröl	1,05 bis 1,2
Gasfeuerung	Erdgas	1,05 bis 1,1
	Gichtgas	1,1 bis 1,2

4.8 Brennwert und Heizwert

Der Brennwert H_o eines festen oder flüssigen Brennstoffes ist diejenige
Wärmemenge, die bei vollständiger Verbrennung der Brennstoffeinheit (kg)
verfügbar wird (kJ/kg), wenn nach der Verbrennung die Verbrennungsprodukte auf die Ausgangstemperatur (25 °C) abgekühlt werden, wobei sich
das gebildete Wasser in flüssigem Zustand befindet.

Der Heizwert H_u unterscheidet sich von H_o dadurch, daß bei dessen Bestimmung die Verbrennungsprodukte zwar wieder auf die Ausgangstemperatur
abgekühlt werden, die kondensierbaren Bestandteile aber im dampfförmi-
gen Zustand bleiben. Dieser Wert ergibt sich aus dem Brennwert nach Abzug der Verdampfungsenthalpie r_b des im Rauchgas enthaltenen Wasserdampfes zu

$$H_u = H_o - r_b \cdot \gamma_{H_2OB} = H_o - 2442,5 \left(\gamma_{H_2O} + 8,937\, \gamma_{H_2} \right) \quad \text{kJ/kg} \qquad (4.38)$$

Darin bedeuten μ_{H_2OB} die bezogene Masse des Dampfes im Verbrennungsgas;
γ_{H_2} und γ_{H_2O} den Wasserstoffgehalt und den Wassergehalt des Brennstoffes. Da in technischen Anlagen eine Kondensation des Wassers vermieden
wird, kann die Verdampfungswärme des Wassers nicht ausgenutzt werden und
es ist daher sinnvoll, daß man zur Feststellung von Wirkungsgraden mit
dem Heizwert rechnet.

Auch aus der Elementaranalyse kann die Verbrennungswärme und der Heizwert errechnet werden, wenn auch nicht mit der gleichen Genauigkeit,
die bei der kalorimetrischen Messung erreicht wird und zwar wegen der
Unkenntnis der Bindungsformen der Elementarbestandteile untereinander.

5. Grenzschicht, Turbulenz und Mischung

5.1 Turbulente Strömung

Bei technischen Strömungsanlagen ist, von seltenen Ausnahmen abgesehen, die Strömung turbulent /24/. In einem stationären, reibungsbehafteten turbulenten Strom ist der Hauptbewegung mit einer von der Zeit unabhängigen Geschwindigkeit $\bar{w}$ noch eine regellose Schwankungsbewegung
überlagert, deren Geschwindigkeitsanteil w' sich sowohl in der Größe
als auch in der Richtung mit der Zeit stochastisch ändert. Der Vektor
der resultierenden Geschwindigkeit eines Teilchens ist hier (Bild 5.1)

$$w = \bar{w} + w' \tag{5.1}$$

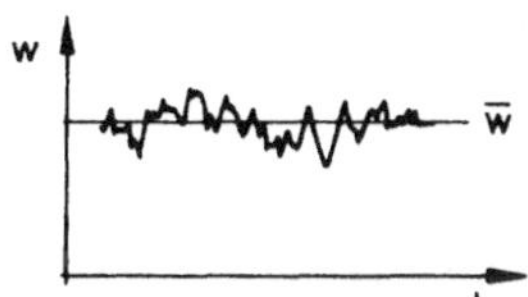

Bild 5.1. Zeitlicher Verlauf der Geschwindigkeit
an einem Punkt eines turbulenten Feldes

Dies bewirkt, daß im turbulenten Strom auch andere vom Massentransport
abhängige Größen wie Konzentration, Druck, Temperatur, Dichte usw. regellos schwanken.

Die aus der Statistik bekannte, mittlere quadratische Abweichung $\sqrt{\overline{w'^2}}$
heißt hier mittlere Schwankungsgröße. Als Turbulenzgrad wird das Verhältnis

$$T_w = \frac{\sqrt{\overline{w'^2}}}{\bar{w}} \tag{5.2}$$

bezeichnet. Unter Turbulenzenergie ist der Ausdruck

$$k = \frac{1}{2}\overline{w'^2} \tag{5.3}$$

zu verstehen. Träger der Turbulenz sind Wirbel, die auch als Turbulenzballen bezeichnet werden.

Die Schwankungsgröße w' ist für das Geschwindigkeitsprofil von großer
Bedeutung. Sie bedarf zusätzlicher Energiezufuhr von außen, da z.B. bei
einer Rohrströmung das Geschwindigkeitsprofil flacher und der Druckabfall im Rohr größer wird.

Schwankungsgrößen und Turbulenzgrade liefern vom Standpunkt der Mischung
nur ein Teilbild über das Verhalten eines turbulenten Feldes. Zusätzlich
sind Aussagen über Wirbelgrößen erforderlich, von welchen die Oberfläche
von Turbulenzballen abhängt. Die Wirbelgrößen sind statistische Größen,
die jedoch nicht normal verteilt sind. Die Wirbel des mittleren Durchmessers sind in erster Linie für den turbulenten Impuls-, Stoff- und
Wärmeaustausch verantwortlich, während die Makrowirbel den Hauptteil der
Energie enthalten. Im weiteren wird man sich auf den Turbulenzgrad und
die Wirbelgröße beschränken, welche beim Vergleich einzelner Mischverfahren die wichtigsten Größen darstellen.

Eine laminare Bewegung kommt nur bei Strömungsanlagen mit Grenzschicht-
strömung vor, bei denen u.U. an der Stromumfassung eine viskose Unter-
schicht entsteht bzw. bei ganz kleinen Brennern wie z.B. bei einer Ker-
ze mit sehr kleiner Geschwindigkeit der Luft bzw. der Rauchgase.

5.2 Turbulenz und Wärmeübertragung aus der Sicht der Wärmetechnik

In der Wärmetechnik geht es um Wärmemaschinen und um Wärmeapparate. So
muß z.B. in einer Turbine die Wärme mit Hilfe des Druckgefälles in kinetische Energie umgesetzt werden und die auf Laufschaufeln wirkende Kraft
wird durch Verminderung der Umfangskomponente des Impulsstromes erzeugt.
Der diesen Vorgang erfassende innere Wirkungsgrad der Turbine ist demnach um so besser, je größer der Anteil der in Geschwindigkeit umgewan-
delten Energie ist. Deswegen gestaltet man die Kanäle des Schaufelgit-
ters so, daß sie glatte Wände haben und der Dampfstrom darin keinen zu
scharfen Richtungs- oder Querschnittsänderungen ausgesetzt ist, die zu
Wirbeln, Stößen oder Abreißen der Grenzschicht führen würden.

Die in der Turbine im Laufe der Stromexpansion stattfindende Temperatur-
abnahme des Dampfstromes erstreckt sich auf den ganzen Strom, da diese
die Folge einer Zustandsänderung ist. Es entfällt deshalb die Notwendigkeit des Mischens. Die Turbulenz ist hier ein unwillkommener Vorgang,
der den Wirkungsgrad beeinträchtigt.

Von unerwünschten Wärmeverlusten nach außen abgesehen, gibt es bei
Dampfturbinen nur bei instationären Zuständen einen Wärmeaustausch zwischen dem Dampfstrom und den Kanalwandungen.

Im Drucksystem des Kessels findet dagegen keine Energieumwandlung statt,
sondern nur Energieübertragung. Mit Rücksicht auf den hohen Druck und
die Temperatur des Dampfes sowie auf die große Kesselleistung, werden
die Kessel als Apparate aus vielen parallelgeschalteten, engen Rohren
gebaut. In diesen wird das Wasser in Dampf umgewandelt. Da es fast unmöglich ist, alle diese Rohre (Bild 5.2) gleich zu beheizen, ist die
Enthalpiezunahme bei diesen verschieden. Deshalb werden z.B. die Überhitzer mehrstufig mit einem Mischen des Dampfes in Sammlern und Überleitungen ausgeführt, um für den Rohrwerkstoff gefährliche Temperaturabweichungen am Austritt einzelner Rohre in Grenzen zu halten.

Hier ist also die Turbulenz aus zwei Gründen willkommen, obwohl man diese durch einen höheren Druckverlust bezahlen muß, nämlich wegen:

1. Enthalpieausgleich zwischen Heizflächenstufen durch Mischung.

2. Höherer, dampfseitiger Wärmeübergangszahl, welche bei beheizten
   Rohren die Rohrwand-Übertemperatur $t_W - t_{AS}$ senkt.

Bei technischen Feuerungen spielen die Mischvorgänge die Hauptrolle, da
z.B. bei homogener Gasverbrennung die Devise

$$\text{vermischt} = \text{verbrannt}$$

als wichtigster Grundsatz gilt. Andererseits ist, von den im Abschnitt
4.1 erwähnten vier Teilvorgängen der Verbrennung die innigste Mischung

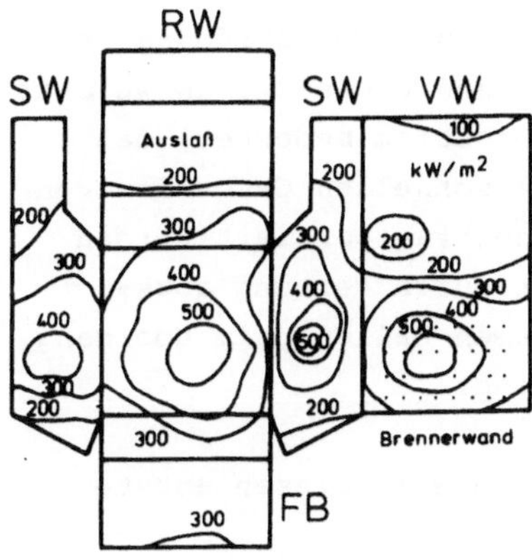

Bild 5.2. Gemessene Wärmestromdichteverteilung an den Feuerraumwänden. VW Vorderwand; RW Rückwand; SW Seitenwand; FB Feuerraumboden

des Brennstoffes mit Luft derjenige Vorgang, der technisch am schwierigsten ist. Dieser geschieht

a) im Mikromaßstab:

- durch Diffusion, bei der einzelne Molekeln ausgetauscht werden,

- durch Turbulenz, bei der die transportierten Turbulenzballen Millionen von Molekeln beinhalten.

b) im Makromaßstab:

- im Brenner, in dem man das Mischen von Luft und Brennstoff vor allem durch Scherströmung erzwingt, wobei ganze Ströme transportiert werden,

- durch zweckmäßig gestaltetes Strömungsfeld im Feueraum.

Die Wärmeübertragung interessiert den Feuerungsbauer in zweierlei Hinsicht. Einerseits strahlt die Flamme die Wärme ab und wird somit entlang des Brennweges abgekühlt. Andererseits liefert die Flamme als Wärmespeicher die Zündwärme für das vom Brenner ankommende Gemisch. Dieser Wärmetransport erfolgt vorwiegend durch Konvektion, d.h. wieder durch Massenaustausch, indem man einen Teil des schon brennenden Gemisches zur Brennermündung zurückführt. Diese Rückführung der heißen Flammenmasse ist nur durch Erzeugung eines Unterdruckes am Brenneraustritt möglich und wird durch eine entsprechende Gestaltung dortiger Strömungsverhältnisse erzielt.

5.3 Turbulenz im Kanal (Rohrströmung)

Einem Maschineningenieur sind die Eigenschaften einer Rohrströmung bekannt. Hier ist der Strom durch eine ortsfeste Wand begrenzt, an welcher eine Grenzschicht entsteht. Die Turbulenz im Kernstrom bedeutet, daß nach dem Geschwindigkeitsprofil des Stromes die schnellen Gasballen von der Strommitte zur Grenzschicht an die Kanalwand transportiert werden und umgekehrt. Die schnellen Ballen werden dort durch Reibung abgebremst, während die von dort verdrängten langsamen Ballen beim Übergang in den schnellen Hauptstrom zu beschleunigen sind.

Bei reibungsbehafteten Newton'schen Fluiden ist die in diesen entstehende laminare Schubspannung

$$\tau_1 = \eta_1 \frac{dw_z}{dy}$$

Die hier auftretende Zähigkeit η_1 ist bei Gasen nach der kinetischen Gastheorie

$$\eta_1 = \frac{1}{2}\, \rho\, \Lambda_{mol}\, w_{mol} \tag{5.4}$$

wobei w_{mol} = mittlere Geschwindigkeit und Λ_{mol} = mittlere Stoßlänge von Molekeln sind. η_1 ist also eine Stoffgröße.

In Analogie zur laminaren dynamischen Zähigkeit (5.4), die von der Molekelbewegung bewirkt wird, läßt sich im turbulenten Fall eine vom Ballentransport in der turbulenten Strömung bewirkte turbulente Zähigkeit definieren als

$$\eta_t = \rho\, l_t\, w_t \tag{5.5}$$

Hier ist l_t die von Prandtl eingeführte Mischlänge und w_t die turbulente Geschwindigkeit. η_t ist offenbar keine Stoffgröße und hängt von der Reynolds-Zahl ab. In Tab. 5.1 sind die Werte der örtlichen Maxima von l_t, η_t und mittleres T_{W_M} bei der Rohrströmung aufgetragen.

Demnach ist die mittlere turbulente Zähigkeit wesentlich höher als die laminare. Da bei technischen Strömungsvorgängen hohe Re-Zahlen überwiegen, genügt es, im Bereich turbulenter Kernströmung lediglich η_t zu berücksichtigen. Dasselbe gilt auch für den turbulenten Wärmeleit- und Diffusionskoeffizienten. Der mittlere Turbulenzgrad ist bei einer Rohrströmung klein und nimmt mit steigender Reynoldszahl ab.

Tabelle 5.1. Vergleich turbulenter/laminarer Strömungsgrößen

Re	$(l_t/D_o)_{max}$	$(\eta_t/\eta_1)_{max}$	T_{W_M}
5 000	0,126	18,7	0,0300
10 000	0,181	31,4	0,0175
50 000	0,293	104,9	0,0072
100 000	0,334	176,4	0,0053
200 000	0,373	296,6	0,0040

5.4 Scherströmung an der Ablaufkante eines Flügels

Bloße Geschwindigkeitserhöhung ist als Mittel zur Steigerung des Turbu-
lenzgrades nach Tab. 5.1 von beschränkter Wirksamkeit. Ein Feuerungsbauer kann außerdem beim Erzwingen der Mischung von Brennstoff und Oxidationsmittel nur auf strömungstechnische Maßnahmen zurückgreifen. Während der Strom im Rohr durch feste Wände geführt wird, sucht man bei der
Strömung in Feuerräumen eine Berührung der Flamme mit der Wand zu vermeiden. Das Strömungsfeld wird hier durch die Trägheit des vom Brenner
austretenden Gemisches und durch den Flammenauftrieb bestimmt. Leider
kann man dabei nur die Trägheitskräfte wirksam beeinflussen. Auf den vom
Temperaturfeld abhängigen Auftrieb kann von außen kaum eingewirkt werden.

Für die Feuerungstechnik sind effektive Mischverfahren wichtig, welche
die Turbulenz im freien Raum (freie Turbulenz) erzeugen. Einen Weg
hierzu zeigt z.B. die Strömung an der Ablaufkante eines Flügels (Bild
5.3), bei der zwei Ströme mit unterschiedlicher Geschwindigkeit in der
an der Ablaufkante beginnenden Trennfläche zusammenkommen. Dieser Vorgang wird als Scherströmung bezeichnet und ist für den Brennerbau von
größter Bedeutung.

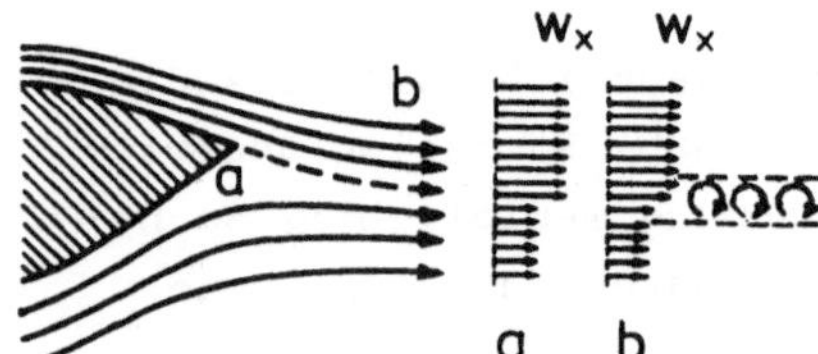

Bild 5.3. Scherströmung an der Ablaufkante eines Flügels. Geschwindigkeitsverteilung a) an der Ablaufkante,
b) in der Scherschicht

Es liegt hier keine, den Massenaustausch hemmende, laminare Grenzschicht
vor. Infolge der Geschwindigkeits-Diskontinuität verformt sich bei der
Scherströmung die Trennfläche. Diese wird immer mehr wellenförmig (Bild
5.4), was schließlich zu einem starken Durchdringen beider Stoffströme
führt. Die große Kontaktfläche und die hohe Turbulenz bewirken, daß die
Trennfläche bald in einzelne Wirbel zerfällt und es entsteht eine in
Strömungsrichtung abflauende Wirbelstraße, in welcher die Wirbel immer
kleiner werden, bis diese zuletzt verschwinden. Auch hier bedarf also
die Ausbildung der Turbulenz einer Anlaufstrecke.

Zur Beschreibung der freien Turbulenz im Halbraum läßt sich das Zwei-
schichten-Modell (Bild 5.5) mit den Geschwindigkeiten $w - \Delta w$ und $w + \Delta w$
an den Schichträndern benutzen.

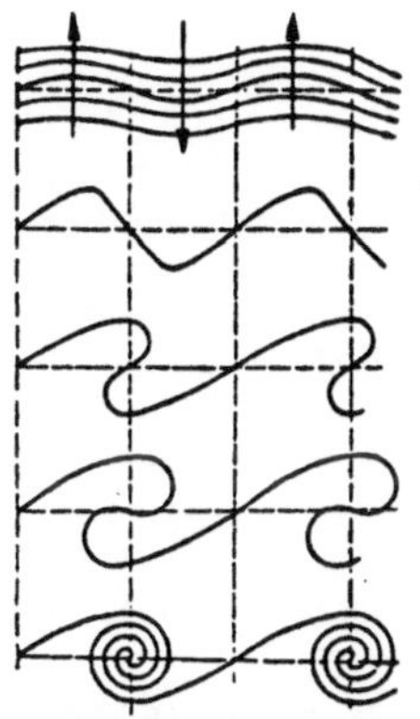

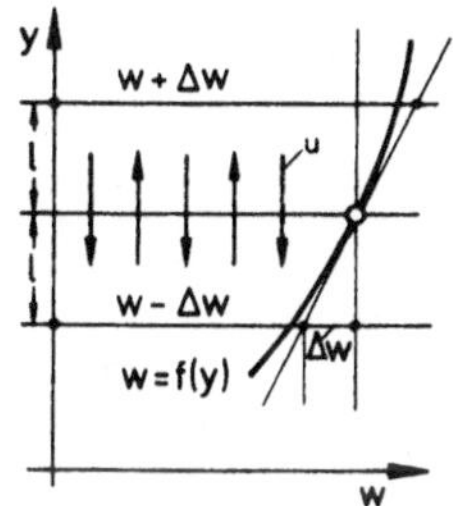

Bild 5.5. Stofftransport bei turbulenten Nachbarschichten

Bild 5.4. Deformation des abflauenden Scherstromes

Findet - durch Turbulenz bedingt - eine Bewegung von Wirbeln quer zu den Schichten mit der Geschwindigkeit u statt, so werden diese in der oberen Schicht beschleunigt und in der unteren Schicht verzögert. Dabei entsteht durch den ausgetauschten Massenstrom eine Impulsstromänderung bzw. eine an der Schicht wirkende Schubspannung

$$\tau_s = \rho \ u \ \Delta w \approx \rho \, |\Delta w| \ \Delta w$$

da aus Gründen der Massenstrom-Kontinuität

$$u \approx |\Delta w|$$

Mit der Mischlänge l_t, die als ein Maß für die Größe der Turbulenzballen gedeutet werden kann, findet man die Geschwindigkeitsänderung aus

$$\Delta w = \frac{dw}{dy} \ l_t$$

und somit die Beziehung für die Schubspannung

$$\tau_s = \eta_t \frac{dw}{dy} = \rho \ l_t^{\,2} \ \left|\frac{dw}{dy}\right| \frac{dw}{dy}$$

Die hier vorkommende turbulente Zähigkeit η_t, die positiv sein muß, ist

$$\eta_t = \rho \ l_t^{\,2} \ \left|\frac{dw}{dy}\right|$$

Für die unbekannte Mischlänge gibt es eine Reihe von Ansätzen, welche der Strömungsart (Freistrahl, Doppelstrahl, Freistrahl mit Drall usw.) angepaßt sind.

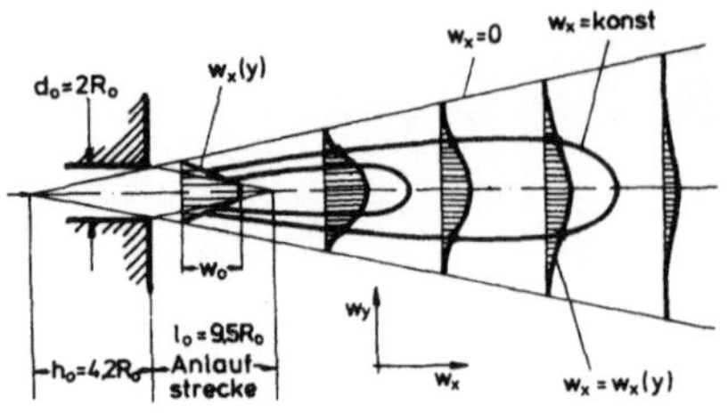

Bild 5.6. Geschwindigkeits-
feld im Freistrahl

5.5 Scherströmung am Freistrahl

Eine Scherströmung findet man beim Freistrahl, der aus einer Düse (Bild
5.6) in den Halbraum mit ruhendem Fluid heraustritt /20/. Er bringt in
den Halbraum einen Impulsstrom (Schub)

$$\dot{I} = 2\pi \int_{0}^{d_0/2} \rho \, w^2 \, R \, dR \tag{5.6}$$

ein. Mit

$$\dot{M} = 2\pi \int_{0}^{d_0/2} \rho \, w \, R \, dR$$

ist seine mittlere Anfangsgeschwindigkeit

$$w = \dot{I} / \dot{M}$$

Für die Feuerungstechnik sind nur die turbulenten Freistrahlen von Bedeutung.

Die Scherspannung bremst den Freistrahl, dessen Kern mit voller Aus-
trittsgeschwindigkeit die Form eines Kegels mit dem Winkel $\alpha \approx 12°$ und der
Länge $l_0 \approx 4,75 \, d_0$ annimmt /25/. Durch das Zusaugen des umgebenden Fluids
wird der Freistrahl konisch, wobei die Beschleunigung der zugesaugten
Masse das Geschwindigkeitsprofil des eindringenden Strahles verflacht.

Es wurde experimentell festgestellt /25/, daß die Geschwindigkeit auf
der Achse des Freistrahles (y = 0) mit dem Abstand x vom Ende des Kern-
bereiches (x = L) nach der Formel

$$\frac{w_x(x,0)}{w_0} \approx \frac{13,7}{\dfrac{x}{R_0} + 4,14}$$

abnimmt. Demnach ist die Durchschlagskraft bzw. Reichweite des Strahles
seinem Anfangsdurchmesser d_O proportional. Die quer zur Strahlachse in
radialer Richtung y abnehmende Geschwindigkeitsverteilung hat die Form
einer Glockenkurve. In Bild 5.6 sind auch die Isotachen abgebildet,
welche beim runden Strahl um die Strahlachse rotationssymmetrisch sind.

Die hier stattfindende Mischung macht den Freistrahl zum einfachsten
Brenner, wenn ein Brenngas in die Atmosphäre eingeblasen wird und die
Luft aus der Umgebung angesaugt wird. Da der Freistrahl von keiner Wand
umgeben ist, kann das Fluid aus seiner Umgebung frei zu ihm hinzufliess-
sen. Deshalb sind auch die örtlichen Druckunterschiede im Freistrahl
vernachlässigbar.

Der experimentell bestimmte hohe Turbulenzgrad eines Freistrahls ist aus
Bild 5.7 ersichtlich. Die starke Turbulenz am Strahlrand breitet sich
entlang der Strahlachse $(y/d_O = 0)$ aus und nimmt am Ende des Kernberei-
ches stark zu $(T_{w_x} = 0,2$ und mehr). Die Verteilungskurven für verschiedene Querebenen zeigen ausgeprägte Maxima, zuerst am Rand des Kernberei-
ches $(x/d_O = 1)$ und bei $x/d_O = 20$ in der Nähe der äußeren Strahlgrenzen.
Die T_{w_x}-Werte betragen örtlich bis zu 0,5.

Bei dem in einen Halbraum eindringenden Freistrahl ruft die an seinem
Rand durch Strahlträgheit erzeugte Schubkraft eine Querströmung hervor,
d.h. erzeugt einen Impulsstrom von außen zum Strahl. Bild 5.8 zeigt die

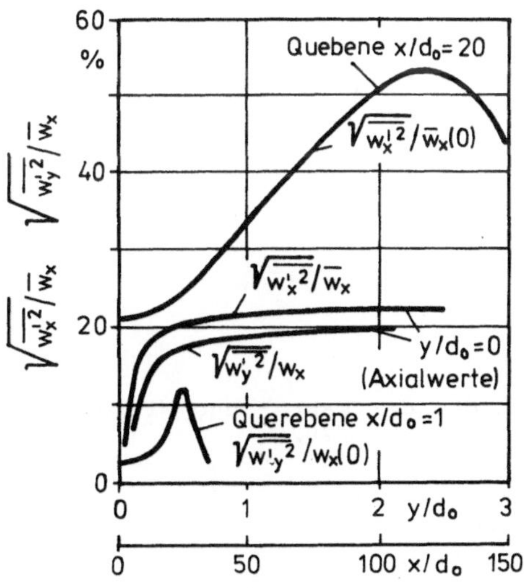

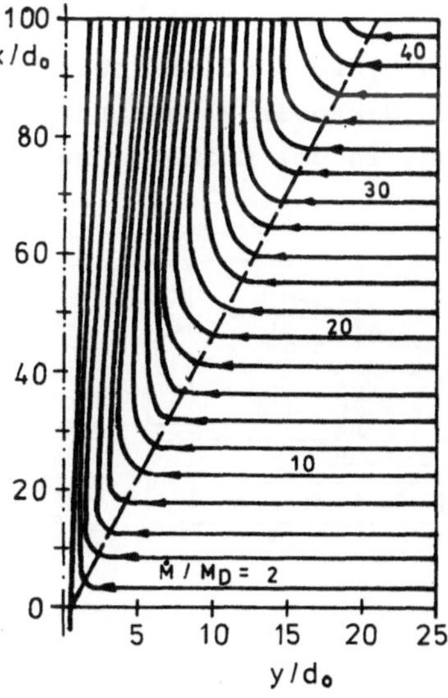

Bild 5.7. Turbulenzgrade von Freistrahlen (Achsenverlauf und Querverteilung) /20/

Bild 5.8. Ansaugvermögen eines Freistrahles

starke Zunahme des Massenstromes, die es ermöglicht, die für die Verbrennung notwendigen, großen Luftmassen ($\dot{M}_L/\dot{M}_B$ = 10 bis 20) auf einer
kurzen Strecke anzusaugen.

Vom Gesichtspunkt der Mischung darf allerdings nicht vergessen werden,
daß eine molekulare Vermischung nur durch Diffusion erreichbar ist. Ein
Massentransport durch Turbulenzballen schafft im Freistrahl die im Bild
5.9 veranschaulichte diskrete Gemischstruktur /20/, an welche die Diffusion anschließen muß, die die für eine Verbrennung notwendige Mischung
zwischen Gas und Luftballen besorgt. Kleine Wirbel sind deshalb erwünscht, weil sie für den Diffusionsvorgang eine große Massenaustausch-
fläche bieten. Die früher erwähnte Zerkleinerung der Wirbel entlang des
Mischweges ist demnach äußerst wichtig.

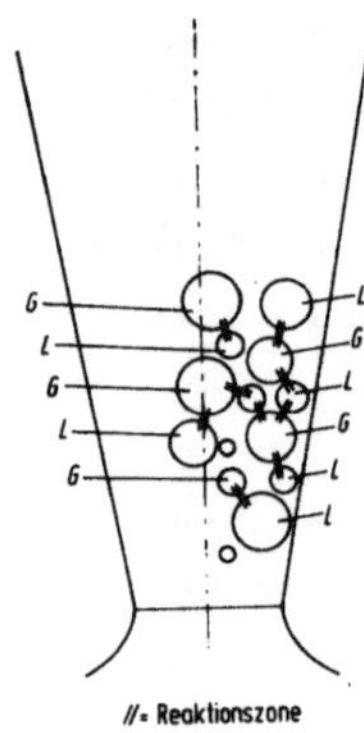

Bild 5.9. Reaktionszonen in einer turbulenten Flamme
(Schema der körnigen Struktur) /20/. (G Gas-"ballen";
L Luft-"ballen")

Die Größe von Mikro- und Makrowirbel im Freistrahl ist in Bild 5.10 dargestellt. Die Makrowirbel nehmen mit wachsendem x/d_O zuerst zu. Die Wirbelgröße liegt in der Größenordnung von Millimetern.

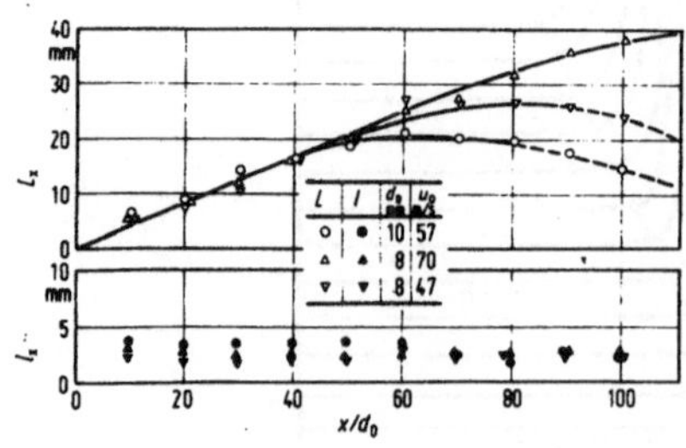

Bild 5.10. Größe der Makro- und Mikro-
wirbel im Freistrahl /20/

5.6 Doppelfreistrahl

Beim einfachen Freistrahl in Bild 5.6 saugt sich der Brennstoff die Verbrennungsluft als Kaltluft von der umgebenden Atmosphäre an. Seine Wärmeleistung ist deshalb klein und die Luftzahl ist kaum einstellbar. Um die Mischwirkung zu verstärken und um bei industriellen Feuerungen auch die vom Luftgebläse mit Überdruck gelieferte Luft gesteuert im richtigen Verhältnis zum Brennstoff zuführen zu können, wird der Kernstrahl aus Brenngas mit einem Ringstrahl aus Luft umgeben (Bild 5.11). Somit entsteht ein Doppelfreistrahl mit Scherwirkung sowohl zwischen Kern- und Ringstrahl (falls Gas und Luft unterschiedliche Geschwindigkeiten haben) als auch an der äußeren Ringstrahloberfläche.

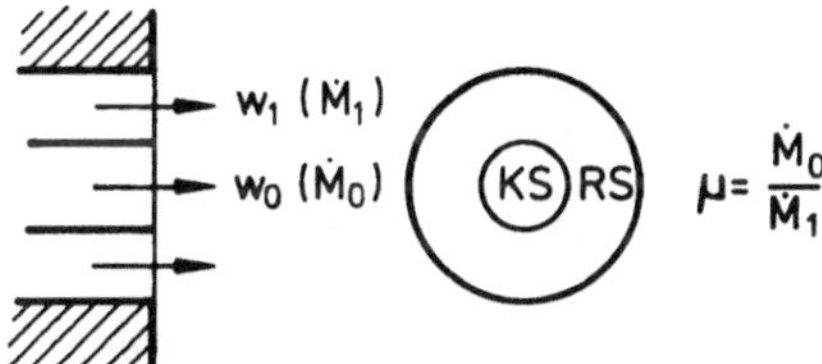

Bild 5.11. Schema eines Doppelstrahlbrenners. KS Kernstrahl; RS Ringstrahl

Der Impulsstrom von Luft und Brennstoff beträgt ein Vielfaches desjenigen eines einfachen Brennstoff-Freistrahles, da z.B. für 1 m^3 i.N. Erdgas eine Luftmenge von $\approx$ 10 m^3 i.N. benötigt wird. Dies vergrößert nicht nur die Eindringtiefe, sondern auch die Ansaugwirkung, welche die Zufuhr der zum Zünden notwendigen heißen Gasmassen von außen sichert. Bei Gasbrennern ist die Anordnung mit Luft als schnellem Kernstrahl und Gas als langsamem Ringstrahl besonders effektiv.

5.7 Rückführung der Turbulenz

Anders als im Halbraum verhält sich der eindringende Freistrahl in einem umgrenzten Raum. Der Freistrahl hat hier nach Bild 5.12 einen wesentlich kleineren Durchmesser als der zylindrische Feuerraum. Wegen der Ansaugwirkung des ausströmenden Freistrahls wird ein Teil der Strahlsubstanz zurückgeführt und es bildet sich ein ringförmiger Rückströmwirbel aus, der bis zum Strahlanfang reicht.

In Bild 5.13 ist die turbulente, kinetische Zähigkeit mit und ohne Rückströmung dargestellt. Diese wird durch die Rücksaugwirkung gesteigert, da der rückströmende Gasstrom im Unterschied zu der aus dem Halbraum angesaugten, ruhenden Luft seinerseits Turbulenz transportiert, d.h. es

tritt eine Art von Turbulenzrückführung auf. Vor allem am Strahlende ist
die Turbulenzerhöhung beträchtlich.

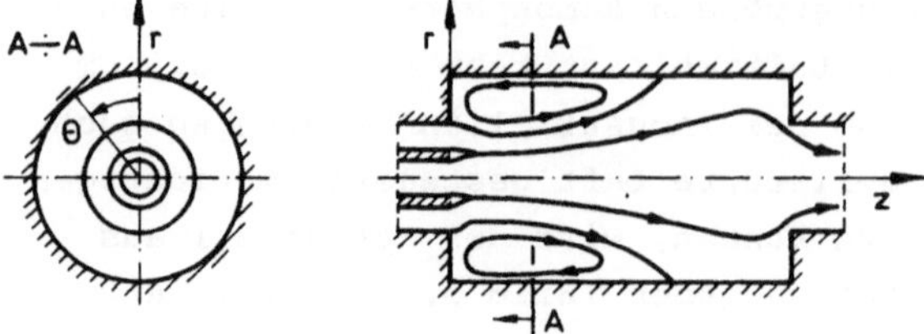

Bild 5.12. Doppelfreistrahl in einem umgrenzten Raum - Stromliniendar-
stellung /28/

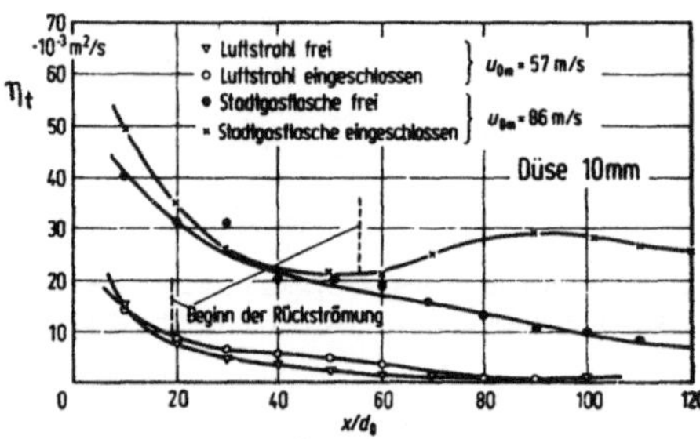

Bild 5.13. Turbulente kinematische
Zähigkeit (η_t/ρ) von Strahlen und
Flammen mit Rückströmung /20/

5.8 Freistrahl quer zum Hauptstrom (Querstrahl)

Beim Brenner nach Bild 5.14 entströmt das Gas quer zum Luftstrom aus den
Öffnungen eines gießkannenähnlichen Ansatzes. Auf der Windseite (Luvsei-
te) der Gasstrahlen entsteht ein Überdruck, auf der Windschattenseite
(Leeseite) ein Unterdruck. Ähnlich wie hinter einem festen Strömungshin-
dernis entsteht eine Nachlaufzone mit Rückströmwirbeln (in Bild 5.14
schraffiert). Am Rand des Strahls wird ein Brennstoff-Luft-Gemisch gebildet, das sich mit Hilfe des Rückstroms, der im Strömungsschatten des
Strahls entsteht, stabilisieren kann. Der in die Grundströmung eindringende Strahl wird als Querstrahl bezeichnet /26/.

Ein Wärmeschild schützt den Ansatz gegen die Hitze der rückgeführten
Flammengase und seine glühende Oberfläche wirkt als Zündhilfe.

5.9 Gegeneinander geneigte Strahlen und Stoffströme und die dabei entstehenden Flammen

Läßt man Strahlen von Brennstoff und Luft unter einem bestimmten Winkel
aufeinandertreffen, so vereinigen sich beide Strahlen zu einem einzigen

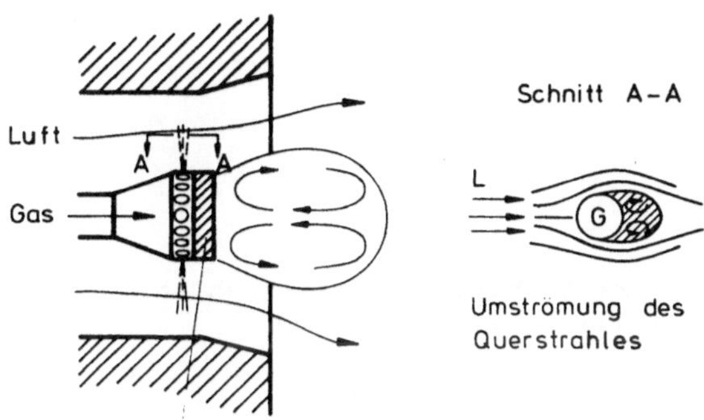

Bild 5.14. Brenner mit Querstrahl-Gaszufuhr /26/

Strahl, dessen Richtung im wesentlichen vom Impulsverhältnis der beiden
Strahlen abhängt. An der Vermischungsstelle entsteht ähnlich wie bei einer Scherströmung starke Turbulenz.

Eine Anwendung von geneigten Strahlen zeigt Bild 5.15 mit dem Schema eines bei Eckenfeuerungen vorkommenden Strahlbrenners. Bei diesem wirkt
der mittlere Luftstrahl mit seiner hohen Geschwindigkeit wie ein Ejek-
tor. Der obere und untere Brenngasstrahl mit kleinerer Geschwindigkeit
werden meistens leicht zum Mittelstrom geneigt gerichtet. Nach intensiver Vermischung gehen die beiden Brennstoffstrahlen in dem Mittelstrahl
auf, nachdem sie durch ihre Turbulenz in sein Wirbelfeld einbezogen wurden.

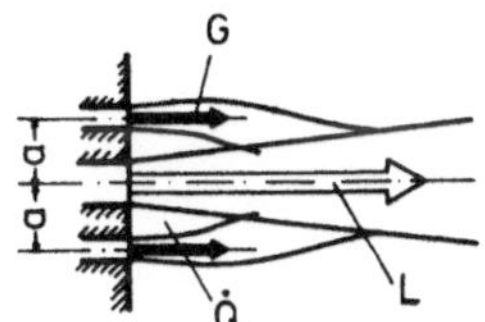

Bild 5.15. Ablauf der Mischung beim gebün-
delten Luftstrahl. G Brenngas; L Luft;
$\dot{Q}$ Wärmezufuhrbereich aus dem Feuerraum /4/

5.10 Scherströmung mit Drall

Eine Weiterentwicklung der Freistrahltechnik wird durch die Einbeziehung
der Fliehkraft möglich. Es wurde erwähnt, wie die Ausbildung eines Rück-
stromwirbels im Feuerraum, der den Freistrahl umgibt, den Turbulenzgrad
erhöht. Beim Freistrahl mit Drall entsteht ein Rückstrom auch innerhalb
des Strahles.

Nach Bild 5.16 bewirkt die Drehung eines Freistrahles eine radiale Erweiterung (Fall a) und bei weiterer Steigerung des Dralles (Fall b) eine
Rückströmung in den in der Strahlmitte entstandenen Hohlraum. Bei noch

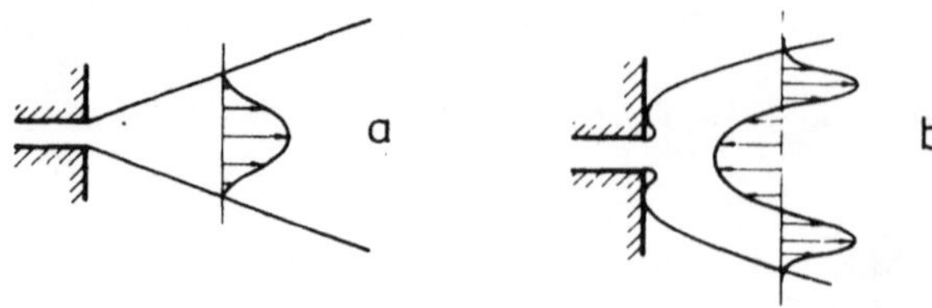

Bild 5.16. Vergleich drallfreier und drallbehafteter Freistrahlen.
a Freistrahl ohne Drall; b Freistrahl mit Drall

weiterer Erhöhung des Dralles nimmt der Strahl die Form eines sich drehenden, trichterförmigen Hohlkegels an, dessen Rückbildung zum Einzel-
strahl man nicht mehr wahrnimmt. Innerhalb des Hohlkegels entsteht ein
Unterdruckgebiet. Im Gegensatz zum drallfreien Freistrahl gibt es also
bei dem verdrallten Strahl quer zur Strahlachse merkbare Druckunterschiede.

Der Dralleffekt eines Freistrahles wird durch seine Drallzahl /27/

$$DZ = \dot{D}/S \cdot R_o = \frac{2\dot{D}}{Sd_o} \tag{5.7}$$

definiert. Diese Drallzahl muß, um eine innere Rückströmung zu erzwingen, die Bedingung $DZ \geqq 0{,}6$ erfüllen. Dabei bedeutet mit Geschwindig-
keitskomponenten nach Bild 5.17 der Term

$$\dot{D} = 2\pi \int_O^{R_o} \rho\, w_a\, w_u\, r^2 dr \qquad kgm^2/s^2$$

das Impulsmoment (Drall) und nach (5.6)

$$S = \dot{I} = 2\pi \int_O^{R_o} \rho\, w_a{}^2\, rdr \qquad kgm/s^2$$

den axialen Impulsstrom (Schub).

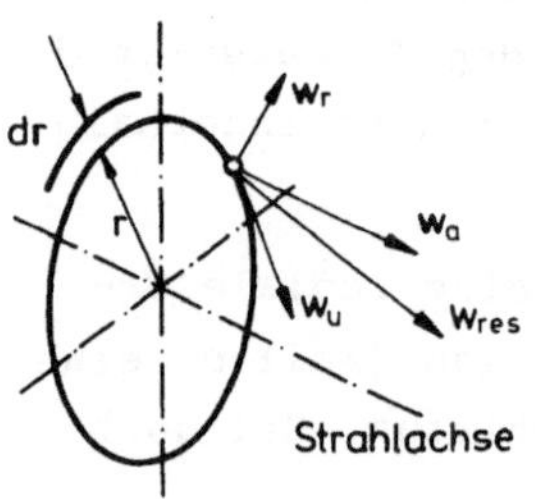

Bild 5.17. Geschwindigkeitsvektoren bei einem
verdrallten Freistrahl

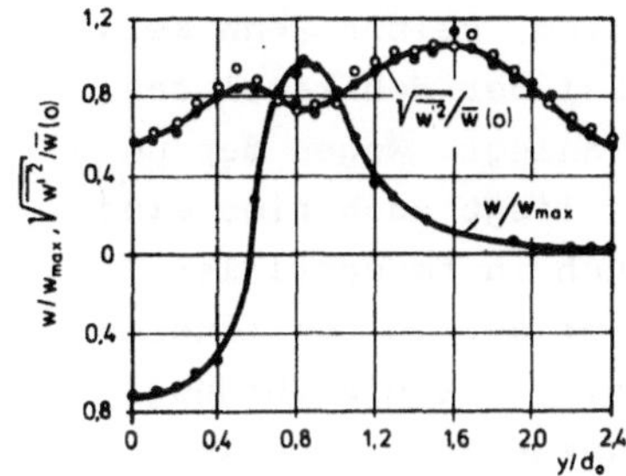

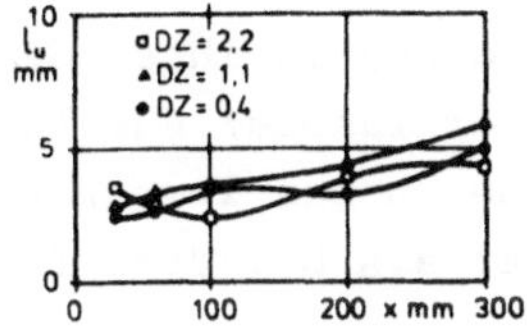

Bild 5.18. Turbulenzgrad im Drall-
strahl - Querverteilung von $\sqrt{w'^2}/\overline{w}$
und Geschwindigkeitsprofil w/w_{max}

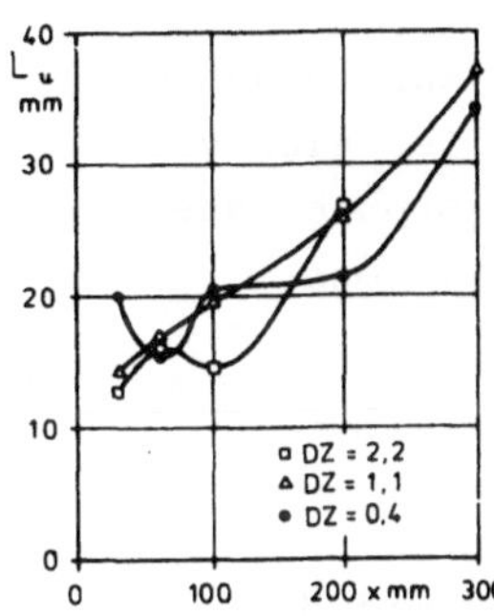

Bild 5.19. Makro- und Mikrowirbelgröße entlang des Stromweges für verschiedene Drallzahlen (DZ)

Die starke Turbulenzerhöhung durch den Drall (DZ = 2,9) gibt die Querverteilung in Bild 5.18 wieder. Hier werden Turbulenzgrade nahe dem Wert
1 erreicht. Ihre Ursache liegt vor allem in der schon erwähnten inneren
Rückströmung. Auch die Massenstromzunahme des verdrallten Strahles ist
größer als beim drallfreien Freistrahl. Bild 5.19 zeigt die Wirkung des
Dralles auf die Wirbelgröße.

Versetzt man bei einem Doppelstrahl-Kreisbrenner einen oder beide der zu
mischenden Ströme in eine Drehung, u.U. mit gegensinniger Drehrichtung,
um die Scherwirkung zu verstärken, so entsteht ein Drallbrenner (Bild
5.20). Die innere Rückströmung oder bei manchen Brennern der Prallkegel

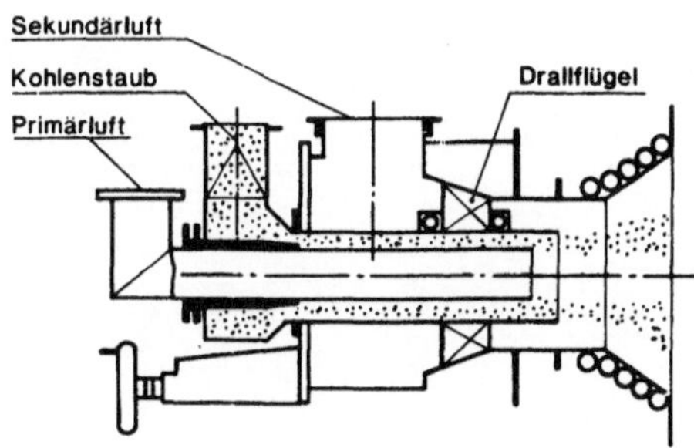

Bild 5.20. Drallbrenner

zwingen den in der Mitte strömenden Brennstoffstrom, selbst wenn kein
Drall vorliegt, auf den Umfang auszuweichen, wobei der Hohlkegel des
inneren Stromes sich auf denjenigen des äußeren anlegt. Wegen der unterschiedlichen Geschwindigkeit beider Hohlkegel liegt auch hier eine
Scherströmung vor, die sowohl in radialer als auch in tangentialer
Richtung auftritt. Die rückgeführte heiße Masse dringt in den inneren
Hohlkegel ein und sichert somit die Zufuhr der u.a. für die Zündung
notwendigen Wärme. Sind beide Ströme im entgegengesetzten Drehsinn
verdrallt, so ist die Scherwirkung noch größer.

Ein Nachteil der sehr turbulenten und in ihrer Gestalt kurzen und bu-
schigen Drallflamme mit intensiver innerer Rückführung ist eine verstärkte Stickoxidbildung wegen der hohen Temperatur in Brennernähe.
Auch der Lärmpegel ist hier höher als bei drallfreien Flammen.

5.11 Flammen- und Turbulenzmodelle

Die erkannte Bedeutung der Turbulenz für die Mischung sowie die entscheidende Rolle der turbulenten Zähigkeit für die Strömungsverhältnisse in der Flamme führen zur Aufstellung mathematischer Flammenmodelle.
Man nimmt hier an, daß die Navier-Stokes'sche Gleichung für reibungsbe-
haftete Fluide für die Erstellung von Flammenmodellen brauchbar ist
/28/. Man muß allerdings bei der rechnerischen Simulation, bei der man
von computergerechten modularen Flammenmodellen ausgeht, imstande sein,
die örtliche turbulente Zähigkeit zu ermitteln. Aufzustellen sind weiter die örtlichen Massen-, Impuls- und Energiebilanzen des Flammenmo-
duls, wobei in der letzteren die Verbrennung als Wärmequelle und die
Wärmeabstrahlung als Wärmesenke mit zu erfassen sind.

6. Zündung der Flamme

6.1 Zündtemperatur

Die Oxidation eines Brennstoffes geschieht bei niedrigen Temperaturen
mit so geringer Geschwindigkeit, daß die dabei entwickelte Wärme stän-
dig an die Umgebung abgegeben wird, ohne daß eine nennenswerte Temperaturerhöhung eintritt. Erwärmt man dagegen das brennbare Gemisch von
außen, so steigert sich die Reaktionsgeschwindigkeit derart, daß oberhalb einer gewissen Temperaturschwelle, der Zündtemperatur, die entbundene Wärmemenge die abgegebene Wärmemenge übersteigt. Die Reaktion wird
somit beschleunigt, so daß eine stabile Verbrennung eingeleitet und aufrechterhalten wird /20/.

Dieser Zündvorgang hängt ab:

1. Von der Reaktionsgeschwindigkeit, also der Reaktionsfähigkeit, die
   eine Stoffeigenschaft des betreffenden Brennstoffes ist und

2. von Faktoren wie z.B. dem Wassergehalt des Brennstoffes, der Umgebungstemperatur, der Wärmezu- oder -abstrahlung, der Luftgeschwindigkeit usw., also von einer Reihe teils physikalisch stofflicher,
   teils apparativer Bedingungen, die den Zündvorgang hemmen oder
   fördern.

Diese Zusammenhänge erschweren die Definition der Zündtemperatur und
ihre Messung. Deshalb sind die in Tab. 6.1 angegebenen Werte rein infor-
mativer Natur. Man sieht, daß hier die 600 $^{\circ}$C Grenze nur selten überschritten wird. Noch schwieriger ist die Feststellung der Zündtemperatur
bei festen Brennstoffen.

Die Erstzündung ist von Volumen- und Druckzunahme des Feuerrauminhaltes
begleitet. Ähnlich bewirkt der Flammenverlust einen Unterdruck im Feuer-

raum, wenn die Gasmasse schrumpft. Diese Druckänderungen können u.U. ein Aus- bzw. Einbeulen der Feuerraumwände herbeiführen.

Tabelle 6.1. Zündtemperaturen technischer Brennstoffe

Brennstoff		Zündtemperatur $^\circ$C
a) Gase:		
Kohlenoxyd	(CO)	630-715
Wasserstoff	(H_2)	510
Methan	(CH_4)	645
Äthan	(C_2H_6)	530
Äthylen	(C_2H_4)	540
Propan	(C_3H_8)	510
Acetylen	(C_2H_2)	335
b) flüssige Brennstoffe:		
Benzin		330-520
Benzol		520-600
Gasöl		230-242
Heizöl		212
Braunkohlenteeröl		260
Steinkohlenteeröl		315

6.2 Flammenfront

Als anschauliches Beispiel wurde die Flammenfrontausbildung beim H_2-Freistrahl untersucht (Bild 6.1). Man erkennt hier eine sehr dünne Brennzone -'Flammenfront -, in der jeweils nur H_2O und N_2 gefunden werden. Außer dem Reaktionsprodukt H_2O und dem inerten N_2 strömt innerhalb der Brennfläche ausschließlich H_2, außerhalb neben den genannten Molekülarten ausschließlich Sauerstoff. H_2 und O_2 gehen zur Flammenfront hin gegen Null. Die Reaktion schreitet in dem Maße fort, in dem vom Kern des Gasstroms her H_2, von außen her O_2 zur Brennfläche diffundiert. Das Reaktionsprodukt diffundiert umgekehrt aus der Flammenfront in den H_2-Strom bzw. die Umgebung.

Der Brennstoffstrom wird durch Wärmeleitung und durch das eindiffundierende Abgas erwärmt, die dabei abnehmende Dichte bewirkt die Ausweitung der Flammenfront im Mittelteil der Flamme. Mit abnehmendem H_2-Vorrat im Strahl nimmt der Durchmesser der Flammenfront wieder ab und erreicht schließlich, wenn der gesamte Brennstoff in der Flammenspitze aufgebraucht ist, den Wert Null.

Selbst wenn die Erstzündung außerhalb der Flammenfront stattfindet, stabilisiert sich die Flammenfront dort, wo n = 1 vorliegt. Sowohl die

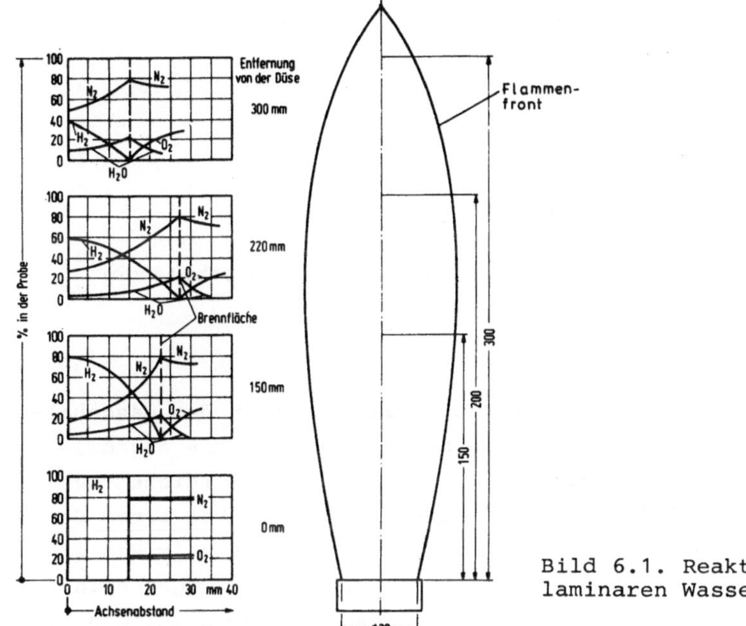

Bild 6.1. Reaktionsverlauf in einer laminaren Wasserstofflamme /20/

energiereichen Gasteilchen im brenngasarmen Bereich (n > 1), als auch die energiereichen Sauerstoffteilchen im luftarmen Bereich (n < 1) können keine Kettenreaktion aufrechterhalten. Diese verlöschen dort, entweder wegen Mangel an Zündwärme im ersten Fall oder wegen Sauerstoffmangel im zweiten Falle.

6.3 Flammengeschwindigkeit und Zündgrenzen

Beobachtet man eine Gas-Luft-Vormischflamme, so sieht man eine kegelförmige leuchtende Flammenfront (Bild 6.2). An der Flammenfront findet die Verbrennung statt. An ihrer inneren Seite fließt das Gemisch mit der Geschwindigkeit u zu, während auf der Außenseite die Verbrennungsgase wegen der beachtlichen Volumenzunahme bei der Verbrennung mit einer deutlich größeren Geschwindigkeit w wegströmen.

Die normale Geschwindigkeitskomponente $u_n = \Lambda_1$ ist mit der laminaren Zündgeschwindigkeit identisch. Je kleiner diese ist, desto größer ist die Kegellänge, denn die Fläche der Flammenfront ist auch der axialen Geschwindigkeit des Gemisches u_a proportional. Nach Bild 6.2 ist der Spitzenwinkel /25/

$$\alpha = \arcsin \frac{u_n}{u_a} = \arcsin \frac{\Lambda_1}{u_a} \ .$$

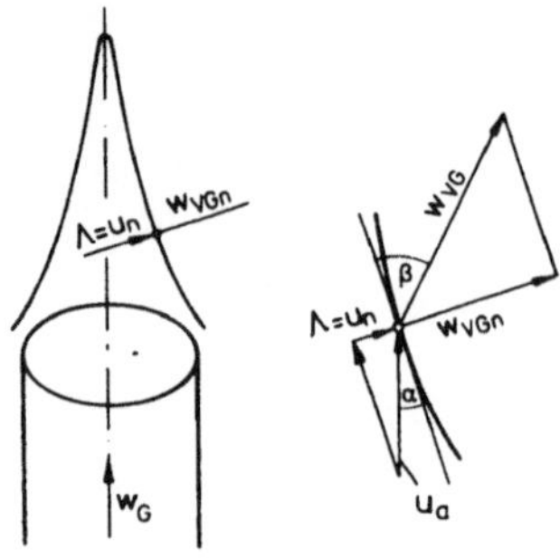

Bild 6.2. Mischrohr mit Vormischflamme

In Bild 6.3 sind Flammengeschwindigkeiten Λ_1 als Funktion des Gasgehaltes in Luft für einige als Brennstoff in Frage kommende Gase abgebildet. Sie besitzen ein Maximum. Bei einem zu armen oder zu reichen Gemisch erlischt die Flamme. An beiden Zündgrenzen (untere bei armem Gemisch) ist jedoch $\Lambda_1 \gg 0$. Die hohe Flammengeschwindigkeit beim Wasserstoff bzw. H_2-haltigem Wassergas, welche deren hohen Molekelgeschwindigkeit zuzuschreiben ist, steht in krassem Gegensatz zum niedrigen Λ_1 bei CO.

Bei erhöhtem Druck nimmt die Flammengeschwindigkeit zu. Ebenso steigert eine Erhöhung der Gemischtemperatur die Flammengeschwindigkeit (Bild 6.4). Aus Bild 6.5 ist die katalytische Wirkung von Wasserdampf auf die Flammengeschwindigkeit von CO ersichtlich.

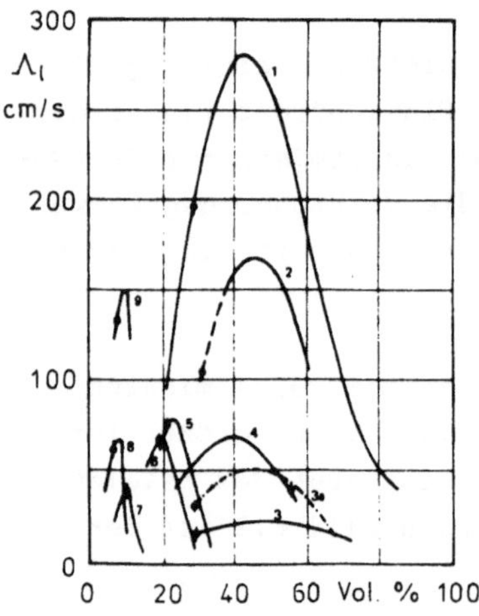

Bild 6.3. Laminare Flammengeschwindigkeiten von Gasen /23/. 1 Wasserstoff; 2 Wassergas; 3 Kohlenoxid; 3a CO mit 2,3 % H_2O; 4 Gichtgas; 5 Stadtgas; 6 Steinkohlengas; 7 Methan; 8 Äthylen; 9 Azetylen

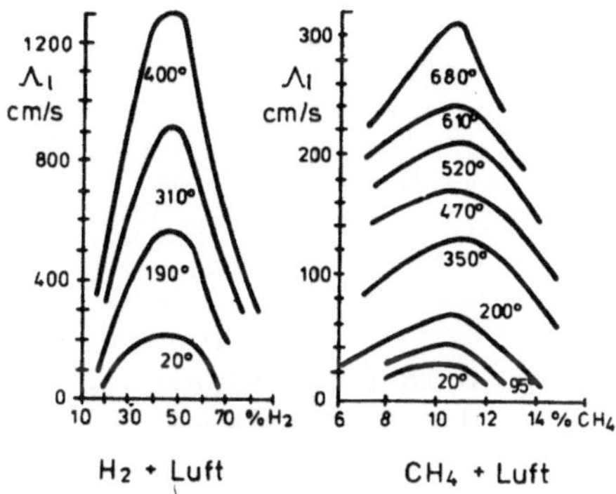

Bild 6.4. Abhängigkeit der Flammengeschwindigkeit von der Gemischtemperatur

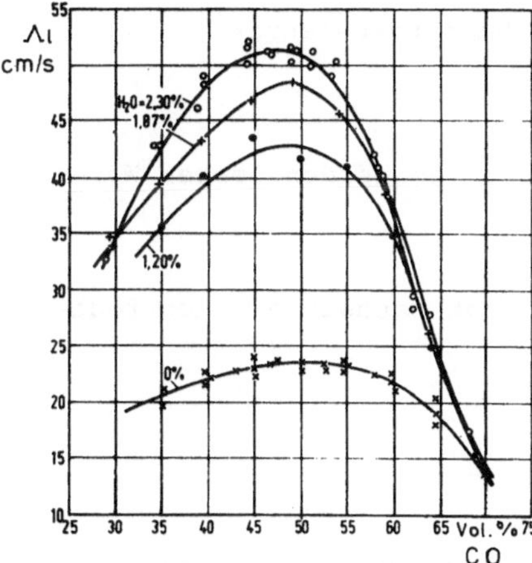

Bild 6.5. Flammengeschwindigkeit von CO-
Luft-Gemischen in Abhängigkeit vom Wasserdampfgehalt /20/

6.4 Turbulente Flammenfront

Bei einer laminaren Vormischflamme ist die Flammenfront ortsfest. Wird
der Gemischstrom vergrößert und die Strömung turbulent, so ändert die
Flammenfront regellos ihre Gestalt (Bild 6.6). Folgen der Turbulenz
sind:

1. Die Flammenfront wird aufgefaltet, da die Geschwindigkeitskomponente
   u_n stochastisch schwankt und die Oberfläche stark zunimmt.

2. Zu der molekularen Wärmeleitung über die Flammenfront addiert sich
   der konvektive Massenaustausch von Turbulenzballen, der den Wärmetransport wesentlich verstärkt.

3. Die Auffaltung (Bild 6.7) steigert die Wärmezufuhr auch dadurch,
   daß an den konkaven Stellen der Flammenfront, wo die Gemischkeile

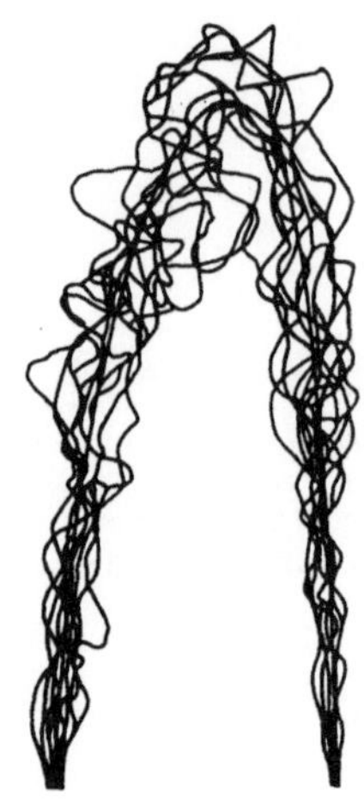

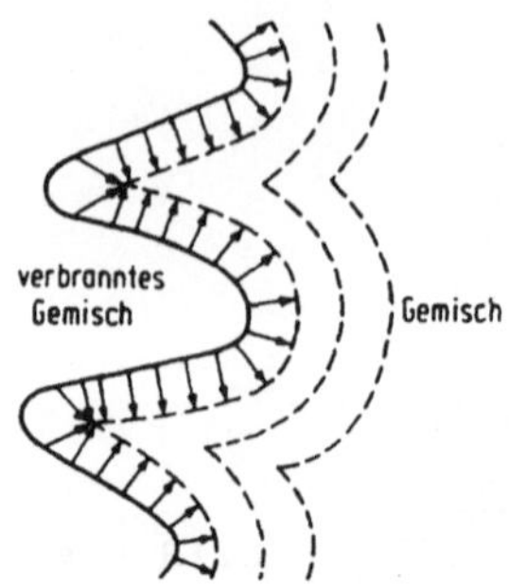

Bild 6.7. Auffaltung
der Flammenfront /20/

Bild 6.6. Augenblicksaufnahmen turbulenter
Flammenfronten /20/

tief in die Flammenmasse eindringen, diesen von beiden Seiten Wärme
zugeführt wird.

Die turbulente Flammengeschwindigkeit Λ_t beträgt deshalb ein Mehrfaches
von Λ_1.

6.5 Zufuhr der Zündwärme

Für ein stetiges Weiterzünden des Gemischstromes ist es erforderlich,
die Zündwärme der Flamme zu entnehmen, in der die Wärme auf hohem Temperaturniveau in praktisch unbeschränkter Menge vorhanden ist. Dazu
wird ein Teil des durch Verbrennung freigesetzten Wärmestromes durch
Konvektion zum Brenner zurückgeführt. Die technische Ausführung dieser
Rückführung heißer Verbrennungsprodukte zur Brennermündung ist aus den
früheren Bildern 5.6, 5.11, 5.14, 5.15 und 5.20 ersichtlich. Die Flammenstrahlung spielt hier selbst bei leuchtenden Flammen lediglich eine
kleine Rolle.

Bei wenig reaktiven oder heizwertarmen Brennstoffen ist es u.U. notwendig, Stützbrenner einzusetzen, welche die Zündung und die Verbrennung
des minderwertigen Brennstoffes stabilisieren. In diesen Stützbrennern
wird ein edlerer Brennstoff verfeuert, welcher auch bei hohem Überschuß
an kalter Luft stabil brennt.

6.6 Stabilisierung der Zündung

Für die Zündung ist auch die Tatsache wichtig, daß nach Bild 6.3 die
Zündgeschwindigkeiten einen Bruchteil der üblichen Luft- und Gasgeschwindigkeiten im Brenner darstellen. Um einem Abreißen der Flamme
vorzubeugen, ist eine Stabilisierung der Zündung unvermeidbar. So entsteht z.B. bei einer plötzlichen Querschnittserweiterung nach dem früheren Bild 5.12 ein Ringwirbel, der heiße Verbrennungsgase zurückführt.
Die Flammenfront liegt hier in unmittelbarer Brennernähe und ihr Abstand
vom Brenner ist fast lastunabhängig.

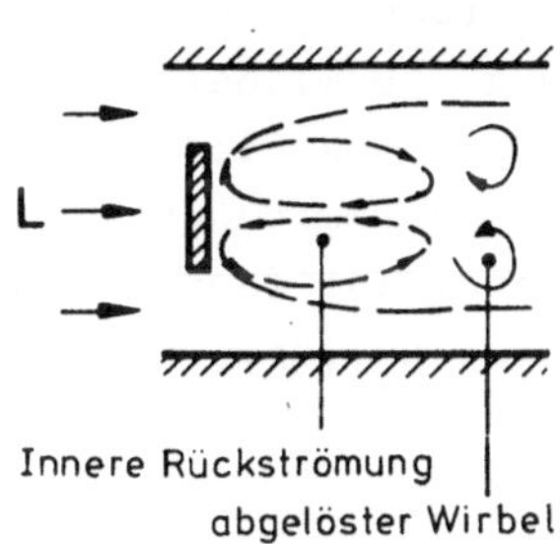

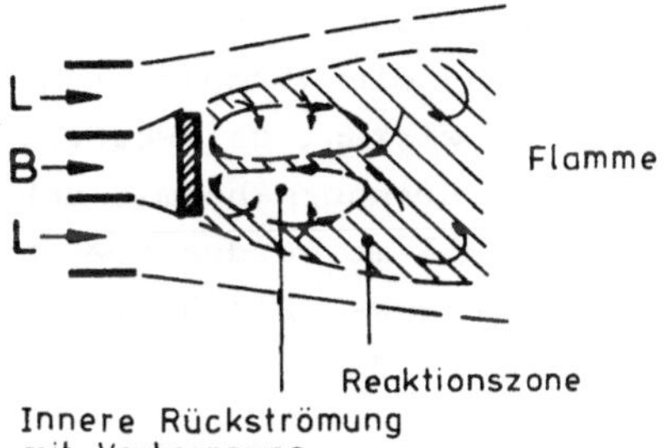

Bild 6.8. Gestörte Strömung
(Körper mit Grenzschichtablösung)

Bild 6.9. Schlecht umströmte Prallplatte
als Flammenhalter (siehe auch Bild 5.14)

Bei gewollt schlecht umströmten Körpern nach Bild 6.8 mit Stromablösung
bildet sich an ihrer Leeseite ebenfalls ein Ringwirbel mit einer inneren
Rückströmung aus. An der Plattenleeseite wird der Wirbel durch Reibung
gebremst, so daß zwischen diesem und dem umgebenden Strom eine Schubspannung entsteht. Diese führt zu einem Massenaustausch in Richtung quer
zur Stromachse, der umso stärker wird, je größer die Stromgeschwindig-
keit ist.

Ein auf diesem Prinzip aufgebauter Doppelstrahlbrenner ist in Bild 6.9
dargestellt. Der sich hinter der als Flammenhalter wirkenden Prallplatte
befindende Ringwirbel liefert dem Gemischstrom, der die Platte umströmt,
die Zündwärme. Die innere Rückströmung erfüllt hier also sowohl die Aufgabe der Mischung als auch der Rückführung der Verbrennungsgase zwecks
stabiler Zündung. Eine ähnliche Wirkung hat auch die konische Erweiterung der Brennermündung (Bild 6.10). Ein anderes Mittel zum Erzwingen
eines inneren Rückstromes ist der Drall (Bild 5.16).

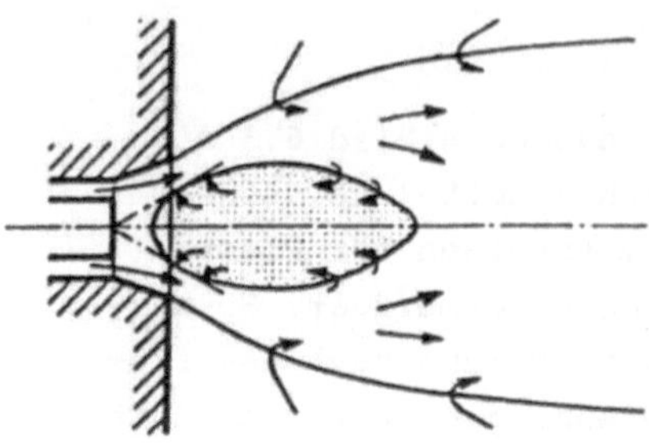

Bild 6.10. Erweiterung der Brennermündung

Bei besonders schlecht zündenden Brennstoffen ist die Zündung durch An-
wendung von Zündstützen aufrechtzuhalten. So z.B. bei Verfeuerung von
Anthrazit sucht man die Wärmeabstrahlung von der Flamme zu vermindern.
Dazu wird die Kühlwirkung der Feuerraumwände unterbunden, indem die
Siederohre in der Brennernähe mit schlecht wärmeleitender keramischer
Verkleidung abgeschirmt werden. Deren Oberflächentemperatur ist fast so
hoch wie die der Flamme. Die hiervon abgestrahlte bzw. reflektierte
Wärme wirkt wie eine Zündwärme.

Reicht dies nicht aus, so greift man zu den Stützbrennern, in welchen
ein gut zündender und eine heiße Flamme erzeugender Brennstoff wie Gas
oder Öl verfeuert wird. Diese Brenner übernehmen auch die Aufgabe der
Anfahrbrenner. Sie liefern die Zündwärme auf einem hohen Temperaturniveau.

7. Verbrennungsvorgang

7.1 Homogene und heterogene Reaktionen

Ist die Mischung und Zündung eines Gas-Luft-Gemisches vollzogen, setzt
die eigentliche Verbrennung ein. Bei dieser kommt es dank hoher Temperatur zu Zusammenstößen der Molekel mit ausreichender Energie, so daß
Oxidationsreaktionen stattfinden. Hierbei handelt es sich um homogene
Verbrennungsreaktionen, da die Reaktionspartner in derselben Phase vorliegen. Heterogene Reaktionen treten z.B. bei der Verbrennung fester und
flüssiger Brennstoffe mit Luft auf. Im folgenden werden zunächst die ho-
mogenen Verbrennungsreaktionen behandelt, da bei diesen die Verhältnisse
am einfachsten und am übersichtlichsten sind.

Die homogene Verbrennung ist in der Feuerungstechnik sehr wichtig und
kommt nicht nur bei Gasfeuerungen vor. Auch bei einer Ölfeuerung wird
der flüssige Brennstoff zuerst verdampft und deshalb z.B. in einem homo-
genen Gemisch mit Luft verfeuert. Bei Kohle bilden die durch Kohlener-
wärmung freigemachten flüchtigen Bestandteile mit Luft ebenfalls ein ho-
mogenes Gemisch. Somit schrumpft bei Öl- und Kohlenverbrennung die heterogene Verbrennung auf die des Koksrückstandes.

Die Eigenschaften einiger technisch wichtiger Brenngase sind in Tab. 7.1
angegeben.

7.2 Reaktionskinetik

Bei einer Vormischflamme, bei der sich der Zustand der Mischung der molekularen Mischung nähert, gilt für die Reaktionsgeschwindigkeit oft
näherungsweise die Formel nach Arrhenius

$$k = k_o \, e^{-\frac{E}{RT}}$$

wobei

k_O = Häufigkeitsfaktor   E = Aktivierungsenergie

$\mathcal{R}$ = allgemeine Gaskonstante (8,313 J/mol K)

Tabelle 7.1. Eigenschaften einiger technisch wichtigen Brenngase /20/

Gasart	Zusammensetzung (Vol.%)									Heizwert H_u	Dichte
	$\geq C_5$	C_4	C_3	C_2	CH_4	CO	H_2	CO_2	N_2	kJ/m_n^3	kg/m_n^3
Gichtgas (Mittelwert)	–	–	–	–	–	27	1,5	12	59,5	3300	1,3204
Wassergas	–	–	–	–	0,5	42	50	4	3,5	11000	0,680
Generatorgas											
Braunkohle,Brikett	25 g/m_n^3	–	–	0,2	2	31	16	4	47	7300	1,083
Steinkohle	25 g/m_n^3	–	–	0,4	3	28	15	4	50	6800	1,090
Koks	–	–	–	–	0,5	28	13	5	53	6100	1,131
Koksofengas	–	–	1	1	25	6	55	2	10	17500	0,4998
Stadtgas	–	–	1	1	22	12	44	4	16	17000	0,6578
Druckvergasungsgas	–	–	–	0,4	4,6	25	42	25	1	9200	0,928
Erdgas											
Emsland D	–	–	0,5	1	90	–	–	3,0	5,5	37000	0,787
Rheden D	–	–	–	0,7	76	–	–	15,8	7,5	28000	0,961
Slochteren NL	–	0,2	0,4	2,7	82	–	–	0,7	14	35000	0,825
Nordsee GB	–	–	0,2	3,5	93	–	–	0,3	2,5	36000	0,744
Lacq (gereinigt) F	–	1,6	1,5	4,4	90	–	–	1,3	1,0	43000	0,787
Algerien	–	1,6	2,1	7,8	89			<0,2	<0,2	44000	0,795
Flüssiggas DIN 51 621	–	<10	90							93200	2,122

bedeuten. Die Aktivierungsenergie ist zum Überwinden der Reaktionsbarrieren erforderlich. Der Häufigkeitsfaktor (Stoßzahl) ist ein Maß für die Anzahl der Molekelzusammenstöße und nimmt ebenfalls mit der Temperatur zu ($\sim \sqrt{T}$).

Bei hohen Temperaturen ist k ein Vielfaches der Geschwindigkeit des Massentransportes in der Flamme, was den letzteren hinsichtlich der Verbrennungsdynamik zum entscheidenden Teilvorgang macht.

7.3 Massenwirkungsgesetz und Gleichgewichtskonstante

Bei chemischen Reaktionen findet ein Energieumsatz statt, wobei eben die Verbrennungsreaktionen mit einer erheblichen Wärmeentwicklung verbunden sind. Die Grundgesetze der Thermodynamik gelten auch für diese Oxidationsvorgänge und leisten, bezogen auf die Wärme, einen wertvollen Beitrag zur Erkenntnis der physikalischen Natur der Verbrennung /29/.

Die Wahrscheinlichkeit des Auftretens von n unabhängigen Ereignissen beträgt

$$W = w_1 w_2 w_3 \ldots w_n \tag{7.1}$$

Bei einer symbolisch geschriebenen chemischen Reaktion

$$aA + bB \rightleftharpoons dD + eE$$

ist die Wahrscheinlichkeit w des Zusammenstoßes von Molekeln der Konzentration C der betreffenden Reaktionskomponente proportional und es gilt für die linke Seite der Reaktionsgleichung:

$$W = \underbrace{C_A \ C_A \ldots C_A}_{a-mal} \cdot \underbrace{C_B \ C_B \ldots \ C_B}_{b-mal}$$

Die Geschwindigkeit der Reaktion in Richtung $\rightarrow$ ist

$$u_1 = K_1 \cdot C_A{}^a \cdot C_B{}^b$$

und in entgegengesetzter Richtung

$$u_2 = K_2 \cdot C_D{}^d \cdot C_E{}^e$$

Am Ende der Reaktion gilt $u_1 = u_2$, d.h.

$$K_1 \cdot C_A{}^a \cdot C_B{}^b = K_2 \cdot C_D{}^d \cdot C_E{}^e$$

Die Gleichgewichtskonstante der Reaktion lautet dann

$$K_C = \frac{K_1}{K_2} = \frac{C_D{}^d \cdot C_E{}^e}{C_A{}^a \cdot C_B{}^b} \tag{7.2}$$

Dies bezeichnet man als Massenwirkungsgesetz. Zu betonen ist, daß K_C nichts über die Reaktionsgeschwindigkeit aussagt, sondern lediglich über die Reaktionsausbeute. Bei Gasen, bei denen $C \sim p$ ist, läßt sich (7.2) zu

$$K_p = \frac{p_D{}^d \cdot p_E{}^e}{p_A{}^a \cdot p_B{}^b}$$

umformen. Für die Temperaturabhängigkeit von K_p gilt

$$\frac{d(\ln K_p)}{dT} = -\frac{\Delta h}{\Re T^2}$$

Bei exothermen Reaktionen ($\Delta h > 0$) geht die Gleichgewichtskonstante bei einem Temperaturanstieg zurück und bei endothermen Reaktionen ($\Delta h < 0$) nimmt diese zu. Endotherme Reaktionen finden deshalb optimale Bedingungen bei hoher Temperatur.

Auch der Druck wirkt sich auf das Reaktionsgleichgewicht aus. Bei einer Reaktion, die von einer Volumenvergrößerung begleitet wird, bremst eine Druckerhöhung den Reaktionsablauf. So bewirkt z.B. bei den Vergasungs- reaktionen (4.3 bis 4.5), die mit einer Vergrößerung der Molekelanzahl verbunden sind, ein höherer Druck eine niedrigere Reaktionsausbeute.

7.4 Zwischenstufenreaktionen

Reaktionen treten beim Zusammmenstoß von Molekülen der Reaktionspartner auf. Nach der Molekulartheorie sind vorwiegend Zweierstöße, selten Dreier- stöße zu erwarten (siehe Reaktionswahrscheinlichkeit in (7.1)). Reak- tionen, die sich zwischen zwei Ausgangsteilchen abspielen, treten also bevorzugt auf.

Die üblichen Reaktionsgleichungen sind Summenformeln, die nur die Art und die Molekelanzahl der Anfangs- und Endprodukte angeben, aber nichts über den Ablauf der Reaktion aussagen. Zur Methanverbrennung sind z.B. drei Moleküle nötig:

$$CH_4 + 2O_2 \rightleftharpoons 2H_2O + CO_2 .$$

Die Reaktion würde sehr langsam verlaufen, wenn sie auf Dreierstöße zwi- schen einem CH_4 und zwei O_2 angewiesen wäre. Tatsächlich laufen Reak- tionen über viele Zwischenstufen, was auch bei der Verbrennung einfacher Stoffe wie H_2 der Fall ist /20/. Dabei können drei Arten von Zwischen- produkten entstehen:

1. Freie Atome ($\dot{H}$, $\dot{O}$, $\dot{N}$) von Substanzen, die unter Umgebungsbedingungen nur als zweiatomige Moleküle vorkommen.

2. Molekülbruchstücke (Radikale), d.h. Verbindungen, die zwar nicht bei Raumbedingungen, aber bei den Temperaturen der Flammen beständig sind. Die wichtigsten sind: OH, C_2, CH, CH_3.

3. Stabile Verbindungen, d.h. Moleküle, die auch bei Raumbedingungen
   existieren können.

Die Gruppen 1 und 2 der Zwischenprodukte sind aktive (energiereiche)
Teilchen. Je nach Änderung der Anzahl dieser Teilchen bei der Reaktion
(steigt, bleibt gleich, sinkt) unterscheidet man nach Tabelle 7.2 zwischen den nachfolgenden Arten von Reaktionsschritten:

Tabelle 7.2. Arten von Reaktionsschritten

		Anzahl energie- reicher Teilchen
Startreaktion		
$H_2 + O_2 \rightleftharpoons \dot{O}H + \dot{O}H$		
$H_2 + O_2 \rightleftharpoons H_2O + \dot{O}$		steigt
$H_2 + M \rightleftharpoons \dot{H} + \dot{H} + M$		
Kettenreaktion		
$H_2 + \dot{O}H \rightleftharpoons H_2O + \dot{O}$		gleich
Kettenverzweigungen		
$\dot{H} + O_2 \rightleftharpoons \dot{O}H + \dot{O}$		
$H_2 + \dot{O} \rightleftharpoons \dot{O}H + \dot{H}$		steigt
$H_2O + \dot{O} \rightleftharpoons \dot{O}H + \dot{O}H$		
Rekombination und Abbruch		
$\dot{H} + \dot{H} + M \rightleftharpoons H_2 + M$		
$\dot{O} + \dot{O} + M \rightleftharpoons O_2 + M$		sinkt
$\dot{O} + \dot{H} + M \rightleftharpoons \dot{O}H + M$		
$\dot{O}H + \dot{H} + M \rightleftharpoons H_2O + M$		

M steht hier für die Masse, die die Energie liefert (z.B. die H_2-
Moleküle aktiviert) oder bei Abbruchreaktionen den energiereichen Teilchen (H oder OH) Energie entzieht.

Bei der Verbrennung treten insbesondere folgende Zwischenprodukte auf:

Bei H_2: $\dot{H}$, $\dot{O}$ und $\dot{O}H$
Bei CH_4: $\dot{H}$, $\dot{O}$, $\dot{O}H$, $\dot{C}H$, $\dot{C}H_3$, H_2, CO, CH_2O (Formaldehyd) und CH_3OH
        (Methanol)

Die vielen Zwischenreaktionen bei der Verbrennung von Methan nach der

$$CH_4 + 2O_2 \rightleftharpoons CO_2 + 2H_2O$$

Summenformel sind in /20/ zu finden. Sie sind in der Tab. 7.3 angegeben.
C_2, C_3 usw. -Kohlenwasserstoffe verbrennen ähnlich wie CH_4. Die Einzelschritte sind noch zahlreicher.

Tabelle 7.3. Reaktionsschritte bei der Methanverbrennung

Die Startreaktion:

$$CH_4 + M \rightleftharpoons CH_3 + \dot{H} + M$$

CH_4-Abbau

$$CH_4 + \dot{O}H \rightleftharpoons CH_3 + H_2O$$
$$CH_4 + \dot{H} \rightleftharpoons CH_3 + H_2 \quad \text{(bei Brennstoffüberschuß)}$$
$$CH_4 + \dot{O} \rightleftharpoons CH_3 + \dot{O}H \quad \text{(langsam)}$$

Formaldehydreaktionen

$$\text{(A)} \quad CH_3 + O_2 \rightleftharpoons H_2CO + \dot{O}H \quad \text{(über } H_3COO)$$
$$H_2CO + \dot{O}H \rightleftharpoons HCO + H_2O$$
$$HCO + \dot{O}H \rightleftharpoons CO + H_2O$$
$$CH_3 + \dot{O} \rightleftharpoons CO + \ldots \quad \text{statt (A)}$$

CO-Abbau

$$CO + \dot{O}H \rightleftharpoons CO_2 + \dot{H}$$

Kettenverzweigungen

$$\dot{H} + O_2 \rightleftharpoons \dot{O}H + \dot{O}$$
$$\dot{O} + H_2 \rightleftharpoons \dot{O}H + \dot{H}$$
$$\dot{O} + H_2O \rightleftharpoons \dot{O}H + \dot{O}H$$

Kettenreaktion

$$H_2 + \dot{O}H \rightleftharpoons \dot{H} + H_2O$$

Rekombinationen

$$\dot{H} + \dot{H} + M \rightleftharpoons H_2 + M \quad \text{(bei Brennstoffüberschuß)}$$
$$\dot{O} + \dot{O} + M \rightleftharpoons O_2 + M$$
$$H + \dot{O} + M \rightleftharpoons OH + M$$

Abbruch

$$\dot{H} + \dot{O}H + M \rightleftharpoons H_2O + M$$

Die CO-Oxidation verläuft in völlig trockener Atmosphäre sehr langsam,
da die O_2-Spaltung viel Energie benötigt und bei der Energiekette der
Erfolgsfaktor der Stöße gering ist. Anwesenheit selbst kleiner Mengen
Wasserdampf beschleunigt die Reaktion erheblich (Bild 6.5). Man vermutet
hier folgenden Ablauf:

$$CO + \dot{O}H \rightleftharpoons CO_2 + \dot{H}$$
$$\dot{H} + O_2 \rightleftharpoons \dot{O}H + \dot{O}$$

$$\dot{O} + H_2 \rightleftharpoons \dot{O}H + \dot{H}$$
$$CO + \dot{O}H \rightleftharpoons CO_2 + \dot{H} \qquad usw.$$

7.5 Dissoziation

Bei Temperaturen über 1500° C verbleiben von im Verbrennungsbereich unverbrannte Stoffe wie $\dot{H}$, $\dot{O}$, OH, CO, H_2 usw..

Früher nahm man an, daß es sich dabei um Spaltungsprodukte von CO_2 und H_2O handelt. Deshalb die Bezeichnung "Dissoziation". Es läßt sich jedoch vermuten, daß die Reaktionen bis zu den der jeweiligen Temperatur entsprechenden Gleichgewichten laufen und H, O, OH usw. nach Tab. 7.2 Zwischenprodukte der Hochtemperatur-Verbrennung sind.

Da Brennbares im Verbrennungsgas im Gleichgewicht mit Sauerstoff steht, bleibt der "dissoziierte" Teil des Heizwertes vorerst unausgenutzt. Diese zunächst gebundene Wärmemenge wird im Laufe der Abkühlung der Verbrennungsgase freigesetzt und nutzbar gemacht, wenn auch nicht im Bereich höchster Temperaturen.

8. Schadstoffe

8.1 Wasserdampf und Kohlenstoffdioxid

Der Wasserdampf in Abgasen aus Feuerungen tritt nie in solchen Konzentrationen auf, daß er als lästig oder schädlich empfunden wird. Langfristige oder lokale Klimaveränderungen durch Abschwächung der Sonneneinstrahlung und der Erdabstrahlung sind bisher nicht nachzuweisen /31/.

Bei den zur Zeit im Vordergrund stehenden Schadstoff-Emissionen wie Schwefeloxide, Stickoxide, Staub usw., ist eine Abscheidung technisch möglich. Es ist aber praktisch nicht möglich, das bei der Verbrennung entstehende Kohlendioxid zurückzuhalten. Gegenwärtig werden jährlich über 20 Mrd. t Kohlenstoff verbrannt. Das Ergebnis ist ein deutliches Ansteigen des Kohlendioxidpegels in der Erdatmosphäre. Wie die Differenz zwischen der Zufuhr des CO_2 und seiner Konzentration in der Atmosphäre zeigt, sind die Ozeane bzw. ihre Biomasse nicht mehr imstande, die gesamte CO_2-Erzeugung wieder abzubauen. Das Ansteigen des CO_2-Gehaltes in der Atmosphäre bewirkt zwar keine direkten Gesundheitsschäden, es werden aber dadurch langfristige Klimaveränderungen befürchtet. CO_2 wirkt erst in Konzentrationen über 2 % vorübergehend direkt gesundheitsschädlich; solche Werte treten aber als Folge des Feuerungsbetriebes weder in Arbeitsräumen noch im Freien auf.

8.2 Schwefel und Niedertemperaturkorrosion

8.2.1 Verhalten des Schwefels in Feuerungen

Der organische Schwefel ist in den komplizierten hochmolekularen organischen Verbindungen des Brennbaren enthalten. Deshalb ist die Entschwefelung bei festen bzw. flüssigen Brennstoffen bisher kaum durchführbar; sie hat sich bisher nur bei Erdgas (Beseitigung von H_2S)

durchgesetzt. Der anorganische Schwefel ist zum Teil im Pyrit gebunden, zum Teil kommt er in den Sulfaten der Mineralsubstanz vor.

Der organische Schwefel und der Pyritschwefel nehmen an der Verbrennung teil. Der Schwefel verbrennt nach der Reaktion

$$S + O_2 \rightleftharpoons SO_2 + 10,5 \text{ MJ/kg}$$

Die Aufoxidierung zum Schwefeltrioxid

$$SO_2 + 1/2\ O_2 \rightleftharpoons SO_3 + 3,1 \text{ MJ/kg}$$

wird in der Flamme von hochaktiven O-Atomen bewirkt, die durch Spaltung des molekularen Sauerstoffs in der Flamme entstanden sind. Es ist noch hinzuzufügen, daß der SO_3-Gehalt der Rauchgase auf ihrem Weg durch den Kessel ansteigt, wenn sie mit Stoffen in Berührung kommen, die als Katalysatoren wirken, wie z.B. mit Eisen- oder Vanadiumoxiden.

Die SO_3-Bildung läßt sich am wirksamsten durch Einhalten eines möglichst geringen O_2-Überschusses bei der Verbrennung unterbinden. Mit gutem Brenneraufbau sowie richtiger Aufteilung der Luft an die einzelnen Brenner entsprechend deren individueller Brennstoffzufuhr, ist bei Ölverbrennung eine Herabsetzung des Luftüberschusses bis auf 0,5 % möglich. Die Sulfate der mineralischen Aschensubstanz zersetzen sich endotherm bei Temperaturen über 1000 $^{\circ}$C unter Abgabe von freiem SO_3. Auch die Zugabe von Additiven kann die SO_3-Bildung wirksam beeinflussen.

8.2.2 Taupunkterhöhung und Niedertemperaturkorrosion

Das Schwefeltrioxid verbindet sich mit Wasser zu Schwefelsäure. Die Höhe des Taupunktes der entstandenen Schwefelsäure ist außer vom Schwefelsäure-Teildruck auch vom Teildruck des Wasserdampfes in den Rauchgasen abhängig. Eine Vorstellung über diese Abhängigkeiten vermittelt Bild 8.1, nach dem der Wasserdampfgehalt in Rauchgasen eine einschneidende Rolle spielt.

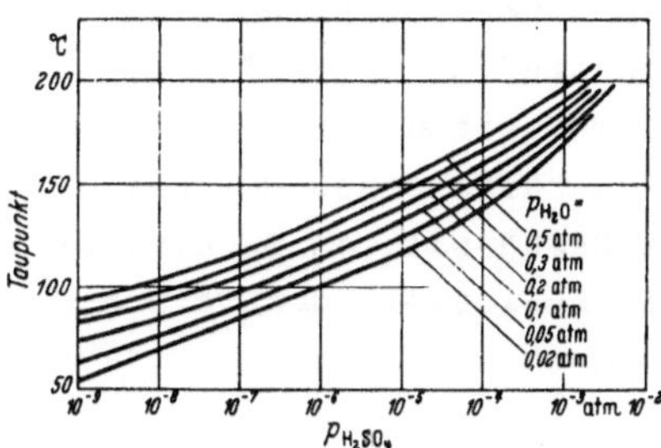

Bild 8.1. Abhängigkeit des Schwefelsäuretaupunkts von der Wasserdampfkonzentration sowie vom Teildruck der Schwefelsäure im Abgas

Auch die Anwesenheit von Salzsäuredämpfen in den Rauchgasen hebt den
Taupunkt. Das vorgenannte Bild gestattet, bei Kenntnis des Wasser- und
des Schwefelsäuregehaltes der Rauchgase, den Taupunkt zu finden, wobei
allerdings zu berücksichtigen ist, daß beide Werte örtliche Abweichungen
vom Mittelwert zeigen können.

Niedertemperaturkorrosionen als Folge des Taupunktunterschreitens treten
vor allem im Luftvorwärmer der kohlegefeuerten und in noch stärkerem
Maße der ölgefeuerten Kessel auf. Um diese zu schützen, schaltet man
Dampfluftvorwärmer vor, welche die Temperatur der Luft vor dem Luvo
erhöhen.

8.3 Stickoxide

Die als Luftverunreinigungen auftretenden Stickoxide sind im wesentlichen Stickstoffmonoxid (NO) und Stickstoffdioxid (NO_2). Bei Verbrennungsprozessen entsteht in erster Linie NO, während sich das gefährli-
chere NO_2 erst im Anschluß an die Verbrennung bei ausreichend vorhan-
denem Sauerstoff in den Abgasen und in der Atmosphäre bildet.

Man unterscheidet drei verschiedene Arten der NO-Entstehung, die von den
jeweiligen Temperatur- und Konzentrationsverhältnissen, der Verweilzeit
und der Brennstoffart abhängen: das thermische NO, das prompte NO und
das Brennstoff-NO. In der Flamme liegt der Brennstoffstickstoff meist
in Form von HCN oder NH_3 oder Molekülbruchstücken, Radikalen, vor.
Durch Oxidation entsteht:

$$4\ HCN + 7\ O_2 \longrightarrow 4\ CO_2 + 2\ H_2O + 4\ NO$$

$$4\ NH_3 + 5\ O_2 \longrightarrow 6\ H_2O + 4\ NO$$

Die Entstehung vom prompten sowie thermischen NO setzt den Luftstickstoff voraus. Durch die Verbrennung werden energiereiche Radikale z.B.
C_2 und CH freigesetzt, die in der Lage sind, die sehr stabile Molekül-
bindung des Luftstickstoffs zu brechen. Je nach Sauerstoffangebot entstehen dabei die gleichen Moleküle wie bei Brennstoffstickstoff HCN,
NH_3 etc. oder direkt das prompte NO. Bei hoher Temperatur reagiert der
Luftstickstoff direkt mit dem Luftsauerstoff zum thermischen NO. Bei
Verbrennungsprozessen hängt dieser Vorgang vom Restgehalt an Sauerstoff,
der Temperatur bei der Verbrennung und der Aufenthaltszeit der Verbrennungsgase in der Hochtemperaturzone der Feuerung ab.

Die thermische NO-Bildung wird durch Verringerung des Luftüberschusses, geringere Feuerraumbelastung und Abgasrückführung zur Temperaturerniedrigung vermindert. Der Einbau der Wärmetauscher direkt über der Ausbrandzone der Flamme (Wirbelschichtfeuerung oder Blaubrenner) dient zur Begrenzung der Aufenthaltszeit der Verbrennungsgase bei hoher Temperatur. Der Bildung von Brennstoff-NO und promptem NO wirkt die Stufenverbrennung entgegen (Bild 8.2).

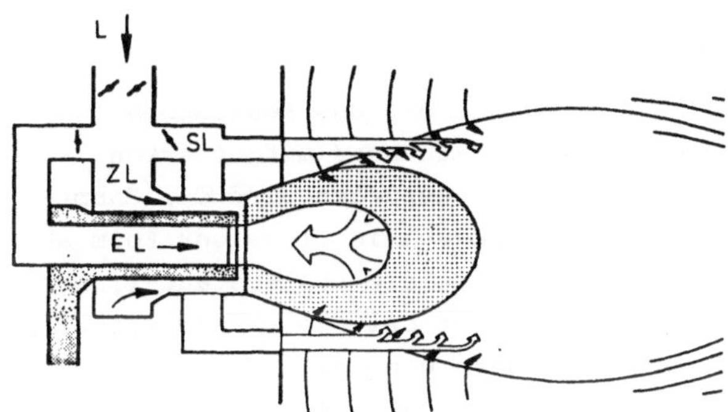

Bild 8.2. Schema eines Stufenbrenners. EL Erstluft; ZL Zweitluft; SL Stufenluft; L Luftzufuhr

8.4 Feste Luftverunreinigungen

8.4.1 Ruß

Ruß ist als Zwischenprodukt der Verbrennung in dem Sinne erwünscht, daß er als Festkörper bei allen für die Wärmestrahlung in Betracht kommenden Wellenlängen Strahlung aussenden kann, während Gase nur in engen Bereichen des Spektrums strahlen. Die Größe der Rußteilchen liegt im Bereich von 10 bis 80 nm (nm = Nanometer = 10^{-3} µm). Die daraus sich ergebende große Oberfläche ist für den Strahlungsaustausch günstig. Ruß kann die in seiner Umgebung durch Gasreaktionen freigesetzte Wärme aufnehmen und durch Abstrahlung an das Wärmegut weiterleiten. Rußhaltige Flammen sind an ihrer gelblich-weißen Farbe erkennbar, während rußfreie, CO-haltige Flammen im allgemeinen schwach blau strahlen.

Bedingung für die Rußbildung ist, daß Kohlenwasserstoffe unter Luftabschluß oder in luftarmer Atmosphäre während einiger Millisekunden Temperaturen über etwa 1000 $^{\circ}$C ausgesetzt werden. Ruß entsteht umso leichter, je kohlenstoffreicher eine Verbindung ist. Es neigt also C_6H_6 mehr zur Rußbildung als C_3H_6 und dieses mehr als C_3H_8. Die geringste Neigung zur Rußbildung hat CH_4. Wichtige Zwischenstufen dieses Prozesses sind Azetylene /20/.

Rußbildung und Verbrennung müssen allerdings so gesteuert werden, daß am Flammenende kein Ruß zurückbleibt. Anderenfalls geht nicht nur Wärme verloren, sondern die Anlage und die Umgebung werden verschmutzt. Qualmende Rauchfahnen sind jedoch heutzutage zur Seltenheit geworden.

8.4.2 Flugasche

Umweltfeindlich ist auch die feinkörnige Asche, die aus Feuerungen für feste Brennstoffe austritt. Der Anteil der im Rauchgas mitgeführten Asche hängt von der Feuerungsart ab. Bei Rostfeuerungen wird der Hauptteil der Asche in stückiger, bei Schmelzfeuerungen in flüssiger Form abgeschieden. Die größten Flugaschenmengen liefert die Kohlenstaub-Trockenfeuerung. Die Entstaubung von Abgasen erfolgt bei Klein- und mittelgroßen Anlagen in mechanischen Staubabscheidern wie Multizyklonen oder in Tuchfiltern. Bei Tuchfiltern, die aus einer großen Anzahl von Schläuchen mit Rüttelvorrichtung bestehen, die den Staub zurückhalten, ist jedoch ihr Kunststoffgewebe gegen Temperatur bzw. Feuchtigkeit empfindlich.

Für Großkessel sind elektrostatische Filter zur Selbstverständlichkeit geworden. Elektrische Abscheider - auch als Elektrofilter bezeichnet - gehören zu den wirksamsten Gasreinigungsapparaten. Sie zeichnen sich durch eine hohe Abscheidewirksamkeit aus. Die Funktionsweise hängt weitgehend von physikalischen und chemischen Einflußfaktoren ab. Ganz allgemein kann man aber sagen, daß Partikelgrößen bis zu Bruchteilen eines μm erfaßt werden und daß man hohe Abscheidegrade, die über 99,9 % hinausgehen, erreichen kann.

Im Elektrofilter werden die im Gas suspendierten Staub- oder Nebelteilchen elektrisch geladen und an geerdeten Elektroden abgeschieden. Aufgeladen werden die Teilchen durch Ionen, die durch die Sprühentladungen - Korona - der unter 10 000 bis 80 000 V Gleichspannung stehenden Sprühdrähte erzeugt werden. In dem zwischen Sprüh- und Niederschlagselektroden gebildeten elektrischen Feld werden die so geladenen Staub- oder Nebelteilchen vornehmlich von den Niederschlags-Elektroden angezogen.

9. Brennraum

9.1 Auftrieb der Flamme

Der größte Teil des gasförmigen Brennstoffes verbrennt im Feuerraum in
unmittelbarer Brennernähe. Die durch den Brenner erzeugte Flamme füllt
den Brennraum aus, zu dessen Aufgaben die Fortsetzung der Mischung und
die Unterstützung einer sicheren Zündung des Brennstoffes gehören. Im
Feuerraum soll die Verbrennung mit minimalem Luftüberschuß abgeschlossen werden, wobei eine vernünftig hohe Verbrennungstemperatur erwünscht
ist.

Die Feuerräume von Dampferzeugern haben die Form eines schlanken Prismas
(Bild 9.1). Im Unterschied zum Atomreaktor, bei welchem man wegen der
Neutronenwirtschaft bei minimaler Oberfläche ein maximales Volumen erzielen will, ist beim Feuerraum die umgekehrte Forderung zu stellen.
Hier benötigt man eine große Oberfläche, um einen möglichst großen Anteil der im Feuerraum freigesetzten Wärme durch Strahlung an das Ar-
beitsmittel zu übertragen /4/.

Dadurch entstehen im Flammenvolumen örtlich unterschiedliche Temperaturen und somit auch unterschiedliche Dichten im Verbrennungsgas (Bild
9.2). Diese haben eine neue, die Strömung beeinflussende Kraft, nämlich

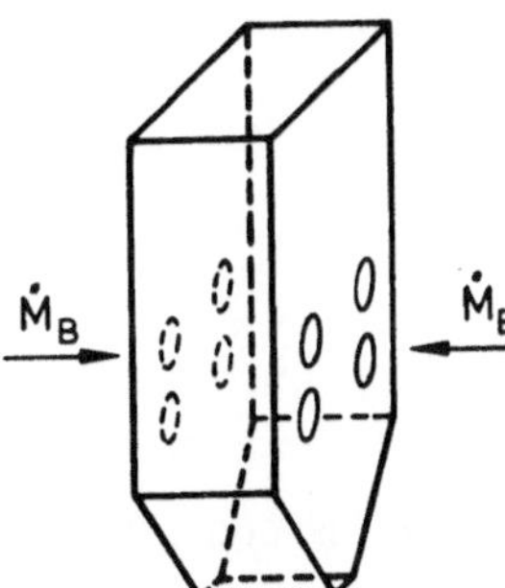

Bild 9.1. Feuerraum mit Brennern in Gegenwänden (Boxeranordnung)

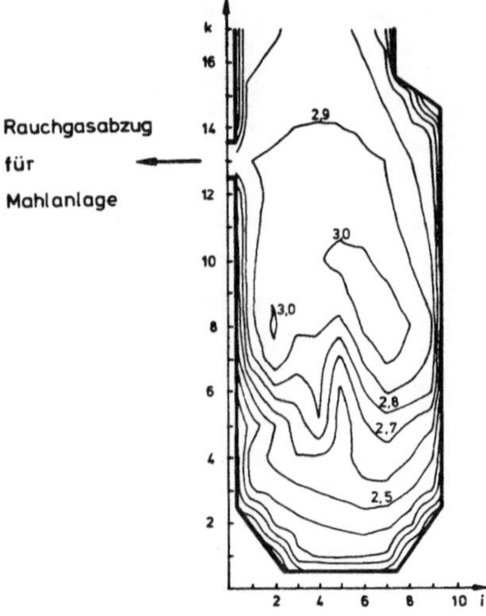

Bild 9.2. Normiertes Temperaturfeld im Feuerraum einer Großfeuerung

den Auftrieb zur Folge. Dieser ruft wiederum freie Konvektion hervor. In der Feuerraummitte tritt eine höhere Temperatur und Rauchgasgeschwindigdigkeit als am Flammenrand auf. Vor allem bei einer leuchtenden Flamme wird die Wärmeabstrahlung von der Flammenmitte stark beeinträchtigt, insbesondere bei großen Feuerräumen. Das Temperaturfeld im Querschnitt des den Feuerraum verlassenden Rauchgasstromes ist im Bild 9.3 dargestellt.

Eine ausreichende Abkühlung der Verbrennungsprodukte durch Abstrahlung ist insbesondere bei aschenhaltigen Brennstoffen wichtig. Man will die Ascheteilchen am Feuerraumaustritt in fester Form vorliegen haben, um die Verschlackung von Rohrbündeln der konvektiven Heizflächen zu verhindern.

Eine nicht zu hohe Flammentemperatur ist auch unter dem Gesichtspunkt der NO_x-Bildung in der Flamme von Bedeutung.

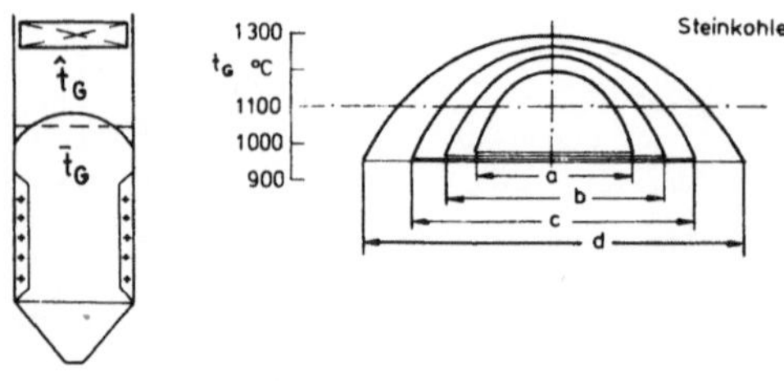

Bild 9.3. Temperaturprofile am Feuerraumaustritt. a 300 MW; b 600 MW; c 1200 MW; d 2400 MW (t_{ad} = 2000 °C)

9.2 Lage der Brenner im Feuerraum

Bei der Kesselplanung ist die Lage der Brenner im Feuerraum wichtig. Im Feuerraum eines Großkessels können die Brenner z.B. nach Bild 9.4 (Fall a) am Brennraumboden angebracht werden, so daß die Flammenachse senkrecht und mit der Feuerraumachse parallel ist. Da die Höhe ein Mehrfaches der übrigen Feuerraumdimensionen beträgt, ist hier eine besonders lange, langsam ausbrennende Flamme möglich. Um den Feuerraum besser auszunutzen, werden Bodenbrenner als Mehrbrenner-Feuerung gebaut.

Häufiger findet man die Brenner jedoch in mehreren Ebenen an den Wänden des Feuerraumes vor, so daß die Flammenlänge hier der Brennraumtiefe angepaßt werden muß (Bild 9.4 b). Insbesondere die Anordnung der Brenner in Gegenwänden macht eine kurze, buschige Flamme notwendig. Ein Kontakt von Flamme und Feuerraumwand ist in allen Fällen unbedingt zu vermeiden.

Während die Bodenbrenner als Freistrahlbrenner ohne Drall ausgeführt werden können, deren Flammenlänge dem Brennerdurchmesser proportional ist, muß man bei Wandbrennern, um die Flamme zu verkürzen, zu Drallbrennern mit hoher Verbrennungsintensität greifen bzw. durch Anwendung grösserer Brennerzahlen den Brennerdurchmesser und damit die Flammenlänge reduzieren.

Für die zum Grundriß diagonal angeordneten Eckenbrenner (Bild 9.4 c) gilt grundsätzlich das gleiche wie für Bodenbrenner, da hier die Flamme in der Feuerraummitte durch Zusammenprall nach oben umgelenkt wird. Deckenbrenner kommen heute bei Großkesseln nicht mehr vor.

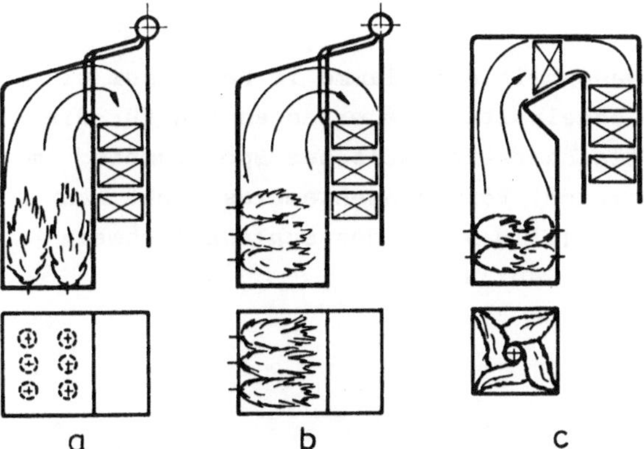

Bild 9.4. Brenneranordnung im Feuerraum. a Bodenbrenner; b Wandbrenner; c Eckenbrenner

9.3 Brenneranzahl und Teillastverhalten

Eine größere Brennerzahl erhöht durch gegenseitige Zündhilfe die Flammenstabilität. Auch ein besseres Ausfüllen des Feuerraumes bzw. eine bessere Anpassung an seine Form ist möglich. Weiter lassen sich zu hohe örtliche Intensitäten der Verbrennung mildern, wodurch das Temperaturfeld vergleichmäßigt wird. Auch Regelungsfragen werden dadurch einfacher und der Regelbereich der Feuerung wird breiter. Werden die Brenner übereinander auf mehreren Ebenen angeordnet, so kann man bei Teillast durch Abschalten von weiter unten liegenden Brennern die Austrittstemperatur der Rauchgase vom Feuerraum weniger lastabhängig machen. Andererseits ist der Meß- und Regelaufwand bei der Verwendung mehrerer Brenner größer.

Die durch strömungstechnische Maßnahmen erzwungene Mischung ist bei Teillast schlechter. Die Geschwindigkeiten, von denen die durch Scherströmung bewirkten Schubspannungen sowie das Ansaugvermögen des Freistrahls wie auch die Fliehkraft bei Drallbrennern quadratisch abhängen, werden kleiner. Auch hier bietet eine größere Brenneranzahl eine Abhilfe. Durch Abschalten einzelner Brenner kann man bei den restlichen Brennern die Vollastverhältnisse einhalten, was die Verbrennung stabiler macht.

Damit ist allerdings eine unverminderte Wärmestromdichte in benachbarter Feuerraumwand verbunden, wodurch vor allem bei Durchlaufkesseln mit lastproportionalem Wasserstrom im Strahlungsverdampfer die Gefahr der Siedekrisis bei Teillast erhöht wird.

9.4 Flammenwächter und Fernsehkameras

Flammenwächter überwachen die Anwesenheit der Flamme im Feuerraum mit Fernübertragung des Signals zur Kesselwarte. Sie erfassen ein für die Flamme des verfeuerten Brennstoffes charakteristisches Spektrumband im ultravioletten oder ultraroten Bereich. Von Fernsehkameras macht man auch bei der Beobachtung der Flamme (Bild 9.5), des Schlackenschmelzflusses bei der Schmelzfeuerung usw. Gebrauch.

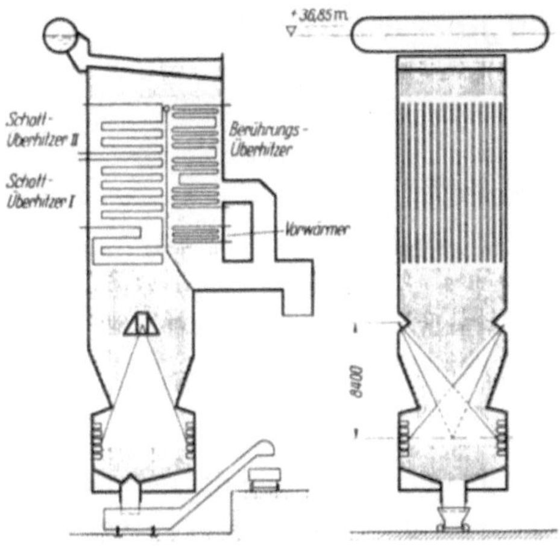

Bild 9.5. Lage der Fernseh-
kamera zur Flammenbeobachtung

9.5 Druck im Feuerraum

Die meisten Dampfkessel werden mit Unterdruck im Feuerraum betrieben,
wozu diese neben dem Frischlüfter noch einen vor dem Schornstein angebrachten Saugzug benötigen (Bild 4.1). Beim Unterdruck-Feuerraum können
keine Rauchgase in das Kesselhaus entweichen; allerdings kann von außen
Falschluft in den Feuerraum eindringen. Die Unterdruck-Feuerräume sind
vor allem bei Kohlenfeuerungen üblich, da sich die dem Abzug der Asche
bzw. Schlacke dienenden Einrichtungen nur schwer abdichten lassen.

Bei Gas- und Ölfeuerungen mit dichtem flachem Feuerraumboden ist es dagegen üblich, Überdruck im Feuerraum zu halten, da man dann mit einem
Frischlüfter auskommt, der die Luft und später die aus diesem entstandenen Rauchgase zum Schornstein durchdrückt. Hier müssen allerdings alle
Schauluken und anderen Öffnungen, die man im Betrieb öffnen muß, mit einem durch Preßluft erzeugten und in den Feuerraum einblasenden Luft-
schirm versehen sein. Dieser wird beim Öffnen und Schließen selbsttätig
ein- bzw. ausgeschaltet.

Für aschenfreie Brennstoffe gibt es kombinierte Kreisläufe mit aufgela-
denem Kessel. Deren Feuerraum ist zwischen dem Verdichter und der Gasturbine geschaltet und bildet zugleich die Brennkammer der Gasturbine.
Hier findet in der verdichteten Luft eine nahstöchiometrische Verbrennung statt. Durch die Wärmeabgabe an die Kesselheizfläche werden die
Verbrennungsgase abgekühlt /107,108/ und danach in der Gasturbine ex-
pandiert. Der hohe Feuerraumdruck beschleunigt die Verbrennung und
steigert die Wärmeabgabe durch Strahlung und durch Konvektion, so daß
der Kessel klein ausfällt.

10. Vergleichszahlen für Dampferzeuger-Feuerräume

Bei der Dimensionierung des Feuerraumes sind bestimmte geometrische Voraussetzungen zu erfüllen, die sich aus der Anordnung und Dimensionierung
der Brenner ergeben. Hierzu gehören Brennergröße, Brennerabstand und
Flammenlänge. Für die Festlegung der Brennkammerhöhe kommt außerdem der
Brennweg und die maximal zulässige Feuerraumaustrittstemperatur hinzu.

Man versucht vorerst mit einfachen Vergleichszahlen auszukommen, wie
z.B. mit der mittleren Wärmebelastung des Feuerraumes, deren Größe sich
nach

$$\dot{q}_V = \frac{\dot{Q}_{ZU}}{V_{FR}} \quad kW/m^3 \tag{10.1}$$

berechnen läßt. Der Begriff der Raumbelastung hat sich übrigens auch
bei anderen Wärmemaschinen eingebürgert. Die Raumbelastung hängt allerdings von vielen Faktoren, wie Feuerungsleistung, Brennerbauart, Brennstoffaufbereitung usw. ab und stellt deshalb einen dehnbaren Begriff
dar, wie es die in Tabelle 10.1 angegebenen Grenzen erkennen lassen.

Tabelle 10.1. Raumbelastung einiger technischer Wärmeanlagen

Wärmeanlage	$\dot{q}_V$	kW/m^3
Kohlenstaub-Trockenfeuerung	0,1 ...	0,2
Kohlenstaub-Schmelzfeuerung	0,5 ...	1
(einschl. Vertikalzyklon)		
Reine Ölfeuerung	0,2 ...	2
Horizontal-Zyklonfeuerung	3 ...	5
Reine Gasfeuerung	0,2 ...	10
Gasturbinen-Brennkammer		10
Kraftwagenmotor	6 ...	30
Strahltriebwerk	18 ...	40
Raketenantrieb		62
Druckwasserreaktoren		92
Rennwagenmotor		95
Schnelle Reaktoren		285

Bei den Großraum-Feuerungen erfolgt die Wärmeentbindung in verschiedenen Teilen des Feuerraums mit recht unterschiedlicher Stärke. Die Raumbelastung ist deshalb bei Großraumfeuerungen kein Maßstab für die Intensität der Verbrennung, eher für den Bedarf an umbautem Raum.

In ähnlicher Weise kam man bei Feuerungen zu dem Begriff der Querschnittsbelastung

$$\dot{q}_{FA} = \frac{\dot{Q}_{ZU}}{A_{FA}} \quad kW/m^2 \tag{10.2}$$

wobei als A_{FA} der Querschnitt des Feuerraumes einzusetzen ist (je nach
Feuerungsart und -größe sowie Brennstoffart ca. 1,5 bis 3 MW/m^2). Dieser Kennzahl ist die Rauchgasgeschwindigkeit und somit bei aschenhaltigen Brennstoffen auch der Rohrverschleiß in den konvektiven Heizflächen
proportional.

Vom Feuerraum verlangt man neben der abgeschlossenen Verbrennung auch
eine ausreichende Abkühlung der Rauchgase durch Abstrahlung an die
Feuerraumwände. Als Maß dieser Rauchgasabkühlung im Feuerraum nimmt
man meistens die Austrittstemperatur t_O der Rauchgase aus dem Feuerraum bzw. die Wärmeaufnahme des Feuerraumes, die man - auf die Wärmezufuhr normiert - in der dimensionslosen Form

$$\mu = \frac{\dot{Q}_{FR}}{\dot{Q}_{ZU}} \tag{10.3}$$

als das Verhältnis der im Feuerraum abgegebenen zu der dort zugeführten
Wärme angibt.

Der Wärmedurchgang durch die Feuerraumwände wird bei Dampfkesseln durch
die spezifische Wärmeaufnahme ausgedrückt, welche die durchschnittliche
Wärmestromdichte der Feuerraumwand

$$\dot{q}_W = \frac{\dot{Q}_{FR}}{A_{FR}} \quad kW/m^2 \tag{10.4}$$

angibt.

Als Anhaltswerte von $\dot{q}_W$ lassen sich angeben:

	kW/m^2
Braunkohle	100
Steinkohle	140
Öl/Erdgas	180-200

90

Während $\dot{q}_V$ sich nach Tab. 10.1 in weiten Grenzen bewegt und sich auf
sehr hohe Werte steigern läßt, ist dies bei $\dot{q}_W$ nicht der Fall; seine
Werte überschreiten in technischen Feuerungen den Rahmen einer Zehner-
ordnung nicht. Die Wärmestromdichte ändert sich auch mit der Kesselgröße nicht wesentlich.

Ähnlich wie die Wärmeentbindung stimmt $\dot{q}_W$ nach Gl. (10.4) mit den örtlichen Werten der Wärmestromdichte lediglich bei Kleinraum-Feuerungen
gut überein, während bei den Großraum-Feuerungen die verschiedenen
Stellen ihrer Umgrenzungsflächen recht unterschiedlich von der Flamme
bestrahlt werden. Die örtlichen Spitzen von $\dot{q}_W$ bleiben jedoch selbst
bei hochwärmebelasteten Wärmetauschern (z.B. Spaltgaskühler) unter
$800 \ kW/m^2$.

Die Vergleichszahlen $\dot{q}_V$, $\dot{q}_{FA}$ und $\dot{q}_W$ werden zur Bestimmung von Feuerraumdimensionen benötigt. Für Kleinkessel ist dabei die Feuerraumgröße
nach $\dot{q}_V$ und bei Großkesseln nach $\dot{q}_W$ zu bemessen. Die vorangegangenen
dimensionsbehafteten Vergleichszahlen liefern als weitere Information
z.B. die relative Wärmeaufnahme des Feuerraumes

$$\mu = \frac{\dot{Q}_{FR}}{\dot{Q}_{ZU}} = \frac{\dot{q}_W A_{FR}}{\dot{q}_V V_{FR}} \tag{10.5}$$

sowie die erste Abschätzung von der Austrittstemperatur der Rauchgase
aus dem Feuerraum

$$T_o = T_{ad} \, (1-\mu) = T_{ad} \left(1 - \frac{\dot{q}_W A_{FR}}{\dot{q}_V V_{FR}} \right) \tag{10.6}$$

11. Merkmale der Kohlenstaubverbrennung

11.1 Eigenschaften der Kohle

Die Kohle ist der wichtigste, feste Brennstoff pflanzlichen Ursprungs.
Da ihre chemische Zusammensetzung sehr verwickelt ist, begnügt man sich
vorerst damit deren Bestandteile durch Kurzanalyse physikalisch zu ermitteln (Bild 11.1). Diese werden durch einfache Analysenschritte
(Trocknen, Erhitzen unter Luftabschluß, Veraschen) bestimmt.

Bild 11.1 läßt erkennen, daß der wasser- und aschenfreie, brennbare Anteil aus zwei Stoffarten besteht. Die "flüchtigen" Bestandteile sind
Kohlenwasserstoffe, die bei der Erhitzung der Kohle im Temperaturbereich
von 400 bis 800 $^\circ$C in Gas- oder Dampfform entweichen. Sie werden im Ver-
kokungsprozeß durch Erhitzung unter Luftabschluß von der Kohle getrennt.
Dabei verbleibt als Festanteil der Koks, d.h. die Summe von festem (fi-
xem) Kohlenstoff und Asche.

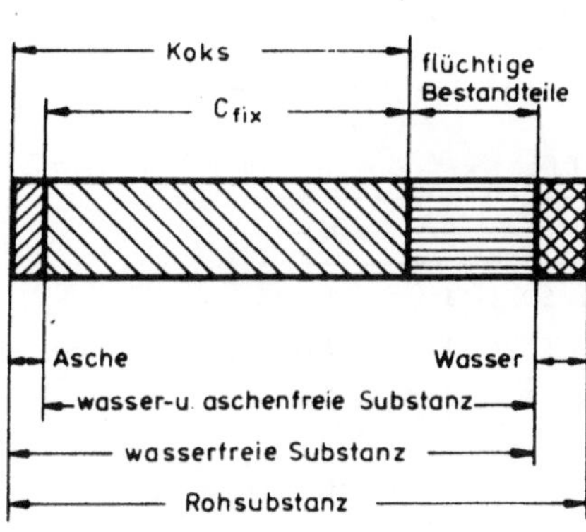

Bild 11.1. Zusammensetzung der Rohkohle

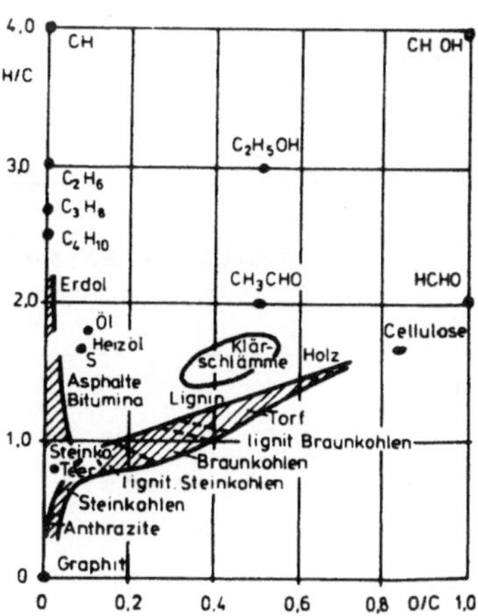

Bild 11.2. Kohlenstoffbezogener
$\bar{O}_2$-Gehalt einiger Brennstoffe /23/

Der Anteil an flüchtigen Bestandteilen ist für den Ablauf der Verbrennung der festen Brennstoffe in Feuerungen wichtig, da zunächst die flüchtigen Bestandteile ausgetrieben und gezündet werden, bevor die Koksverbrennung einsetzt. Die flüchtigen Bestandteile bilden neben dem geologischen Alter (Braun- und Steinkohle) das wichtigste Kriterium zur Unterscheidung der verschiedenen Qualitäten von festen Brennstoffen. Je älter ein Brennstoff geologisch ist, umso kleiner ist sein kohlenstoffbezogener Sauerstoffgehalt O/C (Bild 11.2) /23/.

Tabelle 11.1 enthält Heizwerte und Kurzanalysen fester Brennstoffe. Wie bei allen natürlichen Rohstoffen liegen erhebliche Schwankungsbereiche vor. Die Tabelle gibt entweder diese Schwankungsbereiche an oder sie enthält Mittelwerte /20/. Die Elementaranalyse von einigen festen Brennstoffen, bezogen auf wasser- und aschenfreie Substanz, ist in Tabelle 11.2 dargestellt. Zur Feststellung der für Rost- und Wirbelschichtfeuerungen wichtigen Korn- und Stückgrößen von Steinkohle und Koks dient die Tabelle 11.3.

Tabelle 11.1. Heizwerte und Kurzanalysen fester Brennstoffe

Art		Heizwert H_u kJ/kg	Feuchte %	Flüchtige Bestandteile %	Asche %	Ascheschmelzpunkt $^\circ$C (Mittelwert)
Steinkohle						
Anthrazit	Aachen	33000 ⎫		bis 9	⎫	1160
Fettkohle	Ruhr	32000 ⎬ Trocken-	bis 4	18 bis 26 ⎬	3 bis 7	1200
Gaskohle	Ruhr	32000 ⎭ substanz		26 bis 32 ⎭		1250
Koks	Ruhr	30000 ⎭	3 bis 6	bis 1,0	bis 10	
Braunkohle						
roh	Rhein	8000	59	21	bis 5	⎫ 1400
Brikett	Rhein	20000	>15	44	bis 5	⎭
Torf (lufttrocken)		17000-23000	15	bis 60	5	–
Holz (lufttrocken)		19000	20	65	2	–

Tabelle 11.2. Elementanalyse fester Brennstoffe

Bestandteile %	C	H	O	S	N
Anthrazit	92	4	3 bis 5	1	1
Fettkohle	87 bis 89	5	3 bis 5	1	1,5
Gaskohle	82 bis 87	5,5	5 bis 10	1	1,5
Koks	97	0,5	0,5	1	1
Rohbraunkohle Braunkohlenbrikett	68	5	25	0,5	1
Torf	60	6	32,5	–	1,5
Holz	50	6	44	–	–

Tabelle 11.3. Korn- und Stückgrößen fester Brennstoffe

Steinkohle		Koks	
Bezeichnung	Stück- bzw. Korngröße mm	Bezeichnung	Stück- bzw. Korngröße mm
Stückkohle	50	Großkoks	90
Nuß I	80 bis 50	Brechkoks I	90 bis 60
Nuß II	50 bis 30	Brechkoks II	60 bis 40
Nuß III	30 bis 18	Brechkoks III	40 bis 20
Nuß IV	18 bis 12	Brechkoks IV	80 bis 10
Feinkohle	10 bis 0	Koksgrieß	10 bis 0
Staub	0,5 bis 0		

Für eine Kohlenstaubfeuerung sind auch die für die Bestimmung der Kohlenmahlbarkeit entwickelten Verfahren von Bedeutung. Hier wird (bei Steinkohle) in einer genormten Modell-Kugelmühle nach einer vorgeschriebenen Anzahl von Umdrehungen die erzielte Feinheit durch Sieben bestimmt und mit einem Etalon verglichen. Andere Methoden sind bei faserigen Braunkohlen notwendig.

11.2 Asche

Feste Brennstoffe sind aschenhaltig, insbesondere die Kraftwerkskohle. Die Asche der Kohle wird im wesentlichen aus den mineralischen Bestandteilen der Pflanzen gebildet, aus denen die Kohle entstanden ist, sowie aus nicht brennbaren Einschlüssen. Daneben enthält die Asche nach der Verbrennung einen Teil des Brennstoffschwefels in Form von SO_3-Verbindungen und Sulfiden. Der mineralische Anteil besteht aus den Oxiden der Metalle Al, Si, Fe, Ca, Mg, K und Na. Braunkohlenaschen enthalten hohe Anteile an Erdalkalioxiden, Aschen der Steinkohle vorwiegend SiO_2 und Al_2O_3. Typische Analysen sind in der Tabelle 11.4 aufgeführt. Die Ana-

Tabelle 11.4. Typische Aschenanalysen

Bestandteile %	Asche von Ruhr-Steinkohle	Asche von rheinischen Braunkohlen
Al_2O_3	25 bis 35	5
SiO_2	35 bis 40	6
Fe_2O_3	14 bis 20	15
CaO + MgO	3 bis 7	54
SO_2	2 bis 7	20

lyse der Braunkohlenasche bezieht sich auf die in der Kohle selbst eingeschlossenen Substanz. Wenn zwischen den Kohlen liegende Kiesschichten
mit abgebaut werden, steigt der SiO_2-Gehalt der Asche entsprechend /32/ .

Die Aschen- und Schlackenkunde liefert umfangreiche Informationen über
die in Kohlenfeuerungen auftretenden Vorgänge /32/. Die Vorgänge bei der
Umwandlung der Asche in Schlacke sind aus Bild 11.3 ersichtlich. Wichtig
ist bei der Asche in erster Linie ihr Erweichungsverhalten. Flüssige
Asche (Schlacke) kann den Luftzutritt zum Brennstoff lokal erschweren
oder verhindern und damit zu unvollständigem Ausbrand und Leistungsmin-
derung führen. Als komplexer Stoff mit großem glasigem Anteil zeigt
Asche keinen definierten Schmelzpunkt, sie wird charakterisiert durch
ihre Erweichungskurve. Alkalien sowie Eisenoxide in der Asche begünstigen die Bildung von Schmelzen und senken deshalb den Erweichungspunkt.
Die Schlacke hat auch einen niedrigen Fließpunkt und ist dünnflüssiger.

Die Höhe der Aschenschmelztemperatur ist für die Schmelzfeuerung wichtig. Das Ascheschmelzverhalten wird im Erhitzungsmikroskop bestimmt
(Bild 11.4). Zum glatten Schmelzfluß der Schlacke muß man ihre Zähigkeit, welche nach Bild 11.5 stark temperaturabhängig ist, unter
100 Poise (10 Ns^2/m) herabsetzen.

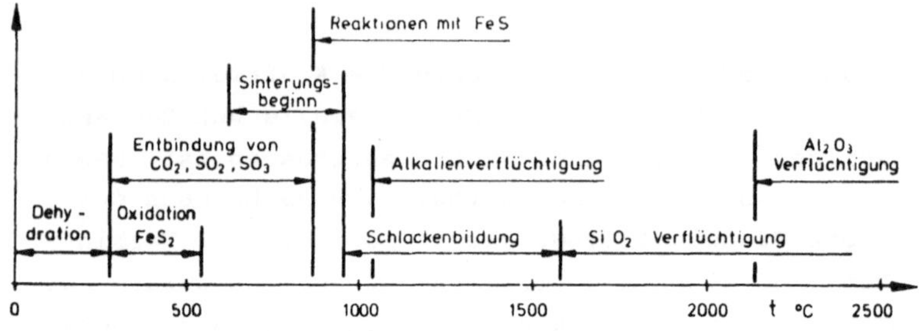

Bild 11.3. Physikalische Vorgänge bei Erhitzung der mineralischen Substanz der Kohle /6/

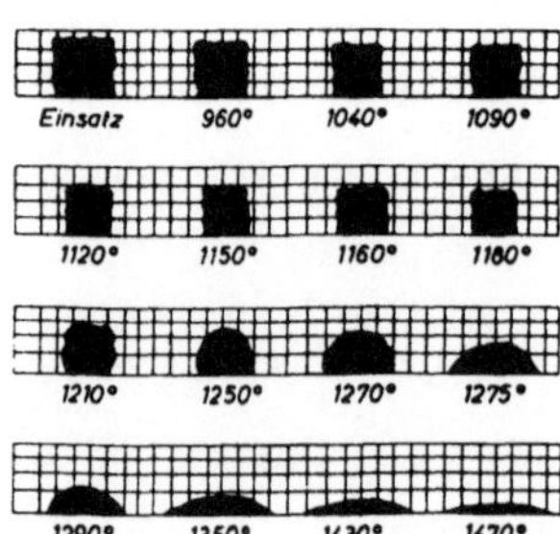

Bild 11.4. Schmelzverhalten einer Steinkohlen-
asche im Erhitzungsmikroskop

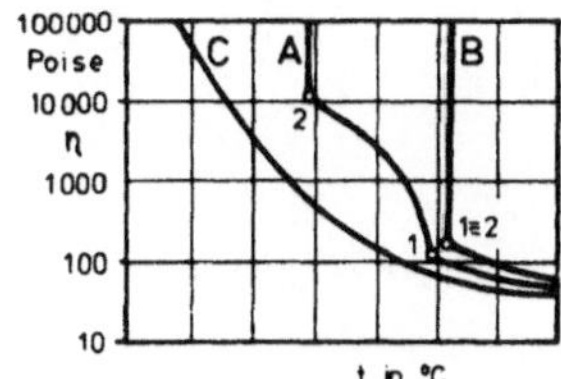

Bild 11.5. Rheologische Eigenschaften der verschiedenen Schlackengattungen. A mit plastischem und flüssigem Bereich; B ohne plastischen Bereich; C glasartige Schlacke; 1 Temperatur kritischer Zähigkeit; 2 Erstarrungstemperatur

Die in Kohlekraftwerken in riesigen Mengen anfallende Asche bzw. Schlacke läßt sich nur zum kleinen Teil verwerten. So kann die gut ausgebrannte Flugasche direkt dem Beton zugesetzt oder bei der Zementherstellung benutzt werden. Auch leichte, wärmedämmende Porenbetonsteine aus Flugasche lassen sich an die Bauindustrie absetzen. Die granulierte Schlacke von Schmelzfeuerungen wird als Füllstoff bzw. als Versatz in Kohlenbergwerken verwendet. Die Versuche aus Kohlenschlacke Schlackenwolle herzustellen sind nicht gelungen /4/. Auch die Flugaschensinterung hat sich nicht durchgesetzt.

12. Kohlenstaubmühlen und Mahlkreise

12.1 Eigenschaften des Kohlenstaubes

Die Zerkleinerung der Kohle in Mahlanlagen bezweckt:

1. Vergrößerung der Kohlenoberfläche sowie der Wärme- und Stoffübertragungskoeffizienten und somit Verkürzung der Brennzeit.

2. Intensive Trocknung von Kohlenstaub in der Mühle.

3. Trennung von Asche und Brennbarem.

Die Kohlenzerkleinerung, bei welcher eine riesige Zahl unterschiedlich großer Teilchen entsteht, ist ein Zufallsvorgang. Das entstandene Körnerkollektiv läßt deshalb nur eine statistische Beschreibung durch die Kornverteilung (Bild 12.1)

$$f(x) = n\, bx^{n-1}\, e^{-bx^n}$$

zu. Das Differential

$$dD(x) = f(x)dx$$

gibt die Wahrscheinlichkeit an, daß die Teilchengröße zwischen x und x + dx liegt. Die Wahrscheinlichkeitsfunktion

$$D(x) = \int_{o}^{x} f(x)dx = 1 - e^{-bx^n}$$

erfaßt den wahrscheinlichen Anteil der Körner, die kleiner als x sind.

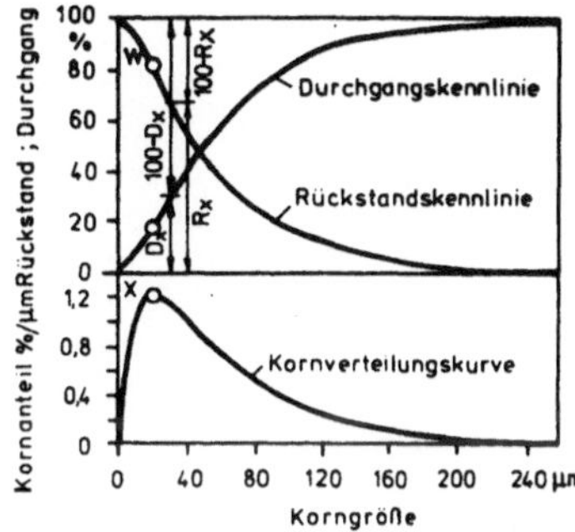

Bild 12.1. Durchgangs- und
Rückstandskennlinie sowie
Kornverteilungskurve eines
Kohlenstaubes. W Wendepunkt

Dieser Kornanteil D(x) geht durch das Sieb mit der Maschengröße x durch
und wird dadurch als Korndurchgang bezeichnet. Dagegen gibt die Differenz

$$R(x) = 1 - D(x)$$

den Siebrückstand an, d.h. den Anteil der Körner, die größer als x sind.
D(x) und R(x) bzw. die Kurven im Bild 12.1 stellen also die statistisch
wahrscheinliche Staubkörnung in Prozenten dar. Im Grenzfall ist

$$D(x) = \int_{o}^{\infty} f(x)dx = 1$$

d.h. gleich der der Sicherheit entsprechenden Wahrscheinlichkeit. Daher
muß

$$D(x) \leqq 1 \qquad bzw. \qquad R(x) \leqq 1$$

sein.

Die Bestimmung der Körnung durch Sieben erfolgt mit Hilfe von Normsieben
mit unterschiedlicher Maschenweite (Tab. 12.1). Im Bild 12.2 sind für
verschiedene Kohlenarten die optimalen Mahlfeinheiten angegeben. Man
sieht, daß 50 bis 90 % der Körner bei Steinkohlenstaub < 90 μm und bei
Braunkohlenstaub < 200 μm sind. Verschiedene Feuerungsarten stellen

Tabelle 12.1. Genormte Siebgrößen

Anzahl der Maschen pro 1 cm	90	70	30	6
Anzahl der Maschen pro 1 cm^2	8100	4900	900	36
Maschenweite in mm	0,06	0,09	0,20	1,0

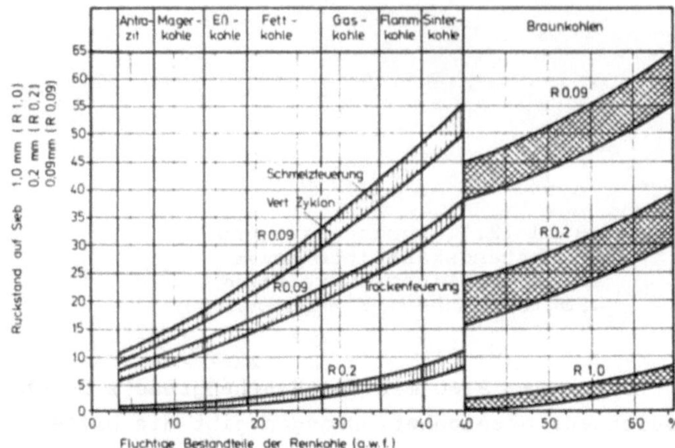

Bild 12.2. Optimale Mahlfeinheiten für verschiedene Kohlenarten /35/

freilich andere Ansprüche an die Mahlfeinheit, wie z.B. die Steinkohlen-Zyklonfeuerung, die eine grobe Ausmahlung zuläßt, während die Großraum-Schmelzfeuerungen manchmal einen feineren Staub als Trockenfeuerungen benötigen.

Der Kraftbedarf des Mahlvorganges hängt von der Kohlenmahlbarkeit, der geforderten Mahlfeinheit sowie von der Mühlenbauart ab.

12.2 Mahlkreis

Die Rohkohle kommt vom Lagerplatz über den Kohlenbunker zur Mahlanlage. Die letztere ist der Kohlenstaubfeuerung vorgeschaltet, so daß die Brenner den fertigen trockenen Kohlenstaub verfeuern. Die Mühle und ihre Hilfseinrichtungen, wie Mühlenventilator, Kohlenzuteiler, Kohlenstaubleitungen, Regelklappen usw., bilden zusammen die Mahlanlage, durch welche die Kohle, das Trocknungsmittel sowie die Brüden strömen (siehe Bild 12.3). Die Kohle wird hier pneumatisch transportiert, wobei es wesentlich ist, daß die Kohle stets in Bewegung bleibt und sich an keiner Stelle der Mahlanlage absetzt, da man so die gefürchteten Mühlenexplosionen sicher vermeidet.

Der geschlossene Mahlkreis, bei welchem das Trocknungsgas vom Kessel entnommen wird und mit Brüden in den letzteren wieder zurückkehrt, kommt bei Großkesseln fast ausschließlich vor. Nur in Sonderfällen, z.B. bei extrem hoher Kohlenfeuchtigkeit, werden die Brüden vor den Brennern vom Kohlenstaub getrennt und nach gründlicher Entstaubung ins Freie entlassen (offener Mahlkreis).

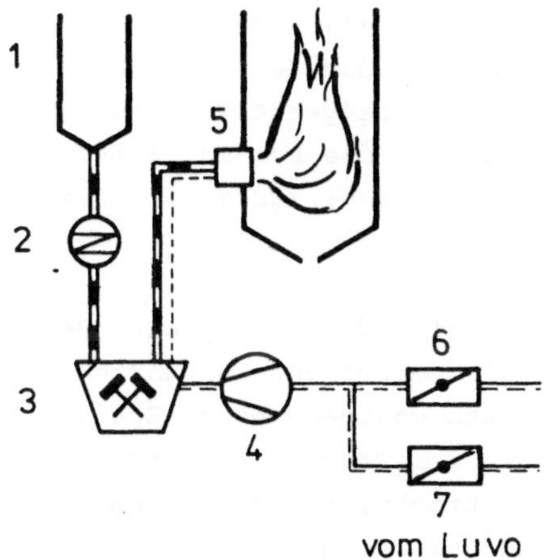

Bild 12.3. Prinzipschaltung einer Mahlanlage. 1 Rohkohlebunker; 2 Zuteiler; 3 Kohlenmühle; 4 Mühlenluftgebläse; 5 Brenner; 6 Kaltluftregelklappe; 7 Heißluftregelklappe

12.3 Trocknungsmedium

Die bei der Trocknung anzustrebende Restfeuchtigkeit macht bei Steinkohlen, die fein gemahlen werden und deshalb eine tiefere Trocknung erlauben, 1 bis 2 % aus. Dagegen sind es bei grob gemahlenen, feuchten Braunkohlen ca. 12 % bis 18 %. Den größten Bedarf an Trocknungswärme haben die Braunkohlen mit bis zu 60 % Wassergehalt. Bei diesen macht der Wärmestrom zur Mühle bis 16 % der mit der Kohle der Feuerung zugeführten Wärme aus. Dagegen reichen bei Steinkohlen, mit wenig Feuchtigkeit, zur Trocknung bloße 3 % aus.

Als Trocknungs- und gleichzeitiges Fördermittel kommen entweder Heißluft oder Rauchgase in Betracht, je nach der Natur der Kohle. Luft eignet sich vor allem für die Steinkohlenmühlen. Grundsätzlich sind bei Rauchgasen im Vergleich mit Luft ihre höhere Temperatur und ihre größere spezifische Wärmekapazität hervorzuheben, so daß man bei Einhaltung beschränkter Trocknungsgasmengen auch sehr feuchte Kohlen austrocknen kann. Die inerten Rauchgase sind auch hinsichtlich der Betriebssicherheit vorteilhafter, da sie sich gegen Kohlenstaub chemisch träge verhalten. Mit Luft als Trocknungsmedium muß man im Mahlkreis vorsichtig umgehen, weil Explosionsgefahr besteht, insbesondere beim Anfahren und Abstellen des Mühlenkreises, wobei dem Absetzen und Glimmen des Kohlenstaubes vorzubeugen ist. Die Trocknung mit Heißluft ist allerdings höchstens bis zu ca. 30 % Feuchtigkeit möglich.

Bei Schmelzfeuerungen ist als Trocknungsmittel ausschließlich Luft zu wählen, während für Trockenfeuerungen, insbesondere wenn man niedrigere Verbrennungstemperaturen anstrebt, neben Luft auch Rauchgase in Frage

kommen. Bei Trocknung mit Rauchgasen werden diese nämlich durch den
Feuerraum umgewälzt, da sie mit den Mühlenbrüden in die Feuerung zurückkommen und die Flammentemperatur senken. Der verzögerte Verbrennungsvorgang führt zu einer Gleichtemperaturflamme, die bei zur Kesselverschmutzung neigenden Kohlen angebracht sein kann; zudem wird die
NO_x-Bildung vermindert.

Der hohe Gehalt an Wasserdampf in den Brüden erhöht deren Taupunkt. Bei
Rauchgasen als Trocknungsmittel ist deshalb die Gefahr von Taupunktkorrosionen zu berücksichtigen, was durch Einhalten genügend hoher Brüdentemperaturen geschehen muß. Leider kommen eben zum Trocknen der feuchten
Braunkohlen ausschließlich die Rauchgase in Betracht, die einen hohen
Taupunkt haben und außerdem einen hohen Teildruck des Wasserdampfes besitzen. Bei der Festsetzung der notwendigen Luft- bzw. Rauchgasmenge für
die Mühle sind deshalb nicht nur die aerodynamischen Verhältnisse im
Sichter und der Kohlenstaubtransport entscheidend, sondern man muß neben
der Temperatur auch den Wasserteildruck in den Brüden berücksichtigen.

Die Aufnahmefähigkeit der Brüden wird mit ihrer steigenden Feuchtigkeit
immer geringer und ist bei Erreichung des Sättigungspunktes gleich Null,
so daß Restwasser im Kohlekorn bleibt. Im Laufe des Trocknungsvorgangs
darf also an keiner Stelle der Mühle der Sättigungspunkt der Brüden erreicht oder gar überschritten werden. Zur Erzielung eines guten Trocknungseffektes und zur Vermeidung von Taupunktunterschreitungen sollte
man also immer anstreben, mit Brüdentemperaturen über 100 ^{O}C zu fahren.
Die richtige Brüdentemperatur hinter der Mühle hängt dabei von der Art
der Kohle sowie von dem angewandten Trocknungsmittel ab.

Weniger Sorgen bereitet die hohe Temperatur dort, wo man mit inerten
Rauchgasen trocknet und deshalb auch bei reaktiven Kohlen hohe Brüdentemperaturen zuläßt. Übliche Werte von Brüdentemperaturen hinter dem
Sichter sind in Tabelle 12.2 angegeben. Auch zu den Rauchgasen wird

Tabelle 12.2. Brüdentemperatur hinter dem Sichter

	Trocknungsmittel	
	Luft	Rauchgase
Torf	–	200 ^{O}C *)
Braunkohle	–	200 ^{O}C *)
Steinkohle (je nach Gasgehalt)	100-130 ^{O}C	200 ^{O}C
Anthrazit	unbegrenzt	unbegrenzt

*)O_2-Gehalt in Brüden < 4 %

jedoch Luft beigemischt, um die verlangte Brüdentemperatur einzuhalten.
Da bei Teillast in der Mühle weniger Kohle getrocknet wird, muß mehr
Kaltluft zum Trocknungsgas zugemischt werden, um die Brüdentemperatur
konstant zu halten. Dadurch wird der O_2-Gehalt in den Brüden angehoben,
was nach Tab. 12.2 u.U. eine Erhöhung der Explosionsgefahr bedeuten
könnte. Deshalb muß bei größerer Lastabsenkung ein Teil der Mühlen abgestellt werden.

Beim geschlossenen Mahlkreis nimmt die Heißluft als Trocknungsmittel als
Primär- oder Erstluft an der Verbrennung teil.

12.4 Mühle und Sichter

Die Kohlenstaubmühle in einem Kraftwerk hat nach Vorgehendem vier
Funktionen:

1. die Kohle zu Staub zu zerkleinern,

2. die Feuchtigkeit der Kohle weitgehend zu verdampfen,

3. die unterschiedlichen Eigenschaften des Kohlenkonglomerats
   durch Mischen untereinander zu vergleichmäßigen,

4. die verwachsenen Kohlenteilchen in Brennbares und Asche zu
   trennen.

Während meist die beiden ersten Funktionen den Mühlenaufbau entscheidend
beeinflussen, tritt die dritte Funktion bei der Verfeuerung von Kohlen
mit schwankendem Heizwert in den Vordergrund. Vor allem bei heizwertarmen, ballastreichen Braunkohlen ist die vollkommene Durchmischung des
Mahlgutes in der Mühle besonders wichtig. Diese werden im Tagebau mit
Schaufelbaggern quer zum Flöz abgebaut (Bild 12.4), wobei die aus mehreren Flözen unterschiedlichen Aschen- bzw. Feuchtigkeitsgehalten bestehende Braunkohlenschicht auf einmal abgefräst wird, so daß im Kohlen-
strom Körner mit recht unterschiedlichen Aschengehalten auftreten. Die
Mühle soll die Unterschiede in der Zusammensetzung des Mahlgutes vermin-

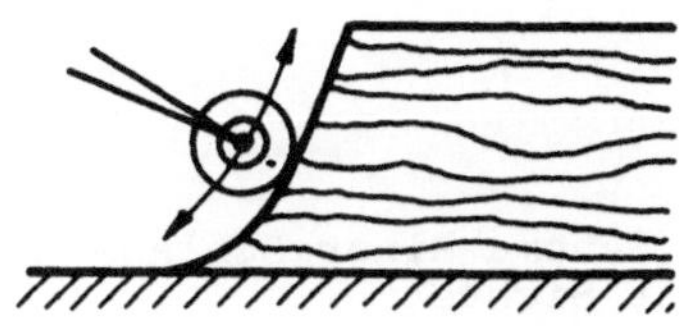

Bild 12.4. Abfräsen des Kohlenflözes

dern. Die Kohlenstaubmühle, vor allem die schnellaufende, besitzt ein gutes Mischvermögen nicht nur wegen der starken Wirbelung des Mahlgutes im Mahlraum, sondern auch wegen des Mühlensichters. Das dort abgetrennte Grobkorn kehrt nämlich vom Mühlenausgang zum Mühleneingang zurück, wo es sich mit frischer Kohle vermischt. Auch diese Kohlenumwälzung verhindert jede sprunghafte Änderung der Eigenschaften des Mahlgutes, und zwar um so mehr, je mehr Grobkorn zurückgeführt wird. Der Mischeffekt ist dem Kohlenvorrat in der Mühle direkt proportional.

Der Zerkleinerungsvorgang trägt ebenfalls wesentlich zur Homogenisierung der Kohle bei. Nach Bild 12.5 werden in der Mühle die Kohlenstücke zu Körnern von fast reinem Brennbaren einerseits und fast reiner Aschensubstanz andererseits zerkleinert. Dieser Vorgang ist um so vollkommener, je feiner die Kohle gemahlen wird /33/.

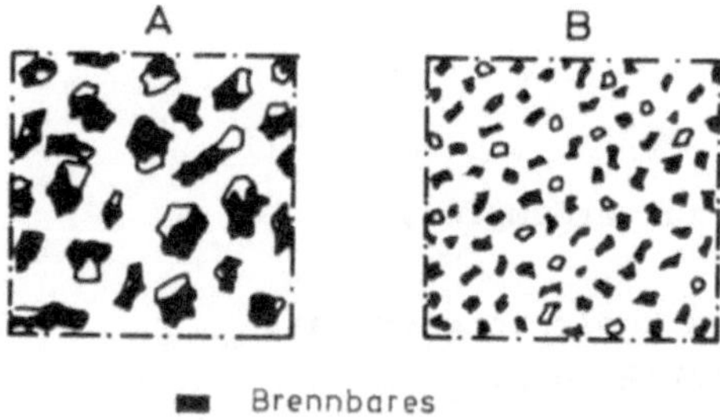

Bild 12.5. Struktur der Rohkohle und des fertigen Kohlenstaubes. A Rohkohle; B Kohlenstaub

Die üblichen Mühlenbauarten bestehen aus der Mühle selbst und dem Sichter (Bild 12.6), der die Feinheit des Kohlenstaubs regelt. Die pneumatische Sichtung des Mahlgutes führt dazu, daß die schwere Mineralsubstanz unnötig fein übermahlen wird, da sie durch den Sichter so lange in die Mühle zurückgeführt wird, bis ihre Korngröße feiner wird als diejenige

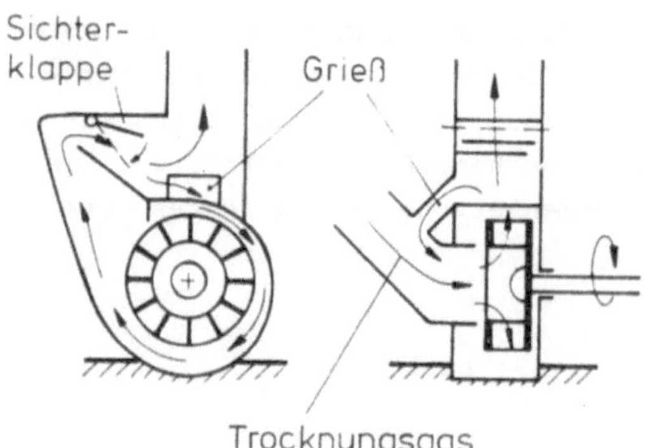

Bild 12.6. Schema einer Schlagradmühle mit Sichter

des Brennbaren. Bei der Untersuchung der Kohle durch Siebanalyse findet
man deshalb in den feineren Staubfraktionen mehr Asche. Auch die Mahl-
barkeit spielt hierbei eine gewisse Rolle, indem z.B. die harten Mine-
ralsubstanzen, wie Quarz oder das schwere Pyrit, weniger fein zerkleinert werden und länger unzerkleinert zwischen Mühle und Sichter umlau-
fen.

Zwischen dem Sichter und der Mühle stellt sich wegen der Sichtung ein
Grießumlauf ein, der nicht nur den Energiebedarf der Mühle erheblich
steigert, sondern auch den Mühlenverschleiß erhöht. Zu betonen ist, daß
Mühlen mit Sichter selbst nach dem Abfangen und Rückführen von Grieß
keinen Gleichkornkohlenstaub erzeugen, sondern ein Korngemisch mit nach
oben beschränkter Korngröße.

Bei Steinkohlenmühlen ist der Sichter ein unentbehrlicher Bestandteil
der Mahlanlage. Bei Braunkohle verzichtet man dagegen manchmal auf den
Sichter und die Kohle wird in einem einzigen Durchgang durch die Mühle
brennfertig aufbereitet. Der in der Flamme entgaste unverbrannte Koksrückstand vom Grobkorn gelangt hier z.T. mit der Asche in den Feuerraumtrichter, wo dieser auf dem Nachbrennrost ausbrennt (Bild 15.3).

12.5 Zuteiler

Die Zuteiler sollen die Kohle aus dem Bunker abziehen und zur Mühle
transportieren. Diese Förderung muß - insbesondere bei direkter Einbla-
sung in den Kessel - möglichst gleichmäßig erfolgen und stufenlos regelbar sein, damit die notwendige Wärmezufuhr zum Kessel gewährleistet ist
/34/.

Der Trogkettenförderer (Bild 12.7) ist eine für die meisten Kohlensorten
geeignete Fördereinrichtung. Die Kohle ruht auf dem Aufgabentisch, der
unter dem Bunkerauslauf zwischen Ober- und Untertrum der umlaufenden
Steg-Gliederkette angebracht ist. Durch den Obertrum wird die Kohle nach
hinten mitgenommen, und zwar in einer Höhe, die durch den Schichtregler
eingestellt wird. Am Ende des Aufgabentisches wird die Kohle in den
Trogkasten abgeworfen, hier von dem Untertrum erfaßt und nach vorn zum
Mühlenfallschacht geführt. Der lange Kohlenweg durch den Förderer soll
dem Eindringen der heißen Gase von der Überdruckmühle in den Rohkohlen-
bunker vorbeugen.

Plattenzuteiler werden hauptsächlich bei im Bunker schwer rutschender,
nasser und lehmhaltiger Kohle angewandt (Bild 12.8). Dabei werden Bun-

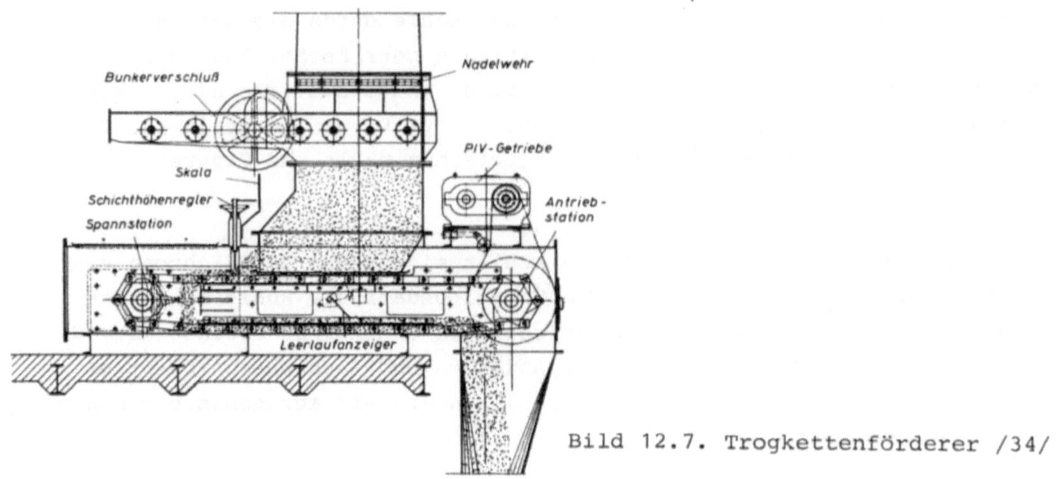

Bild 12.7. Trogkettenförderer /34/

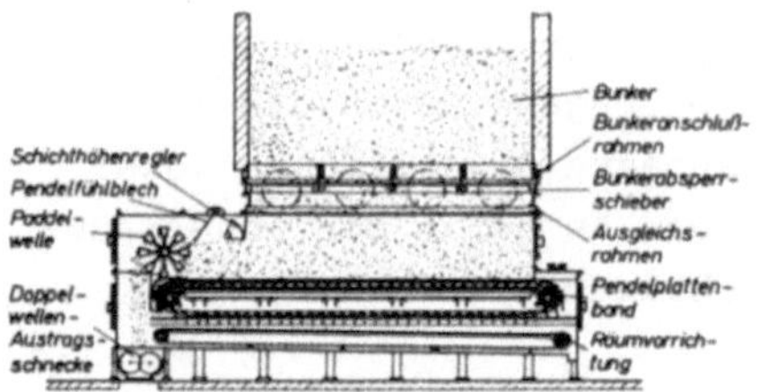

Bild 12.8. Plattenzuteiler /34/

kerauslauföffnungen mit langem Schlitz gewählt und die Bunkerwände möglichst steil ausgeführt. Die einzelnen Platten des Zuteilers bestehen
aus Klappen, die in zwei seitlich geführten Gliederketten drehbar gela-
gert sind. Im Obertrum liegen die Platten aneinander und überdecken sich
ein wenig, so daß eine vollständige große Platte entsteht, die sich unter dem Bunkerauslauf hinwegbewegt und die daraufliegende Kohle in einer
einstellbaren Schichthöhe mitnimmt. Die Plattenzuteiler laufen mit kleiner Vorschubgeschwindigkeit. Zur Förderung der verlangten Kohlenmenge
sind daher größere Schichthöhen erforderlich. An der Vorderseite des Zuteilers wird die vorschiebende Kohlenschicht von einem schnellaufenden
Paddelrad erfaßt, aufgelockert und in gleichmäßiger Förderung in den
Mühlenfallschacht, der unter dem Paddelrad sitzt, abgeworfen.

12.6 Einblasemühlen im geschlossenen Mahlkreis

Der geschlossene Mahlkreis mit Einblasemühlen ist in Bild 12.9 und 12.10
schematisch dargestellt. Im ersten Bild wird die wenig feuchte Steinkohle mit Heißluft getrocknet, deren Temperatur durch Kaltluftzugabe geregelt wird. Für die Trocknung reicht hier also die im Luvo an die Luft
übertragene Abwärme. Die Zerkleinerung erfolgt z.B. in einer Rollenmüh-

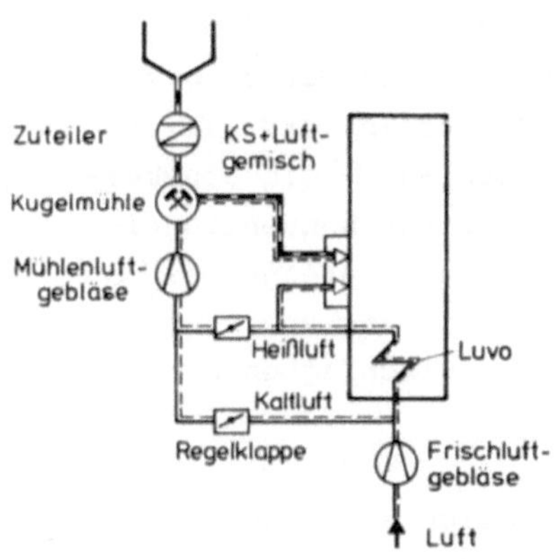

Bild 12.9. Geschlossener
Mahlkreis mit Lufttrocknung

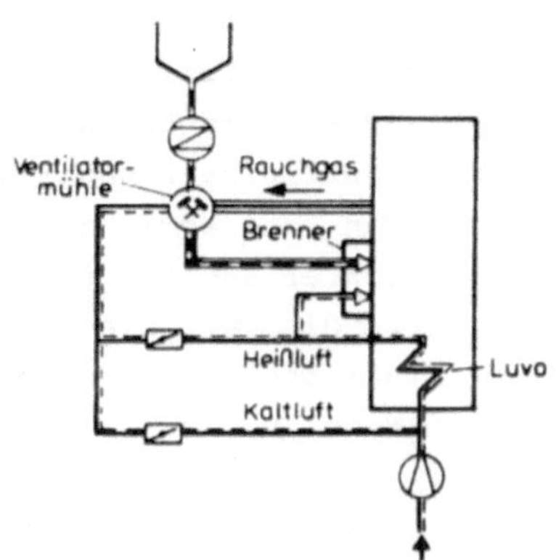

Bild 12.10. Geschlossener Mahlkreis
mit selbstansaugender Mühle

le. Das Mühlenluftgebläse steigert hier den Luftdruck vor der Mühle. Die
im zweiten Bild 12.10 zur Zerkleinerung der sehr feuchten Braunkohle benutzte Ventilatormühle, als Schlagradmühle ausgeführt, saugt die heißen
Rauchgase (1000 $^\circ$C) vom Feuerraum selbst an und benutzt zur Regelung der
Brüdentemperatur ebenfalls ein Heiß- und Kaltluftgemisch.

Bei der dem Trocknungsschacht mit einer Austrittstemperatur von ca.
600 $^\circ$C nachgeschalteten sichterlosen Schlagradmühle (Bild 12.11) wird
dem schweren Ventilatorrad ein Schlägerteil vorgeschaltet, das in den
Eintrittsstutzen der Mühle eingebaut ist und die Kohle gleichmäßig auf
das Schlagrad verteilen soll. Hier findet auch die Vorzerkleinerung der
Kohle statt. Im Vorschläger wird die im Trocknungsschacht begonnene
Vortrocknung fortgesetzt und die Temperatur der Rauchgase um weitere
100 K gesenkt.

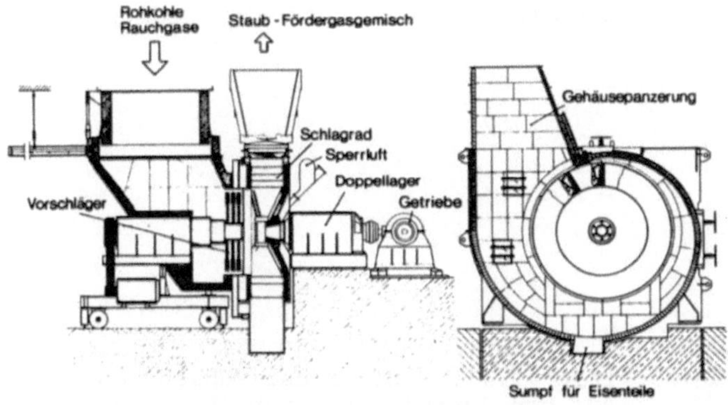

Bild 12.11. Sichterlose Schlagradmühle mit Vorschläger (200 t/h Braunkohle)

Der Kohlenvorrat in der Mühle ist nicht groß, und die Mühlenleistung wird mit dem Rohkohlenzuteiler geregelt. Als eigentliches Werkzeug zum Mahlen der Kohle dient das Schlagrad mit seinen Schaufeln, das gleichzeitig die Kohle zerkleinert und - wie ein Radialgebläse - die Druckerhöhung bewirkt. Man kann somit nach der Mühle auch einen konventionellen Zentrifugalsichter und für die Feuerung die normalen Brenner einbauen, falls es notwendig ist. Die Umfangsgeschwindigkeit des von Rauchgasen mit einer Eintrittstemperatur von ca. 550 $^\circ$C beaufschlagten Schlagrades beträgt bis zu 80 m/s.

Da die Kohle sich stets im Flug befindet und lediglich durch Aufprall zerkleinert wird, eignet sich die Schlagradmühle ausgezeichnet für sehr feuchte Kohlenarten, weil die Kohle nicht gepreßt wird. Die Kohleteilchen bewegen sich im Mahlraum mit großer relativer und absoluter Geschwindigkeit, die den Übergang der Feuchtigkeit aus der Kohle in das Trocknungsmittel stark unterstützt.

Die Schlagradmühle wird von einem Asynchronmotor über ein hydraulisches Untersetzungsgetriebe angetrieben. Da es sich bei Großkesseln um Mühleneinheiten bis 150 t/h und mehr mit einem sehr schweren Schlagrad handelt, läßt sich hier zur Verhinderung der sonst unvermeidbaren Überlastung des Motors das Strömungsgetriebe gleichzeitig auch als Anfahrkupplung anwenden. Dieses gestattet ein schnelles Hochfahren des Motors auf volle Drehzahl, während das schwere Mühlenlaufzeug langsam anlaufen kann, so daß der Motor gegen Überlastung geschützt ist.

Hinsichtlich der Mahlarbeit prägt sich die Mühlengröße stark aus, wie Bild 12.12 zeigt. Bei großen Mühlen kann man deshalb mit kleinerer Mahlarbeit rechnen, was in dem größeren Anteil der nutzbaren Mühlenarbeit am Mahlvorgang begründet ist. Auch der Mühlenverschleiß ist bei großen Einheiten kleiner. Die Panzerung der exponierten Mühlenbestandteile erfolgt durch auswechselbare Platten aus hartem Gußeisen. Auch die keramische Panzerung kommt in Betracht.

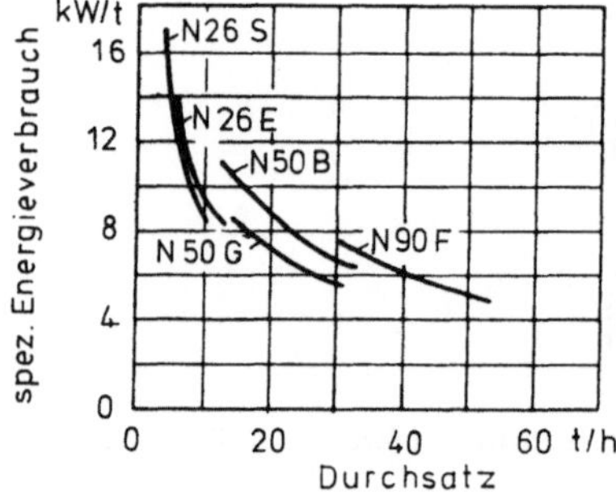

Bild 12.12. Einfluß der Mühlengröße auf den Energieverbrauch (EVT-Schlagradmühlen der Baureihe N)

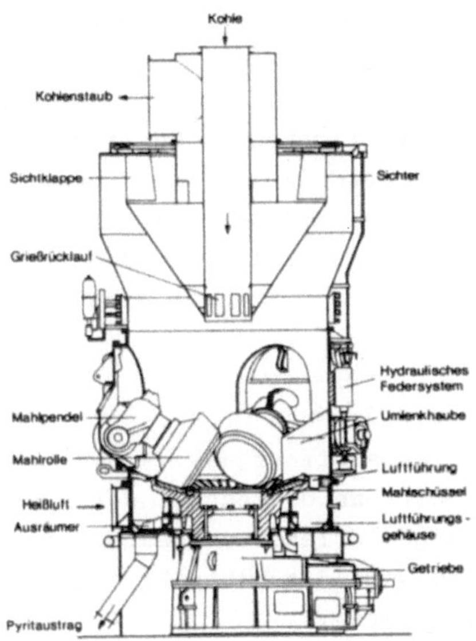

Bild 12.13. Kegelmühle /35/

Die Steinkohle benötigt nach Bild 12.2 eine wesentlich feinere Ausmahlung. Für die Steinkohlen-Zerkleinerung lassen sich als Einblasemühlen
mittelschnelle Mühlen verwenden, wie z.B. Rollenmühlen, die die Kohle
mit den auf dem Mahltisch rollenden Kegeln zerdrücken /35/. Die Kegel
werden durch eine Feder oder hydraulisch aufgedrückt, wie z.B. bei der
Kegelmühle nach Bild 12.13. Diese Mühlenart wird bis zu Leistungen von
100 t/h Kohle gebaut.

Die Rollenmühlen, bei denen die Ventilatorwirkung des Mühlenrotors entfällt, benötigen einen besonderen Mühlenventilator. Heute, bei den gut
entwickelten Mühlendichtungen, benutzt man Mahlkreise mit Überdruckmüh-
len im Mahlkreis nach Bild 12.9. Der Mühlenventilator ist vor der Mühle
eingeschaltet und muß deshalb ein heißes Trocknungsmittel befördern. Mit
Hilfe eines Zweistromluvos ist jedoch die Schaltung des Mühlenventila-
tors schon auf die Kaltluftseite des Luvos möglich.

12.7 Mühlenanzahl

Die Kohlenfeuerung bedarf der Aufteilung der Kohlenstauberzeugung auf
mehrere Mühlen. Bei Betriebsstörung einer Mühle kann der Kessel dann
wenigstens mit verminderter Leistung weitergefahren werden. Auch eine
Überholung der Mühlen ist während des Betriebs möglich, falls die volle
Leistung mit einer Mühle in Reserve erreichbar ist. Für die Regelung
besteht die Möglichkeit, bei Teillast einige Mühlen abzustellen und die

restlichen mit Vollast weiter zu betreiben. Dies ist z.B. für den Betrieb mit explosivem Braunkohlenstaub sehr wichtig.

Die zu große Mühlenanzahl mit vielen Zuteilungseinrichtungen und Staubrohrleitungen ist räumlich schwer unterzubringen und im Betrieb schwer zu überwachen, so daß auch bei den größten Kesseln ihre Zahl nicht über acht liegen sollte. Da jede Mühle eigener Regler und Stellglieder bedarf, die teuer und der Unterhaltung bedürftig sind, verteuert sich die Kesselregelung mit steigender Mühlenanzahl.

Lediglich bei den Magerkohle oder Anthrazit verfeuernden Großkesseln mit Zwischenbunkerung des Kohlenstaubes und mit Brennstoffaufgabe zu den Brennern durch Kohlenstaubzuteiler /4/ reduziert man die Anzahl der Kohlemühlen meistens auf zwei. Die etwa einstündige Kohlenstaubreserve im Zwischenbunker gestattet es bei Lastspitzen im Netz die Mahlanlage ganz abzuschalten und den so ersparten Strom zu verkaufen.

13. Teilvorgänge der Kohlenstaubverbrennung

13.1 Mischen, Entmischen und Strähnenbildung

Die Erkenntnisse über die homogene Gasverbrennung lassen sich nur zum
Teil auf die Kohlenstaubflamme übertragen. Die Kohlenstaubteilchen aus
jeweils Millionen von Molekülen bilden im Gaskontinuum diskrete Massen-
punkte, bei welchen eine molekulare Mischung mit Luft im Sinne von Abschnitt 4.1 nicht existieren kann. Das Dichteverhältnis der Erstge-
mischkomponenten beträgt hier ca. 10^3, was zu einer wiederholten Entmischung des bereits vermischten Kohlenstaub-Luft-Stromes führt.

Die im Vergleich zur Molekelgeschwindigkeit des Gases äußerst kleine Relativgeschwindigkeit eines festen Kohlenteilchens in den Brüden

$$u \sim b\, d_K^2 \tag{13.1}$$

ist der von äußeren Kräften hervorgerufenen Beschleunigung linear und
dem Durchmesser des Teilchens quadratisch direkt proportional. (Es gilt
hier die Stokes'sche Widerstandsformel, da bei Partikeln Re < 1). Nach
(13.1) bleiben die von turbulenten Brüden- bzw. Luftballen transportierten feinen Staubkörner, welche mit einem Durchmesser von etwa 100 μm
rund zehnmal kleiner sind als die Turbulenzballen, in dieser Umgebung
fast unbeweglich (u → 0). Da die Erdschwere als äußere Kraft (b = g) nur
schwach ist, folgen sie dem tragenden Strom.

Bei Richtungsänderungen, die sich auf dem Wege von der Mühle zum Brenner
nicht vermeiden lassen, ist dagegen mit einer Eigenbewegung von Staub-
körnern in den Brüden zu rechnen. Die dabei auftretende Fliehkraft wirkt
mit der Beschleunigung b = w^2/R>>g umso stärker auf diese ein, je kleiner die Krümmung R, d.h. je schärfer die Umlenkung ist. Solche Umlenkun-
gen, die zu einer Entmischung führen, treten auch im Brenner auf.

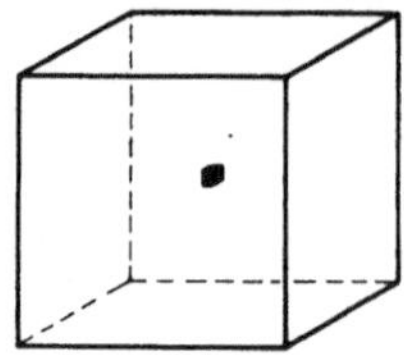

Bild 13.1. Volumina von Kohle und zugehöriger Mindest-
luftmenge (1 kg Kohle + 7 m_N^3 Verbrennungsluft)

Um ein gleichmäßiges Gemisch zu erzielen, müßte z.B. nach Bild 13.1 beim
stöchiometrischen Luftbedarf jedes Teilchen von einem Luftwürfel umhüllt
werden, dessen Kantenlänge rund zwanzigmal größer als die des Kohleteil-
chens wäre. Ein derartiges, wegen ungleicher Korngröße verformtes Raum-
gitter aus Kohlenstaubteilchen läßt sich jedoch im Brenner nicht her-
stellen. In Wirklichkeit entstehen im Gemisch einerseits reich mit Kohlenstaub beladene Strähnen mit Luftmangel (n < 1) und andererseits staub-
arme Bereiche mit hohem Luftüberschuß (n > 1).

Daß dennoch ein hoher Verbrennungs-Wirkungsgrad erzielbar ist, zeigen
Brenner mit zweistufiger Luftzufuhr wie z.B. der Strahlbrenner in Bild
5.15. Hier wird die Luftzahl des Erstgemisches mit Absicht sehr klein
gehalten, so daß das Erstgemisch eine Kohlenstaubteilchen-Strähne bildet. Dieses Erstgemisch zündet sehr schnell, verbrennt jedoch nur un-
vollständig. Erst in größerem Abstand vom Brenner, wo es auf die Zweitluft trifft, reagiert es vollständig aus. Dadurch entstehen hier Rauchgase mit niedrigem NO_x-Gehalt. Ein anderes Beispiel bietet die Braunkoh-
lenfeuerung, wo ein reich kohlenbeladener, sauerstoffarmer Kohlenstaub-
Brüden-Strom in die heiße Flamme hineingeblasen wird. Die für die Verbrennung notwendige Zweitluft wird dem Gemisch wieder erst tief im
Feuerraum beigemischt. Hier ist also die Vorstellung über ein Gemisch
ohne Mischfehler als Voraussetzung für eine gute Verbrennung kaum am
Platze.

13.2 Wärmetransport und -bedarf

13.2.1 Wärme- und Stoffübergang bei Kohleteilchen

Die Zeit, die dem Kohlenstaub zum Aufheizen und zur Verbrennung zur Verfügung steht, ist sehr kurz. Deshalb ist eine intensive Wärme- und
Stoffzufuhr von der Umgebung zum Kohlenstaub hin notwendig. Die in Turbulenzballen schwebenden Kohleteilchen nehmen mit ihrer Umgebung einen
Wärmeaustausch durch Wärmeleitung und einen Stoffaustausch durch Diffusion vor. So gibt z.B. eine Kugel (Bild 13.2) mit der Temperatur t_K den
Wärmestrom $\dot{Q}$ an das umgebende Gas mit der mittleren Flammentemperatur

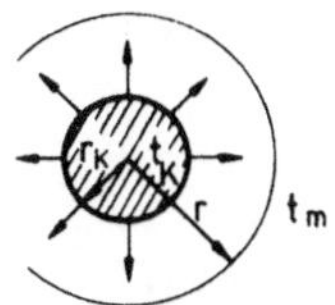

Bild 13.2. Temperaturfeld an einem Kohlenkorn

t_m ab, wobei der am Radius r im stationären Zustand durch Wärmeleitung transportierte Wärmestrom

$$\dot{Q} = - \lambda \; 4 \; \pi \; r^2 \; \frac{dt_K}{dr} \qquad (13.2)$$

beträgt. Separiert man die Temperatur, so erhält man nach Integration von

$$\int_{t_K}^{t_m} dt_K = - \frac{\dot{Q}}{\lambda 4\pi} \int_{r_K}^{\infty} \frac{dr}{r^2}$$

das Temperaturgefälle

$$t_K - t_m = \frac{\dot{Q}}{\lambda 4\pi} \cdot \frac{1}{r_K}$$

und daraus den durch Wärmeleitung abgeführten Wärmestrom

$$\dot{Q} = \lambda \; 4 \; \pi \; r_K \; (t_K - t_m) \qquad (13.3)$$

Da aber an der Kugeloberfläche mit $d_K = 2r_K$ für den Wärmeübergang auch

$$\dot{Q} = \alpha \pi d_K^2 \; (t_K - t_m) \qquad (13.4)$$

gilt, ergibt sich durch Vergleich:

$$\alpha = \frac{2\lambda}{d_K} \qquad \text{bzw.} \qquad Nu = \frac{\alpha d_K}{\lambda} = 2 \qquad (13.5)$$

Bei einem mittleren d_K = 30 µm (Steinkohlenfeuerung) und λ = 0,08 W/mK (Luft bei 1000 °C) beträgt α = 5300 W/m²K, was größenordnungsmäßig dem α-Wert bei einer schnellen Wasserströmung entspricht.

Analog dazu ergibt sich für den Stoffübergang die Sherwood-Zahl
$Sh = \beta d_o / D_{diff} = 2$ /36/. Wird nun als Maß des Stoffaustausches das Pro-

dukt des Stoffübergangskoeffizienten β mit der Oberfläche s von 1 kg
Staub genommen, so beträgt dieses

$$\beta \cdot s = \frac{2D_{diff}}{d_K} \cdot \pi \, d_K^2 \cdot \frac{6}{\pi \cdot d_K^3 \, \rho_K} = \frac{12D_{diff}}{\rho_K d_K^2} \tag{13.6}$$

Stoffüber- gangs- koeffi- zient bei Sh = 2	Teil- chen- ober- fläche	Teilchen- zahl in 1 kg Kohle

Die Abhängigkeit von der Teilchengröße ist zweiten Grades und damit relativ stark. Hier ersetzt also die Oberflächenvergrößerung gemeinsam mit
einer intensiven Stoffübertragung nach (13.6) weitgehend den Effekt der
Turbulenz. Da $\beta = \alpha/c_{pG}$ ist, so läßt sich (13.6) auch mit Rücksicht auf
(13.5) in die Form

$$\beta \cdot s = \frac{\alpha}{c_{pG}} \, s = \frac{12 \, \lambda}{c_{pG} \rho_K d_K^2} \tag{13.6a}$$

bringen. Dann hat β s nach den vorhergehenden Ausführungen mit d_K =
30 μm, α = 5300 W/m^{2}K und c_{pG} = 1200 J/kgK bei kugelförmigen Teilchen
die Größenordnung von ca. 100 kg/kgs.

Diese Resultate lassen sich qualitativ auch auf Teilchen anderer Gestalt
übertragen. Im Vergleich zur Kugel ist dabei jedoch mit einer größeren
spezifischen Oberfläche s zu rechnen.

Das Kohlenstaubteilchen ist im Feuerraum auch der Flammenstrahlung und
damit dem Wärmestrom

$$\dot{Q}_{STR} = \varepsilon_{res} \, C_o \, (T_m^4 - T_K^4) \, \pi \, d_K^2 \tag{13.7}$$

ausgesetzt. Beim Vergleich mit dem durch Leitung zugeführten Wärmestrom

$$\dot{Q}_{WL} = 2 \, \frac{\lambda}{d_K} \, (T_m - T_K) \, \pi \, d_K^2$$

erweist sich das Verhältnis

$$\dot{Q}_{STR} / \dot{Q}_{WL} \sim d_K \, (T_m^4 - T_K^4) \, / \, (T_m - T_K)$$

als der Teilchengröße direkt proportional. Der Anteil der Strahlung ist
demnach nur beim Grobkorn und erst bei $t_K \rightarrow t_m$ von Bedeutung (Tab. 13.1).

Tabelle 13.1. Vergleich der Wärmeströme durch Konvektion und durch Strahlung

t_K		100	1000	1300	1380
$t_m - t_K$ [*]		1300	400	100	20
$\dfrac{\dot{Q}_{STR}/\dot{Q}_{WK}}{d_K}$		1388	3000	3950	4243
	10 μm	0,014	0,030	0,039	0,042
$\dot{Q}_{STR}/\dot{Q}_{WK}$	30 μm	0,042	0,090	0,118	0,127
	100 μm	0,140	0,300	0,394	0,424

[*] Annahmen: $\varepsilon_{res} = 0,8$; $\lambda = 0,1$ W/mK; $t_m = 1400\ ^\circ$C

13.2.2 Temperaturausgleich in den Turbulenzballen der Flamme

Die zur Aufheizung der Kohlenstaubteilchen benötigte Wärmemenge wird dem umgebenden Gas entzogen. Erfolgt die Wärmezufuhr zum Teilchen durch Wärmeleitung, so gilt für diese die Fourier'sche Gleichung

$$\frac{\partial t}{\partial \tau} = a\,\frac{\partial^2 t}{\partial l^2} \qquad\qquad (13.8)$$

Die Temperaturleitfähigkeit $a = \lambda/\rho\,c$ in 10^6 m^2/s ist für den atmosphärischen Druck und verschiedene Temperaturen in Tab. 13.2 dargestellt. Mit steigender Temperatur nimmt a steil zu, da dank der hohen Molekelgeschwindigkeit der Wärmeleitkoeffizient schneller als die spezifische Wärmekapazität anwächst, während die Dichte kleiner wird. Zum Vergleich beträgt bei Eisen die Temperaturleitfähigkeit $a = 16,2 \cdot 10^{-6}$ m^2/s (bei 0 $^\circ$C). Einer örtlichen Abkühlung der Flamme durch Wärmeaufnahme des Teilchens wird also durch einen schnellen Wärmetransport aus dessen Umgebung entgegengewirkt.

Tabelle 13.2. Temperaturleitfähigkeit verschiedener Gase in m^2/s$\cdot 10^6$

Temp. $^\circ$C Gasart	20	100	300	500	700	1000
Luft	22,0	33,6	68,9	113,2	162	240
H_2O	–	19,2	57,2	112,8	186	330
CO_2	–	17,4	39,2	68,3	101	158

Einem ähnlichen Verhalten begegnet man auch bei der kinematischen Zähigkeit sowie bei dem Diffusionskoeffizienten von Gasen.

13.2.3 Zündtemperatur, Flammengeschwindigkeit und Zündwärme

Die Zündtemperatur ist bei Kohle kein wahrer Stoffwert. Abhängig vom Anteil an flüchtigen Bestandteilen liegt sie bei mageren Brennstoffen und bei Koks hoch, während sie bei den gasreichen Kohlenarten relativ niedrige Werte annimmt (ca. 100 °C bei Braunkohle; bis zu 1000 °C bei Koks), wobei Kohlengemische in der Regel eine höhere Zündtemperatur als die entsprechenden Einzelkomponenten besitzen. Die Zündtemperatur wird durch zunehmende Feinheit des Kohlenstaubes gesenkt, da eine fein gemahlene Kohle mit großer spezifischer Oberfläche leichter angefacht wird.

Die Kohlenstaub-Flammengeschwindigkeit ist in Bild 13.3 als Funktion des Erstluftanteiles (in % des Gesamtluftstromes) sowie des Gehaltes an flüchtigen Bestandteilen bzw. an Asche dargestellt. Die verzögernde Wirkung von Asche ist daraus ersichtlich. Daß die Mahlfeinheit auch auf die Flammengeschwindigkeit einen Einfluß hat, braucht nicht betont zu werden. Die Kurven in Bild 13.3 sind für die minimale Strömungsgeschwindigkeit des Erstgemisches maßgebend, da ein "Zurückspringen" der Flamme in den Brenner zu vermeiden ist.

Mit der Kohle ist auch deren Fördermittel, Erstluft bzw. Mühlenbrüden, auf Zündtemperatur zu erwärmen. Der Fördermittelstrom ist erfahrungsge-

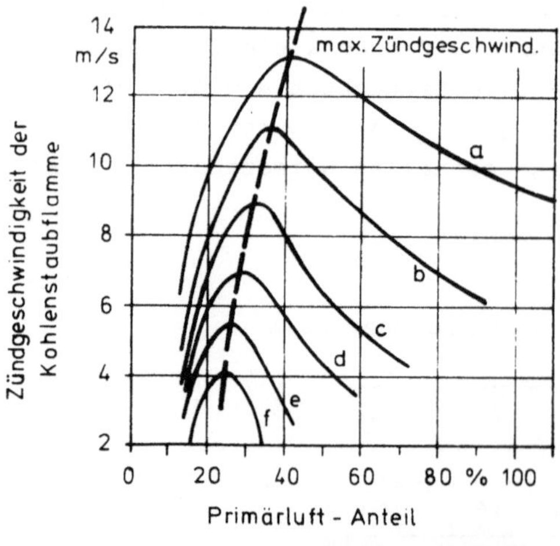

	a	b	c	d	e	f
Flücht. B. %	30	30	30	20	30	15
Asche %	5	15	30	5	40	5

Bild 13.3.
Kohlenstaubflammengeschwindigkeit als Funktion des Erstluftanteils

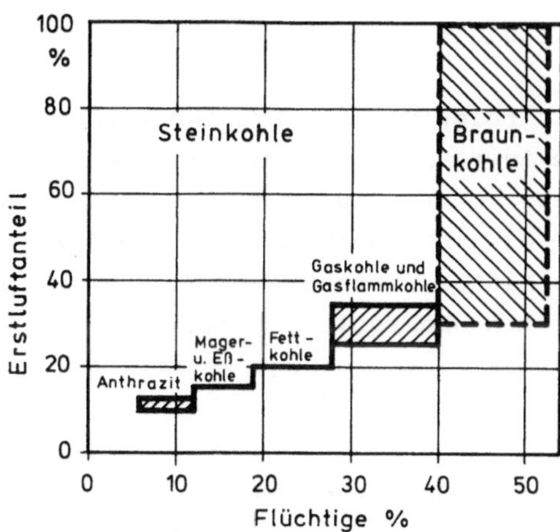

Bild 13.4. Abhängigkeit zwischen den flüchtigen Bestandteilen im Kohlenstaub und der Größe des Fördermittelstroms

mäß umso kleiner zu halten, je weniger flüchtige Bestandteile die Kohle enthält. Bild 13.4 zeigt die übliche Größe des Fördermittelstroms verglichen mit dem gesamten Verbrennungsluftstrom, wobei der Brüdenstrom bei Braunkohle hervorzuheben ist.

Das Kohlenstaub-Luftgemisch benötigt daher viel mehr Zündwärme als Gas, wobei diese Wärme auf hohem Temperaturniveau zu liefern ist. Zu betonen ist hier die Vorteilhaftigkeit einer hohen Luftvorwärmung. Ist die Flamme nicht heiß genug (z.B. bei Teillast des Kessels), so muß man zu Zündhilfen greifen.

13.3 Chemisches Gleichgewicht und heterogene Verbrennung

13.3.1 Umwandlungsvorgänge der Kohle

Die einzelnen Teilvorgänge dieser Umwandlung sind nach Bild 13.5:

1. Erwärmung und Trocknung des Kohlenstaubkornes,

2. Entgasung (Pyrolyse),

3. Reaktion der Pyrolysegase mit der Verbrennungsluft,

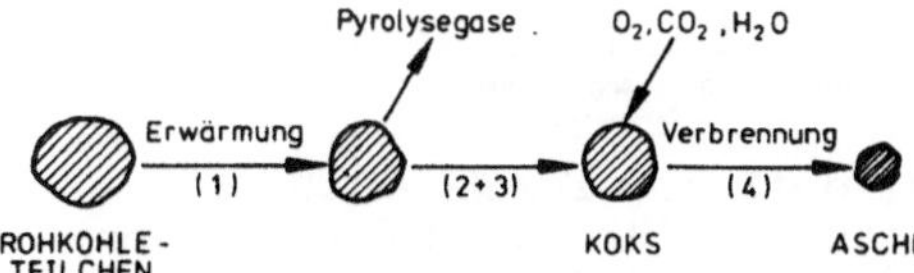

Bild 13.5. Umwandlungsvorgänge der Kohle

4. Oberflächenreaktion des Kokses mit dem Sauerstoffträger.

Die beiden ersten Teilvorgänge treten als Folge der Erhitzung der Kohle
auf. Für den dritten Teilvorgang ist die Anwesenheit von O_2 wichtig.
Beim vierten Teilvorgang wird der entgaste Koksrückstand auf physika-
lisch-chemischem Wege zum gasförmigen CO bzw. CO_2 umgewandelt. Die dazu
notwendige Aufheizzeit der Körner sollte $<10^2$ s betragen, wobei die
Trocknung und Pyrolyse der Körner inzwischen abgeschlossen sein sollte.
Für die Vergasung des Koksrückstandes werden weiter einige hundertstel
Sekunden benötigt.

13.3.2 Chemisches Gleichgewicht einer heterogenen Reaktion

Bei der Ermittlung des chemischen Gleichgewichtes werden auf beiden Seiten der Reaktionsgleichung lediglich die gasförmigen Komponenten berücksichtigt. Die Konzentration der festen Phase, welche keinen Teildruck
besitzt, übt auf die Reaktionsausbeute keinen Einfluß aus. Betrachtet
man die Kohlenstoffoxidation bei ein- bzw. zweistufiger Verbrennung
(4.2)

$$C + O_2 \rightleftharpoons CO_2 + 33{,}9 \quad MJ/kg \tag{13.9}$$

bzw.

$$C + 1/2\ O_2 \rightleftharpoons CO + 10{,}2 \quad MJ/kg \tag{13.10}$$

so findet man (Bild 13.6), daß in der Hochtemperaturflamme ein höherer
CO_2-Gehalt in der Nähe des Koksteilchens im Verbrennungsgas nur bei
Temperaturen unter 1200 K auftritt.

Das Gleichgewichtsdiagramm in Bild 13.7 gilt für die Reduktion von CO_2
bzw. H_2O an der festen Kohlenstoffoberfläche. Dabei reagieren nach
(4.3) bis (4.9) die dreiatomigen Gase CO_2 und H_2O mit C zu CO und H_2

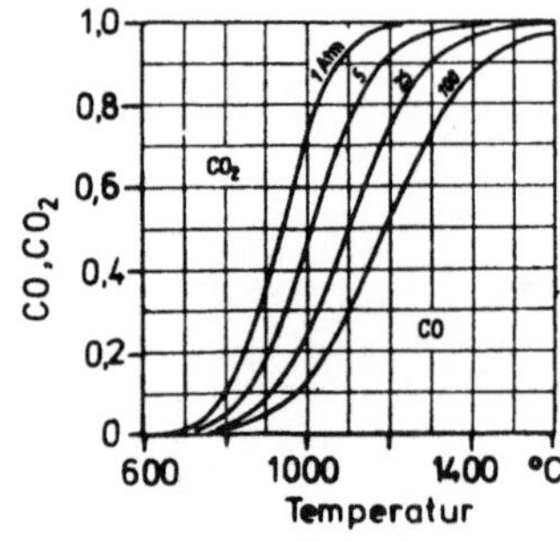

Bild 13.6. Temperaturabhängigkeit der Kohlenstoffoxidation
/29/

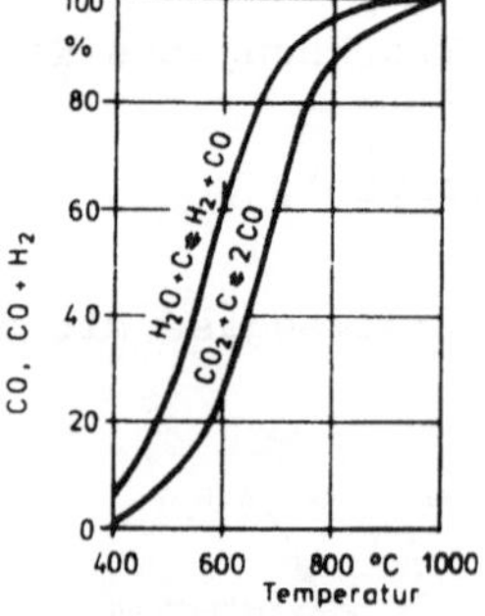

Bild 13.7. Gleichgewichtsdiagramm für die Reduktion von
CO_2 und H_2O /25/

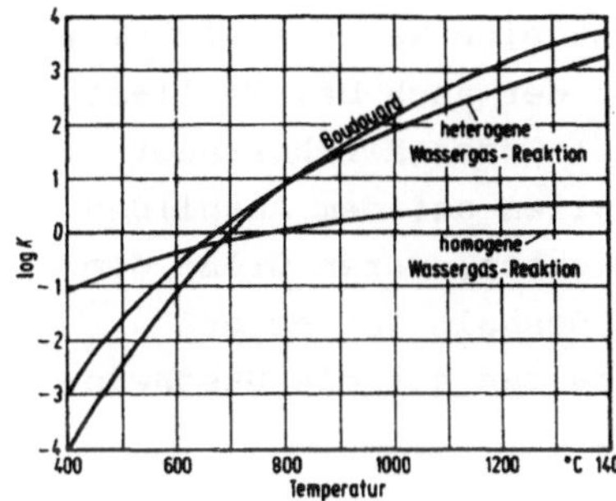

Bild 13.8. Gleichgewichtskonstanten
für die Reduktion von CO_2 und H_2O /29/

(Bild 13.8). In Bild 13.8 sind die entsprechenden Gleichgewichtskonstanten einschließlich derjenigen für die homogene Wassergas-Reaktion dargestellt.

13.3.3 Sauerstoffbedarf und Vermischung des Brennstoff-Luft-Gemisches mit der Flamme

Wichtig für die Verbrennung von luftarmen Kohlenstaubsträhnen ist die Erkenntnis, daß der Koks bei hoher Temperatur mit O_2 zu CO reagiert (Bild 13.6). Bei dieser Koksvergasung wird nur halb soviel Sauerstoff benötigt wie für die Koksverbrennung zu CO_2, wozu hier also eine Luftzahl von n = 0,5 theoretisch ausreicht.

Die CO-Molekeln besitzen bereits eine Eigenbewegung und finden somit leichter den benötigten Sauerstoff für die zweite Verbrennungsstufe. Die Vergasungsreaktion von C zu CO selbst setzt allerdings nach (13.9) nur wenig Wärme frei und macht deshalb das Vorhandensein einer heißen Flamme in unmittelbarer Nähe als Wärmespeicher zur Voraussetzung, welche die Luftmangelzonen heiß hält. Auch die Erwärmung des Trägergases, die Verdampfung der Restfeuchtigkeit des Kohlenstaubes, das Freisetzen der flüchtigen Bestandteile der Kohle sowie die an Koksteilchen stattfindenden endothermen Reaktionen beziehen ihren Wärmebedarf aus der Flamme. Die gesamte Wärmezufuhr wäre ca. 10 MJ/kg, wovon drei Viertel für die endothermen Vergasungsprozesse (4.3) und (4.4) benötigt werden, der Rest für Erwärmung, Pyrolyse und Dehydratation.

Für diese Wärmezufuhr ist am Brenneraustritt eine intensive Vermischung des ausströmenden Gemisches mit der heißen Flamme unentbehrlich. Wenn die Flammentemperatur wesentlich höher ist als die Zündtemperatur (ca. 1000 ^{O}C), sichert sie, selbst bei mageren, schwer entzündbaren Steinkohlen mit wenig flüchtigen Bestandteilen, ein stabile Verbrennung. Dieser zweite Mischvorgang ist bei der Kohlenstaubverbrennung noch wichtiger als der Mischvorgang von Kohle und Luft, da dieser die Folgen der Strähnenbildung wettmacht.

Die Sicherstellung dieser zweiten Vermischung ist eine weitere wichtige
Aufgabe des Kohlenstaubbrenners. Hier ist erneut der auch bei Teillast
strömungstechnisch richtig funktionierende Strahl- oder Mischbrenner
hervorzuheben. Die Funktion basiert in beiden Fällen auf dem Ausbilden
einer Scherströmung sowie u.U. auf Fliehkrafteffekten, deren Größe dem
Massenstrom durch den Brenner proportional ist. Deshalb ist es bei
Kleinlast richtiger, einige Brenner ganz abzuschalten als die Geschwindigkeiten in den Brennern zu tief herabzuregeln.

Um bei Trockenfeuerungen das Schmelzen der Asche zu mildern und die NO -
Bildung zu reduzieren, soll die Flammentemperatur allerdings, selbst
örtlich, nicht zu hoch sein. Andererseits soll auch bei Teillast der
Temperaturpegel noch so hoch bleiben, daß die Flamme stabil brennt.

13.3.4 Heterogene Verbrennung des Koksteilchens

Der sehr schnelle Ablauf chemischer Reaktionen bei hoher Temperatur läßt
auch bei n > 1 nach Bild 13.9 eine dünne Zone um das Kohleteilchen herum
vermuten, welche den Sauerstoff nur in Form von Oxiden enthält. An der
Teilchenoberfläche bzw. in den Poren der Koksteilchen finden dann die
endothermen Reaktionen nach (4.3 und 4.4) statt. Am äußeren Zonenrand
(in Bild 13.9 gestrichelt) verbrennt danach das durchdiffundierte H_2
und CO zu H_2O und CO_2. Diese Molekeln kehren anschließend teilweise
zum C-Teilchen zurück und halten somit die Reduktion in Gang. Die bei
den Verbrennungsreaktionen (4.1)

$$H_2 + 1/2\ O_2 \rightleftharpoons H_2O + 120{,}6\ MJ/kg$$

$$CO + 1/2\ O_2 \rightleftharpoons CO_2 + 23{,}7\ MJ/kg$$

entstandene Wärme steht danach den endothermen Vergasungsreaktionen zur
Verfügung.

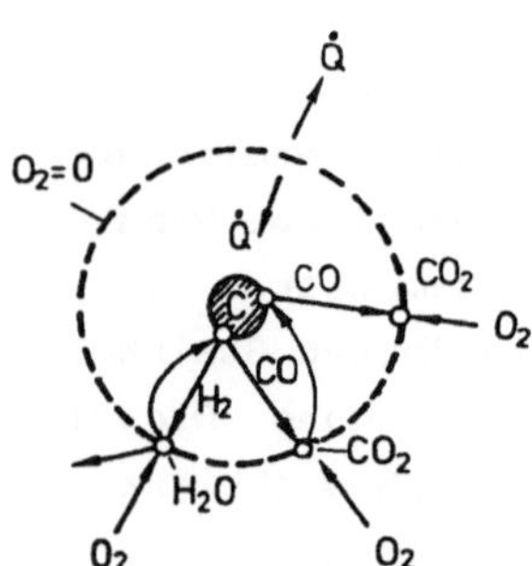

Bild 13.9. Teilvorgänge der Verbrennung am
Kohlenkorn

Die Reduktion von CO_2 bzw. H_2O nach (4.3 und 4.4) verdoppelt den Molekelstrom an der Kohlenoberfläche, weil ein CO_2- bzw. H_2O-Molekel sich in jeweils zwei Molekeln aufspaltet. Die daraus resultierende örtliche Vergrößerung des Volumens muß kurzzeitig eine lokale Druckerhöhung bewirken. Wenn das so entstandene CO und H_2 nach den obigen Summenformeln verbrennt, schrumpft das Gasstrom-Volumen, da bei diesen exothermen Reaktionen der Molekelstrom auf zwei Drittel zurückgeht und somit umgekehrt Stellen örtlichen Unterdruckes entstehen. Man kann hier also von einer durch Quellen und Senken von Molekülen bedingten Mikroturbulenz sprechen, die in der Flamme die Druckunterschiede durch Massenstransport auszugleichen sucht.

13.4 Verminderung des NO_x-Gehaltes

In heißer Flamme ist nach den vorhergehenden Aussagen eine Vergasung des sich im sauerstoffarmen Bereich befindenden Teilchens, selbst ohne Verbrennung der flüchtigen Bestandteile als Wärmequelle, möglich. Die Plausibilität der vorangegangenen Ausführungen ist durch den fast vollständigen Koksausbrand bei Schmelzfeuerungen und in der neuesten Zeit auch bei den Hochtemperatur-Blaubrennern (Flammentemperatur ca. 2000 $^\circ$C) bestätigt. Umgekehrt führt die bei Teillast abgesunkene Flammentemperatur bei Trockenfeuerung zum Verlust der Flammenstabilität, da der Wärmebedarf des Kohlen-Luft-Gemisches nicht mehr gesichert ist.

Die vorangehenden Überlegungen werden auch von Seite der Stickstoffoxidbildung bekräftigt. Hier ist die zweistufige Verbrennung ein bewährtes Mittel zur Verminderung der Bildung von thermischem NO, indem man die Flammentemperatur sowie den O_2-Teildruck senkt. Brenner wie die Eckenbrenner in Bild 5.15 verzögern die Vermischung von Kohle und Luft; ihre Aufstellung mit gegenseitigem größeren Abstand auf den Feuerraumwänden mindert die Flammenspitzentemperaturen ab und die Gürtelbelastung geht zurück. Die in der ersten Verbrennungsstufe unter Luftmangel stattfindenden endothermen Reaktionen (4.3 und 4.4) bremsen die Wärmeentbindung und verlagern sie in die wesentlich langsamer verlaufende zweite Verbrennungsstufe. Der NO_x-Gehalt im Abgas läßt sich derart um 30 bis 60 % reduzieren.

Die Gesamtheit der den NO_x-Gehalt mindernden Maßnahmen ist in Bild 13.10 ersichtlich /31/.

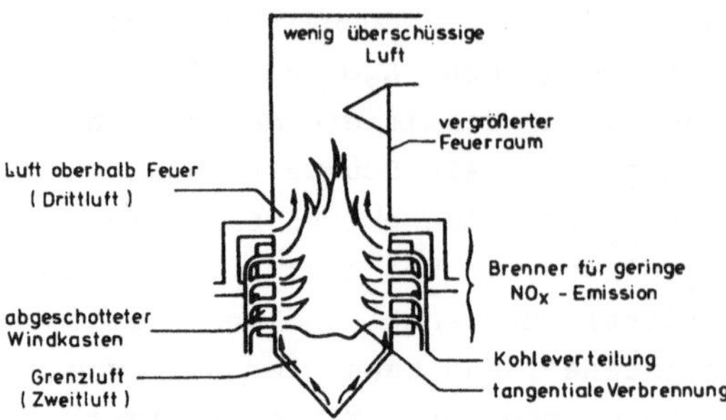

Bild 13.10. NO_x-mindernde Maßnahmen an einer Großfeuerung /31/

13.5 Vermutlicher Ablauf der Kohlenstaubverbrennung

Der in der Mahlanlage vorgetrocknete Kohlenstaub brennt mit einer heißen Flamme (1000 bis 1600 $^{\circ}$C), wozu die vorgewärmte Verbrennungsluft und gleichzeitig eine mäßige Luftzahl (siehe Tab. 4.3 und 21.1) beitragen. Bild 14.1 zeigt, daß kohlenstaubreiche Strähnen vom Brenner aus in die Flamme eindringen. Deshalb ist bei der Kohlenstaubfeuerung ein zweimaliges gründliches Mischen notwendig (Kohlenstaub mit Luft und dieses Gemisch dann anschließend mit der heißen Flamme). Die zweite Mischung bringt die O_2-armen Kohlenstaubsträhnen in engen Kontakt mit den dreiatomigen Oxiden CO_2 und H_2O, die zur Sauerstoffquelle für den Koksrückstand werden und diesen nach Gl. (4.3) und (4.4) vergasen. Die hohe Flammentemperatur unterstützt hier den Verbrennungsvorgang in dem Sinne, daß sie die endotherme Koksvergasung mit CO_2 und H_2O in Zonen mit Luftmangel ermöglicht.

Die so entstandenen CO- und H_2-Molekeln besitzen eine Eigenbewegung und gelangen somit leichter zu den O_2-reichen Zonen, wo sie schließlich verbrennen. Für diese zweite Verbrennungsstufe ist bereits eine Verwirbelung ähnlich wie bei Gasbrennern wichtig; man erzielt sie durch dieselben Mittel, vor allem wiederum durch Scherströmung.

Konstruktiv sichert man die intensive Wärmerückführung aus der Flamme zum Kohlenstaub im Strahlbrenner durch die Ejektorwirkung des kohlenreichen Freistrahles, der die Flammenmasse zusaugt und sich schon brennend weit im Feuerraum mit den Zweitluftfreistrahlen vermischt. Bei Mischbrennern mit Drall geschieht dies in einem Gemischtrichter, der beidseitig von innen und außen mit der Flamme in engstem Kontakt steht und in dessen Mitte dank der Fliehkraft Unterdruck herrscht.

13.6 Flamme als Kohlenstaubspeicher

Die in der Flamme schwebende Kohlenstaubmenge ist der Brennzeit proportional. Deshalb ist z.B. bei einem Kohlenstaubstrom von 4 kg/s, was bei einem Heizwert H_u = 25000 kJ/kg einer Brennerleistung von 100 MW_{th} entspricht, die Masse der Kohlenstaubwolke im Feuerraum von der Größenordnung 1 kg. Die Kohlenstaubflamme ist also als Brennstoffspeicher ohne Bedeutung. Jede Unregelmäßigkeit in der Kohlenzuteilung oder jede Heizwertänderung wirkt sich deshalb ohne Verzögerung auf die Feuerleistung, die Wärmeabgabe der Flamme, die Luftzahl usw. aus. Deshalb ist bei der Kohlenstaubverbrennung eine höhere Luftzahl sowie eine schnell reagierende Feuerungsregelung notwendig.

Der kleine Kohlenvorrat im Feuerraum einerseits und die schwankende Brennstoffzufuhr andererseits (wegen des veränderlichen volumetrischen Wirkungsgrades der Kohlenzuteiler) bewirken eine Schwankung der Reaktionsoberfläche sowie des Massenumsatzes bei der Verbrennung. Bei konstanter Luftzufuhr ändert sich auch die Luftzahl, die Flammentemperatur und der Druck im Feuerraum. Diese Erscheinung ist insbesondere bei einer sehr fein gemahlenen Kohle bemerkbar /100,101/. Außerdem muß die Luftzahl höher als bei Öl- bzw. Gasfeuerungen gehalten werden, um einer Qualmbildung vorzubeugen.

Eine große Druckveränderung gibt es auch beim Verlust der Kohlenstaubflamme, wenn plötzlich die Wärmeentbindung aufhört und das Flammenvolumen schrumpft. Ein Rückstrom vom Kesselzug folgt, da im Feuerraum ein tiefer Unterdruck entsteht /102/, was eine schnell abklingende Druckschwingung herbeiführt.

14. Kohlenstaubbrenner

14.1 Strahlbrenner

Es sind Kohlenstaubbrenner mit Leistungen bis zu 60 MW_{th} in Betrieb, wobei eine Leistungssteigerung bis auf 100 MW_{th} möglich ist. Die Zündung beim Anfahren sichern die Anfahrbrenner, welche Öl oder Gas verfeuern.

Wie schon erwähnt, muß ein Kohlenstaubbrenner neben der Mischung der Kohle mit Luft auch ein intensives Durchmischen dieses Gemisches mit der Flamme sicherstellen. Demzufolge ist auch bei Kohlenstaubbrennern als Turbulenzerzeuger wieder der unverdrallte ebenso wie der verdrallte Freistrahl von Nutzen.

Die Kohlenstaubbrenner sind deswegen im Aufbau den Gasbrennern ähnlich. Über Kohlenstaubleitungen gelangt der turbulente Brüdenstrom, dessen Wirbelteilchen mit Kohlenstaub unterschiedlich beladen sind, von der Mühle zum Brenner. Diese gasförmigen und kohlenhaltigen Turbulenzballen werden im Brennerbereich mit Luftballen aus dem ebenfalls turbulenten Luftstrom gemischt. Somit wird gleich wie bei Gasbrennern ein brennbares Gemisch hergestellt, dessen Struktur wieder dem früheren Bild 5.9 entspricht.

Bei Strahlbrennern (Bild 5.15) findet das Mischen mit Zweitluft erst im Feuerraum statt und wird durch die Scherströmung im Freistrahl erzwungen. Dagegen benutzt man bei den Mischbrennern, bei welchen die Zweitluft mit dem Erstgemisch schon im Brenner vermischt wird, den Drall des Gemischstromes, um das Mischen weiter zu intensivieren. Die dabei auftretenden Beschleunigungs- bzw. Verzögerungskräfte haben u.U. eine relative Bewegung von Kohlenstaubkörnern im Turbulenzballen zur Folge.

Im Lastbetrieb beginnt die Verbrennung des Kohlenstaubes am Brenneraustritt und bedarf einer Fremdwärmezufuhr. Diese Aufgabe wird bei Strahl-

und Mischbrennern auf unterschiedliche Weise gelöst. Bei den Erstgenann-
ten handelt es sich, wie man bei der Eckenfeuerung sieht, im Grunde genommen um einen zweistufigen Vorgang (Bild 5.15). Zuerst wird das koh-
lenreiche Erstgemisch in Form eines Freistrahls aus den Feuerraumecken
in die Flammenmasse eingeblasen und beginnt dort unter Sauerstoffmangel
zu brennen. Die notwendige Zündwärme liefert zum einen Teil die umgebende Flamme und zum anderen Teil die Verbrennung der freigewordenen
flüchtigen Bestandteile. Anschließend wird durch nachträgliches Vermi-
schen mit der restlichen, im Brennraum ebenfalls als Freistrahl einge-
blasenen Zweitluft, die Verbrennung vollendet.

Bei der Eckenfeuerung findet in der Feuerraummitte ein Zusammentreffen
der aus den vier Feuerraumecken kommenden Teilflammen auf einen fikti-
ven Kreis statt (Bild 14.1). Die sich um die Feuerraumachse drehende
Flammenmasse wird durch Fliehkraft zu den Feuerraumwänden gedrängt und
füllt deshalb den Feuerraum besser aus. Zudem entsteht ein Unterdruck
in der Flammenmitte, so daß u.U. eine Rückströmung von kälteren, ausgebrannten Rauchgasen entlang der Brennraumachse zurück in den Flammenkern stattfinden kann. Diese Rauchgasumwälzung senkt die Verbrennungstemperatur und bremst so die NO_x-Bildung.

Das Schema eines Eckenbrenners für einen 700 MW-Steinkohlenkessel ist
in Bild 14.1 rechts aufgezeigt. Die Brennergruppe besteht jeweils aus
einer zentral angeordneten Kohlenstaubdüse, bei welcher beiderseits je
eine Zweitluftdüse liegt. Die Zweitluft wird also an beiden Rändern der
Brennergruppe mit hoher Geschwindigkeit eingeführt. Die Luftaufteilung
in nur zwei Strahlen großen Durchmessers bezweckt eine große Eindringtiefe der Zweitluft in die zähe Flammenmasse.

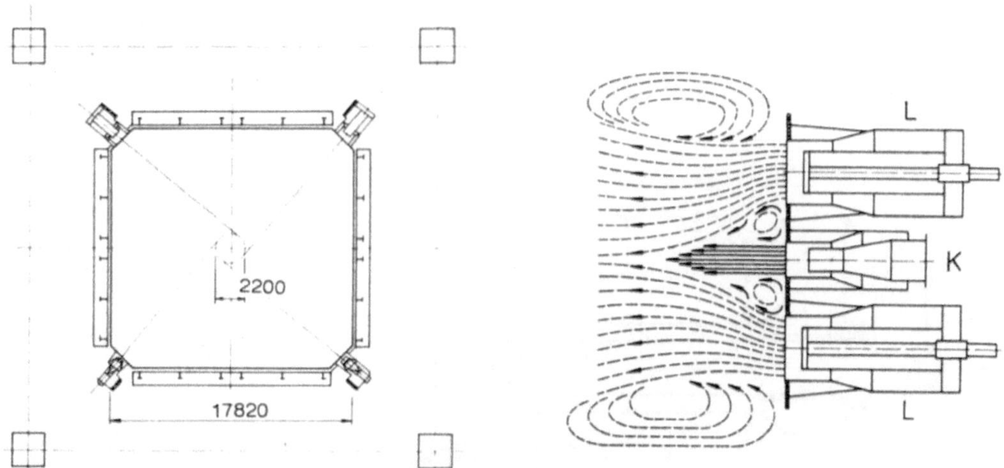

Bild 14.1. Eckenfeuerung und Strahlbrenner. K Kohle; L Luft /35/

Der Anschluß der Brenner an die vier Rollenmühlen, von denen jede alle vier Brenner einer Brennerebene mit Kohle versorgen soll, ist in Bild 14.2 dargestellt.

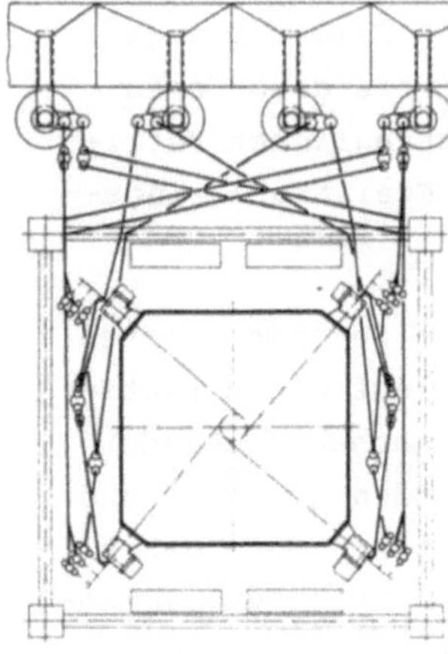

Bild 14.2. Mühlenanordnung mit Kohlenstaubleitungen für eine Eckenfeuerung /35/

14.2 Mischbrenner

Bei Mischbrennern findet die Mischung des Erstgemisches mit Zweitluft schon im Brenner statt, so daß vom Brenner ein kohlearmes Gemisch geliefert wird. Deshalb muß eine starke Wärmezufuhr von außen, durch Verdrallung der Luft zwecks Zusaugen heißer Flammenmasse, ähnlich wie in Bild 5.20 sichergestellt werden. Verdrallt wird allerdings nur die Luft, da eine Verdrallung des Erstgemisches neben einer Entmischung auch einen verstärkten Verschleiß herbeiführen würde.

Die heute übliche Ausführung des Steinkohlen-Drallbrenners ist in Bild 14.3 dargestellt. Ein Teil der Sekundärluft wird als Kernluft zugeführt und versorgt beim Anfahren den Ölbrenner mit O_2.

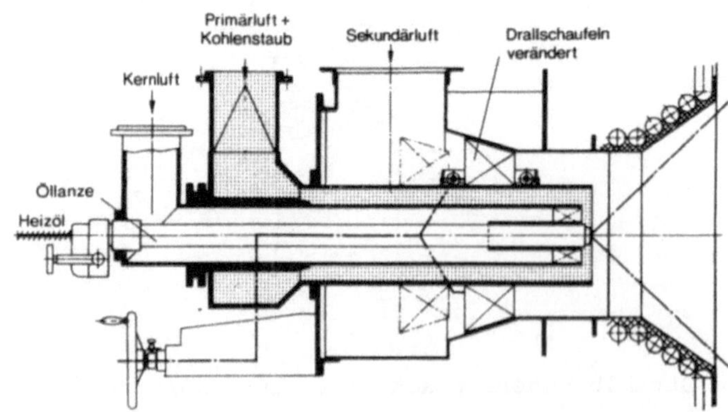

Bild 14.3. Drallbrenner

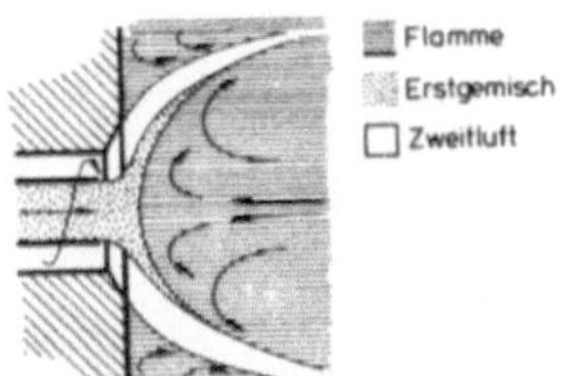

Bild 14.4. Mischschema des Drallbrenners

Das Mischungsschema in Bild 14.4 zeigt die Verhältnisse bei der Kohlenstaubverbrennung. Durch die rückgeführte Flammenmasse wird das Anlegen
des unverdrallten Erstgemisches an die trichterförmige, verdrallte
Zweitlufthülle erzwungen. Die Erstgemischschicht wird durch Kontakt mit
Zweitluft ebenfalls in Drehung versetzt und die Kohlenstaubteilchen
werden vom Erstgemisch durch Fliehkraft in die Zweitluft hineingedrängt.
Die Zündwärmezufuhr von außen erfolgt hier auf beiden Oberflächen,
sowohl innerhalb als auch außerhalb des Trichters. Falls Drittluft als
Kernluft vorhanden ist, wird O_2 auch innerhalb des Drallkegels eingeführt.

14.3 Untere Zündgrenze der Kohlenstaubflamme

Während sich die Gasflamme nach Bedarf sehr tief herabregeln läßt und
dabei noch stabil brennt, ist dies bei einer Kohlenstaubflamme nicht der
Fall. Die Ursache liegt in dem größeren Bedarf an Fremdwärme für die
Entgasung und Vergasung der Kohle. Deshalb brauchen Kohlenstaubfeuerungen zusätzliche Gas- bzw. Ölbrenner, die dem Anfahren sowie der Stützung
der Kohlenstaubflamme bei Kleinlast dienen.

15. Kohlenstaubfeuerungen

15.1 Asche und Schlacke

Ohne Asche gäbe es wenig Unterschied zwischen Kohle- und Gas- bzw. Ölfeuerungen. Bei aschenhaltigen Brennstoffen sind dagegen die Aschenei-
genschaften oft der entscheidene Faktor bei der Feuerungsplanung.

Ein neues Element bei der Kohlenstaubverfeuerung ist die Flugasche als
Verbrennungsrückstand. Sie ist noch feiner als der Kohlenstaub. Die
Flugasche folgt dank Nu = 2 sowie ihrer winzigen Masse und auch dank
eines sehr großen Verhältnisses von A/V allen Temperaturänderungen der
umgebenden, gasförmigen Flammenmasse fast unverzögert nach. Deshalb wird
im heißen Flammenkern die Flugasche geschmolzen. Später erstarrt sie
außerhalb der Flamme wieder, da ihr durch Konvektion und Wärmestrahlung
Wärme entzogen wird.

Die Schleifwirkung der Flugasche bei aschenreichen Kohlen kann eine Ero-
sion der Heizflächen verursachen. Deshalb darf die Rauchgasgeschwindigkeit in Rohrbündeln des Kessels einen Grenzwert nicht überschreiten (ca.
10 m/s). Gefährlich sind im Rauchgasstrom die Stellen mit höherer Flug-
aschenkonzentration, die z.B. durch Richtungsänderung entstehen. Andererseits kann die Flugasche bei kleiner Geschwindigkeit hartnäckige, pu-
derförmige Ansätze an den Heizflächen bilden. Diese müssen im Betrieb
entfernt werden, indem man diese Ansätze von Zeit zu Zeit mit Dampf-
bzw. Luftbläsern wegfegt. Die Schlackenansätze an den gekühlten ganzme-
tallischen Feuerraumwänden werden mit einem Wasserstrahl abgeschreckt
und zum Ablösen gebracht. Die Heizflächenreinigung erfolgt entweder je
nach Kesselzustand oder periodisch.

15.2 Trockenfeuerung

Der Trockenfeuerung, die sowohl für trockene Steinkohle als auch für
feuchte Braunkohle geeignet ist, begegnet man in den Kraftwerken am häufigsten. Hier soll die Asche in festem Zustand den Feuerraum verlassen.
In der Trockenfeuerung verweilt der Brennstoff nur kurze Zeit im Brennraum. Im Laufe der durch Zündung eingeleiteten Verbrennung verbrennen in
der Brennernähe vor allem die feinsten Kohlenstaubfraktionen, während
die gröberen Kohlenkörner mehr Zeit dazu benötigen, so daß ihre Verbrennung erst weitab vom Brenner im Feuerraum im Bereich eines niedrigen
Sauerstoff-Teildruckes abgeschlossen wird.

Der Bereich, in dem sich die Temperatur des Flammenkerns bei Trockenfeuerung bewegt, ist breit und liegt bei den heutigen stark ausgekühlten
Feuerungen je nach der Natur der Kohle und der Brennerart zwischen 1000
und 1500 $^{\circ}$C. Die hohe Temperatur, die insbesondere bei mageren, schwer
zündenden Steinkohlen vorteilhaft ist, kann bei Trockenfeuerung zur Verschlackung des Brennraumes bzw. zur Verschmutzung der Nachschaltheizflä-
chen führen und dadurch den Trockenbetrieb zum Schmelzbetrieb machen.
Bei den in konstruktiver Hinsicht einfachen Kesseln mit Trockenfeuerung
ist deshalb diejenige Flammentemperatur als ausreichend zu betrachten,
bei der eine stabile Zündung und ein genügend rascher Ablauf der Verbrennung gesichert ist. Deshalb bildet bei Trockenfeuerungen ein großer,
die Flammentemperatur herabdrückender Wassergehalt der Kohle kein Hin-
dernis, so daß man die feuchte Kohle in einfachen Einblasemühlen aufbe-
reiten kann.

Bei minderwertiger Kohle ergibt sich die niedrige Flammentemperatur
durch den Ballastgehalt. Bei Verfeuerung der hochwertigen Kohlesorten
dagegen erreicht man eine niedrige Flammentemperatur in Trockenfeuerungen durch starke Auskühlung des Feuerraumes, indem man dessen Wände aus
unverkleideten Verdampferrohren mit enger Teilung ausführt oder indem
man eine niedrige Wärmebelastung des Feuerraumes wählt bzw. den Abstand
von Brennerebenen vergrößert.

Der Feuerraum einer herkömmlichen Großkessel-Trockenfeuerung mit Eckenbrenner, in welcher Ruhrsteinkohle verfeuert wird, hat die Form eines
hohen Prismas (Bild 15.1), das unten durch den Aschentrichter abgeschlossen ist. Der Feuerraum bildet hier die untere Kesselhälfte, während in der oberen Hälfte die konvektiven Heizflächen des Kessels angebracht sind (Turmbauweise). Die ganze Umgrenzung des Feuerraumes besteht
somit aus gekühlten Rohren. Der Feuerungswirkungsgrad ist hoch, bis
99 %, während der Eigenbedarf für Kohlen- und Lufttransport, Mahlanlage
und Aschenbehandlung 2 bis 3 % der Blockleistung ausmacht.

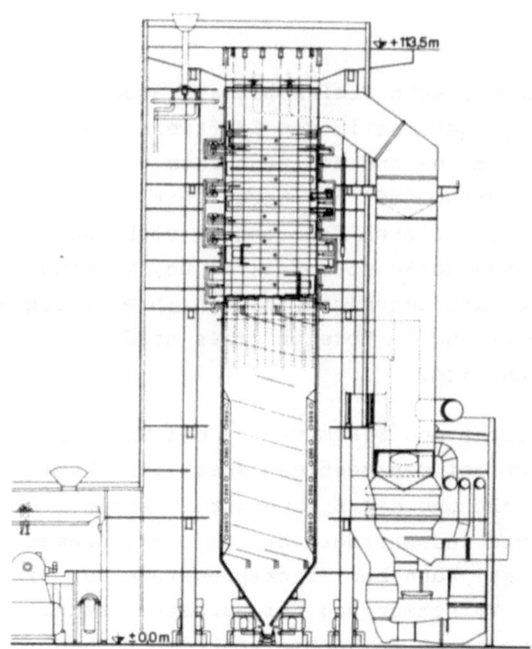

Bild 15.1. Steinkohlengefeuerter Turmkessel /35/

Die nach der Verbrennung verbleibende Asche scheidet sich zum Teil aus
der Flamme im Feuerraum ab, zum größeren Teil zieht sie aber mit den
Rauchgasen ab. Die feine, nicht koagulierte Asche wird vorwiegend von
den Rauchgasen mitgerissen. Der in der Feuerung abgeschiedene Aschean-
teil ist bei Trockenfeuerung relativ klein; er liegt meistens unter
20 %. Der Aschentrichter führt vor allem größere Aschenkonglomerate ab,
die z.B. durch Absetzen der Asche an der Feuerraumwand entstehen, dort
wachsen und zuletzt als größere, mehr oder weniger erstarrte Asche- und
Schlackenkrusten herabrutschen. Ein Kratzerentschlacker für das Austragen der erstarrten Schlackenstücke vom Wasserbad ist in Bild 15.2 zu
sehen.

Zu den Vorteilen der Trockenfeuerung ist also zu rechnen, daß die festen
Verbrennungsrückstände aus dem Feuerraumtrichter selbst bei Kleinlast

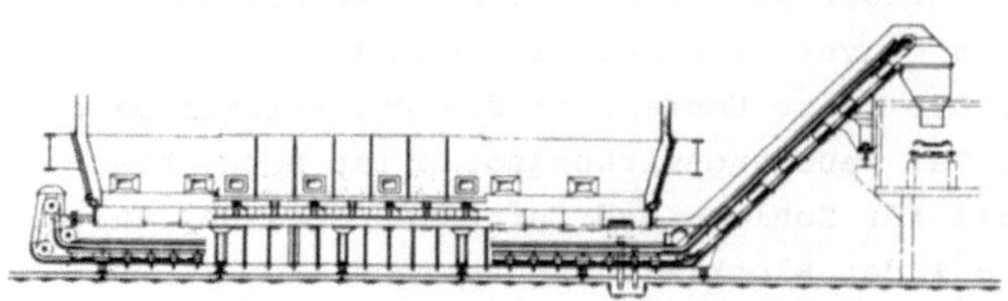

Bild 15.2.
Kratzerentascher /35/

ohne Schwierigkeiten abgezogen werden können. Dagegen in den Schmelzfeuerungen sammelt sich bei Kleinlast die teigige Schlacke im Schmelzraum, wodurch die mögliche Dauer der Betriebsperiode ohne Schmelzfluß beschränkt wird.

Handelt es sich um einen Braunkohlenkessel (Bild 15.3), so sind die Feuerraumabmessungen größer. Außerdem sind hierbei oberhalb der Brenner die großen Öffnungen der Rauchgasrücksaugschächte für die Schlagradmühlen angebracht. Bei Anwendung der sichterlosen Mühlen ist der Gehalt an Unverbranntem in der Trichterschlacke hoch. Den Trichterabschluß bildet deshalb ein kurzer Rückschubrost, unter dessen Roststäben ein Teil der Luft als Drittluft zugeführt wird. Dieser Rost dient dann der Nachverbrennung und der Entfernung der Schlacke.

Die Trockenfeuerung bewältigt in ihrer heutigen Form ein breites Kohlenband. Im Bezug auf den Aschegehalt der Kohle verkraften sie bis zu 50 % Asche in der trockenen Substanz. Die Kohlenfeuchtigkeit der verfeuerten Braunkohle oder Lignite erreicht bis zu 70 %. Die Aschenschmelztemperaturen dürfen sich dabei im breiten Bereich von 1100 bis 1600 $^\circ$C bewegen, die Kohlenheizwerte zwischen 6000 und 35 000 kJ/kg. Die Regelbarkeit ist gut und der Regelbereich (30 bis 100 %) groß.

Hinsichtlich des Gehaltes an Flüchtigen gilt bei Steinkohlen, daß die Trockenfeuerung mit stark ausgekühltem Brennraum vor allem für Kohlen

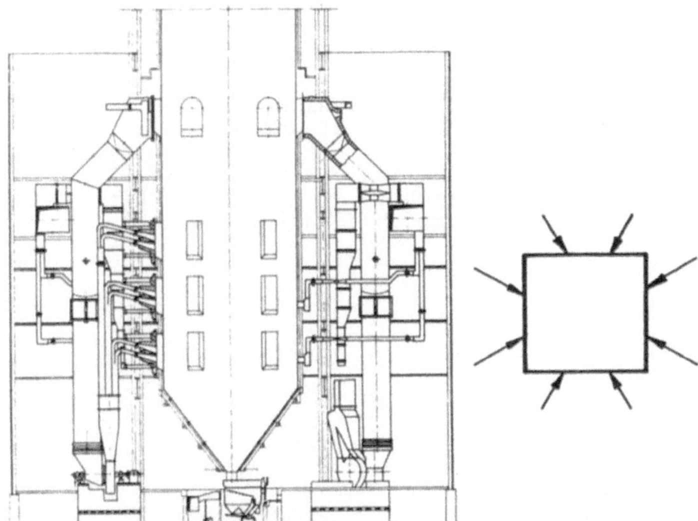

Bild 15.3. Anordnung der Mahl- und Feuerungsanlage für einen 1800 t/h-braunkohlengefeuerten Dampferzeuger

mit mittlerem und hohem Gehalt an Flüchtigen (FL > 12 %) am besten geeignet ist. Magere Kohlen mit einer wenig reaktiven Brennsubstanz lassen
sich zwar in der Trockenfeuerung ebenfalls verfeuern, jedoch mit einem
größeren Verlust an Unverbranntem. Da für ihre Verbrennung, ebenso wie
für die Anthrazitstäube, hohe Verbrennungstemperaturen von Nutzen sind,
ist es besser, ihre Verstromung den Schmelzfeuerungen zu überlassen
(FL < 12 %).

15.3 Emissionsverhältnis der Kohlenstaubflamme

Bild 15.4 zeigt das Emissionsverhältnis ε von Kohlenstaubflammen. Es ist
die starke Abhängigkeit vom Gehalt an flüchtigen Bestandteilen außerhalb
der Brennerzone ersichtlich. Der hohe Gehalt an flüchtigen Bestandteilen, die schnell verbrennen, verkürzt offenbar den leuchtenden Teil der
Flamme. Bei Magerkohlen bleibt dagegen infolge des hohen Koksgehalts der
Flamme und verschleppter Verbrennung das Emissionsverhältnis der Flamme
auch am Ende des Brennweges hoch, wesentlich höher als bei der Strahlung
von dreiatomigen Gasen im Rauchgas.

Die Erhöhung des Emissionsverhältnisses der Kohlenstaubflamme durch
Koks- und Flugascheteilchen macht die Kohlenstaubflamme leuchtender.

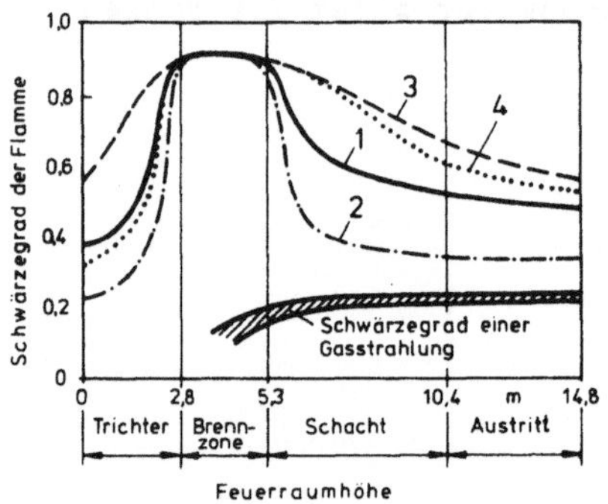

Bild 15.4. Emissionsverhältnis ε
von Kohlenstaubfeuerungen.
1 Eßkohle (14 bis 19 % Flüchtige);
2 Gasflammkohle (28 bis 40 % FL);
3 Magerkohlen (10 bis 14 % FL);
4 Schlammkohlenzumischung

15.4 Schmelzfeuerung

15.4.1 Großraum-Schmelzfeuerung

15.4.1.1 Aufbau der Schmelzkessel

Die Schmelzfeuerung kommt nur für Steinkohle in Frage. Bei der Großraum-
Schmelzfeuerung verbrennt die Kohle in der Schwebe und bei Kleinraum-

Wirbelfeuerungen auf einer Schlackenschicht an der Wand des Zyklons. Neben den allgemeinen, für jede Feuerung geltenden Anforderungen soll also die Schmelzfeuerung noch folgende weitere Ansprüche befriedigen /38/:

1. Der Verbrennungsvorgang soll eine schnelle Wärmeentbindung in einem kleinen Raum garantieren, um die zum Schmelzen der Asche notwendigen Temperaturen zu schaffen.

2. Ein möglichst großer Teil der Brennstoffasche soll im Schmelzraum als Schlacke abgefangen werden.

3. Im Feuerraum muß die Schlacke dünnflüssig werden, damit ein glatter, gleichmäßiger Schmelzfluß in einem breiten Lastbereich eingehalten werden kann.

Bei den Schmelzfeuerungen versucht man die Verbrennungsreaktionen durch feine Kohlenausmahlung, starke Wirbelung der Flamme, sowie durch hohe Luftvorwärmung zu beschleunigen. Die erzielte hohe Verbrennungstemperatur ist für den raschen Ablauf der Verbrennungsreaktionen günstig und sichert neben der verlangten Dünnflüssigkeit der Schlacke auch einen flachen Verlauf der Kesselwirkungsgradkurve. Der hohe Wirkungsgrad ist dabei durch den niedrigen Luftüberschuß, mit dem man Schmelzfeuerungen betreibt und durch den infolge hoher Flammentemperatur kleinen Verlust an Unverbranntem bedingt (Bild 15.5).

Bild 15.6 zeigt eine Schmelzfeuerung mit zwei Gruppen von Deckenbrennern im Schmelzraum. Um im Schmelzraum auch bei Kleinlast des Kessels eine hohe Temperatur zu erhalten, läßt man eine wärmestauende Schlackenkruste auf die Wände des Schmelzraumes aufwachsen. Diese besteht aus der erstarrten Schlacke als Unterlage für den langsam herabfließenden Schlakkenfilm ,der chemisch aggressiv ist und dessen Außentemperatur höher als die Fließtemperatur der Schlacke liegt. Damit die Kruste an den Schmelzraumwänden fester hält, macht man im Schmelzraum von bestifteten Siederohren Gebrauch (Bild 15.7). Die dicht nebeneinander angeschweißten Stifte bilden eine Art Halterung für die feuerfeste Stampfmasse, welche von gekühlten Rohren getragen wird. Die Wärmeleitkoeffizienten einiger

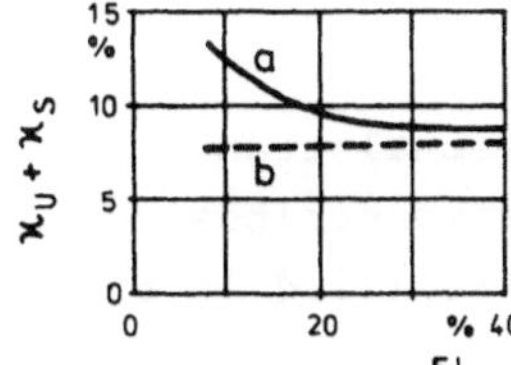

Bild 15.5. Summe der Verluste durch Unverbranntes und durch Schlackenwärme für Trocken- (a) und Schmelzfeuerungen (b)

Stampfmassen sind in Bild 15.8 aufgetragen. Schlacken-Stampfmassen mit
hohen Wärmeleitkoeffizienten sind besonders geeignet, da bei diesen eine
dicke Unterlage aus Schlacke entsteht.

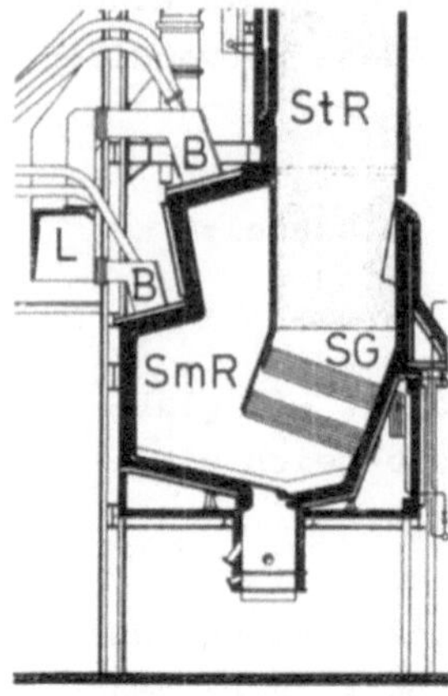

Bild 15.6. Schmelzfeuerung mit Deckenbrenner
auf zwei Ebenen. SmR Schmelzraum; SG Schlackengitter; StR Strahlungsraum; B Brenner; L Luft-
kanal

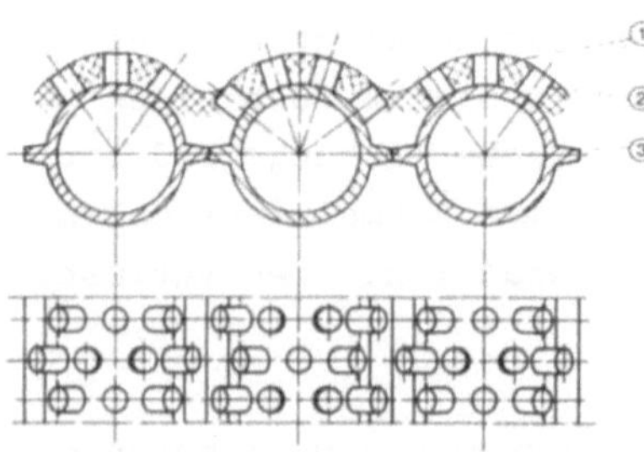

Bild 15.7. Kühlschirm aus bestifteten, mit Stampfmasse verkleideten
Rohren. 1 Stampfmasse; 2 Stift;
3 Flossenrohr

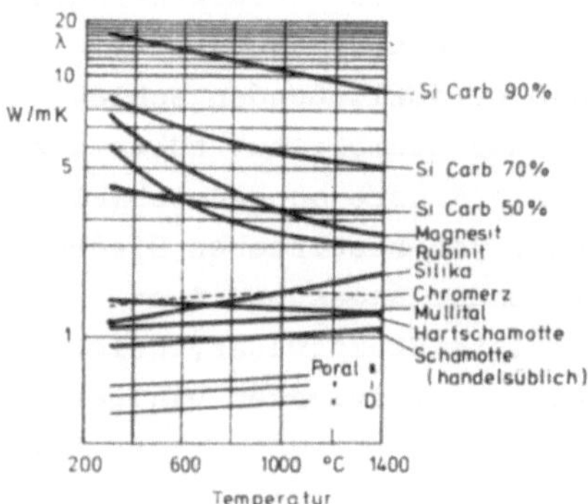

Bild 15.8. Wärmeleitkoeffizienten
einiger Stampfmassen

Die Abstrahlung der Flamme vom Schmelzraum in den nachgeschalteten
Strahlungsraum wird durch die Einschnürung des Schmelzraumaustritts
sowie durch Anwendung eines Schlackenfangrostes vermindert (Bild 15.6),

da sonst, insbesondere bei Teillast, eine zu starke Abkühlung der Flamme eintritt. Bei Kleinlast bleibt nur die untere Brennerreihe im Betrieb, um das Schlackenbad intensiv genug zu beheizen.

Als Folge zu hoher Verbrennungstemperaturen im Schmelzraum kann eine teilweise Verflüchtigung mancher Aschebestandteile auftreten, wobei diese in gasförmigem Zustand in die Rauchgase übergehen und später in den Kesselzügen an den Heizflächen in Form sehr hartnäckiger Verschmutzungen niedergeschlagen werden. Den Hauptbestandteil dieser Beläge bildet hier das Silizium, im Unterschied zu denen bei Kesseln mit Trockenfeuerung, wo es sich, soweit eine Verflüchtigung überhaupt vorkommt, vor allem um Alkalien und Sulfide handelt. Die Forderung einer hohen Verbrennungstemperatur selbst bei Kleinlast kann also mit der Forderung einer geringen Belagbildung an den Kesselheizflächen im Widerspruch stehen.

Dem Schmelzraum folgt ein Strahlungsraum (Bild 15.6). Die Rauchgase geben dort ihre Wärme durch Strahlung an die nackten Siederohre, aus denen die Wände des Strahlungsraumes bestehen, ab, damit die Rauchgastemperatur im Strahlungsraum unter die Erweichungstemperatur der Asche sinkt. Der Strahlungsraum dient also vor allem dem Wärmeaustausch, denn der Kohlenausbrand ist weitgehend schon im Schmelzraum vollendet.

15.4.1.2 Mindestlast mit Schmelzfluß

Im Gegensatz zur trockenen Abführung der Schlacke soll diese aus Schmelzfeuerungen dünnflüssig auslaufen. Ihre Temperatur beim Auslauf soll wesentlich über ihrer Fließtemperatur liegen, wozu man absichtlich über dem Boden des Schmelzraumes einen heißen Flammenkern zu schaffen sucht.

Die Fließtemperatur der meisten Schlacken liegt im Bereich zwischen 1100 und 1600 $^\circ$C, so daß man im unteren Teil des Schmelzraumes Temperaturen von 1400 bis 1800 $^\circ$C benötigt. Die letztere Temperatur ist jedoch wegen der Gefahr der Aschenverflüchtigung nicht erwünscht; dies ist ein wichtiger Grund dafür, daß Kohlen mit feuerfesten Aschen als Brennstoff für Schmelzfeuerungen abzulehnen sind. Die Abhängigkeit der Schlackenzähigkeit von der Temperatur ist dabei annähernd gegeben durch

$$\eta = \frac{\eta_o}{(t - t_F)^m} \qquad \text{Poise} \qquad\qquad (15.1)$$

wobei sowohl η_o, m als auch t_F von der Schlackenzusammensetzung abhängen /38/.

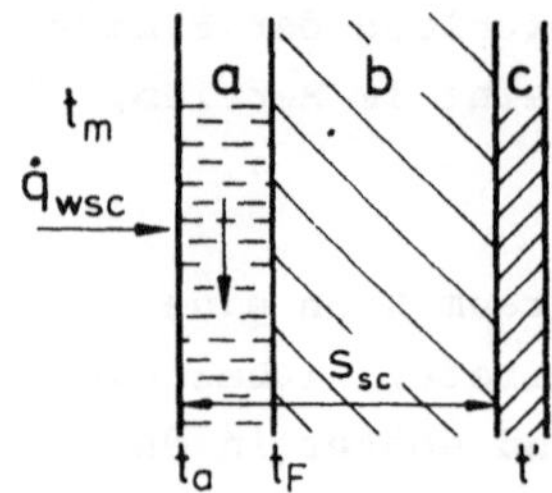

Bild 15.9. Verhältnisse an einer Schmelzraumwand. a zähflüssiger Schlackenfilm; b feste Schlackenkruste; c Siederohrwand

Betrachtet man einfachheitshalber einen Schmelzraum aus unverkleideten Rohren, so haftet die feste Schlackenkruste direkt auf den Siederohren des Kessels mit der Temperatur t' (Bild 15.9). Feuerseitig ist die Kruste mit dem zähflüssigen, herabfließenden Schlackenfilm aus den von der Flamme abgeschiedenen Schlackentropfen überzogen. Sie ist schlecht wärmeleitend ($\lambda \approx 1$ W/mK) und staut die Wärme im Schmelzraum an. Dabei ergibt sich die zugestrahlte Wärmestromdichte zu:

$$\dot{q}_{wsc} = \varepsilon_{res}\, C_o\, (T_m^4 - T_a^4) \tag{15.2}$$

Die Außentemperatur des Schlackenfilms muß höher sein als die Fließtemperatur der Schlacke ($t_a > t_F$). Für die Wärmeleitung über die Schlackenkruste gilt im stationären Betrieb

$$\dot{q}_{sc} = \dot{q}_{wsc} = \frac{\lambda_{sc}}{s_{sc}}\, (t_a - t') = \frac{\lambda_{sc}}{s_{sc}}\, (T_a - T') \tag{15.3}$$

Nach (15.2) und (15.3) ist die Krustendicke

$$s_{sc} = \frac{\lambda_{sc}\,(T_a - T')}{\varepsilon_{res}\, C_o\,(T_m^4 - T_a^4)} \tag{15.4}$$

Geht z.B. bei Teillast $\dot{Q}_{ZU}$ und deswegen auch T_m zurück, so nimmt die Filmdicke zu. Somit verkleinert sich $\dot{q}_W$ und folglich auch die Temperaturdifferenz $t_m - t_a$. Diese Selbstregelung hilft den Schmelzfluß zu erhalten. Ähnlich nimmt s_{sc} bei einer Erhöhung von t_F zu, was wiederum zu einer Erhöhung von t_m bzw. t_a führt. Eine größere Leitfähigkeit der Schlacke ergibt eine dickere Schlackenkruste, während eine stärker leuchtende Flamme (ε größer) eine Abnahme von s_{sc} bewirkt.

Die Schlacke an den Schmelzraumwänden wird also bei Teillast zähflüssiger und bleibt, selbst wenn sie von den Wänden herabkriechen kann, zuletzt bei Mindestlast am Boden oder in der Schlackenauslauföffnung stekken. Bei der Lastabsenkung unter eine bestimmte Grenze hat also die Schmelzfeuerung den Nachteil, daß sie wegen des Temperaturabfalles der Flamme im Schmelzraum einfriert. In dieser Periode wird die Asche auf dem Schmelzraumboden gehäuft und erst beim nächsten Lastanstieg ausgeschmolzen.

Da dieser Betrieb ohne Schmelzfluß nur bei Kleinlast auftritt, hatte diese Eigenschaft der Schmelzfeuerung früher wenig Bedeutung. Anders bei der heutigen fünftägigen Arbeitswoche oder beim Nachtlasttal. Die Kesselfirmen bemühen sich deshalb, die Mindestlast mit Schmelzfluß bei ihren Kesseln sehr niedrig zu halten, damit diese Feuerungen längere Kleinlastperioden zu durchfahren vermögen. Die heutigen Schmelzfeuerungen größerer Leistungen mit stark intensivierter Verbrennung gestatten bei geeigneter Kohle über längere Zeit einen Betrieb mit Schmelzfluß bei weniger als 30 % der Vollast, so daß sie hinsichtlich der Möglichkeit eines langzeitigen Kleinlastbetriebes den Kesseln mit Trockenfeuerung durchaus gleichwertig sind. Im Bild 15.6 dient die untere Brennergruppe der Senkung der Mindestlast mit Schmelzfluß. Auch die Anwendung von zwei Schmelzräumen (Bild 15.10), bei denen bei Teillast nur ein Schmelzraum im Betrieb bleibt, soll den Schmelzfluß bei Kleinlast sicherstellen.

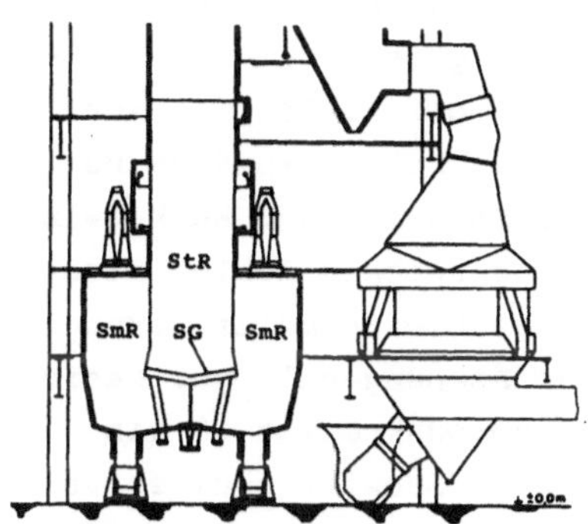

Bild 15.10. Schmelzfeuerung mit zwei Schmelzräumen. SmR Schmelzraum; StR Strahlungsraum; SG Schlackengitter

15.4.1.3 Schlackenabfuhr

Die im Schmelzraum abgefangene und am Boden durch das Schlackenwehr in seichtem Schmelzbad gestaute Schlacke fließt durch die Schlackenauslauföffnung in den Granulierbehälter aus (Bild 15.11). Die aufgestaute Schlacke wird nur durch ihren längeren Aufenthalt im Schmelzraum flüssiger. Ihre Dünnflüssigkeit sichert auch die Erzeugung eines kleinkörnigen Granulates, wenn man die ausfließenden Schlacke in kaltem Wasser abschreckt. Das nicht staubende Granulat wird hydraulisch oder mechanisch wegtransportiert.

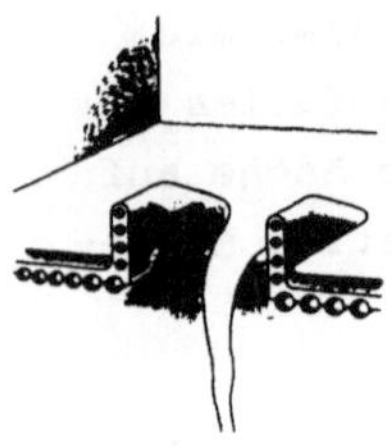

Bild 15.11. Schlackenauslauf
einer Schmelzfeuerung

Die Schlackeneinbindung in Schmelzfeuerungen mit Schlackengitter beträgt
bis 40 %. Sie läßt sich durch die Rückführung der im Flugaschenabscheider abgefangenen Asche zurück in den Schmelzraum weiter erhöhen. Die
körnige Schlacke kann man ohne Verschmutzung der Umgebung gut transportieren. Auf einem gegebenen Lagerplatz läßt sich wegen ihrer hohen
Dichte dreimal so viel Schlacke wie Flugasche stapeln. Wenn auch die
Körner mancher Schlacken wegen der inneren Spannungen mit der Zeit zu
Staub zerfallen, so handelt es sich dabei doch um einen langsam verlau-
fenden Vorgang. Die zerfallene Schlacke ist dann inzwischen durch neue
Schichten der später ankommenden Schlacke bedeckt.

15.4.1.4 Anwendungsbereich der Großraum-Schmelzfeuerung

Hohe Aschegehalte erschweren die Verbrennungsverhältnisse im Schmelzraum nicht übermäßig, da eine merkliche Beeinflusung des Schmelzvorgan-
ges durch Entzug der notwendigen Schmelzwärme erst bei Kohlen mit sehr
hohem Aschegehalt stattfindet. Der große Verlust an Schlackenwärme beeinflußt aber die Wirtschaftlichkeit, so daß bei Kesseln ohne Rückgewin-
nung der Schlackenwärme der Wirkungsgrad bei aschenreichen Kohlen niedriger sein kann als derjenige der Trockenfeuerung. Die Schmelzfeuerungen
sind also für Kohlen mit niedrigem wie mit hohem Aschengehalt gut geeignet, so daß sich heute in ihnen auch die Zwischenprodukte mit 30 bis
40 %, und manchmal sogar 50 % Asche, ohne besondere Schwierigkeiten verfeuern lassen. Die früher weit verbreitete Meinung, daß die Schmelzfeuerung nur für die Verfeuerung von Kohlen mit niedrigem Ascheschmelzpunkt
geeignet sei, muß nach dem erfolgreichen Betrieb von Schmelzkesseln mit
Kohlen, die Ascheschmelzpunkte über 1600 $^\circ$C haben, korrigiert werden.

Auch hinsichtlich des Gehaltes an Flüchtigen ist die Schmelzfeuerung
wenig empfindlich. Sie hat sich bekanntlich sehr gut z.B. bei Verfeuerung von Anthraziten bewährt, deren Gasgehalt unter 4 % liegt. Der Betrieb der Schmelzfeuerung ist auch bei mittleren und hohen Gehalten an
Flüchtigen befriedigend.

Sehr wertvoll ist bei Schmelzfeuerungen der niedrige Taupunkt ihrer Abgase, der praktisch mit ihrem Wassertaupunkt identisch ist. Man kann deshalb bei Schmelzfeuerungen niedrige Abgastemperaturen wählen, ohne eine Korrosion des Luftvorwärmers befürchten zu müssen. Dagegen begünstigt die sehr hohe Flammentemperatur die Bildung von Stickoxiden, was ein schwerwiegender Nachteil der Schmelzfeuerung ist.

Hinsichtlich der erreichbaren Leistung gibt es zwischen Großraum-Trokken- und -Schmelzfeuerung wenig Unterschied. Sie liegt bei ca.4000 MW_{th}. Der Eigenverbrauch bei Großraum-Schmelzfeuerungen ist oft höher als bei Trockenfeuerungen, da sie meistens eine größere Mahlarbeit verlangen. Die Schmelzfeuerungen brauchen auch mehr Wasser zum Löschen der Schlacke.

15.4.2 Kleinraum-Zyklonfeuerung (Wirbelfeuerung)

Um die Verbrennung strömungstechnisch bis zum Ende beeinflussen zu können, sind die Kleinraumfeuerungen entstanden, deren typischer Vertreter die Zyklonfeuerung ist. Diese mit Aschenschmelzfluß betriebene Feuerung wird fast nicht mehr gebaut, da wegen Flammentemperaturen von ca.1800 ^{o}C zu viel NO_x produziert wird. Trotzdem soll sie wegen ihres klaren und eindeutigen Strömungsfeldes hier erwähnt werden.

Die Zyklonfeuerung hat die Form eines fast waagerechten Zylinders (Bild 15.12), in welchem - ähnlich wie bei dem Zyklonentstauber - die Zweitluft tangential mit großer Geschwindigkeit von 100 m/s und mehr eingeblasen wird, so daß die Flamme im Zyklon 20 bis 30 Umdrehungen pro Sekunde macht (Fliehkraftbeschleunigung $b = 10^4$ m/s^2). Die nach Bild 15.12 tangential eingeführte Kohle wird von dieser kreiselnden Masse erfaßt und zu den Zyklonwänden abgeschleudert, wo sie verbrennt. Die ausgebrannten Rauchgase entweichen mit hoher Geschwindigkeit durch die kleine Öffnung im Boden des Zyklons, wobei sie weitgehend von den festen Verbrennungsrückständen gereinigt sind. Die Schlacke (bis 90 % der Asche werden im Zyklon abgefangen) fließt an den Zyklonwänden herab und ergießt sich im flüssigen Zustand aus dem Zyklon durch ein Loch im Zyklonboden unterhalb der Rauchgasaustrittsöffnung.

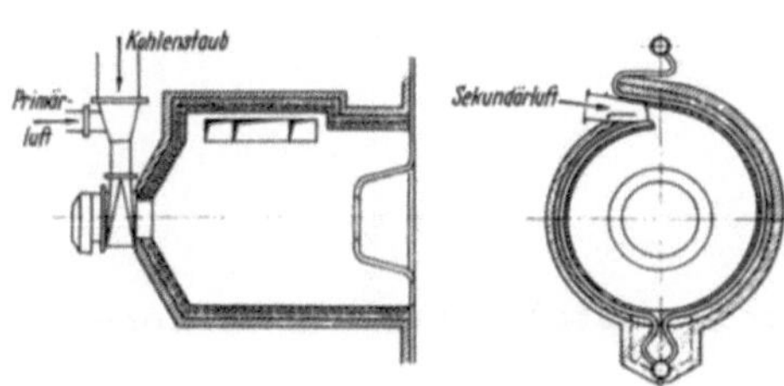

Bild 15.12. Brennstoffzuführung in dem Zyklon

Die tangentiale Einführung der Kohle hat den Vorteil, daß bei Kohlen
mit hohem Gehalt an Staub bzw. Flüchtigen beide längs der Zyklonachse
nicht entweichen können, ohne durch die Fliehkraft erfaßt und so zu den
Zyklonwänden abgedrängt zu werden. Dadurch verlängert sich die Aufent-
haltsdauer der Kohle im Zyklon wesentlich, weil die Teilchen nicht vor-
zeitig aus dem Verbrennungskern entweichen können. Die große Relativgeschwindigkeit zwischen den Kohleteilchen und der Luft bzw. den Rauchgasen ermöglicht auch den Übergang zu einer wirtschaftlich günstigen
gröberen Ausmahlung (bei Gaskohlen sind Körner bis 6 mm zulässig), da
die längere Brennzeit der im Zyklon aufgefangenen großen Kohlekörner
nicht mit der Aufenthaltszeit der Rauchgase im Zyklon übereinzustimmen
braucht. Die Brennzeit der Kohle kann deshalb bei der Zyklonfeuerung ein
Vielfaches der Brennzeit bei Kohlenstaubfeuerungen betragen.

Die Zyklonfeuerung unterscheidet sich also qualitativ von den klassischen Großraumfeuerungen dadurch, daß sich die ganze Verbrennung von Anfang bis Ende in einem kleinen, aerodynamisch gut beherrschbaren Raum
mit erzwungener Flammenführung abspielt, wodurch auch das Ende des Ver-
brennungsvorganges beherrscht wird.

Sehr interessant ist das Strömungsfeld einer Zyklonfeuerung. Nach Bild
15.13 begegnet man bei Zyklonfeuerungen einer mehrschichtigen, axialen
Scherströmung. Zwischen diesen nacheinander durchströmten Ringräumen
entstehen Grenzflächen, an denen die Längsgeschwindigkeit ihr Vorzeichen
ändert, wodurch dort steile Geschwindigkeitsgradienten dw_x/dr erzeugt
werden. Die Folge dieser geordneten Strömung ist eine um eine Zehnerpo-
tenz höhere Wärmebelastbarkeit des Brennraumes. Die Zyklonfeuerung bietet ein markantes Beispiel dafür, wie man eine Scherströmung im Feuerraum zum Zwecke einer weiteren Durchmischung erzeugen kann. Auch das dem
Schmelzraum nachgeschaltete Schlackengitter (Bild 15.14) fördert die
Turbulenz.

Leider löst die intensive Wärmeentbindung im Zyklon nicht die Frage der
Wärmeübertragung. Die Rauchgase verlassen den Zyklon mit 1600 - 1800 $^{\circ}$C.

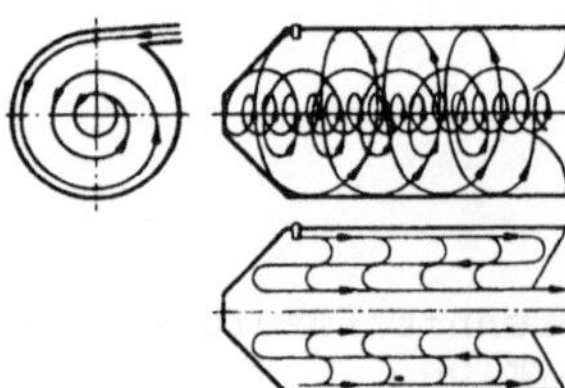

Bild 15.13. Strömungsfeld in einer Zyklonfeuerung

Seine bezogene Oberfläche

$$\frac{A_Z}{V_Z} = \frac{1}{D_Z} \left(2 \frac{D_Z}{L_Z} + 4 \right)$$

ist zwar groß, da z.B. bei L_Z/D_Z = 1,5 und D_Z = 2 m A_Z/V_Z = 3,5 1/m ist, aber A_Z ist absolut gesehen zu klein. Deshalb bildet der im Zyklon übertragene Wärmestrom nur einen Bruchteil des durch Strahlung zu übertragenden Wärmestromes.

In Bild 15.14 ist ein Zyklon-Kessel dargestellt, der mit zwei nebeneinander aufgestellten Zyklonen aufgebaut ist. Die Rauchgase werden nach dem Durchgang durch den gemeinsamen Schmelzraum und das Schlackengitter in den Strahlungsraum geführt, der oben durch einen Schottenüberhitzer abgeschlossen wird.

Die im Bild 13.10 dargestellten Maßnahmen zur verminderten NO_x-Bildung beeinträchtigen die Kohlenverbrennung. Deshalb schließt der heutige Trend zur vollständigen Entstickung der Kesselabgase das Comeback von Hochtemperaturfeuerungen wie der Zyklonfeuerung nicht aus, da diese einen besseren Wirkungsgrad, weniger SO_3-Bildung sowie die Flugaschenumwandlung in nicht staubende Schlacke erlaubte.

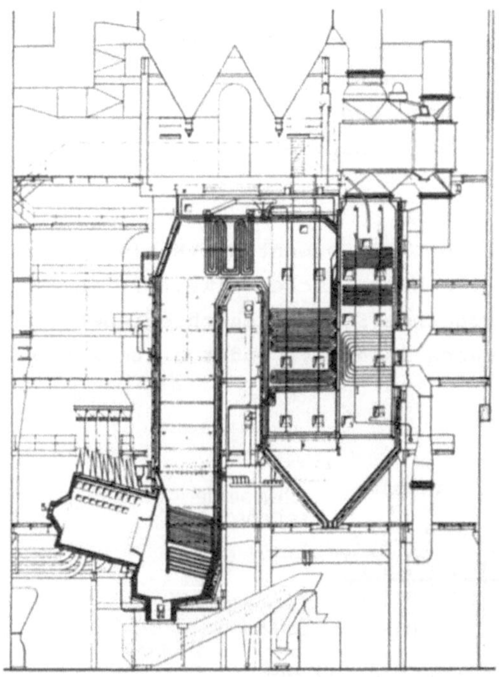

Bild 15.14. Zyklon-Großkessel

16. Verbrennung stückiger Kohle

Es gibt zwei Wege zur Verfeuerung stückiger Brennstoffe: Rost- und Wirbelschichtfeuerung (Bild 16.1). Beide erleben mit dem Comeback der Kohle
als Brennstoff auch für Kleinanlagen einen neuen Aufschwung.

Am Rost brennt die Kohle in Ruhe in einer dünnen und porösen Schicht,
wobei die Verbrennungstemperatur oberhalb 1000 $^{\circ}$C liegt. Bei mechanischen Rosten wird die Kohlenschicht durch den Brennraum im Kreuzstrom
zur Luft geschoben, die ausgebrannte Schlacke fällt am Rostende zum
Entschlacker. Da sich die Kohle am Rost, insbesondere bei großen Rostab-
messungen nur sehr unvollkommen durch Schüren bewegen läßt, ist beim
Rost eine backende Kohle, welche bei Temperaturen um 500 $^{\circ}$C teigig wird
und zur Kuchenbildung führt, zu vermeiden. Bei hoher Kohlenschicht am
Rost entstehen in dieser hohe Temperaturen, welche vom Schmelzen der
Asche begleitet werden. Die teigige Schlacke fällt am Rostende in den
Aschentrichter mit Wasserbad, wovon sie durch Entschlacker ausgetragen
wird. Ein Teil der Kohle fällt u.U. zwischen den Roststäben hindurch -
vor allem die feinen Kohlenfraktionen - und erhöht den Verlust durch
Unverbranntes.

In der Feuerung mit ruhender Wirbelschicht /39/ brennt die Kohle in ei-
ner auf 800 bis 900 $^{\circ}$C erhitzten, ca. 1 m hohen Aschenwolke, mit ca. 1 %
Koksgehalt. Die durch die lockere, sprudelnde Schicht durchschießenden
Luftblasen verwirbeln die schwebende Masse intensiv, wodurch stets ein

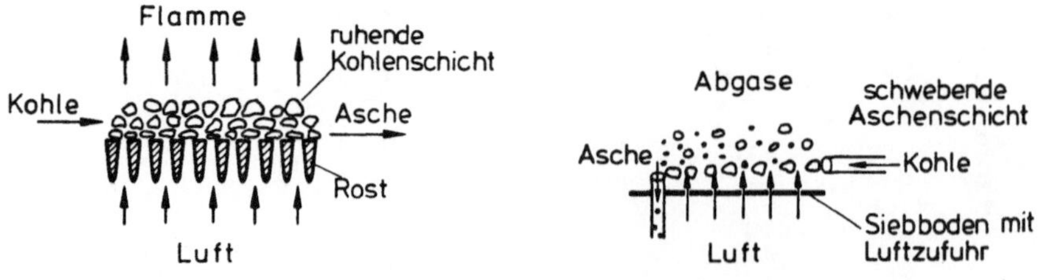

Bild 16.1. Schema der Rost- und Wirbelschichtfeuerung

wirksamer Konzentrations- und Temperaturausgleich gefördert wird. In der
Regel wird Luft und Kohle von unten zugeführt und die überschüssige
Asche ebenfalls unten abgezogen. Oben verlassen die ausgebrannten Abgase
mit der Flugasche die Wirbelschicht. Beim Anfahren der Feuerung muß
schon eine Aschenschicht vorliegen, die mit einem Anfahrbrenner, der Öl
oder Gas verfeuert, auf die notwendige Temperatur erhitzt wird. Erst danach beginnt man mit der Kohlenaufgabe, welche der Wirbelschicht weitere
Wärme liefert. Die erste Inbetriebnahme kann mit Sand anstatt mit Asche
erfolgen.

Die Dicke der Kohlenschicht läßt sich bei den beiden Feuerungsarten
nicht beliebig ändern, da diese durch Stoffaustauschvorgänge bzw. bei
Wirbelschicht zusätzlich von Strömungsverhältnissen bestimmt wird. Deswegen sind beide Feuerungsarten hinsichtlich ihrer Leistung der Größe
der vorhandenen Grundfläche proportional und somit in ihrer Leistung
beschränkt. Sie kommen vor allem für kleinere Industriekessel in Betracht, wo man mit Wärmeleistungen unter 200 MW_{th} auskommt.

17. Wirbelschichtfeuerung

17.1 Eigenschaften einer Wirbelschicht

Die Wirkungsweise der in der Verfahrenstechnik üblichen Wirbelschicht-
technik ist in Bild 17.1 dargestellt. Wird ein körniges Schüttgut in einem Behälter mit Siebboden vertikal von unten nach oben von einem Gas
durchströmt, so nimmt der Druckverlust in der Schüttung mit steigender
Gasgeschwindigkeit zu. Dieser Vorgang setzt sich so lange fort, bis die
an der Schüttung angreifenden Druckkräfte dem Gewicht des Schüttgutes
entsprechen. Dann gerät die Schicht in einen Schwebezustand, d.h. es
wird der Lockerungspunkt überschritten, und bei weiter zunehmender Gasgeschwindigkeit geht diese in eine wirbelnde Bewegung über. Bei diesem

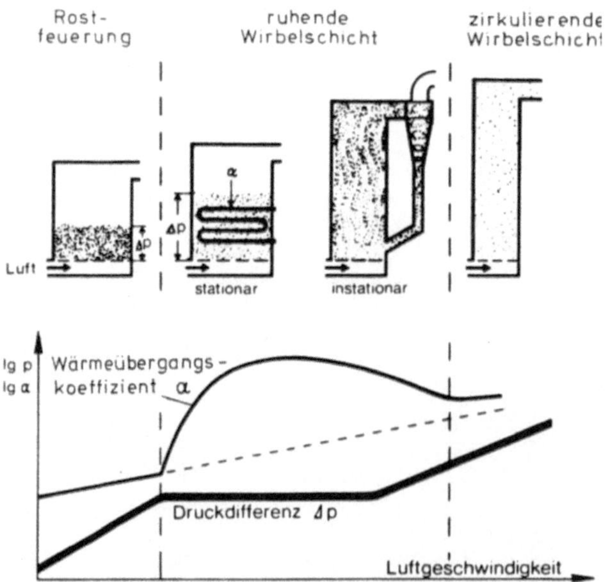

Bild 17.1. Prinzip und verfahrenstechnische Einordnung der Wirbelschichtfeuerung

Luftdurchsatz und der der vorgegebenen Luftzahl entsprechende Brennstoffzufuhr liegt die Mindestlast der Feuerung, da sich die Asche bei
festem Siebboden über Ablaufrohre nur von der gelockerten Wirbelschicht
abziehen läßt.

Die Höhe der Wirbelschicht und damit der gegenseitige Abstand der Körner - der Lückengrad der Schicht - ist dabei dem Luftdurchsatz proportional. Der notwendige Luftdruck ist hier größer als bei Rostfeuerungen
und bleibt beim Wirbelschichtzustand trotz zunehmender Geschwindigkeit
konstant. Erst wenn die an den Schüttgutteilchen angreifenden aerodynamischen Kräfte das Gewicht der Teilchen übertreffen (Austragpunkt), werden diese aus der Wirbelschicht ausgetragen. Hier liegt die Höchstlast
der Feuerung mit "ruhender Wirbelschicht" vor.

Hinsichtlich der verfahrenstechnischen Einordnung entspricht im Kesselbau die Festschicht der Rostfeuerung und der Betrieb mit Austragen der
Körner der "zirkulierenden" Wirbelschicht. Zwischen beiden ist die "ruhende" Wirbelschicht einzuordnen. Diese hat mit einer Zyklonfeuerung gemeinsam, daß die Aufenthaltszeit der Kohle im Feuerraum größer ist als
die der Rauchgase.

17.2 Kessel mit Wirbelschichtfeuerung

Das Schema eines Kessels mit Wirbelschichtfeuerung ist im Bild 17.2
dargestellt. Hier ist in der Wirbelschicht eine aus Rohren bestehende
Heizfläche eingetaucht, in welcher die Wassererwärmung bzw. -verdampfung
stattfindet. Die Wärmezufuhr von der intensiv sprudelnden Wirbelschicht
erfolgt mit hohen Wärmeübergangskoeffizienten. Trotz kleinen Temperaturgefälles erzielt man Wärmestromdichten, die sonst in gleicher Größenordnung nur im Brennraum einer Steinkohle-Kohlenstaubfeuerung vorkommen

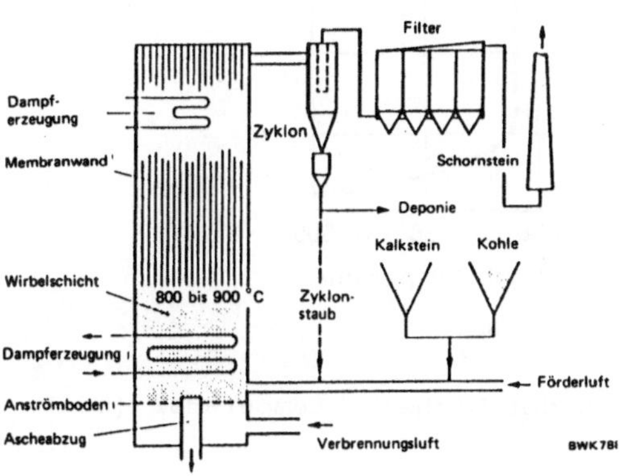

Bild 17.2. Schema eines Dampferzeugers mit Wirbelschichtfeuerung

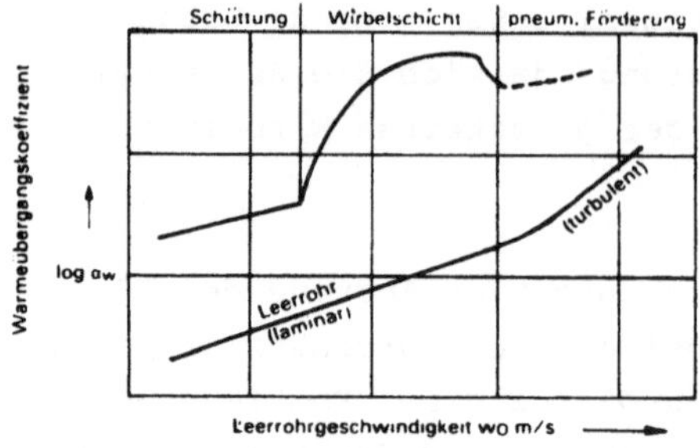

Bild 17.3. Wärmeübergang an den eingetauchten Röhrenheizflächen

($\dot{q}_W \approx 300$ kW/m^2 und mehr). Der Wärmeübergangskoeffizient ist als Funktion des Kohlenschichtzustandes im Bild 17.3 aufgetragen. Beim Übergang in den Wirbelzustand steigt dieser stark an, um im Bereich der Wirbelschicht ein Maximum zu durchlaufen.

Die erhitzte Wirbelschicht bildet im Kessel ein Zwischenglied, welches die durch Verbrennung entbundene Wärme aufnimmt und diese an die Heizfläche überträgt. Die erhitzte Wirbelschichtmasse ist zugleich ein erheblicher Wärmespeicher, innerhalb dessen die Trocknung, Vergasung und Verbrennung der frisch ankommenden Kohle stattfindet. Sie bildet zugleich einen wirksamen Stabilisator der Zündung selbst bei unregelmässiger Brennstoffzufuhr. Es lassen sich deshalb auch minderwertige Kohlen verfeuern, wie z.B. aschenreiche Zwischenprodukte, feuchte Schlämme der Kohlenaufbereitung, Salzkohle mit bei niedriger Temperatur flüchtigen Aschenbestandteilen (ca. 800 $^\circ$C), Ölschiefer mit hohem Aschengehalt, Pechsand usw..

Hinsichtlich der Kohlenkörnung sind hier Grenzen durch Wirbelschichtvorgänge gesetzt. Ein hoher Anteil an Staub ist unerwünscht, da feine Teil-

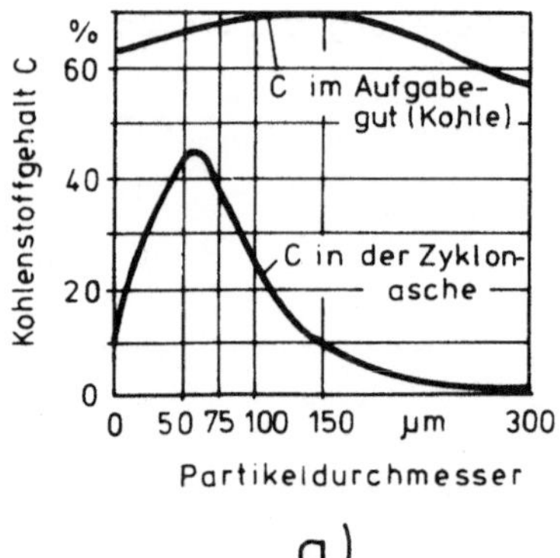

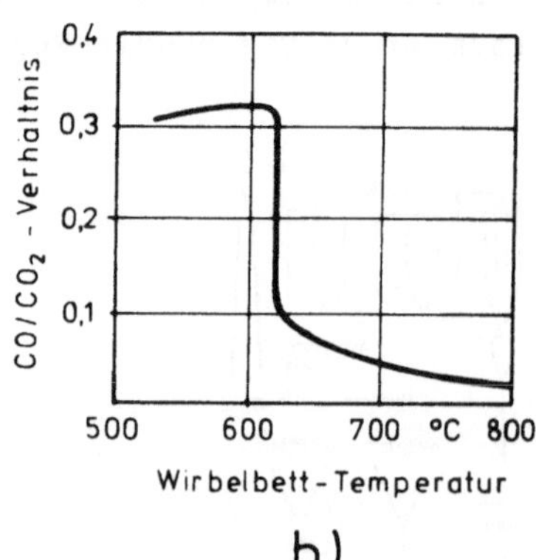

Bild 17.4. Einfluß der Korngröße (a) und der Wirbelbettemperatur (b) bei der Verbrennung in Wirbelschichten

chen durch die Wirbelschicht durchschießen und nicht verbrennen (siehe
Bild 17.4 a). Andererseits muß die stückige Kohle auf eine Korngröße
unter 6 mm bei gleichzeitiger Trocknung auf ca. 3 % aufbereitet werden.
Die Teilchengröße liegt also bei "ruhender" Wirbelschicht im Millimeter-
bereich. Nach Tabelle 11.3 kommt hier vor allem Feinkohle als Brennstoff
in Frage.

Da die zu verfeuernde Kohle Teilchen hinauf bis 6 mm Durchmesser enthält, ist die Geschichte ihrer Verbrennung je nach ihrer Größe verschieden. Die großen Körner bleiben vorerst unten in der Nähe des Siebbodens.
Erst nach teilweisem Abbrand werden diese in die Kohlenwolke gehoben.
Hier erfolgt infolge des sehr intensiven Stoffaustausches in der turbulenten Wirbelschicht die Verbrennung der Kokskörner.

Die Wirbelschichttemperatur darf nicht zu niedrig sein (Bild 17.4 b), in
der Regel 800 bis 950 $^\circ$C; sie hängt von der Größe der eingebauten Heizfläche des Kessels ab. Deren Kühleinwirkung macht auch eine hohe Luftvorwärmung im Luvo möglich. Die intensive Verwirbelung soll dabei örtliche Temperaturunterschiede verhindern. Die Teilchen bleiben durch
starken Impulsaustausch mit den anderen sie umgebenden Teilchen in Kontakt. Der fortwährende Platzwechsel der Teilchen verleiht dem Wirbelbett
fast die Eigenschaften einer Flüssigkeit.

Die Asche bleibt, solange eine Schichttemperatur von ca. 1000 $^\circ$C nicht
überschritten wird, fest, d.h. das Erweichen oder Schmelzen wird vermieden. Diese Asche bildet keine Ansätze an Kesselrohren, eher ist ein
Rohrverschleiß durch Asche nicht auszuschließen. Die Asche bleibt wesentlich länger in der Schicht als die brennbaren Bestandteile. In einer
turbulenten Wirbelschicht gibt es bei Asche einen nicht vernachlässigba-
ren Abrieb. Deshalb wird neben der durch Entaschungsrohre abgeführten
stückigen Asche ein Teil der Asche als Flugasche die Wirbelschicht verlassen, so daß ein Flugaschenabscheider hinter dem Kessel unvermeidbar
ist (Bild 17.2). Da die abgezogene Asche ca. 800 $^\circ$C heiß ist, wird diese
in einem Aschenkühler auf 200 $^\circ$C abgekühlt, bevor sie die Feuerungsanlage verläßt. Dieser ist ebenfalls ein Wirbelschicht-Wärmetauscher.

Nach Bild 17.5 ist bei atmosphärischer Verbrennung der Gehalt an festem
Unverbrannten in der Flugasche vom Luftüberschuß abhängig. Es kann deshalb bei kleiner Luftzahl notwendig sein, die kokshaltige Asche in die
Wirbelschicht zurückzuführen, was allerdings den Rohrverschleiß erhöhen
kann. Aus Bild 17.2 ist diese Rückführung, die pneumatisch erfolgt, ersichtlich.

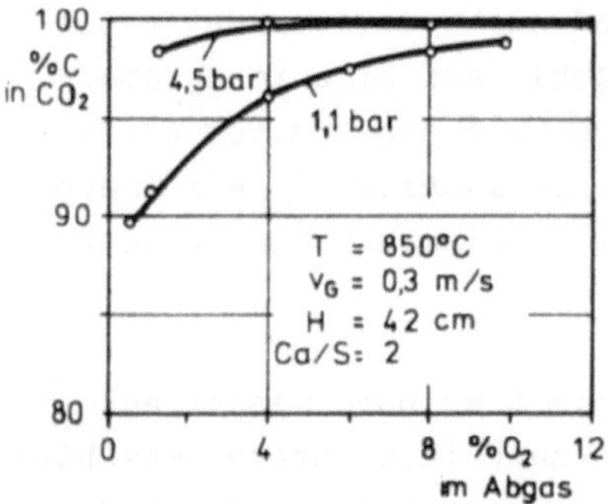

Bild 17.5. Verbrennungsumsatz als Funktion vom Luftüberschuß bei verschiedenen Drücken

Wird Kalk in die Wirbelschicht zugegeben, so bindet dieser den Schwefel des Brennstoffs. Dies geschieht oberhalb von 400 $^{\circ}$C durch die exotherme Reaktion:

$$SO_2 + CaCO_3 + 1/2\ O_2 \rightleftharpoons CaSO_4 + CO_2 + 501\ kJ/kmol$$

Das entstandene Sulfat wird mit der Asche aus der Wirbelschicht entfernt. Der Wirkungsgrad der Entschwefelung ist vom Verhältnis $CaCO_3/S$ stark abhängig. Die niedrige Verbrennungstemperatur beugt auch wirksam der NO_x-Bildung vor.

Die Gesamtanlage einer Wirbelschichtfeuerung mit Hilfseinrichtungen ist in Bild 17.6 dargestellt.

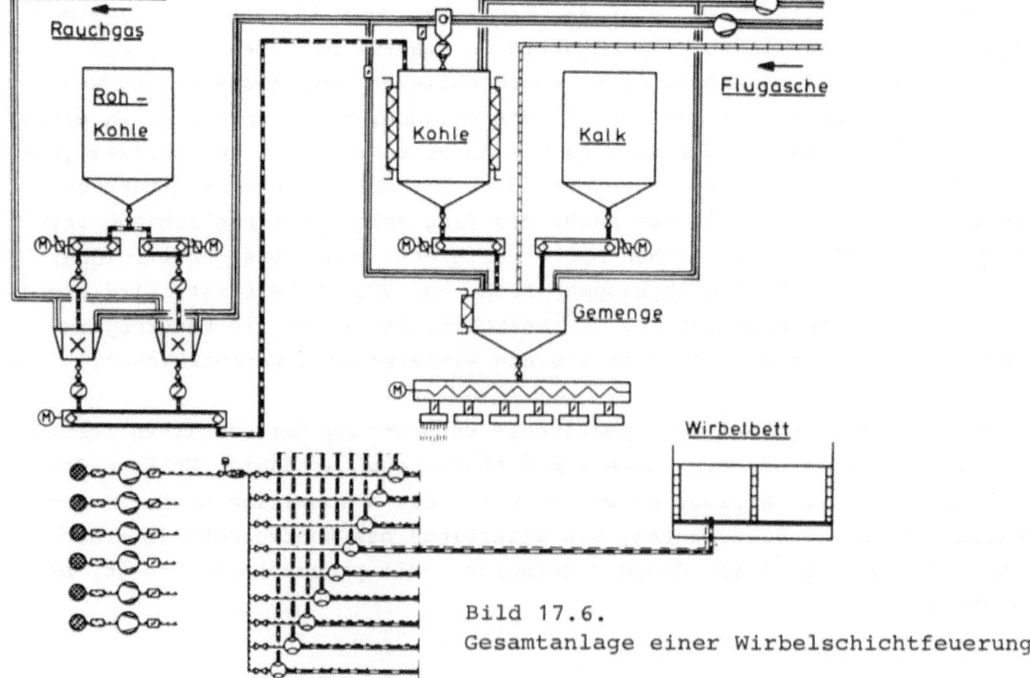

Bild 17.6.
Gesamtanlage einer Wirbelschichtfeuerung

17.3 Einfluß der Wirbelschichtfeuerung auf den Kesselaufbau

Die Wärmeübertragung erfolgt beim Kessel nach Bild 17.2 in der Wirbelschicht am ganzen Umfang der Rohre, so daß diese als Heizfläche gut ausgenutzt sind. Es entfällt hier der voluminöse Strahlungsraum, bei welchem die Siederohre nur an der zur Flamme zugewandten Hälfte ihres Um-
fanges die Wärme aufnehmen. Auch der vom Kessel umbaute Raum wird dadurch verkleinert.

Beim Kessel mit Wirbelschichtfeuerung erfolgt die Dampferzeugung in den
Siederohren im Wirbelbett. Diese nehmen bis zu 50 % der mit dem Brennstoff zugeführten Wärme auf. Ihr Rohrbündel wirkt auch dem Durchschießen
von großen Luftblasen durch die Wirbelschicht entgegen. Die heißen
Rauchgase (800 bis 900 $^{\circ}$C), welche die Wirbelschicht verlassen, geben
ihren Wärmegehalt an den Arbeitsstoff in nachgeschalteten, konvektiven
Heizflächen ab. Während die stark wärmebelasteten Rohre des Wirbelbettes
als Verdampfer mit Zwangsumlauf funktionieren, findet im Nachschaltteil
die Wasservorwärmung und Überhitzung des Dampfes statt. Am Ende des
Rauchgasweges liegt der Luvo, in dem die Verbrennungsluft vorgewärmt
wird.

Die Höhe der Wirbelschicht läßt sich nicht beliebig ändern. Sie ist
durch die Teilung der eingebauten Rohre usw. festgelegt. Deshalb ist
ähnlich wie bei einer Rostfeuerung auch bei der Wirbelschicht eine Lei-
stungsvergrößerung nur durch eine größere Grundfläche möglich, wobei als
Richtwert für die spezifische Leistung $\dot{q}_{th}$ = 1 bis 1,5 MW/m^2 gilt. Diese ist von gleicher Größenordnung wie z.B. bei der Verbrennung von Kohle
auf einem Wanderrost. Mit wachsender Kesselleistung wird aber die Brenn-
stoff- sowie Luftverteilung ähnlich wie bei der Rostfeuerung problemati-
scher. Auch ein Durchbrechen von Luft in Form von Blasen in der Wirbelschicht läßt sich nicht mehr ausschließen.

17.4 Regelung

Einer Absenkung der Wirbelbett-Temperatur um 100 $^{\circ}$C soll eine Lastver-
minderung des Kessels um 25 % entsprechen. Für deren Dynamik spielt jedoch die Masse der Asche in der Wirbelschicht, welche $m_A \approx$ 1000 kg/m^2
Grundfläche ausmacht, eine wichtige Rolle. Dieser mächtige Wärmespeicher
vermag einerseits die Unregelmäßigkeiten in der Kohlenzufuhr bzw. im
Heizwert wirksam auszugleichen. Andererseits verzögert dieses Zwischenglied mit einer Zeitkonstante von ($\dot{q}_{th}$ = 1 MW/m^2, c_A = 1,2 kJ/kgK)

$$T_{WS} = \frac{q_A}{\dot{q}_{th}} = \frac{m_A \cdot c_A \cdot t_A}{\dot{q}_{th}} = \frac{1000 \cdot 1,2 \cdot 800}{1000} \approx 1000 \text{ s} \quad (\approx 17 \text{ Minuten})$$

die Auswirkung der veränderten Kohlenzufuhr auf die Wärmeabgabe wesentlich.

Das Erhöhen oder Absenken der Wirbelschichthöhe ändert den Anteil der darin eingetauchten, kühlenden Heizfläche. Bei der Regelung der Kesselleistung sind deshalb zusätzliche Hilfsstellgrößen anzuwenden, welche die Wärmeabgabe an Kesselrohre durch die Veränderung der Schichthöhe schnell beeinflussen zu können, wie z.B. die Änderung des zugeführten Luftstromes. Die Notwendigkeit, den Wirbelschichtzustand, d.h. den beschränkten Luftregelbereich zwischen Lockerungs- und Austragpunkt einzuhalten, erschwert aber einen solchen Regeleingriff. Auch durch verstärkte Zu- bzw. Abfuhr der Asche aus der Wirbelschicht läßt sich deren Höhe verändern. Ein anderer Weg zur Erweiterung des Regelbereiches ist der Einbau mehrerer Wirbelschichtmodule, die man zu- oder abschalten kann.

17.5 Zirkulierende Wirbelschicht

Um die Leistung der Wirbelschichtfeuerung /40/ zu steigern, arbeitet man bei Anlagen mit zirkulierender Wirbelschicht (Bild 17.7) oberhalb des Austragpunktes (Bild 17.1). Hier wird die Verbrennung dreidimensional mit Gasgeschwindigkeiten von 5 bis 8 m/s. Im Unterschied zur Kohlenstaubfeuerung mit 0,01 mm Körnern liegt hier die Teilchengröße bei ca. 0,1 mm, was die Relativgeschwindigkeit des Teilchens vergrößert. Eine ausgeprägte Wirbelschichtoberfläche fehlt und die von unten nach oben

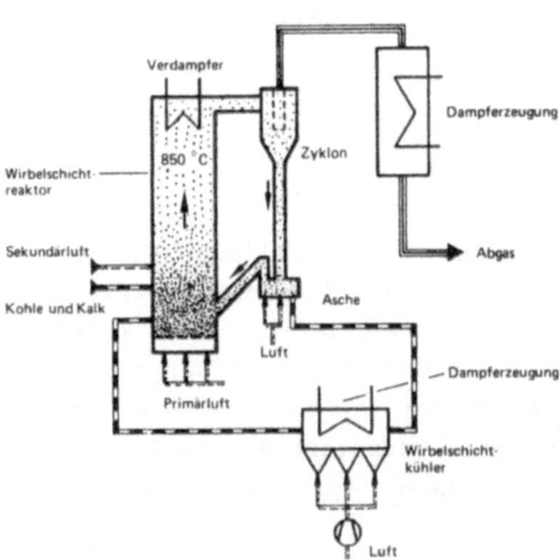

Bild 17.7. Schema einer Kesselanlage mit zirkulierender Wirbelschicht

abnehmende Wirbelschichtdichte ist erheblich kleiner als bei ruhender Wirbelschicht. Die Heizfläche liegt hier im oberen Teil des Feuerraumes. Auch die Brennraumwände gehören zur Kesselheizfläche.

Der hohe Austrag wird im Zyklonabscheider abgeschieden und z.T. in das Wirbelbett direkt zurückgeführt, z.T. zum Wirbelschichtwärmetauscher, der den Wasservorwärmer beinhaltet. Hier wird die Asche auf ca. 400 $^{\circ}$C abgekühlt. Die Verbrennungsluft wird z.T. direkt im Wirbelbett, z.T. in den Wirbelschicht-Wärmetauscher als Trägermedium eingeschleust. Die ca. 850 $^{\circ}$C heißen Rauchgase vom Zyklonabscheider beheizen die konvektiven Heizflächen des Kessels. Die Mindestlast liegt hier bei ca. 30 %.

17.6 Aufgeladene Wirbelschichtfeuerung

Die Temperatur des Wirbelschichtabgases (800 und 900 $^{\circ}$C) stimmt mit dem bei Gasturbinen üblichen Bereich der Eintrittstemperatur überein. Deshalb werden aufgeladene Wirbelschichtfeuerungen für Gasturbinenanlagen entwickelt. Der hohe Druck der Verbrennungsgase erhöht die spezifische Wärmeleistung (MW_{th}/m^2) des Wirbelbettes und verkleinert nach Abschnitt 9.5 die Kesselabmessungen. Bei diesem kombinierten Kreislauf ist allerdings eine gründliche Entfernung der Aschenteilchen > 1 μm vor der Gasturbine unvermeidbar um die GT-Beschaufelung vor Verschleiß zu schützen /109, 110/. Besondere bauliche Maßnahmen werden hier bei der Kohle- und Kalkzufuhr sowie bei der Aschenabfuhr notwendig.

18. Rostfeuerung

18.1 Merkmale und Wirkungsweise

Die Rostbahn, auf welcher die Verbrennung stattfindet, besteht aus einer großen Zahl von nebeneinander und in Reihen hintereinander angeordneten Roststäben, durch welche von unten Luft zur Kohlenschicht zuströmt. Die keilförmige Gestalt mit einer großen Roststabkennzahl 2h/b (Bild 18.1) gewährt die ausreichende Luftkühlung des Roststabes. Die Verbrennung der Kohle findet an der Rostbahn in einer dünnen Schicht statt und ist deshalb zweidimensional.

Die Rostfeuerung ist ein Vorgänger der Wirbelschichtfeuerungen. Heute kommt diese Feuerungsart, von kleinen Industrieanlagen abgesehen, vor allem bei der Müllverbrennung vor. Der Heizwert des Mülls ist eine stark schwankende Größe, ebenso wie sein Feuchtigkeits- sowie Aschengehalt. Der Müll besteht aus Staub bis hin zu sperrigen Abfällen des Haushaltes, einschließlich unbrennbarer Beimengungen wie Glassplitter oder metallische Gegenstände. Diese Abfälle müssen, um deren Verbrennung bzw. hygienische Unschädlichmachung zu sichern (wobei neben Bakterien auch Geruchstoffe zu vernichten sind), am Rost eine 1000 $^\circ$C heiße Zone durchwandern und dort ausreichend lange verweilen. Für solche Aufgaben ist der Rost, welcher das Brenngut langsam durch den Feuerraum schiebt, gut geeignet. Außerdem kann man die nasse Müllschicht von oben durch heiße Flammen zusätzlicher Öl- oder Gasbrenner umlodern lassen.

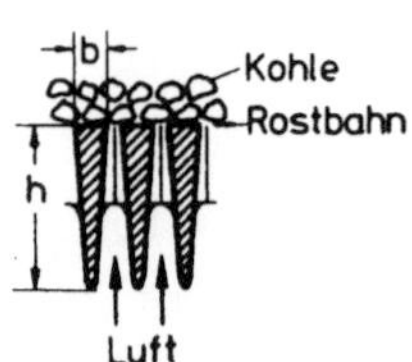

Bild 18.1. Aufbau der Rostbahn aus Roststäben

Als Nachteil des Rostes ist neben des hohen Preises und der beschränkten
Leistung auch der unvermeidbare hohe Luftüberschuß bei der Verbrennung
(n = 1,3 bis 1,6 und in Sonderfällen wie beim Vorschubrost sogar n=2,5)
zu erwähnen. Bei Kohlenverbrennung ist auch die Vorwärmung von Luft beschränkt (100 bis 120 $^{\circ}$C), um am Rost das Schmelzen der Asche zu vermeiden. Dennoch gibt es z.B. Bemühungen, die Rostfeuerung nach deren Anpassen an die heutigen Betriebsanforderungen wieder einzuführen. Für den
Betrieb ohne ständige Beaufsichtigung ist eine Rostfeuerung wenig geeignet, da beim Ausfall des Stromes die glühende Koksschicht einen wärme-
abstrahlenden Hochtemperatur-Wärmespeicher darstellt.

18.2 Wanderrost

Ein Wanderrost (Bild 18.2) ist ein breites Endlosband, das, einer Roll-
kette ähnlich, anstatt aus Laschen aus Tragkästen besteht, die mit ein-
geschobenen Roststäben bestückt sind. Der Rost bewegt sich mit kleiner
Geschwindigkeit (einige Millimeter pro Sekunde) und bildet den Boden des
Feuerraumes. Der Verbrennungsvorgang findet von links nach rechts statt.
Die Kohle rutscht vom Kohlenbunker auf den Rost, auf dem sie durch die
Flamme aus dem Feuerraum angestrahlt und dabei getrocknet, entgast und
gezündet wird (Bild 18.3). Nach Verbrennung des festen Koksrückstandes
fällt die durch Staupendel angestaute Asche am Rostende in den Aschen-
trichter. Die Kohlenschicht wird am Rost nicht geschürt. Um die Luftzu-

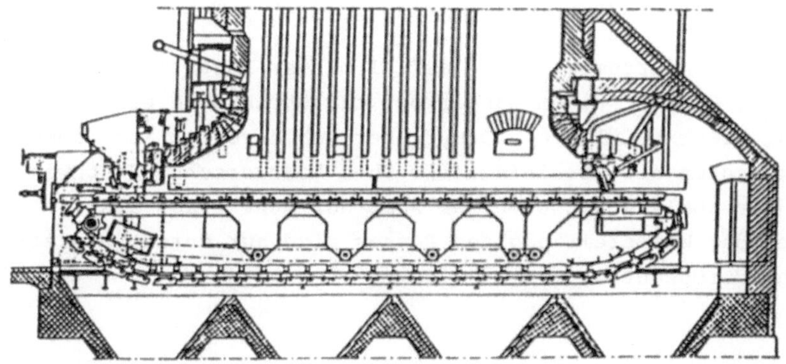

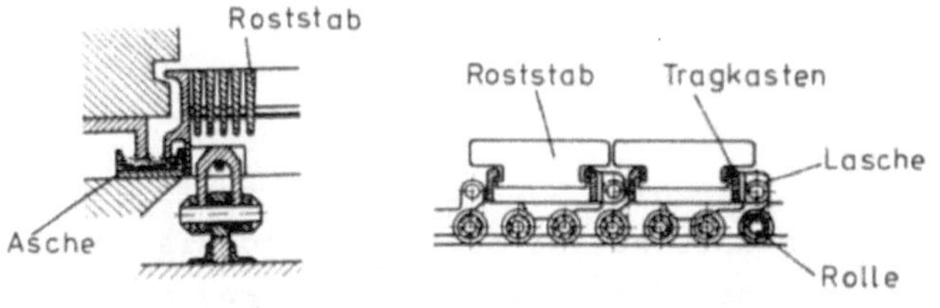

Bild 18.2. Wanderrost
und Roststabtragkasten

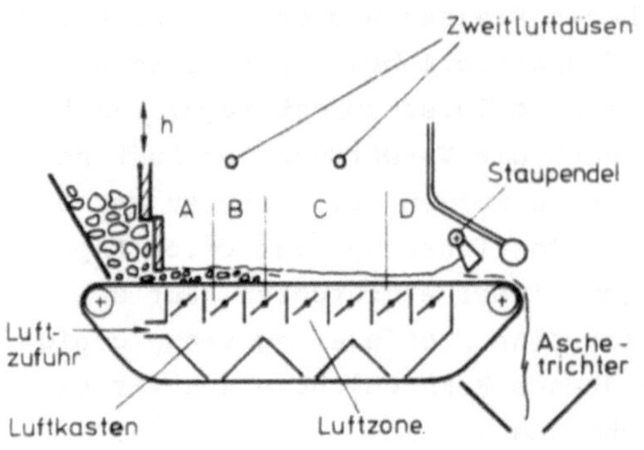

Bild 18.3. Schema der Luftzufuhr beim Rost mit Zonenregelung. A Trocknung; B Entgasung und Zündung; C Verbrennung des Kokses; D Nachverbrennung

fuhr dem örtlichen Luftbedarf anzupassen, wird nach Bild 18.3 der Luftkasten unter dem Rost in Zonen mit regelbarem Luftdurchsatz aufgeteilt. Die meiste Luft geht über die unter dem Verbrennungsabschnitt der Rostbahn liegenden Zonen. Ein Teil der Luft kann nach Bild 18.3 als Zweitluft in den Feuerraum eingeblasen werden, um die Verbrennung von flüchtigen Bestandteilen zu fördern.

Die Kohlenschicht ist am Anfang des Rostes 40 - 250 mm dick (40 mm - feine Körnung und 250 mm - bei großstückiger Kohle). Die massiven, durch Luft gekühlten Roststäbe sind aus feuerfestem Chromguß hergestellt. Sie stehen beim Wanderrost nur kurze Zeit mit brennender Kohle bzw. heißer Asche in Berührung. Bevor der Antrieb das Roststabband durch den Feuerraum drückt, kühlt dieses bei der Rückfahrt unter dem Luftkasten aus. Die dazu notwendige Leistung des Rostantriebmotors ist klein.

Die Wärmeleistung des Wanderrostes liegt auf 1 m^2 der Rostfläche bezogen bei 1 bis 2 MW_{th}. Die mit einem Wanderrost für Steinkohle erreichbare Kesselleistung liegt bei 120 t/h Dampf. Der Kohlenvorrat ist jedoch groß. Deshalb wirken sich die Stelleingriffe über Rostvorschub-Geschwindigkeit bzw. über die Kohlenschichthöhe am Rost nur sehr träge aus. Schnelle Änderungen der Wärmeleistung des Rostes sind nur durch Verstellung der Luftzufuhr durchführbar.

18.3 Schürrost

18.3.1 Vorschubrost

Bei dieser Rostbauart ist die durch einzelne Roststabreihen gebildete Rostbahn geneigt. Jede zweite Roststabreihe ist fest, während die übrigen Roststabreihen nach Bild 18.4 eine Schubbewegung ausführen, die

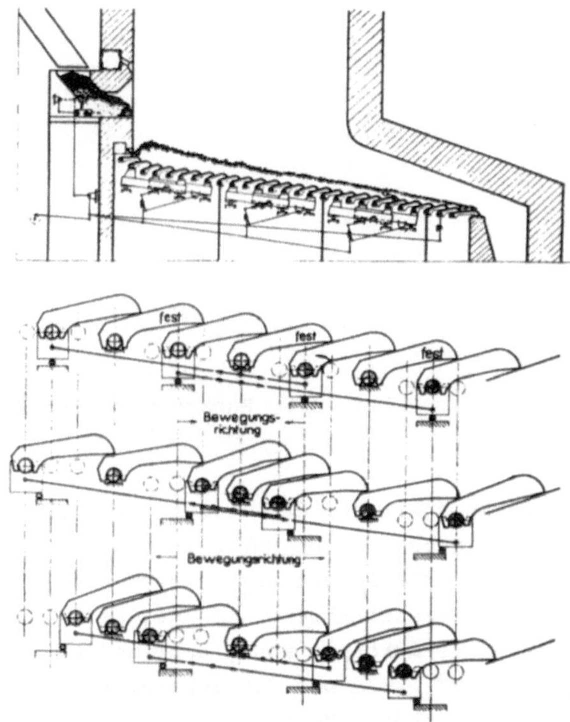

Bild 18.4. Vorschubrost mit am Rostantrieb angekoppeltem Rohkohlenvorschubkolben am Bunkeraustritt

durch einen hydraulischen Kraftzylinder erzwungen wird. Die Kohle wird dadurch von links nach rechts geschoben und verbrennt in einer bis zu 500 mm dicken Schicht. Durch gegenseitige Rostreihenbewegung wird die Kohle geschürt und Kohlenkuchen werden gebrochen. Die Roststäbe sind hier der Hitze dauernd ausgesetzt. Die Luftzufuhr erfolgt wieder über Luftzonen.

Die Rostleistung ist hier ca.1 MW_{th}/m^2 Rostfläche. Die notwendige Leistung des Rostantriebes ist größer als beim Wanderrost. Diese Bauart eignet sich nur für feuchte Braunkohle und auch für backende Steinkohlen. Kohlen mit höherem Aschengehalt lassen sich hiermit auch verfeuern. Hinsichtlich Körnung ist diese Rostbauart weniger empfindlich als der Wanderrost.

18.3.2 Rückschubrost

Für die Müllverbrennung ist der ursprünglich für feuchte und aschenreiche Braunkohlen entwickelte, stark geneigte Rückschubrost (Bild 18.5) besonders gut geeignet. Hier wird die schon brennende Kohle bzw. der

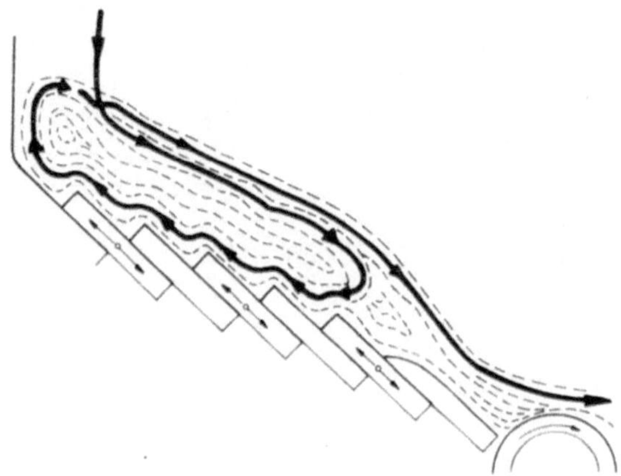

Bild 18.5. Rückschubrost

Müll vom Rostende zum Rostanfang zurückgeführt und dem frisch ankommenden Brennstoff untergeschoben. Dies verlängert nicht nur die Aufent-
haltsdauer des Mülls am Rost, sondern es erleichtert auch dessen Zündung, welche von unten und oben durch Flammenstrahlung erfolgt. Der
robuste Rostaufbau macht den Rost gegen Fremdkörper wenig empfindlich.
Bei Kohle ist die Wärmeleistung 1 bis 2 MW_{th}/m^2. Der Schlackenaustrag
erfolgt hier über eine Schlackenwalze am unteren Rostende. Bei der Müll-
verbrenung ist hier eine Luftvorwärmung bis auf 200 $^\circ$C möglich.

Die Hausmüllzusammensetzung und wie sich diese in den letzten dreißig
Jahren verändert hat, zeigt das Bild 18.6.

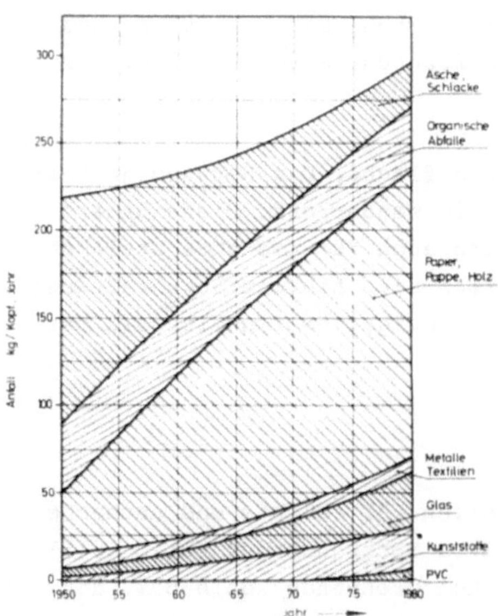

Bild 18.6. Hausmüllzusammensetzung in der Bundesrepublik
Deutschland (1950 - 1980) /35/

19. Vorgänge bei der Ölverbrennung

Von den flüssigen Brennstoffen sind diejenigen Heizöle am wichtigsten, die entweder aus Rohöl oder aus Kohle gewonnen werden (Tab. 19.1).

Tabelle 19.1. Kennzeichnende Eigenschaften von Heizölen

| Art des Brenn-stoffs | Elementaranalyse Gew.% | | | | | | Zähigkeit cSt (Engler-Grad) bei | | | Heiz-wert | Dichte | Flamm-punkt minde-stens | Rück-stand nach |
	C	H	S^*	unab-setz-bares $Wasser^*$	Sedi-ment	Asche $max.^*$	20 $^{\circ}C$	50 $^{\circ}C^*$	100 $^{\circ}C^*$	H_u kJ/kg	ρ kg/l	$^{\circ}C^*$	Conradson Gew.%
Heizöl S	84	11	4,2 [1,5-3,5]	0,5 [0,1]	0,5	0,15	4000	450(59)	50(5,3)	39000	0,95÷0,97	65	15
Heizöl EL	85	13	1,0 [0,5]	0,1	0,05	0,01	$8(1,6)^*$	–	–	41800	0,86÷0,88	55	$0,05^*$
Stein-kohlen-teeröl	90	6,5	0,6	1,0	–	–	15-30 (2-4)	15(2)	–	38000	1,02÷1,1	65	2

* obere Grenze nach DIN 51 603; [ ] Erfahrungswert

Auch die Ölverbrennung ist eine heterogene Verbrennung. Ähnlich wie bei Kohle muß das Öl zuerst durch Zerstäubung fein verteilt werden. Schweröl muß man deshalb vorwärmen, um die Zähigkeit sowie die Oberflächenspannung herabzusetzen. Die Ausführungen des Abschnitts 13.2 hinsichtlich der Wärme- und Stoffübertragung beziehen sich auch auf die Tropfenkollektive des Heizöls. Im Unterschied zur Kohle geschieht die Zerstäubung erst im Brenner. Bei Druckzerstäubern zerstäubt man mechanisch durch Abbau des Ölvordruckes in feinen Düsen, während bei Injektionsbrennern das Öl durch Dampf oder Preßluft mitgerissen wird. Auch Verdampfungsbrenner sind bei der Leichtölverbrennung bekannt, sie setzen jedoch ein Ausdampfen des Öls ohne festen Rückstand voraus.

Die bei Druck- bzw. Injektionszerstäubern entstandenen Öltröpfchen werden im Brenner mit Luft gemischt, anschließend durch die Hitze der Flamme entgast und zuletzt verdampft. Dabei entsteht Ruß, der die Ölflamme leuchtend macht. Die Dampfzerstäubung fördert die Wassergasreaktion (4.3) und entfärbt die Flamme. Auch bei Öltröpfchen gilt beim Wärme- bzw. Stofftransport Nu = Sh = 2.

Ein Ölbrenner unterscheidet sich vom Kohlenstaubbrenner darin, daß das Kohlenstaubrohr durch eine Öllanze ersetzt wird, wobei die Luft wieder verdrallt oder unverdrallt die Lanze umströmt. Bei Ölbrennern werden z.Zt. Leistungen über 100 MW_{th} erreicht. Die Erstzündung der Schwerölbrenner erfolgt meistens mit Gas.

Die Asche von Schweröl enthält neben Alkalien auch Metalloxide wie V_2O_5 und NiO_2. Manche Schmelzen, die diese Komponenten enthalten, bleiben bis ca. 550 $^\circ$C flüssig und greifen z.B. beim Überhitzer die Rohrschutzschicht an.

Da sich der Ölstrom genau dosieren läßt und eingesteuert konstant bleibt, kann die Verbrennung mit minimaler Luftzahl bei hohem Wirkungsgrad stattfinden. Dennoch gehen die Ölfeuerungen in Europa zurück. Wie aus Bild 1.7 ersichtlich, hat sich der Ölpreis in den letzten zehn Jahren versechsfacht. Dies hatte einen Rückgang des Ölverbrauches zur Folge. So ist der Rohölverbrauch in der Primärenergiebilanz der BRD von 53 % im Jahre 1970 auf 43 % im Jahr 1983 abgesunken, was vor allem Einsparungen im Kraftwerks- und Industriesektor zuzuschreiben ist. In den Kraftwerken sank der Ölanteil im gleichen Zeitraum von 16,3 % auf 2 %. Als Ersatz kam neben der Kohle auch die Kernenergie, deren Anteil an der Stromerzeugung von 2,7 % (1970) auf 21 % (1983) gewachsen ist.

Die heute propagierte Umstellung von Öl auf Kohle ist vor allem bei Kleinfeuerungen nicht leicht, da der Kohlenbetrieb schmutzig ist und mehr Betreuung bedarf. Auch die Umweltprobleme sind hier schwieriger zu lösen.

20. Ölzerstäubung, Ölbrenner und Ölfeuerung

20.1 Druckzerstäuber

Bild 20.1 zeigt einen Druckzerstäuber bei dem das elektrisch mit Dampf
oder mit Heißwasser zur Viskositätsminderung vorgewärmte Heizöl unter
Druck durch tangential angestellte Schlitze in die zylindrische Wirbelkammer einströmt. Durch die Rotation entsteht im Wirbelkern ein Unterdruck, der zur Folge hat, daß sich in der Wirbelachse ein Lufthohlraum
ausbildet. Das Heizöl dreht sich als dünne Haut mit der Schichtdicke
$(D_2 - d_2)/2$ um die Düsenbohrung. Die Haut erscheint am Bohrungsaus-
tritt als rotierender Hohlkegel und zieht sich dünner werdend so lange
aus, bis die Fliehkraft der Flüssigkeit die Oberflächenspannung überwindet. Der Druck des Heizöls wird also bei der Zerstäubung zuerst in
kinetische Energie umgewandelt, welche anschließend zur Erzeugung neuer
Oberflächen verbraucht wird. Eine sekundäre Zerstäubung findet u.U. noch
in der Verbrennungsluft statt, wo die Tropfen beschleunigt werden.

Der Zerstäubungswinkel wird mit abnehmendem Durchsatz größer. Der Öl-
durchsatz ist dem Quadrat des Druckes proportional, so daß z.B. bei
Drittellast der Druck auf ein Neuntel absinkt. Bei Schweröl S wird je-

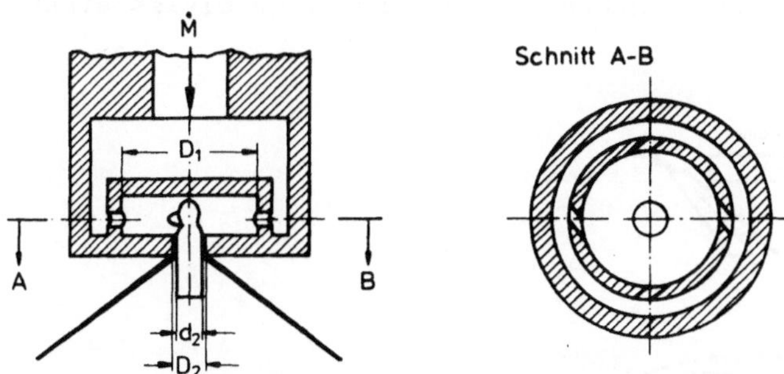

Bild 20.1. Prinzip der Druckzerstäuberdüse (Schnitt A-B deutet die vier
Tangentialschlitze an) /41/

doch bei 10 bar Öldruck und bei Heizöl EL bei 5 bar die Zerstäubung un-
zureichend, was beim Druckzerstäuber hohe Vollast-Betriebsdrücke zur
Voraussetzung hat. Will man die Leistung noch tiefer herabregeln, so ist
es nur durch Abschalten einiger Brenner möglich.

Als Kriterium der Zerstäubungsgüte ist deshalb der Öldruck am Eintritt
der Tangentialschlitze anzusehen. Diese Tatsache nutzen Spaltregelzerstäuber aus, bei denen die Tangentialschlitze lastentsprechend durch einen Kolben teilweise abgedeckt werden (Bild 20.2). Bei Rücklaufzerstäu-
bern wird zur Regelung des Durchsatzes in der Mitte des Wirbelkammerbo-
dens ein Teil des Heizöls entnommen (Bild 20.3). Je nach Einstellung des
Regelventils im Rücklauf wird das von der Pumpe zuviel geförderte Heizöl
über ein Druckhalteventil in den Vorratsbehälter zurückgeführt. Die Ar-
beitsweise dieses Zerstäubungssystems erfordert jedoch eine um 30 bis
50 % höhere Pumpenleistung, als es dem maximalen Düsendurchsatz entspricht.

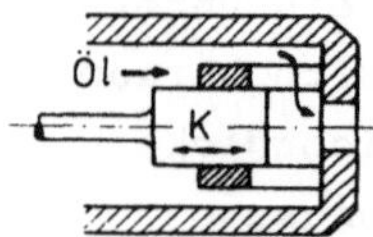

Bild 20.2. Spaltregelzerstäuber
(Kolben K deckt Tangentialschlitze stufenweise ab) /41/

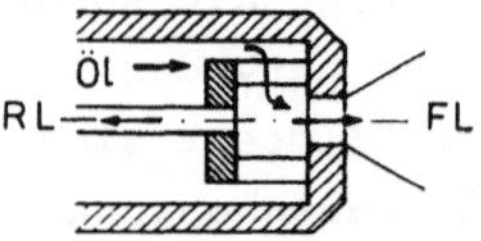

Bild 20.3. Rücklaufzerstäuber (An-
sicht der Brennerlanze mit Rücklauf
RL zentral aus der Wirbelkammer) /41/

20.2 Injektionszerstäuber

Bei diesem Verfahren wird Heizöl, das mit einem mäßigen Vordruck einer
Düse zugeführt wird, durch Dampf oder Luft zerstäubt. Der günstigste
Zerstäubungswirkungsgrad wird erreicht, wenn beide Medien senkrecht
aufeinander treffen (Bild 20.4). Daneben ist eine niedrige Ölviskosität

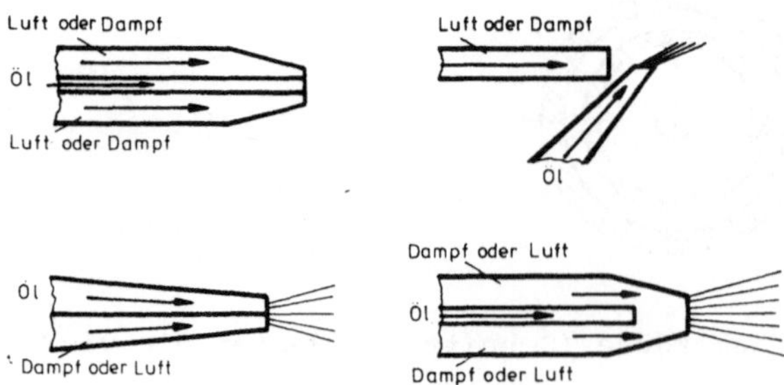

Bild 20.4.
Injektions-Ölbrenner /41/

sowie ein hoher Strahlimpuls von Luft oder Dampf, d.h. ein hoher Dampf-
oder Luftdruck, für eine angestrebte gute Zerstäubung erforderlich.

Dampf als Zerstäubungsmedium bringt den Vorteil einer Temperaturerhöhung des Öls im Düsenrohr, einer zusätzlichen Turbulenzerzeugung beim
Verlassen der Düse durch Expansion und einer Begünstigung des Verdampf-
fungsvorganges des Ölkokses durch die Dampfwärme. Derselbe Effekt kann
mit hoch vorgewärmter Druckluft erzielt werden, die noch den Vorteil
hat, daß die Flamme weniger entleuchtet wird. Um die Absenkung der Flammentemperatur zu begrenzen, soll mindestens trockener Dampf, am besten
um etwa 75 K überhitzter Dampf, verwendet werden. Eine höhere Überhitzung vermindert die Dampfdichte und damit den Strahlimpuls. Der Bedarf
an Zerstäubungsmedium wird größer.

Der sogenannte Y-Brenner als Beispiel (Bild 20.5) ist ein Öldruck-Zer-
stäuberbrenner, der normalerweise mit einem Ölvordruck von etwa 12 bar
und einem Zerstäuberdampfdruck von 1 bis 2 bar über dem Öldruck arbeitet. Ein Differenzdruckregler sorgt für die richtige Abstimmung beider
Drücke. Diese Brennerkonstruktion führt das Zerstäubermedium im Innen-
rohr und das Öl im Ringraum des äußeren Rohres. Der Regelbereich dieses
Brenners beträgt 1:4 bis 1:5. Der Dampfverbrauch liegt bei 0,5 % der im
Kessel erzeugten Dampfmenge oder umgerechnet bei 0,065 kg Dampf je kg
Öl.

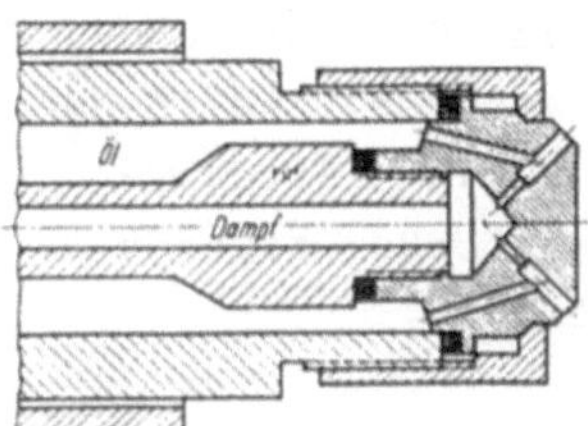

Bild 20.5. Hochdruck-Injektionszerstäuber
(Y-Zerstäuber)

20.3 Drehzerstäuber

Drehzerstäuber sind kompliziert im Aufbau und relativ laut im Betrieb.
Diese Nachteile werden durch den Vorteil eines weiten, stufenlosen Regelbereiches mehr als wettgemacht (Bild 20.6). Hier wird das Heizöl
durch die Hohlwelle in einen Becher zugeführt, wo es sich zu einem
gleichförmigen Film ausgezogen unter Fliehkrafteinwirkung vom Becherrand
ablöst. Die Primärluft sowie die Zweitluft wird konzentrisch um den Becher herum eingebracht.

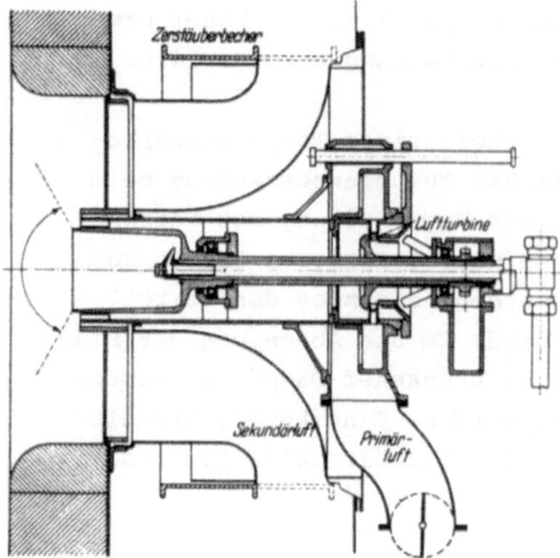

Bild 20.6. Drehzerstäuber

20.4 Blaubrenner

Während der konventionelle Ölbrenner Rußteilchen erzeugt und mit einer
gelben Flamme brennt, ist der Blaubrenner so konstruiert, daß kein Ruß
entsteht und die Flamme am Brenneraustritt eine blaue Färbung hat. Ein
ausgeführter Blaubrenner ist im Bild 20.7 dargestellt. Er besteht aus
einem kleinen Wirbelraum mit Einspritzdüse und einem nachgeschalteten
zylindrischen Brennerstein, der als Reaktionsraum dient.

Der gesamte Luftstrom wird hier mit hohem Druck (50 bis 100 mbar) und
mit großer Geschwindigkeit über tangential ausgerichtete Schlitze in den
Wirbelraum eingeblasen. In dessen Mitte entsteht somit eine intensive
Luftrückströmung (Bild 20.8). Die verschiebbare Einspritzdüse sichert
die lastunabhängige Luftgeschwindigkeit in den Schlitzen.

Aus der Öldüse wird ein kegelförmiger Ölstrahl eingespritzt, der durch
Reibung und Impulsaustausch mit der entgegenströmenden Luft in sehr fei-

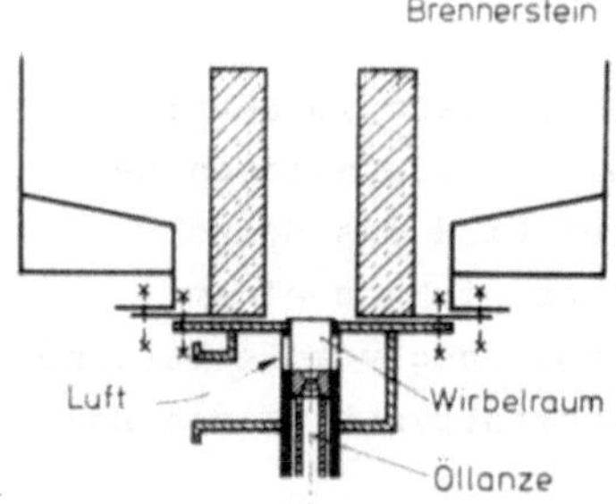

Bild 20.7. Schema des Blaubrenners

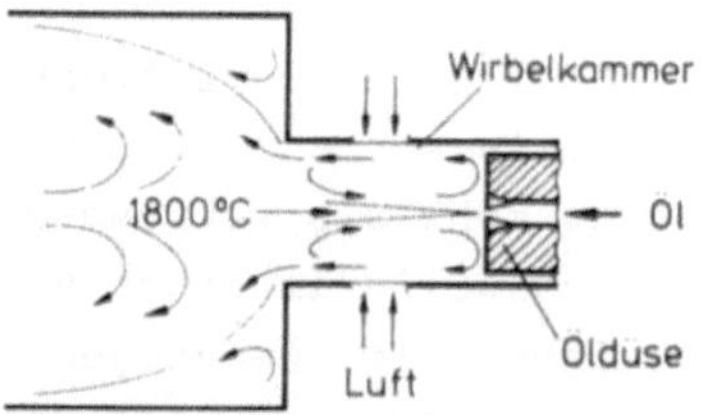

Bild 20.8. Strömungsverhältnisse
am Blaubrenner

ne Tröpfchen zerfällt. Das entstandene Gemisch vermischt sich anschlies-
send mit der äußeren Lufthülle in Wandnähe und dringt verdrallt in den
sich anschließenden zylinderischen Brennraum mit keramischen Wänden,
dessen Inhalt ebenfalls rotiert, ein.

Dank dieser nahstöchiometrischen Vermischung sowie der sehr feinen Zerstäubung ist die Verbrennung fast augenblicklich. Die Zündung erfolgt
durch die in der Brennersteinmitte mittels Unterdruck zurückgesaugten
Flammengase. Die sehr hohe Temperatur von fast 2000 $^\circ$C bewirkt eine Ölverbrennung zum rußfreien nichtleuchtenden Verbrennungsgas. Der kleine
Luftüberschuß verhindert eine stärkere NO_x-Bildung, sowie die Bildung
von SO_3. Das aus dem Brennerstein austretende Heißgas beinhaltet vor
der Verbrennung als Unverbranntes nur gasförmige Bestandteile, wie CO,
welches die Ursache der blauen Färbung ist.

20.5 Ölfeuerung

Ein Ölkessel hat im Vergleich zu einem Kohlenstaubkessel kleinere Abmessungen des Feuerraumes (heiße, leuchtende Flamme). Außerdem entfällt der
Aschentrichter, der hier durch einen flachen Brennraumboden ersetzt
wird. Ein konventioneller Kessel mit Ölfeuerung ist in Bild 20.9 dargestellt. Die Brenner sind in den Ecken angebracht.

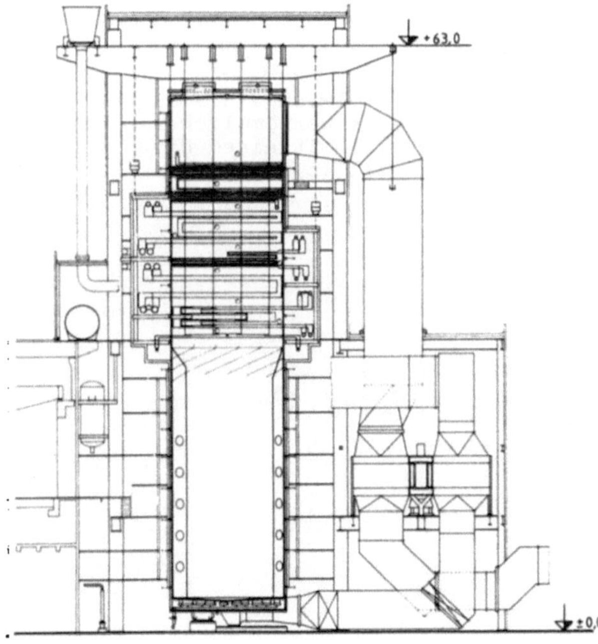

Bild 20.9. Schema eines
Dampferzeugers mit Öl-
feuerung /35/

Ein Heißgasbrenner wie der Blaubrenner verlangt einen neuen Kesselaufbau, da das heiße Verbrennungsgas die Wärme nur durch Strahlung von CO_2 und H_2O bzw. durch Konvektion abgibt. Somit entfällt der zum Ablauf der Verbrennung sowie zur Flammenabkühlung notwendige voluminöse Strahlungsraum. Anstelle dessen tritt ein Mischraum mit an der Vorder- und Rückwand angebrachten Brennern, wo die Teilströme von einzelnen Brennern zum Verbrennungsgas-Gesamtstrom zusammenfließen. Daran schließt sich die konvektive Verdampferheizfläche an. Ein Größenvergleich zwischen einem konventionellen Gelbflamme-Ölkessel und einem Heißgasbrenner-Ölkessel zeigt Bild 20.10 /98/.

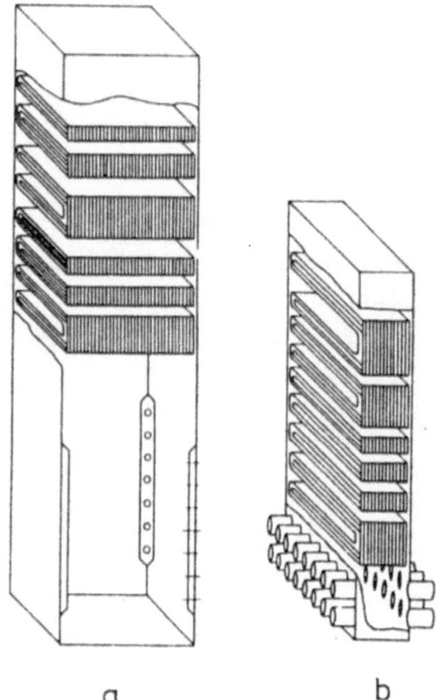

Bild 20.10. Vergleich eines ölgefeuerten Kessels herkömmlicher Konstruktion (a) mit einem Heißgasbrennerkessel (b) /98/

21. Luftvorwärmung

21.1 Zweck der Luftvorwärmung

Bei Dampferzeugern wird die Verbrennungsluft vorgewärmt. Die Höhe der
Luftvorwärmung ist der nachfolgenden Tab. 21.1 zu entnehmen.

Tabelle 21.1. Höhe der Luftvorwärmung

Rostfeuerung	100 bis 120 $^{\circ}$C (Kohle)
	bis 200 $^{\circ}$C (Müll)
Gas- und Ölfeuerung	250 bis 300 $^{\circ}$C
Kohlenstaubfeuerung	
- mit trockenem Schlackenabzug	250 bis 300 $^{\circ}$C
- mit flüssigem Schlackenabzug	bis 400 $^{\circ}$C

Die Luftvorwärmung
- erleichtert die Zündung,
- hebt die Verbrennungstemperatur und damit das Temperaturgefälle zwischen Rauchgas und Heizflächen im ganzen Kessel, so daß kleinere Heizflächen ausreichend sind (wichtig bei kalorisch minderwertigen Brennstoffen),
- ermöglicht eine tiefe Abkühlung der Rauchgase, da der Luvo die letzte Heizfläche, im Rauchgasstrom darstellt,
- stellt die Trocknungswärme für die Mahlanlage bei Steinkohle-Kohlenstaubkesseln bereit.

Bei derzeitigen Großkesseln wird luftseitig dem rauchgasbeheizten Luvo
ein Dampfluftvorwärmer vorgeschaltet. In diesem wird die vom Frischluftventilator ankommende Luft durch Fremddampf auf 80 bis 120 $^{\circ}$C vorgewärmt. Dadurch kann zum Zweck des Korrosionsschutzes die dem Dampfluvo
luftseitig nachgeschaltete Luvoheizfläche z.B. beim Anfahren durch die
vorgewärmte Luft überall auf eine über dem Rauchgastaupunkt liegende
Temperatur erwärmt werden. Bei Steinkohlenfeuerungen mit Luft als Trok-

knungsgas wird durch den Dampf-Luvo auch das Anfahren der kalten Mahlanlage beschleunigt. Bleibt der Dampf-Luvo auch im Lastbetrieb eingeschaltet, so wird dieser durch eine Turbinenanzapfung mit Niederdruckdampf versorgt.

21.2 Luvo mit beweglichem Wärmespeicher

Bei Dampferzeugern begegnet man heute fast ausschließlich den regenera-
tiven Luftvorwärmern. Bei dem im Bild 21.1 dargestellten Ljungström-
Luftvorwärmer erfolgt der Wärmeaustausch zwischen Abgas und Luft im zy-
linderförmigen Rotor, der sich mit kleinem Spiel im zylindrischen Gehäuse dreht. Der Rotor ist mit als Wärmespeicher dienenden Paketen gefüllt, welche aus den dünnen Blechen mit gepreßten Falten (Bild 21.2)
bestehen. Die letzteren sichern den Abstand zwischen den einzelnen Blechen. Die Emaillierung der Bleche an der Kaltluftseite schützt diese
gegen Korrosion.

Der Rotor dreht sich langsam und die Blechpakete passieren abwechselnd
den Luft- und Abgasstrom. Im Abgasstrom speichern sie die Wärme ein, die
im Luftstrom wieder ausgespeichert wird. Zwischen den von Luft- und Abgasstrom beaufschlagten Rotorabschnitten gibt es Toträume, in denen die
Stirnflächen des Rotors mit kleinem Spiel zum Gehäuse anliegen und mit
Dichtungen versehen sind, um das Überströmen von Luft in Gas zu vermindern. In Spalten zwischen den Blechen des Rotors wird dennoch eine
kleine Menge von Gas bzw. Luft umgepumpt. Nebenprobleme sind hier die

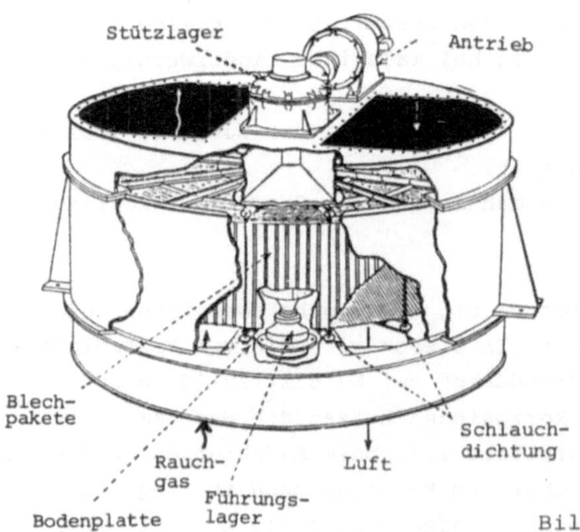

Bild 21.1. Ljungström-Luftvorwärmer

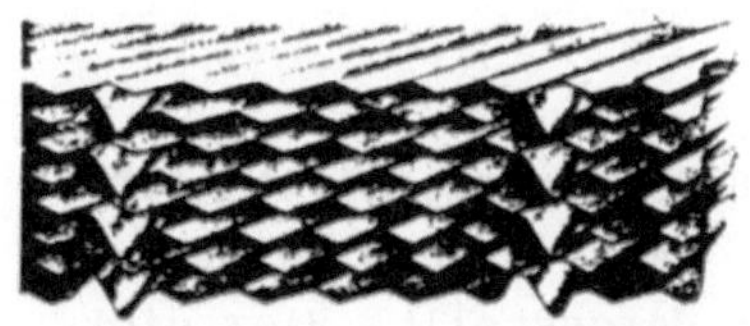

Bild 21.2. Bleche des Ljungström-Luft-
vorwärmers

thermische Verformung des Rotors, zulässige Größe von Undichtheit, Taupunktkorrosion, Druckabfall, Verstopfen der Pakete mit Flugasche bzw.
Ruß. Mit Schwefelsäure getränkte Rußablagerungen können zum Luvobrand
führen, da deren Zündtemperatur unter 200 $^{\circ}$C liegt.

21.3 Luvo mit festem Wärmespeicher

Beim Rothemühle-Luvo im Bild 21.3 bildet der zylindrische Blechspeicher
den ortsfesten Teil. Unbeweglich sind nach dem linken Bild 21.3 auch die
äußeren Kanalwände, die den Abgasstrom umgrenzen, ebenso wie die inneren
runden Luftkanäle, welche die zu erwärmende Luft zu- bzw. abführen. An
die letzteren schließen an beiden Seiten des Stators die sich drehenden
Lufthauben mit rundem Luftkanalanschluß, deren Grundriß am Stator ein
abgerundeter Rhombus ist. Die Abdichtung erfolgt hier an Hauben sowohl
am Stator als auch an den festen Luftkanalanschlüssen.

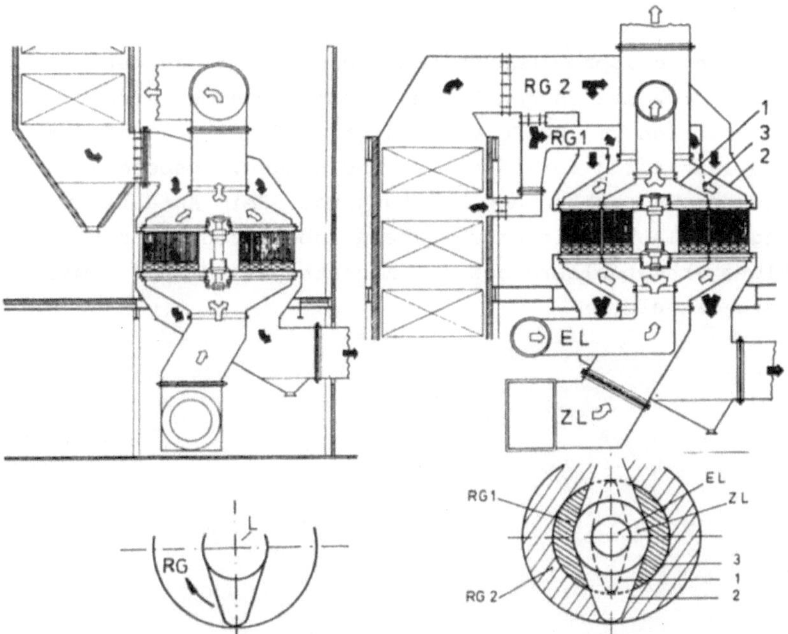

Bild 21.3. Rothemühle-Luftvorwärmer. 1 innere Drehhaube (Erstluft);
2 äußere Drehhaube (Zweitluft); 3 innere Rauchgashaube; RG Rauchgas;
EL Erstluft; ZL Zweitluft

21.4 Zweistromluvo

Gleichgültig ob mit drehendem oder ortsfestem Blechspeicher läßt sich
der Regeneratorluvo als Zweistromluvo aufbauen. Im rechten Bild 21.3 ist
ein Zweistrom-Luvo mit ortsfestem Blechspeicher dargestellt. Hier gibt
es zwei koaxiale gekoppelte Lufthauben (1) und (2) für Erst- und Zweitluft, die einen unterschiedlichen Druck und verschiedene Aufwärmung der
Luftströme ermöglichen, wie es z.B. bei Steinkohlenkesseln mit Lufttrocknung in Rollenmühlen benötigt wird. Die Rauchgase für die Erstluft-
vorwärmung werden vom Kesselzug schon hinter dem Eco angezapft. Diese
strömen durch die sich drehende, z.T. gestrichelt angedeutete Rauchgas-
Innenhaube (3), die an der Lufthaube (2) sitzt, zu der im Grundriß durch
den Kreis (3) begrenzten Zone des Stators. Der Stator ist hier also auch
rauchgasseitig in die innere und äußere Zone aufgeteilt. Die innere Sta-
torzone dient der Erwärmung der Erst- und z.T. der Zweitluft, während
die Außenzone nur mit Zweitluft beaufschlagt wird.

Beim Ljungström-Luvo muß man nur den Luftzu- und -abfuhrkanal durch eine
Wand in entsprechender Weise aufteilen, um ein Zweistromluvo zu erhalten.

21.5 Dampfluvo

Die Dampfluvos sind aus berippten Rohren bestehende Wärmetauscher, in
denen die Frischluft durch den in den Rohren kondensierenden Nieder-
drückdampf auf Temperaturen um 100 $^{\circ}$C vorgewärmt wird. Diese sind dem
abgasbeheizten Luvo luftseitig vorgeschaltet und beugen, insbesondere
bei Kesselteillast, der Taupunktunterschreitung vor. Beim Anfahren von
Kohlenstaubfeuerungen erlauben sie eine frühere Inbetriebnahme der Mahlanlage. Der Dampfluvo erhöht allerdings die Abgastemperatur und somit
den Abgasverlust des Kessels.

III Dampferzeuger

22. Wärmezufuhr in den Kessel

22.1 Wärmebilanz des Kessels

22.1.1 Zugeführter Wärmestrom

Für einen Dampferzeuger mit Zwischenüberhitzer gilt die Wärmebilanz
(Bild 22.1):

$$\dot{M}_B H_u = \dot{M}_D(h_D - h_{SW}) + \dot{M}_{ZD}(h_{ZD2} - h_{ZD1}) + \dot{Q}_{VE} \tag{22.1}$$

(Brennstoffwärme = dem Dampf zugeführte Wärme + Verluste)

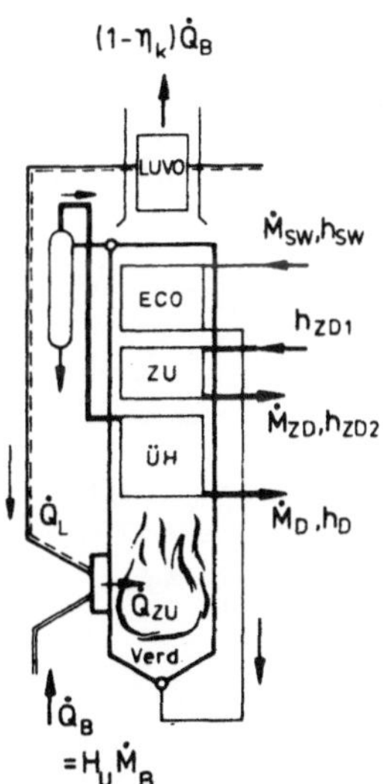

Bild 22.1. Wärmebilanz des Kessels. $\dot{M}_B$ Brennstoffstrom, H_u Heizwert des Brennstoffes, $\dot{M}_D$ Frischdampfstrom, $\dot{M}_{ZD}$ Zwischendampfstrom, h_D Enthalpie des Frischdampfes, h_{SW} Enthalpie des Speisewassers, η_k Wirkungsgrad des Dampferzeugers, h_{ZD1}, h_{ZD2} Enthalpie des Zwischendampfes vor und nach ZÜ, $\dot{Q}_B$ Wärmezufuhr mit dem Brennstoff, $\dot{Q}_L$ Wärmezufuhr mit der Luft, $\dot{Q}_{ZU}$ Wärmezufuhr in den Feuerraum, $\dot{Q}_{VE}$ Wärmeverluste

Die hier und in den nachfolgenden Beziehungen vorkommenden spezifischen Enthalpien, spezifischen Volumina sowie weitere Stoffwerte des Wassers bzw. des Dampfes sind z.B. in /13/ zu finden. Der direkt bestimmte Wirkungsgrad des Dampferzeugers ist

$$\eta_K = \frac{\dot{M}_D(h_D - h_{SW}) + \dot{M}_{ZD}(h_{ZD2} - h_{ZD1})}{\dot{M}_B H_u} \qquad (22.2)$$

Die Wärmezufuhr mit dem Brennstoff ist nach vorgehendem

$$\dot{Q}_B = H_u \, \dot{M}_B \qquad (22.3)$$

Da das Unverbrannte keinen Sauerstoff verbraucht, wird der Luftstrom bzw. die Wärmezufuhr mit vorgewärmter Luft auf den tatsächlich verbrauchten Brennstoffanteil $(1-\kappa_U)$ bezogen und beträgt

$$\dot{Q}_L = (1-\kappa_U) c_L \, \dot{M}_B \, n \, \mu_{Lo}(t_L - t_b) \qquad (22.4)$$

Hier sind n Luftzahl, c_L spezifische Wärmekapazität von Luft (kJ/kgK), κ_U Verlust durch Unverbranntes (-), μ_{Lo} Luftbedarf (feucht) (kg/kg) und t_L bzw. t_B Luft- bzw. Bezugstemperatur ($^\circ$C). Die letztere wird mit 25 $^\circ$C angesetzt (DIN 1942).

In die Kesselfeuerung gelangt somit insgesamt der Wärmestrom

$$\dot{Q}_{ZU} = \dot{Q}_B + \dot{Q}_L \qquad (22.5)$$

22.1.2 Bestimmung des Kesselwirkungsgrades

Diese erfolgt aus den im Kessel auftretenden Verlusten. Bei dem sich im Beharrungsbetrieb befindenden Kessel sind es:

a. Verlust durch Unverbranntes (κ_U)
b. Verlust durch fühlbare Wärme der Schlacke (κ_S)
c. Abgasverlust (κ_{AG})
d. Verlust durch Strahlung und Konvektion (κ_{SLK})

Demnach ist der Kesselwirkungsgrad:

$$\eta_K = 1 - \kappa_U - \kappa_S - \kappa_{AG} - \kappa_{SLK}$$

Der Verlust durch Unverbranntes ist die Folge einer unvollständigen Verbrennung. In den Abgasen gibt es Spuren von unverbrannten Gasen (hier mit k indiziert) wie H_2, CO und Kohlenwasserstoffe. Dieser Verlust durch Unverbranntes im Abgas beträgt

$$\kappa_{UR} = \frac{\mu_{GT}(1-\kappa_U)}{H_u} \sum_k H_{uk} y_k \frac{R_{GT}}{R_k} =$$

$$= \mu_{GT}(1-\kappa_U) \frac{51920(y_{CO}) + 146540(y_{CH_n}) + 44380(y_{H_2})}{H_u} \qquad (22.6)$$

Hier ist der Gesamtverlust durch Unverbranntes κ_U vorerst zu schätzen.

Bei Kohlenverbrennung geht ein Teil des Kokses in den festen Verbrennungsrückständen verloren. Besteht deren entnommene Probe aus m_A Asche und m_C Koks, so ist der Gehalt des letzteren in der Aschenprobe

$$C_C = 100 \frac{m_C}{m_C + m_A}$$

bzw. die auf die Aschenmasse bezogene Masse vom Unverbrannten

$$m_C = \frac{C_C}{100 - C_C} m_A = u_C m_A$$

Der Aschenstrom $\dot{M}_A = \dot{M}_B \gamma_A$ besteht nach Bild 22.2 aus dem im Feuerraum als Schlacke abgeschiedenen Aschenanteil und aus der Flugasche, so daß sich der auf 1 kg Kohle bezogene Gesamtverlust an Koks ergibt zu

$$m_C = \gamma_A \left[\beta \frac{C_{CS}}{100-C_{CS}} + (1-\beta) \frac{C_{CFA}}{100-C_{CFA}} \right] = \gamma_A \left[\beta \cdot u_{CS} + (1-\beta) u_{CFA} \right]$$

Der Verlust durch Unverbranntes in den festen Verbrennungsrückständen ist demzufolge:

$$\kappa_{US} = \frac{H_{u,U}}{H_u} \gamma_A \left[\beta\, u_{CS} + (1-\beta)\, u_{CFA} \right] \qquad (22.7)$$

Hier bedeuten γ_A Aschegehalt der Rohkohle, β Einbindungsgrad des Feuerraumes, C_{CS} bzw. C_{CFA} Koksgehalt in der Schlacke bzw. Flugasche und $H_{u,U}$ Koksheizwert (ca. 33000 kJ/kg).

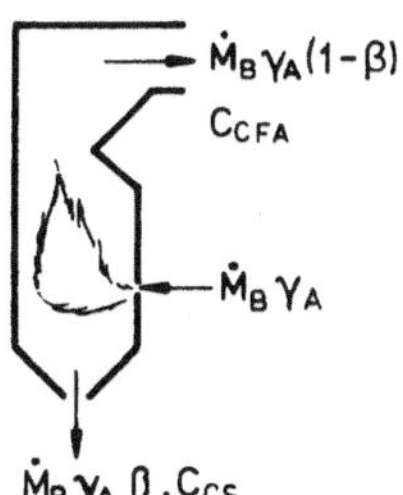

Bild 22.2. Aschenbilanz einer Kohlenfeuerung

Der Gesamtverlust durch Unverbranntes ist zuletzt

$$\kappa_U = \kappa_{UR} + \kappa_{US} \tag{22.8}$$

Dieser ist mit dem in (22.6) angenommenen κ_U zu vergleichen und entsprechend zu korrigieren. Der Verlust durch Unverbranntes κ_U ist bei derzeitigen Feuerungen klein, in der Größenordnung von einem Prozent.

Klein ist auch der Verlust durch Schlackenwärme κ_S , dessen Größe unter 1 % liegt. Dieser entsteht dadurch, daß vor allem die Schlacke von der Feuerung heiß abgezogen wird und läßt sich aus

$$\kappa_S = \frac{\beta \, \gamma_A \, h_S}{H_u} \tag{22.9}$$

bestimmen.

Da die Abgase des Kessels wärmer sind als die Umgebung, ist der Abgasverlust

$$\kappa_{AG} = \frac{c_{p,AG} \dot{M}_{AG} (t_{AG} - t_b)}{H_u \dot{M}_B} \tag{22.10}$$

Hierin bedeuten $c_{p,AG}$ kJ/kgK spezifische Wärmekapazität des Abgases, $\dot{M}_{AG}$ kg/s Abgasstrom und t_{AG} °C Abgastemperatur. κ_{AG} ist der größte aller im Kessel auftretenden Verluste (4 bis 10 % je nach Abgastemperatur und Luftzahl).

Am kleinsten ist der Verlust durch Strahlung, Leitung und Konvektion κ_{SLK}. Dieser geht mit der Kesselgröße zurück. Der Verlustwärmestrom bzw. der Verlust läßt sich nach DIN 1942 aus

$$\dot{Q}_{ST} = C \cdot \dot{Q}_K^{0,7} \tag{22.11}$$

bzw.

$$\kappa_{SLK} = \frac{\dot{Q}_{ST}}{\dot{M}_B H_u}$$

berechnen. Dabei sind $\dot{Q}_{ST}$ (kW$_{th}$) der verlorene Wärmestrom und $\dot{Q}_K$ (MW$_{th}$) die Kesselleistung. In (22.11) nimmt C folgende Werte an:

        Braunkohle: C = 25,8
        Steinkohle: C = 18,2
        Öl/Erdgas: C = 9,1

22.2 Wärmeübertragung im Feuerraum

22.2.1 Abstrahlung der Flamme

Die Flamme gibt dank ihrer hohen Temperatur einen beträchtlichen Wärmestrom an die Feuerraumwände durch Strahlung ab. Die Strahlungsintensi-
tät der Flamme hängt dabei in starkem Maße davon ab, ob die Flamme
leuchtend ist. An der Flammenstrahlung beteiligen sich neben den dreiatomigen Gasen CO_2 und H_2O auch Ruß sowie Kohlenstaub und Flugasche,
die eine beachtliche Oberfläche besitzen. Die Flammenstrahlung ermöglicht die Übertragung eines beträchtlichen Teiles der durch die Verbrennung freigesetzten Wärme an die Kesselheizfläche, ohne dazu eine Energiezufuhr von außen wie bei der Wärmeübertragung durch Konvektion zu benötigen. Außerdem ist bei der Strahlung ein Kontakt der wärmeaustau-
schenden Objekte nicht notwendig, was z.B. bei Kohlenstaubfeuerungen mit
Flammen, die Schlackenteilchen enthalten, von Vorteil ist.

Die adiabatische (theoretische) Temperatur berücksichtigt die Wärmebilanz der Feuerung, indem neben den Verlusten sowohl die Wärmezufuhr mit
vorgewärmter Luft als auch die Luftzahl in Rechnung gestellt werden, so
daß

$$t_{ad} = \frac{\eta_F H_u + (1-\kappa_U)c_L \, n \, \mu_{Lo}(t_L-t_b)}{(1 - \kappa_U) \, c_{pG}\mu_G} + t_b \qquad (22.12)$$

Hier bedeutet $\eta_F = 1-\kappa_U-\kappa_S$ den Feuerungswirkungsgrad.

Bei t_{ad} wird keine Wärmeübertragung an die Feuerraumwände vorausgesetzt.
Die Flamme im gekühlten Feuerraum hat dagegen eine mittlere Temperatur
t_m, die wegen der Wärmeabgabe $\dot{Q}_{FR}$ an die Feuerraumwände wesentlich niedriger liegt als t_{ad}. Bei der Bestimmung der Wärmeabgabe im Feuerraum
geht man von der Vorstellung aus, daß die Flamme hinsichtlich der Strahlung einen grauen Körper darstellt, welcher ein kontinuierliches Strah-
lungsspektrum besitzt. Der im Feuerraum an den Verdampfer abgestrahlte
Wärmestrom

$$\dot{Q}_{FR} = \varepsilon c_o A_{FR}(T_m^4 - T_w^4)$$

ist wegen $\dot{M}_{RG} = \dot{M}_B + \dot{M}_L$ nach Bild 22.3 gleich der Rauchgasabkühlung

$$\dot{Q}_{AR} = c_{pG}\dot{M}_{RG}(T_{ad} - T_o)$$

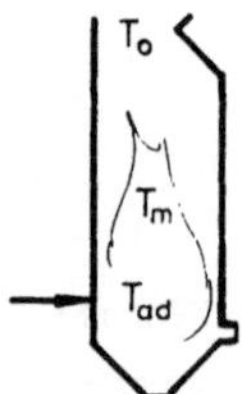

Bild 22.3. Temperaturen im Feuerraum

Für die Größe der mittleren Flammentemperatur muß eine Annahme gemacht werden. Am einfachsten läßt sich diese als geometrisches Mittel von T_{ad} und T_O ansetzen, d.h.

$$T_m = \sqrt{T_{ad}T_O} \tag{22.13}$$

So hat die Wärmebilanz die Gestalt

$$\varepsilon C_O A_{FR}(T_{ad}^2\, T_O^2 - T_w^4) = c_{pG}\dot{M}_{RG}(T_{ad} - T_O) \tag{22.14}$$

Wegen $t_W < 350\ ^{O}C$ bei unverkleideten Siederohren läßt sich T_w^4 in (22.14) vernachlässigen. Nach Dividieren von (22.14) mit T_{ad}^4 erhält man

$$\left(\frac{T_O}{T_{ad}}\right)^2 + \frac{c_{pG}\dot{M}_{RG}}{\varepsilon C_O A_{FR}T_{ad}^3} \cdot \left(\frac{T_O}{T_{ad}}\right) - \frac{c_{pG}\dot{M}_{RG}}{\varepsilon C_O A_{FR}T_{ad}^3} = 0 \tag{22.15}$$

Mit der dimensionslosen Konakow'schen Zahl (diese wird oft auch als Bolzmann-Zahl Bo bezeichnet)

$$Ko = \frac{c_{pG}\dot{M}_{RG}}{C_O A_{FR}T_{ad}^3} \tag{22.16}$$

wird die vorgehende Wärmebilanz zu

$$\left(\frac{T_O}{T_{ad}}\right)^2 + \frac{Ko}{\varepsilon}\left(\frac{T_O}{T_{ad}}\right) - \frac{Ko}{\varepsilon} = 0 \tag{22.17}$$

Die Annahme in Gleichung (22.13) ist sehr grob. Außerdem bereitet hier die Bestimmung sowohl der Flammenoberfläche als auch des Emissionsverhältnisses Schwierigkeiten. So z.B. gibt man ε-Werte an für

	ε-Werte
Stein- und Braunkohle	0,55 - 0,80
Heizöl	0,45 - 0,85
Erdgas	0,40 - 0,60
Gichtgas	0,35 - 0,60

Eine andere, halbempirische Berechnungsmethode basiert auf der Ähnlichkeitstheorie mit der Konakow-Zahl (22.16) als dimensionsloser Kennzahl, wenn man die Flamme als einen schwarzen Körper mit der adiabatischen Temperatur erfaßt. Auf Grund einer Reihe von Messungen wurde dann für Großraum-Feuerungen die empirische Formel

$$\mu = \frac{\dot{Q}_{FR}}{\dot{Q}_{ZU}} = 1 - \frac{T_O}{T_{ad}} = \frac{M \, \varepsilon_{res}^{0,6}}{M\varepsilon_{res}^{0,6} + Ko^{0,6}} \tag{22.18}$$

gefunden, welche das Verhältnis der im Feuerraum abgegebenen Wärme zu der in den Feuerraum zugeführten Wärme angibt. Sie beinhaltet neben Ko wieder das resultierende Absorptionsverhältnis ε_{res}. Für Überschlagsrechnungen läßt sich bei Kohlenstaubfeuerungen üblicher Bauart der Beiwert M mit O,445 angeben.

Der Überhitzer liegt rauchgasseitig hinter dem Feuerraum und seine Beheizung wird deshalb durch die Wärmeübertragung an den Verdampfer entscheidend beeinflußt. Die Wärmeaufnahme im Feuerraum $\dot{Q}_{FR}$ und somit die Aufteilung der im Kessel an die einzelnen Heizflächen übertragenen Wärme ist lastabhängig. Mit fallender Last wird nach (22.17) ein größerer Anteil der Wärme im Feuerraum an den Verdampfer abgegeben (Bild 22.4) und die Überhitzung sinkt, da die Rauchgastemperatur t_O vor dem Überhitzer zurückgeht.

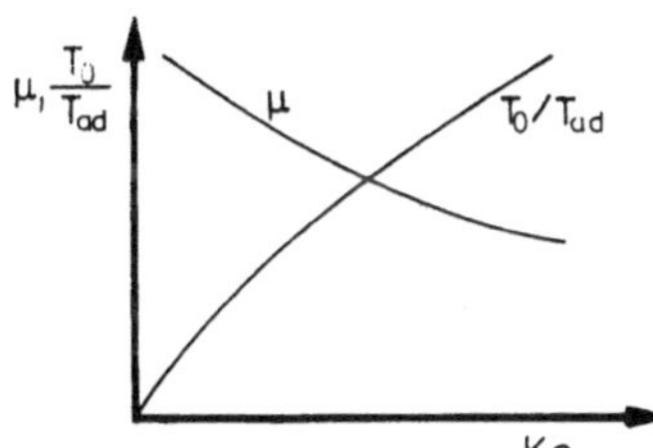

Bild 22.4. Wärmeanteil μ sowie T_O/T_{ad} als Funktion der Konakow-Zahl

22.2.2 Beheizungsprofil

Die Wärmeaufnahme der Brennraumwände ist nach (10.3)

$$\dot{Q}_{FR} = \mu \, \dot{Q}_{ZU} \tag{22.19}$$

Die verschiedenen Brenneranordnungen im Feuerraum zeigt das Bild 22.5.

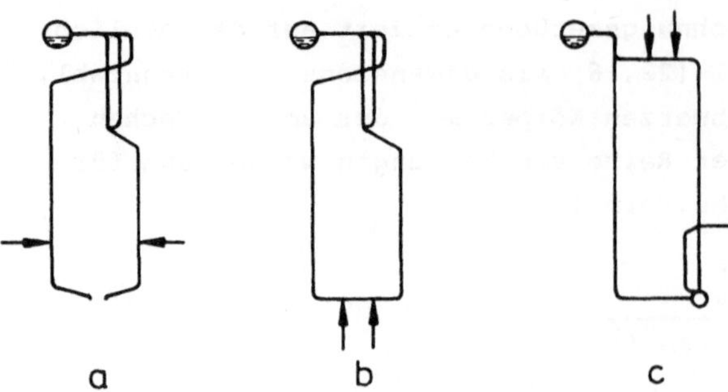

Bild 22.5. Lage der Brenner. a tiefliegende, horizontale Wandbrenner, b Bodenbrenner, c Deckenbrenner

Der Verlauf der Wärmeabgabe entlang des Flammenweges mit der Gesamtlänge L läßt sich mit $y = 1/L$ bei tiefliegenden Brennern (Bild 22.5) durch die Wärmeflußverteilung

$$\dot{q} = \bar{\dot{q}} \left(e^{-k_1 y} - e^{-k_2 y} \right) \tag{22.20}$$

gut annähern (Bild 22.6), wo $k_1 < k_2$ ist /25/. Das Maximum der Beheizung ist hier umso ausgeprägter, je größer der Unterschied $k_2 - k_1$ ist. Das $\bar{\dot{q}}$ läßt sich aus der Wärmebilanz des Rohres bestimmen, da der Mittelwert der Wärmestromdichte im Feuerraum

$$\dot{q}_W = \bar{\dot{q}} \int_0^1 \left(e^{-k_1 y} - e^{-k_2 y} \right) \cdot dy$$

ist. Aufgelöst nach $\bar{\dot{q}}$ ergibt sich hier

$$\bar{\dot{q}} = \frac{\dot{q}_W}{\frac{1}{k_1}\left(1 - e^{-k_1} \right) - \frac{1}{k_2}\left(1 - e^{-k_2} \right)}$$

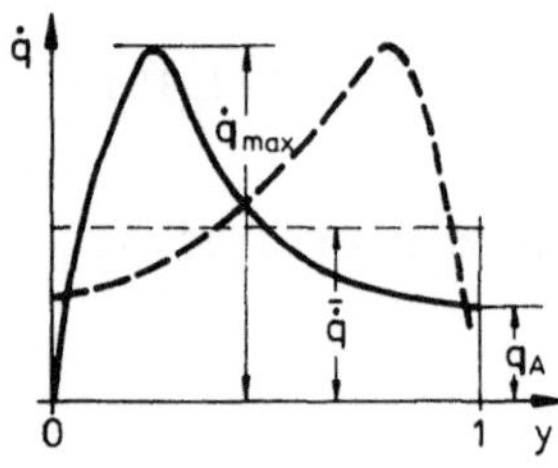

Bild 22.6. Beheizungsintensität längs des Siederohres. —— tiefliegende Brenner, --- Deckenbrenner

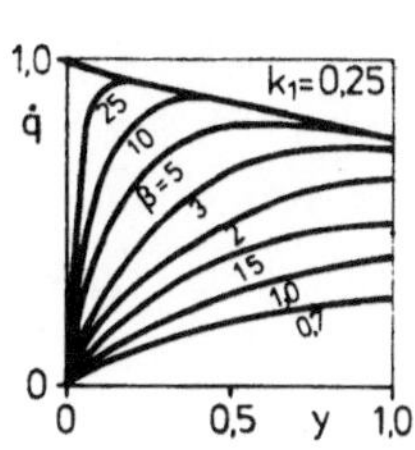
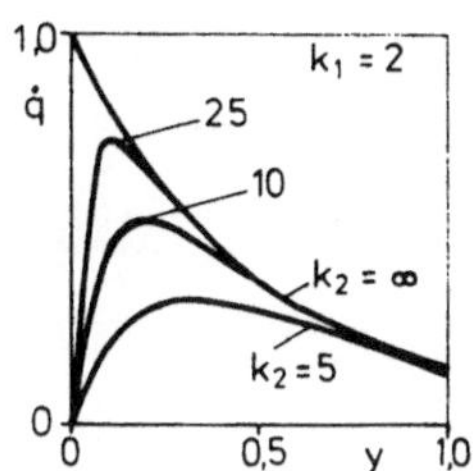

Bild 22.7. Verteilungskurven als Funktion der Beiwerte k_1 und k_2

Beim Feuerraumumfang U ist der auf der Strecke y übertragene Wärmestrom

$$\dot{Q}_y = UL \int_0^y \dot{q}\, dy = \dot{q}_w\, UL\, \frac{k_2\left(1-e^{-k_1 y}\right) - k_1\left(1-e^{-k_2 y}\right)}{k_2\left(1-e^{-k_1}\right) - k_1\left(1-e^{-k_2}\right)} \qquad (22.21)$$

Der gesamte im Feuerraum (y = 1) abgegebene Wärmestrom ist dann

$$\dot{Q}_{FR} = \dot{q}_w\, UL = \dot{q}_w A_{FR} \qquad (22.22)$$

Wie sich die Koeffizienten k_1 und k_2 auf die Gestalt der Beheizungskurve auswirken, zeigt das Bild 22.7.

22.2.3 Formfaktor des Feuerraumes

Das Flammenvolumen ist nach (22.29) für die Feuerraumdimensionierung nur bei Kleinkesseln entscheidend. Aus der Unmöglichkeit, die mittlere Wärmestromdichte $\dot{q}_W$ zu steigern, folgt bei Großkesseln indirekt bei einem vom Kesselbauer vorgegebenem μ ein vom Gesichtspunkt der Verbrennung unnötig großer Feuerraum. Deshalb wurde als weitere Vergleichszahl das Verhältnis von Feuerraumoberfläche zu Feuerraumvolumen, nämlich der Formfaktor des Feuerraumes

$$f_{FR} = A_{FR}/V_{FR}$$

eingeführt. Seiner quantitativen Prüfung werde eine quaderförmige Trokkenfeuerung zugrundegelegt, deren Basis ein Quadrat ist. Das Verhältnis der Feuerraumhöhe zur Seite des Quadrates

$$n = H/a$$

wird als Schlankheitsgrad des Feuerraumes bezeichnet. Der Formfaktor ist

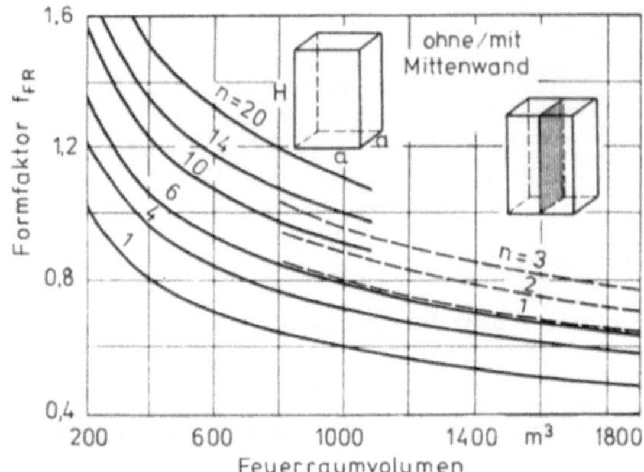

Bild 22.8. Einfluß der Kesselgröße, des Schlankheitsgrades und einer Mittenwand auf den Formfaktor. —— ohne Mittenwand, --- mit Mittenwand

dem Bild 22.8 zu entnehmen, wobei das Diagramm seinen erwarteten Abfall mit wachsender Kesselgröße bestätigt.

Konstruktiv ließe sich der Formfaktor nach Bild 22.8 durch Anwendung großer Schlankheitsgrade heben, was jedoch mit Rücksicht auf den für die Flammenentwicklung minimal notwendigen Feuerraumquerschnitt A_{FA} nur in begrenztem Maß praktisch möglich ist. Andererseits darf der Schlankheitsgrad des Feuerraumes einen Mindestwert nicht unterschreiten, weil der Flammenweg eine bestimmte minimale Länge haben muß. Die letzte Einschränkung ist allerdings nur bei Kleinkesseln wichtig.

Eine gewisse Verbesserung des Formfaktors ergibt sich bei Anwendung des länglichen rechteckigen Feuerraumgrundrisses (a > b) bei Anlagen mit Wand- oder Bodenbrennern. Aber auch hier muß man darauf achten, daß der Feuerraum eine Mindesttiefe a besitzen muß. Bei Feuerungen mit Stirnbrennern muß z.B. die Gegenwand einen genügenden Abstand von den Brennern haben, damit sie nicht den Verbrennungsvorgang stört bzw. bei aschehaltigen Brennstoffen verschlackt wird.

Eine wirksamere Lösung für Großkessel bieten die beiderseitig bestrahlten Heizflächen (Bild 22.9). Die Mittenwand teilt den Feuerraum entweder in zwei feuerseitig getrennte Räume (Variante a) oder weist freie Durchgänge auf (Variante b). Die Verbesserung des Formfaktors für die Variante a zeigen die gestrichelten Kurven in Bild 22.8. Die Mittenwand verbessert den Formfaktor auf Werte, die ungefähr einer Feuerung halber Größe entsprechen. Die Mittenwand senkt außerdem wirksam die Flammentemperaturen im Verbrennungskern. Bei den größeren Feuerräumen wird die Abstrahlung des Kerns nämlich durch eine dicke, kühlere und daher ther-

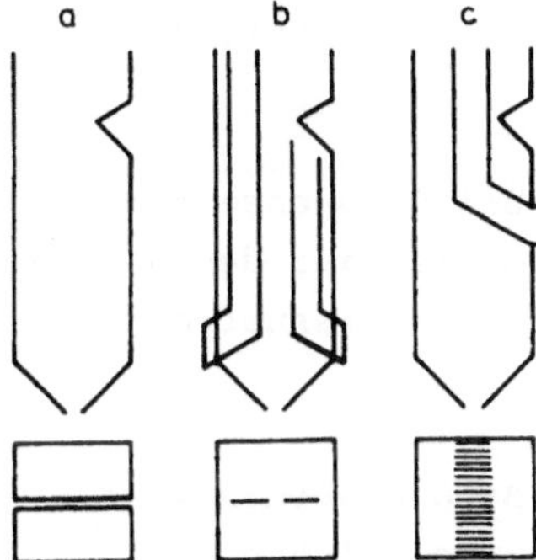

Bild 22.9. Ausführung von zusätzlichen Heizflächen im Feuerraum.
a zweiräumige Feuerung, b geöff-
nete Mittenwand, c Gardinen

misch undurchsichtigere Schicht zwischen der Flamme und den Feuerraumwänden erheblich behindert. Die Mittenwand ermöglicht es, dieselben
Austrittstemperaturen der Rauchgase mit einer niedrigeren Feuerung zu
erreichen. Sie verflacht auch das Rauchgastemperaturprofil am Feuerraumaustritt (Bild 9.3).

Dem gleichen Zweck dienen auch die Gardinen-Heizflächen im oberen Teil
des Feuerraumes (Variante c im Bild 22.9). Aufgrund ihrer kleineren
Querteilung (ca. 1 m) bilden sie den Übergang zu den Schottenheizflächen /58/.

22.2.4 Abstand der Brennerebenen

Im Bild 22.10 ist für einen Kleinkessel und für zwei Brenneranordnungen
eines Großkessels die Flamme jeweils schraffiert angedeutet. Während die
Flamme beim Kleinkessel bis zum Feuerraumaustritt reicht, enthält der
obere Feuerraumteil beim Großkessel mit einem kleinen Abstand der Brennerebenen (Bild 22.10 Mitte) nur ausgebrannte Rauchgase und ist daher

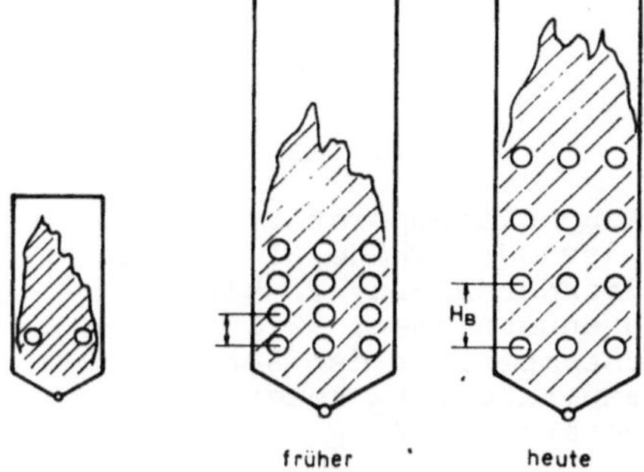

Bild 22.10. Flammenausbreitung im Feuerraum eines Klein- und eines
Großkessels

für die Verbrennung überflüssig. Auch ist der dortige Wärmeübergang nicht optimal.

In Bild 22.10 rechts ist dargestellt, wie man auch bei Großkesseln diesen Überschuß an Raum ausnutzt /42/. Die Flamme wird hier auf den ganzen Feuerraum ausgedehnt, indem man den Abstand zwischen den Brennerebenen vergrößert. Dies bringt die folgenden Vorteile mit sich:

1. Die gegenseitige Beeinflussung der benachbarten Brennerebenen wird kleiner und das Mischen des Gemisches mit der Flamme leichter.

2. Der Lastabhängigkeit der Austrittstemperatur läßt sich durch Abschalten der unteren Brennerebenen bei Teillast wirksam entgegenwirken, da der oberste Brenner nahe am Feuerraumaustritt liegt.

3. Die Temperatur im Flammenkern ist niedriger und der Bereich (SZ) hoher Flammentemperatur ist, bezogen auf die Fließtemperatur der Asche, kürzer (Bild 22.11). Dies mildert

   - die Gefahr der Verschlackung der Feuerraumwände,

   - die NO_x-Bildung,

   - die örtlichen Maxima der Wärmestromdichte $\dot{q}_W$, welche vor allem bei den Ölfeuerungen mit einer stark leuchtenden, heißen Flamme die Gefahr einer Siedekrise bedeuten.

4. Die Temperatur am Feuerraumaustritt verändert sich nicht wesentlich (Bild 22.11). Die bei der Abstrahlung der Flamme erniedrigte, mittlere Flammentemperatur wird durch eine Verlängerung des stark leuchtenden Flammenteiles kompensiert (vergleiche das linke und rechte Bild 22.10).

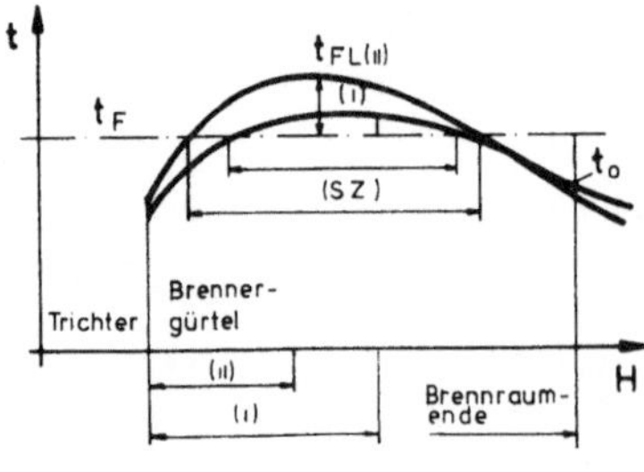

Bild 22.11. Rauchgastemperaturverlauf als Funktion der Gürtelhöhe. I großer Abstand der Brennerebenen; II kleiner Abstand der Brennerebenen; SZ Schmelzzone; t_F Fließtemperatur der Schlacke; t_{FL} Flammentemperatur; t_o Feuerraumaustrittstemperatur /42/

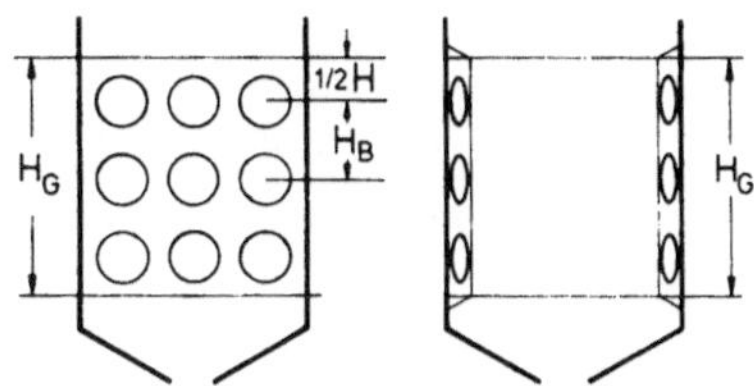

Bild 22.12. Brennergürtel

Rechnerisch wird der Einfluß des Abstandes der Brennerebenen durch die
Brennergürtelbelastung

$$\dot{q}_G \;=\; \frac{\dot{Q}_{ZU}}{A_G} \;=\; \frac{\dot{Q}_{ZU}}{U_F \cdot H_G} \quad kW/m^2$$

erfaßt. Nach Bild 22.12 ist die Gürtelhöhe $H_G = Z_B \cdot H_B$ von der Anzahl Z_B
sowie vom Abstand H_B der Brennerebenen abhängig. U_F ist der Feuerraumumfang. Seine Größe ist aus Bild 22.10 ersichtlich.

Die Methoden der Flammenausdehnung auf mehrere Brennerebenen werden auch
bei Schmelzfeuerungen angewandt (Bild 15.6). Hier bemüht man sich um
eine intensive Beheizung des Schmelzbodens auch bei Teillast. Dazu wird
die obere Brennerebene bei Kleinlast abgeschaltet und die gesamte Feuerungsleistung von den unteren Brennern übernommen, so daß die Hitze am
Schmelzboden konzentriert bleibt. Der obere Teil des Schmelzraumes ohne
Flamme wird von der Wärmeübertragung ausgeschaltet, da dort die Schlak-
kenkruste sehr dick wird. Deshalb geht auch die Rauchgastemperatur hinter dem Schlackengitter bei Teillast weniger zurück als es bei einer
Brennerebene der Fall wäre.

22.2.5 Rauchgasumwälzung

Die Temperatur im Flammenkern läßt sich durch Rückführung der im Kessel
abgekühlten Rauchgase in den Feuerraum erniedrigen (Bild 22.13). Die
Umwälzung reduziert die Wärmeabgabe durch Strahlung im Feuerraum, und es
wird eine Verlagerung der Wärmeabgabe in die konvektiven Heizflächen bewirkt (Bild 22.14). Der umgewälzte Rauchgasstrom läßt sich als Stellgröße auch zur Regelung der Zwischendampf-Temperatur einsetzen. Außerdem kommt die Rauchgasumwälzung als Maßnahme gegen die Stickoxidbildung
in Frage.

Da das umgewälzte Rauchgas oft feste Teilchen enthält, wird das Ventilatorrad mit radialen Schaufeln versehen. Diese weisen, allerdings auf
Kosten des Ventilatorwirkungsgrades, den geringsten Verschleiß auf.

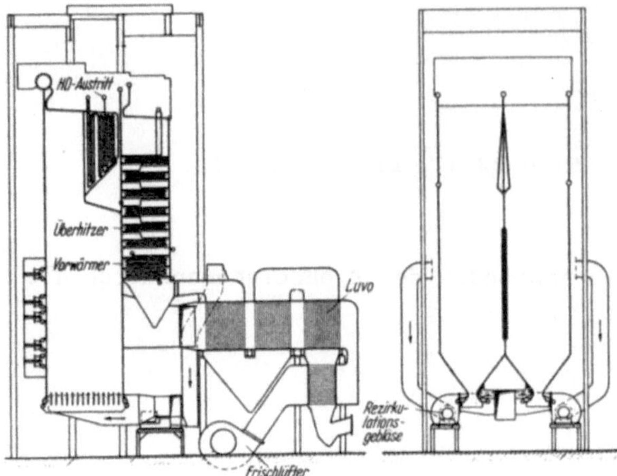

Bild 22.13. Schema der Rauchgasumwälzung bei einem Ölkessel
(RG - Entnahme vor Luvo)

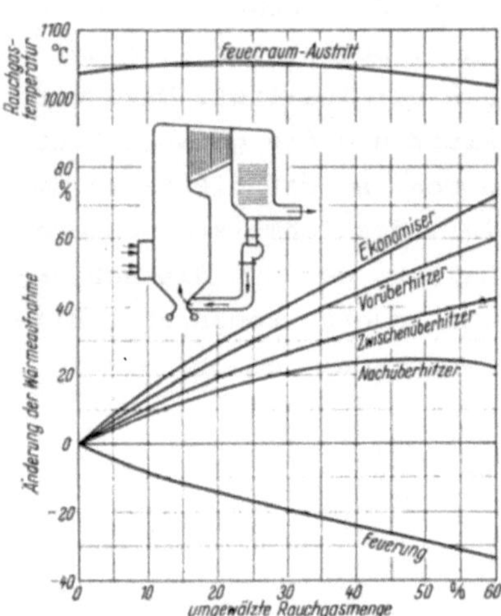

Bild 22.14. Auswirkung der Rauchgasumwälzung auf die Wärmeaufnahme einzelner Heizflächen

22.3 Wärmeübertragung an Rohrbündel

An den Feuerraum schließt der Kesselzug mit den in Schotten und Bündeln
angeordneten Rohren des Überhitzers, ZÜ und Ekos an. Die Wärmeübertragung erfolgt bei diesen Heizflächen durch Konvektion und durch Strahlung der dreiatomigen Gase CO_2 und H_2O. Die Rohre werden in der Regel
vom Rauchgas quer angeströmt und die Nußelt-Zahl /111/ für konvektive
Wärmeübertragung ist hier

$$Nu = 0{,}32 \ Re^{0{,}61} \ Pr^{0{,}31} \ f_e$$

Die Reynoldszahl wird auf die Rauchgas-Geschwindigkeit an der engsten Stelle des Rohrbündels bezogen.

Bei den konvektiven Heizflächen sind die Rohre im Bündel fluchtend oder versetzt angeordnet (Bild 22.15). Der Beiwert f_e (Bild 22.16) berücksichtigt die Rohranordnung sowie die relative Längs- und Querteilung der Rohre im Bündel.

Beim Wärmeübergang durch Strahlung spielt neben den Teildrücken der dreiatomigen Gase im Rauchgas auch die wirksame Dicke der strahlenden Rauchgasschicht s eine Rolle. Die Teildrücke ergeben sich aus der Verbrennungsrechnung im Abschn. 4.5 und betragen

$$\frac{p_{CO_2}}{p} = x_{CO_2}\,\frac{R_{CO_2}}{R_G} \qquad bzw. \qquad \frac{p_{H_2O}}{p} = x_{H_2O}\,\frac{R_{H_2O}}{R_G}$$

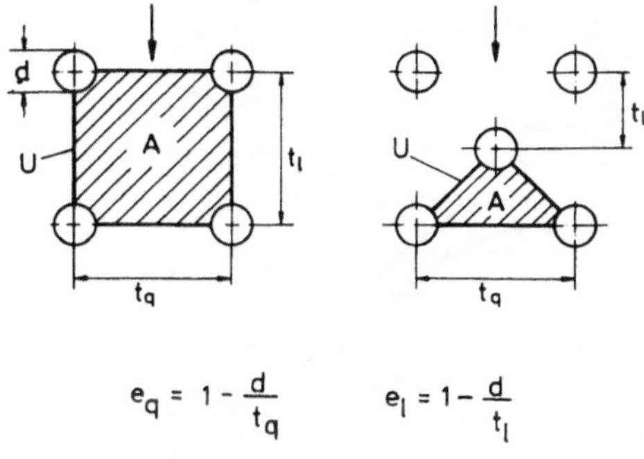

$$e_q = 1 - \frac{d}{t_q} \qquad e_l = 1 - \frac{d}{t_l}$$

Bild 22.15. Fluchtende bzw. versetzte Anordnung des Rohrbündels, Teilungen sowie Fläche und Umfang für Bestimmung der wirksamen Gasschichtdicke

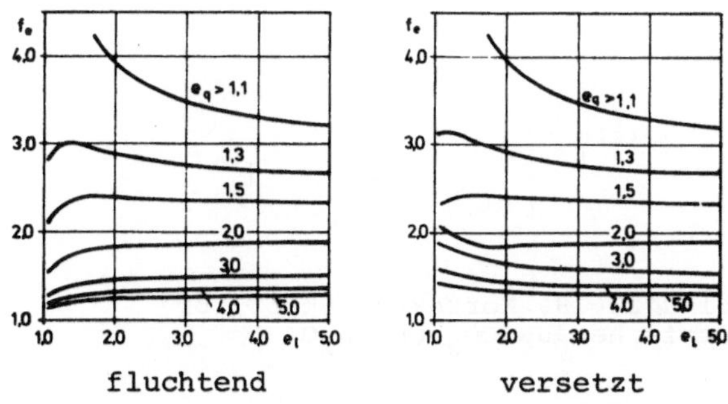

Bild 22.16. Formfaktor der Rohrbündel /23/

Die Dicke der Strahlungsschicht läßt sich bei Rohrbündeln aus

$$s = 3,6 \; \frac{A}{U}$$

berechnen, indem man nach Bild 22.16 als A und U die Fläche bzw. den Umfang des schraffierten Gebildes einsetzt.

Die Produkte $p_{CO_2}s$ bzw. $p_{H_2O}s$ werden neben der Gastemperatur als Parameter bei der Bestimmung des Emissionsverhältnisses ε_G benutzt (Bild 22.17 bis 22.19). Da sich die Bandspektren von CO_2 und H_2O z.T. überdecken, ist das resultierende

$$\varepsilon_G = \varepsilon_{CO_2} + \varepsilon_{H_2O} - \Delta\varepsilon$$

wobei $\Delta\varepsilon$ die Korrektur für diese Überlappung darstellt.

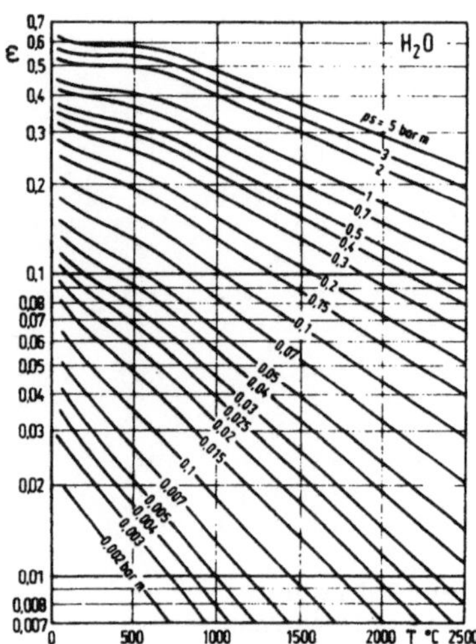

Bild 22.17. Emissionsgrad von H_2O

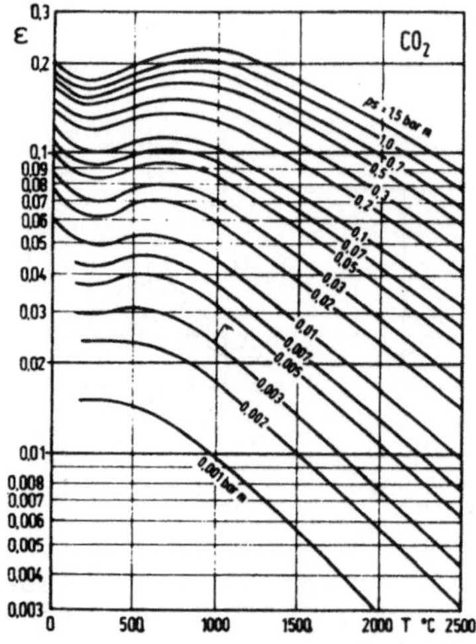

Bild 22.18. Emissionsgrad von CO_2

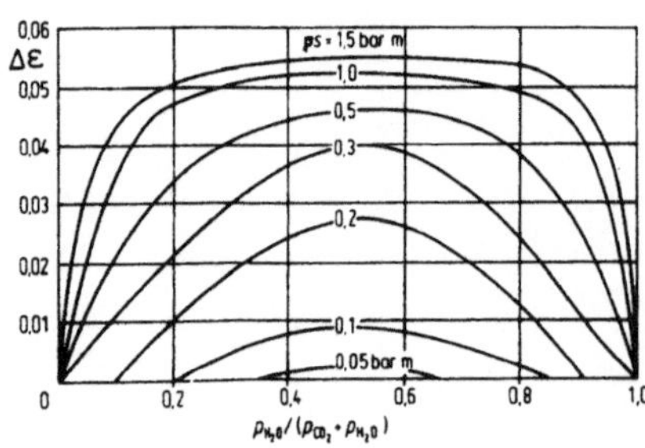

Bild 22.19. Korrekturfaktor für Gemische aus CO_2 und H_2O

22.4 Beziehungen zwischen der Kesselgröße und Feuerraumgeometrie

Die notwendige Feuerraumoberfläche ist, falls μ oder t_o vorgegeben ist, nach (22.22)

$$A_{FR} = \mu \dot{Q}_{ZU}/\dot{q}_W \sim \dot{Q}_{ZU}$$

Wichtig ist zu wissen, wie sich die Kesselgeometrie bei Steigerung der Feuerungsleistung verändert. Bleibt $\dot{q}_W$ und die Gestalt des Feuerraumes gleich (Bild 22.20 links), d.h. das Verhältnis der Hauptdimensionen

$$a : b : H = konst \tag{22.23}$$

so nehmen alle drei Dimensionen sowie der Feuerraumumfang bei unverändertem μ mit der Kesselleistung nach

$$\tag{22.24}$$
$$(a, b, H) \sim \sqrt{\dot{Q}_{ZU}}$$

bzw.

$$U = 2 (a+b) \sim \sqrt{\dot{Q}_{ZU}} \tag{22.25}$$

in gleichem Maße zu. Das Feuerraumvolumen vergrößert sich auf

$$\tag{22.26}$$
$$V_{FR} = a \cdot b \cdot H \sim \dot{Q}_{ZU}^{3/2}$$

Dagegen sinkt die Raumbelastung nach

$$\dot{q}_V = \dot{Q}_{ZU}/V_{FR} \sim \dot{Q}_{ZU}^{-1/2} \qquad kW/m^3$$

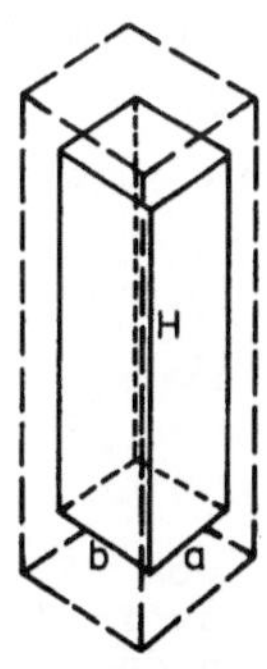

Geometrie nach (22.23)
a : b : H = konst

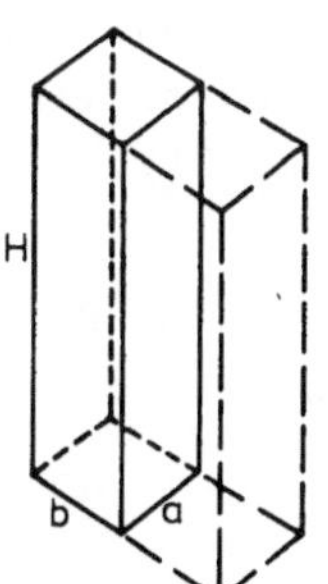

Geometrie nach (22.30)
b = var
a = konst. H = konst

Bild 22.20. Geometrie der Feuerraumvergrößerung

Für den Feuerraumquerschnitt gilt wegen (22.25)

$$A_{FA} \sim a \cdot b \sim \dot{Q}_{ZU} \qquad\qquad (22.27)$$

und die Querschnittsbelastung $\dot{q}_{FA}$ (kW/m^2) ist demnach von der Feuerungsleistung unabhängig.

Da auch die Intensität der Verbrennung von der Kesselgröße wenig abhängt, ist das Flammenvolumen als

$$V_{FL} \sim \dot{Q}_{ZU} \qquad\qquad (22.28)$$

anzusetzen. Die Flammenlänge wächst deshalb mit zunehmender Kesselgröße
langsamer als die Feuerraumhöhe, was das Verhältnis

$$\frac{L_{FL}}{H} = \frac{V_{FL}/A_{FA}}{H} \sim \dot{Q}_{ZU}^{-1/2} \qquad\qquad (22.29)$$

bestätigt. Das Beibehalten der gleichen Feuerraumgeometrie nach Bild
22.20 links führt also wegen (22.28) z.B. dazu, daß die Flamme den
Feuerraum bei Großkesseln nur zum Teil ausfüllt, wie es schon im Abschnitt 22.2.4 betont wurde.

Andere Beziehungen erhält man, wenn bei der Vergrößerung des Feuerraumes
zwei Dimensionen konstant bleiben. So kann z.B. bei mit Boden- oder
Wandbrennern befeuerten Kesseln, welche einen rechteckigen Grundriß
haben (Bild 22.20 rechts), für die Kesselgeometrie

$$H = konst \qquad a = konst \qquad b = var \qquad\qquad (22.30)$$

angenommen werden. Die Geometrie nach (22.30) wird in der Praxis in dem
Sinne abgeändert, daß man auch die Höhe leicht anwachsen läßt, z.B.
$H \sim \dot{Q}_{ZU}^{0,2}$. Dann nehmen im Unterschied zu (22.30) auch $\dot{q}_G$ und $\dot{q}_{FA}$ mit
wachsender Kesselgröße zu (Bild 22.21).

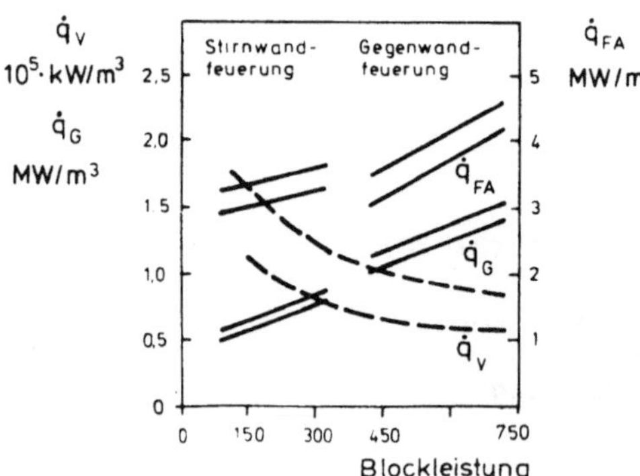

Bild 22.21. Wärmebelastung von
Brennkammern ausgeführter Dampferzeuger in Abhängigkeit von der
Blockleistung. Untere Kurven für
t_0 = 1150 °C; obere Kurven für
t_0 = 1300 °C (Geometrie: recht-
eckiger Feuerraumquerschnitt;
Bedeutung von $\dot{q}_G$ siehe weiter
Abschn. 22.2.4)

23. Wasser im Kesselbetrieb

23.1 Sinn der Wasseraufbereitung

Durch die Wasseraufbereitung versucht man im Kesselbetrieb folgende Forderungen zu erfüllen:

1. Ausbildung und Erhaltung einer festen und zusammenhängenden Schutzschicht.

2. Erzeugung eines salz- und gasfreien Dampfes.

3. Abwenden von Korrosion und Ablagerungen.

Die Nachkriegsjahre haben neben der Verschärfung der Ansprüche an Wasser
und Dampf im Kesselbetrieb auch die Vollentsalzung, die chemische Entgasung, die neutrale Fahrweise, den Einsatz des Anschwemmionenaustauschers
für Kondensat sowie die periodischen Beizungen des Verdampfers mit sich
gebracht. Zu einem großen Fortschritt führte die Klärung der physikalischen Phänomene der im Kessel stattfindenden chemischen Vorgänge /43,44/
welche die Folgen der stark zugenommenen Wärmestromdichten bei Verdampfern der Öl- und Erdgaskessel auf die Dampferzeugung erst richtig zu
verstehen erlauben. Die dabei an das Speisewasser des Kessels gestellten
Anforderungen hängen deshalb von nachfolgenden Punkten ab /45/:

1. Bauart und Betriebsweise des Kessels,

2. Betriebsdruck und Wärmestromdichte,

3. Massenstromdichte auf der Wasserseite,

4. Ansprüche des Dampfverbrauchers.

Hinsichtlich Bauart geht es vor allem darum, ob es sich um einen Umlaufkessel mit der Möglichkeit der Absalzung sowie örtlich wenig unterschiedlichem Salzgehalt im Verdampfer handelt, oder um einen Durchlaufkessel, bei welchem die Restsalze im Speisewasser den Kessel mit dem
Dampf verlassen müssen. Die Betriebsweise des Kessels kann alkalisch
oder neutral sein, wobei die letzte nur für die Durchlaufkessel in Betracht kommt /47/. Der hohe Betriebsdruck und die hohen Wärmestromdichten fördern die Salzeindickung in der Grenzschicht. Der hohe Druck begünstigt den Salzübergang in den Dampf, so daß hier die Salzgehalte
niedriger zu halten sind. Eine hohe Massenstromdichte hält die Rohrwandtemperatur niedriger und fördert außerdem den Stoffaustausch zwischen
dem Kernstrom und der Grenzschicht. Unter Verbraucherart ist die Frage
zu verstehen, ob der Dampf einer in Bezug auf die Dampfreinheit sehr empfindlichen Turbine oder einem weniger anspruchsvollen Dampfverbraucher
geliefert werden soll, wie beispielsweise einem Heiznetz. Weiter spielen
die Rohwassereigenschaften, der zu erwartende Anteil des rückgewonnenen
Kondensates im Speisewasser sowie die Art des mit Dampf bzw. Kondensat
in Kontakt kommenden Werkstoffes eine Rolle.

23.2 Bewertungsmaßstäbe für Wassergüte /46/

23.2.1. Härte

Man unterscheidet zwischen Karbonat- und Nichtkarbonathärte. Karbonate
und Hydrogenkarbonate der Erdalkalien bilden die vorübergehende bzw.
temporäre Härte, deren Löslichkeit im Wasser mit einem negativen Temperaturkoeffizienten behaftet ist und deshalb bei Erwärmung des Wassers
nach der Reaktion

$$Ca(HCO_3)_2 \rightleftharpoons CaCO_3 + H_2O + CO_2$$

ausfällt. Alle anderen Säurerest-Ionen (Sulfate und Chloride) verursachen die Nichtkarbonathärte. Deren Löslichkeit im Wasser ist mit einem
positiven Temperaturkoeffizienten verbunden. Daher fallen die erwähnten
Säurerest-Ionen der Erdalkalien erst bei der Verdampfung des Wassers
aus. Härtebildner führen zu Ablagerungen (Kesselstein) und zur Schlammbildung, die Verengungen, Verstopfungen und schlechten Wärmeübergang zur
Folge haben. Das Speisewasser für Dampfkessel muß deshalb härtefrei
sein.

Der Gehalt an Härtebildnern, d.h. an Kalzium-, Magnesium- und Bariumverbindungen wurde früher nach Härtegraden gemessen. Ein Grad deutscher

Härte (^{O} d.H.) entspricht 10 mg CaO oder 7,14 mg MgO in einem Liter Wasser. Heute ist als chemische Maßeinheit 1 mval üblich. Dieses ist das Milligrammäquivalent dividiert durch die Valenz des Kations. So besitzen z.B. beim Härtebildner CaO die bivalenten Atome Ca und O ein Atomgewicht von 40 bzw. 16, so daß einem mval CaO (40 + 16)/2 = 28 mg entsprechen. Somit ist 1^{O} d.H. = 10 mg/l CaO = 0,37 mval bzw. 1 mval = 2,8^{O} d.H..

23.2.2. pH-Wert

Dieser gibt die Wasserstoffionenkonzentration des Wassers an, welche die Stärke einer Säure bzw. Lauge definiert. Das neutrale Wasser (20 ^{O}C) hat einen pH-Wert von 7. Bei pH < 7 ist das Wasser sauer, bei pH > 7 alkalisch.

23.2.3. Salzgehalt

Zur Bestimmung des jeweiligen Salzgehaltes dient die elektrische Leitfähigkeit (μS/cm) des Wassers, die sich direkt und kontinuierlich erfassen läßt. Obwohl nach Bild 23.1 Salze, Laugen oder Säuren die Leitfähigkeit verschieden stark beeinflussen, gilt sehr grob die Zuordnung 1μS/cm = 0,5 mg/l, die allerdings nur für Kochsalz bei 20 ^{O}C erfüllt ist. Da auch die Anwesenheit mancher Gase wie CO_2 oder NH_3 (Bild 23.2) von Einfluß ist, muß die Probe vor der Messung entgast werden.

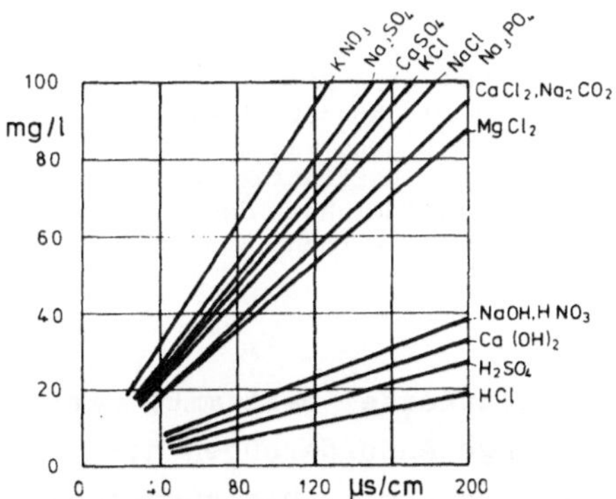

Bild 23.1. Leitfähigkeitskurven von verschiedenen Salzen, Basen und Säuren bei 18 ^{O}C

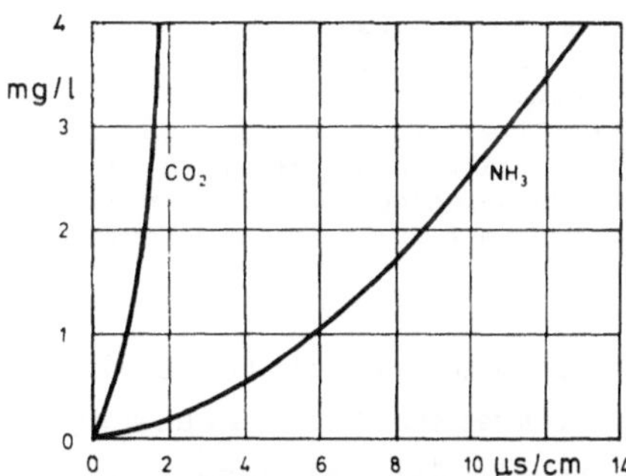

Bild 23.2. Leitfähigkeit von Kohlensäure und Ammoniak

23.3 Anforderungen an Dampf und Wasser

Da bei Großkesseln der Wärmekraftwerke fast ausnahmslos Dampfdrücke über 64 bar auftreten, werden hier nur die für den Höchstdruckbereich gelten-

den Richtwerte erwähnt /47/. Für den Frischdampf gilt die Tab. 23.1,
welche die im Dauerbetrieb geltenden Mindestanforderungen an Dampf für
Turbinen angibt. Unter Dauerbetrieb ist dabei der Beharrungsbetrieb zu
verstehen, bei welchem die Verhältnisse im Kessel stabilisiert sind. Bei
Lastwechseln mit einem eventuellen Wasserausstoß des Verdampfers sowie
beim Anfahren oder Abstellen wird u.U. das Einhalten der obigen Werte
vorübergehend nicht möglich.

Tabelle 23.1. Anforderungen an den Dampf für Turbinen im Dauerbetrieb

	Einheit	alkalische Fahrweise	neutrale Fahrweise
Leitfähigkeit bei 25 °C, direkte und kontinuierliche Messung an der Probenahmestelle	µS/cm	nicht spezifiziert	<0,25
Leitfähigkeit bei 25 °C hinter starksaurem Probenahme-Kationenaustauscher, kontinuierliche Messung an der Probenahmestelle[1]	µS/cm	<0,20	<0,20
Kieselsäure (SiO_2)	mg/kg	<0,020	
Gesamt-Eisen (Fe)	mg/kg	<0,020	
Gesamt-Kuper (Cu)	mg/kg	<0,003	
Natrium (Na)	mg/kg	<0,010	

[1] Bei Betrieb des Kessels mit salzhaltigem Speisewasser nach Tab. 23.2
kann bei den Druckstufen ≤80 bar zulässiger Betriebsüberdruck eine Dampfleit-
fähigkeit <0,2 µS/cm gewöhnlich nicht erreicht werden, wenn die höchstzulässige
Leitfähigkeit im Kesselwasser nach Tab. 23.3 voll in Anspruch genommen wird.
In solchen Fällen ist zu prüfen, ob der Turbinenbetrieb höhere Leitfähigkeit
des Dampfes zuläßt. Wenn dies nicht der Fall ist, muß die Leitfähigkeit des
Kesselwassers gegenüber den Angaben der Tab. 23.3 herabgesetzt werden (Sonder-
vereinbarungen mit Turbinen- und Kessellieferanten)

An das Speisewasser, ob für Durchlauf- oder Umlaufkessel bestimmt, werden im Kraftwerksbetrieb heute fast gleich strenge Anforderungen gestellt. Allein der Salzgehalt darf bei Umlaufkesseln mit Absalzungsmög-
lichkeit sowohl im Speise- als auch im Kesselwasser höher liegen (Tab.
23.2 und 23.3). Bei sehr hohen Wärmestromdichten über 230 kW/m^2 sind
an das Speisewasser die Anforderungen nach der höchsten Druckstufe
(80 bar) zu stellen.

Wird der Kessel mit vollentsalztem Wasser gespeist, so sind die Anforderungen an die Speisewassergüte Tab. 23.4 zu entnehmen. Die dann einzu-
haltende Kesselwasserqualität gibt Tab. 23.5 an. Die dortige Fußnote

Tabelle 23.2. Salzhaltiges Speisewasser[1]

allgemeine Anforderungen		klar und farblos
Leitfähigkeit	µS/cm	nicht spezifiziert; es sind die Richtwerte für Kesselwasser nach Tab. 23.3 zu beachten
pH-Wert bei 25 °C		> 9
Sauerstoff (O_2)	mg/l	< 0.020
Gesamt-Eisen (Fe)	mg/l	< 0.030
Gesamt-Kupfer (Cu)	mg/l	< 0.005
Kieselsäure (SiO_2)	mg/l	es sind die Richtwerte für Kesselwasser nach Tab. 23.3 zu beachten
Summe Erdalkalien (Ca^{2+} und Mg^{2+})	mmol/l	< 0.005
organische Substanzen (nach Kaliumpermanganat-Verbrauch)	mg/l	< 5.0

[1] Bei lokalen Wärmestromdichten > 250 kW/m^2 wird der Betrieb mit salzfreiem Speisewasser nach Tab. 23.4 empfohlen

Tabelle 23.3. Kesselwasser aus salzhaltigem Speisewasser[1]

Druckstufe	bar	64	80
zulässiger Betriebsdruck	bar	68	87
Leitfähigkeit bei 25 °C, direkte und kontinuierliche Messung an der Probenahmestelle	µS/cm	< 2500	< 300
Säurekapazität $K_{S8.2}$ (früher p-Wert in mval/l)	mmol/l	0,1 bis 1,0	< 0,3
pH-Wert bei 25 °C		10 bis 11	9,5 bis 10,5
bei Trinatriumphosphat-Dosierung: Phosphat (PO_4^{3-})	mg/l	5 bis 15	2 bis 6
Kieselsäure (SiO_2)	mg/l	druckstufenabhängig nach /47/	

[1] Bei lokalen Wärmestromdichten > 250 kW/m^2 wird der Betrieb mit salzfreiem Speisewasser empfohlen; es sind dann die Speisewasser- und Kesselwasser-Richtwerte nach Tab. 23.4 und 23.5 zu beachten

gibt für Durchlaufkessel die höchstzulässigen Leitfähigkeiten als Funktion der Wärmestromdichte an, die für neutrale oder alkalische Fahrweise gelten.

Tabelle 23.4. Salzfreies Speisewasser

	Einheit	alkalische Fahrweise	neutrale Fahrweise
allgemeine Anforderungen		klar und farblos	
Leitfähigkeit bei 25 $^{\circ}$C, direkte und kontinuierliche Messung an der Probenahmestelle	µS/cm	nicht spezifiziert	<0,25
Leitfähigkeit bei 25 $^{\circ}$C hinter starksaurem Probenahme-Kationenaustauscher, kontinuierliche Messung an der Probenahmestelle	µS/cm	<0,20	<0,20
pH-Wert bei 25 $^{\circ}$C (bei Durchlaufkesseln und Einspritzregelkühlern nur flüchtige Alkalisierungsmittel zulässig)		>9	>6,5 unter gleichzeitiger Einhaltung der Leitfähigkeits-Grenzwerte
Sauerstoff (O_2)	mg/l	näherer in /47/	>0,050
Gesamt-Eisen (Fe)	mg/l	<0,020	
Gesamt-Kupfer (Cu)	mg/l	<0,003	
Kieselsäure (SiO_2)	mg/l	<0,020	
organische Substanzen (nach Kaliumpermanganat-Verbrauch)	mg/l	<5,0	

23.4 Herstellung des Zusatzwassers für den Dampfkreis

Die Verluste an Kondensat werden durch Zusatzwasser gedeckt, welches zum Speisewasser zugegeben wird. Während beim Trommelkessel mit Absalzung ein salzhaltiges Speisewasser zulässig ist, ist für einen Durchlaufkessel nur das dem reinen H_2O sich nähernde vollentsalzte Wasser einsetzbar. Beim Kondensationskraftwerk ist die benötigte Zusatzwassermenge niedrig, d.h. das Speisewasser besteht hier vor allem aus dem Turbinenkondensat. Dagegen kann bei Heizkraftwerken, insbesondere bei solchen mit Dampfentnahme für technologische Zwecke, bis zu 100 % des Speisewassers aus Zusatzwasser bestehen.

Bei der Vorbehandlung des Rohwassers kann nach Entfernung von festen Verunreinigungen durch Flockung und Filtration ein Teil der gelösten

Tabelle 23.5. Kesselwasser aus salzfreiem Speisewasser

	Einheit	kombinierte Anwendung fester und flüchtiger Alkalisierungsmittel[1]	
Druckstufe	bar	$\leq$125	>125
zulässiger Betriebs- überdruck	bar	$\leq$136	>136
pH-Wert bei 25 °C		9,5-10,5	im Bereich 9 bis 10 mögl. >9,5
Leitfähigkeit bei 25 °C hinter starksaurem Probenahme-Kationenaus- tauscher, kontinuier- liche Messung an der Probenahmestelle	µS/cm	<150	<50
bei Trinatriumphosphat- Dosierung: Phosphat (PO_4^{3-})	mg/l	<6	
Kieselsäure (SiO_2)		druckstufenabhängig nach /47/	

[1] Unter Einhaltung der Speisewasser-Richtwerte nach Tab. 23.4 und unter Voraussetzung, daß im Kesselwasser Leitfähigkeiten (hinter Probenahme-Kationenaus-
tauscher gemessen) entsprechend
<5 µS/cm bei lokalen Wärmestromdichten <250 kW/m^2
<3 µS/cm bei lokalen Wärmestromdichten >250 kW/m^2
gehalten werden können, sind alternativ folgende Fahrweisen zulässig:
a) alkalische Fahrweise ausschließlich mit flüchtigen Alkalisierungsmitteln,
b) neutrale Fahrweise unter Korrektur des Kesselwasser-pH-Wertes mittels
Natronlauge auf pH = 7 bis 8, bezogen auf 25 °C

Salze durch Teilentsalzung chemisch (Vorenthärtung durch Kalkmilchzu-
gabe, um die Karbonathärte auszufällen) oder physikalisch (durch Um-
kehrosmose) beseitigt werden. Die restlichen Salze werden durch Ionen-
austausch aus dem Wasser entfernt, wobei man zuerst die Kationen und
nachher die Anionen der dissoziierten Salzmolekeln gegen H^+ bzw. OH^-
austauscht. Beim salzhaltigen Speisewasser für Naturumlaufkessel tauscht
man oft lediglich die Kationen gegen Na^+ aus, d.h. das Wasser wird nur
enthärtet. Die im Zusatzwasser gelösten Gase werden z.T. im Turbinenkondensator und z.T. im Entgaser, der dem Speisewasserbehälter vorgeschaltet ist, durch Wassererwärmung auf Siedetemperatur entfernt.

23.5 Konditionierung – alkalische und neutrale Betriebsweise

Zur Vermeidung von Korrosionen und zur Verhütung unerwünschter Ablagerungen im Kesselbetrieb werden dem teil- bzw. vollentsalzten Wasser
Chemikalien beigegeben. Alkalisiert wird das Speisewasser deshalb, da
bei einem pH-Wert zwischen 7 und 9,5 der Kesselstahl vom Wasser am we-

nigsten angegriffen wird. Das ist bei Kesseln mit Wasserumlauf im Verdampfer mit festen Alkalisierungsmitteln wie Trinatriumphosphat Na_3PO_4 und Natronlauge NaOH möglich. Da diese im Wasser verbleiben, ist dies nur sinnvoll bei salzhaltigem Speisewasser, bei dem sowieso eine ständige Entsalzung erforderlich ist. Flüchtige Alkalisierungsmittel wie Hydrazin und Ammoniak verlassen den Kessel mit dem Dampf. Daher ist deren Verwendung bei vollentsalztem Wasser für Durchlaufkessel möglich.

Bei neutraler Fahrweise wird der pH-Wert 6,5 eingehalten. Um auch im Bereich niedrigerer Temperaturen (< 200 $^\circ$C) zwischen Kondensator und Speisewasserbehälter (d.h. in Niederdruck-Wasservorwärmern) eine stabile Schutzschicht zu gewährleisten, muß hier der Sauerstoff in kleiner Menge (z.B. 0,3 mg/l) als O_2 oder als Wasserstoffperoxid H_2O_2 dem Turbinen-Kondensat zugegeben werden. Im Entgaser wird allerdings der überschüssige O_2-Gehalt aus dem Wasser entfernt, so daß der O_2-Gehalt im Speisewasser wieder dem der alkalischen Fahrweise entspricht. Neutrale Fahrweise ist nur für Durchlaufkessel geeignet, welche mit dem vollentsalzten Wasser ohne Säureanionen gespeist werden.

Zur Konditionierung gehört auch die Hydrazinzugabe. Hydrazin (N_2H_4) verhindert die Korrosion, da es den evtl. noch vorhandenen oder beim Stillstand der Anlage eingedrungenen gelösten Sauerstoff an sich bindet:

$$N_2H_4 + O_2 \rightleftharpoons N_2 + 2H_2O$$

24. Trommelkessel mit Naturumlauf

24.1 Großwasserraumkessel und Entstehung des Trommelkessels

Das Schema eines Großwasserraumkessels ist in Bild 24.1 zu sehen. Dieser wird durch ein zylindrisches Druckgefäß gebildet. Unter dem Wasserspiegel ist als Feuerraum ein gewelltes Flammrohr eingebaut, an welches sich die Rauchgasrohre anschließen. Der auf die Kesselleistung bezogene Wasservorrat im Kessel ist groß und ermöglicht die notwendige Speicherung der Wärme und der mit dem Speisewasser zugeführten Salze.

Die Größe des Druckgefäßes läßt sich aus Transportgründen nicht beliebig steigern. Außerdem ist der mögliche Gefäßdurchmesser hinsichtlich der Festigkeit begrenzt, da die Beanspruchung der Gefäßwand nach

$$\sigma = \frac{p \cdot D}{2s} \tag{24.1}$$

dem Produkt aus Druck und innerem Gefäßdurchmesser direkt und der Wanddicke indirekt proportional ist. Da die letztere beim Nieten ein bestimmtes Maß nicht überschreiten darf, eignete sich der Großwasserraumkessel nur für niedrige Dampfdrücke. Auch die dem Gefäßdurchmesser proportionale Größe der Heizflächen des Feuerraumes sowie der Rauchgasrohre und somit die Kesselleistung blieben klein. Da man schon für die Kraft-

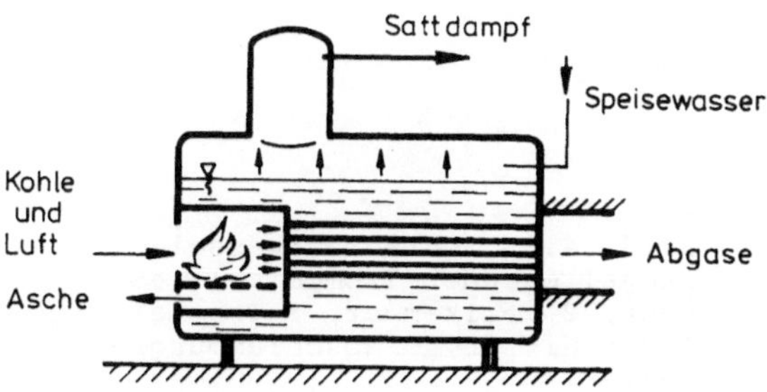

Bild 24.1. Schema eines Großwasserraumkessels

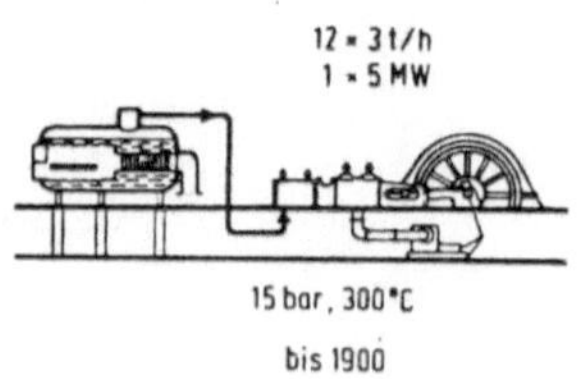

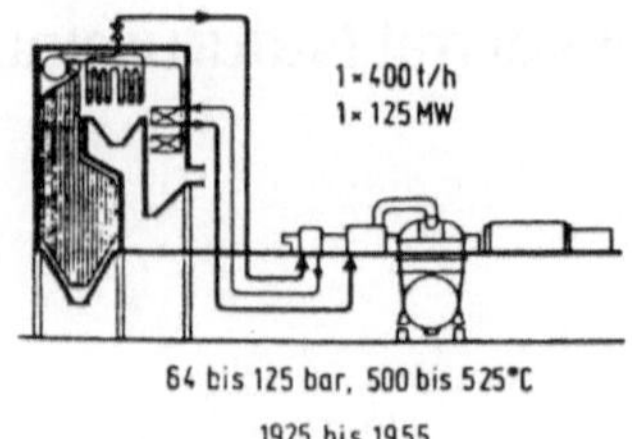

Bild 24.2. Kessel- und Kraftmaschinenentwicklung in der BRD seit der Jahrhundertwende (1900 - Batterie von Großwasserraumkesseln, 1955 - ein Steilrohrkessel)

werksleistung von 5 MW nach Bild 24.2 eine Batterie von zwölf Großwasserraumkesseln benötigte, verlor diese Kesselbauart für das immer größer werdende Kraftwerk bald an Bedeutung.

Der Einbau eines Überhitzers war beim Großwasserraumkessel zwar möglich, aber umständlich. Unvermeidbare Folgen der Dampfausspeicherung durch Druckabsenkung waren hier große Dampftemperaturwechsel, welche nur die Kolbendampfmaschine zu ertragen vermochte. Weiteres über den Großwasserraumkessel kann man im Kap. 40 finden.

24.2 Schrägrohrkessel

Das billige, nahtlos gewalzte Rohr kleinen Durchmessers, das einen hohen inneren Überdruck verträgt, bzw. das aus mehreren Rohren bestehende Rohrbündel mit großer Oberfläche, wurde in der weiteren Entwicklung zum Hauptbauelement des Kessels. Beim Übergang vom damals noch genieteten Großwasserraumkessel zum aus wasserführenden Rohren bestehenden Wasserrohrkessel entstand als Zwischenstufe der Entwicklung der Schrägrohrkessel (Bild 24.3). Hier hat man zuerst zum Großwasserraumkessel ein

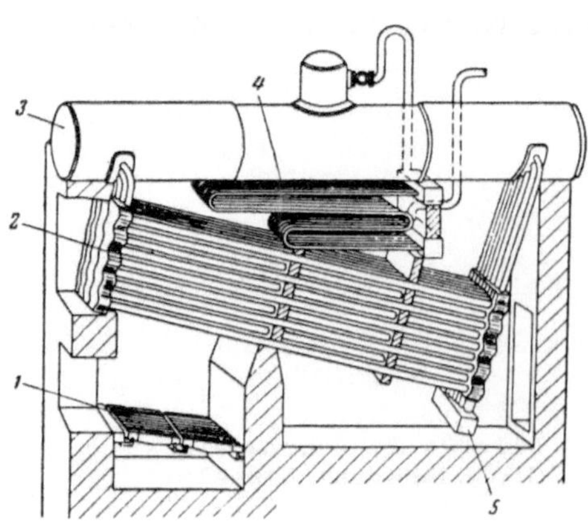

Bild 24.3. Schrägrohrkessel mit längsliegender Trommel. 1 Festrost, 2 Teilkammer, 3 Trommel, 4 Überhitzer, 5 Abschlammungskammer

Rohrbündel dazugebaut, das sich oberhalb des Festrostes befand. Dieses bestand aus schräg angeordneten, geraden Rohren, die beiderseitig in geschmiedete Teilkammern mit rechteckigem Querschnitt eingewalzt waren. Der Wasserumlauf wurde hier durch die schräge Rohrlage sowie durch die unterschiedliche Dichte des Wassers bzw. Dampfwassergemisches in der Ein- bzw. Austrittsteilkammer der Sektion hervorgerufen. Oberhalb der Sektionen befand sich der Überhitzer. Die Aufgabe des oben liegenden Druckgefäßes, hier Trommel benannt, reduzierte sich auf die Ausbildung des Wasserspiegels zwecks Trennung des Dampfes vom Wasser und zwecks Speisewasserregelung. Der Wasserinhalt der Trommel bildete zudem einen Wärmespeicher.

Um eine versetzte Rohranordnung zu ermöglichen, wurde die geschmiedete Teilkammer (Bild 24.4) gewellt. Die Schauluken an der Gegenseite dienten dem Einwalzen der Rohre sowie zur Reinigung. Eine Sektion bestand hier aus der Ein- und Austrittsteilkammer, den Schrägrohren sowie aus den Verbindungsrohren zur Trommel. Die Leistung des Schrägrohrkessels war begrenzt, zum einen durch die Leistung des handbeschickten Rostes und zum zweiten durch die Anzahl der parallel aufstellbaren Sektionen, deren Verbindungsrohre auf dem Trommelumfang unter dem Wasserspiegel ausmünden mußten (Bild 24.4 rechts).

Deshalb hat man zunächst die Trommel quer zur Kesselachse angeordnet (Bild 24.5) und schließlich die leistungsfähigere Wanderrostfeuerung eingeführt. Außerdem hat man den Abstand zwischen Rost und Rohrbündel vergrößert, um die Rohrverschlackung abzuwenden. So entstand der hohe Feuerraum. Seine keramischen Wände aus feuerfestem Stein hat man mit senkrechten, im Wasserumlauf eingeschalteten Siederohren ausgekleidet,

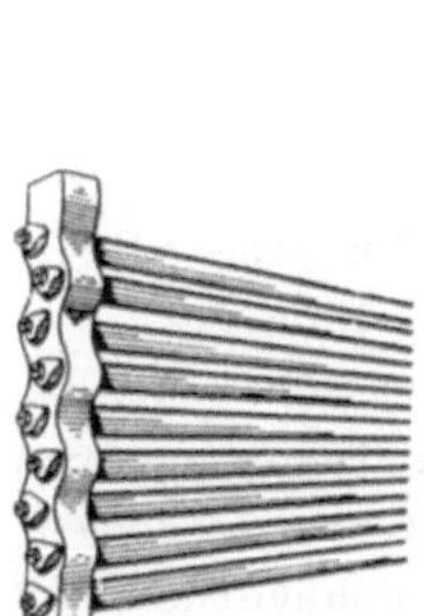
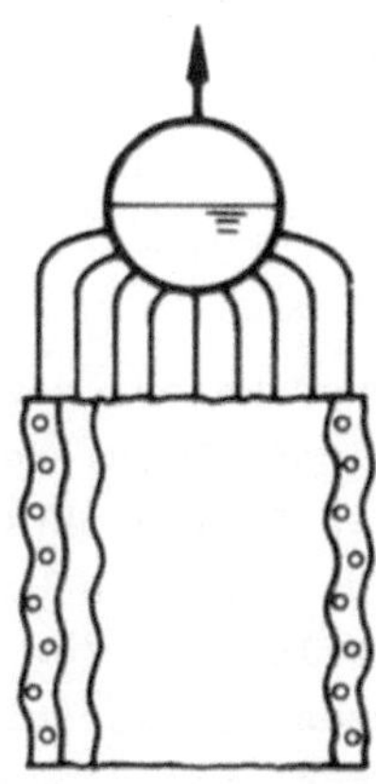

Bild 24.4. Teilkammer mit Schauluken und Anschluß der Sektionen an die Trommel

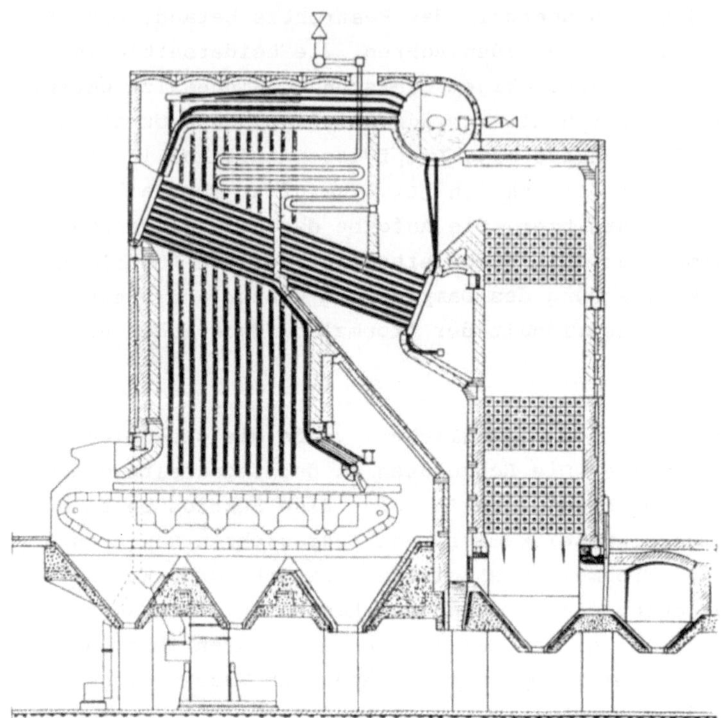

Bild 24.5. Dreizug-Schrägrohrkessel mit Zonenwanderrost von 20 t/h
Höchstleistung, 13 bar und 350 °C Überhitzung

vorerst, um die Lebensdauer des Mauerwerkes zu verlängern. Diese, der
Flammenstrahlung ausgesetzten Rohre, haben die Dampfleistung des Kessels
beträchtlich erhöht und haben so den Weg zum Strahlungs-Verdampfer gezeigt.

24.3 Steilrohrkessel

24.3.1 Industrie-Steilrohrkessel

Die Teilkammern, die schwer und teuer waren, sowie der nicht ganz eindeutige Wasserumlauf in allen Sektionsrohren, deren Länge beschränkt
war, führten zuletzt zur Aufgabe des Schrägrohrkessels. Das Schweißen
als neue Fügetechnik und die fortgeschrittene Wasseraufbereitung machten
die Teilkammern mit Schauluken überflüssig. Zum Nachfolger des Schrägrohrkessels als Industriekessel wurde der aus einem Strahlungsverdampfer
und einem konvektiven Verdampferbündel bestehende Steilrohrkessel (Bild
24.6).

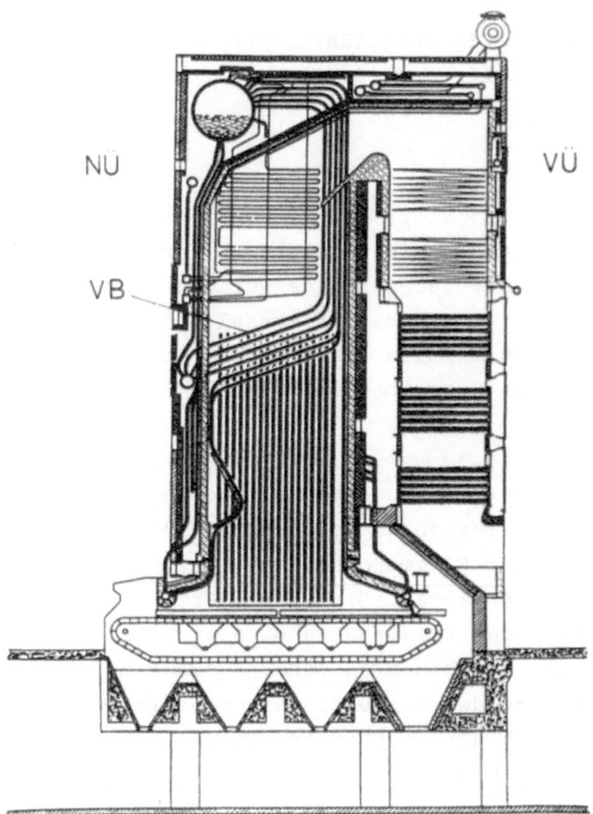

Bild 24.6. Eintrommel-Steilrohrkessel von 64 t/h Grenzleistung, 42 atü und 470 °C Überhitzung mit Zonenwanderrost. NÜ Nachüberhitzer, VÜ Vorüberhitzer, VB Verdampferbündel

In das Rohrbündel am Feuerraumaustritt, welches die Sektionen des Schrägrohrkessels ersetzt, gelangt das umlaufende Wasser über die unbeheizten Fallrohre. Der Eintrittssammler ist ein horizontal liegendes, rundes Stahlrohr, an das die Bündelrohre angeschweißt sind. Dabei stellt die erste Rohrreihe des Bündels eine Verlängerung des Strahlungsverdampfers an der Kesselvorderwand dar. Die Bündelrohre münden schließlich direkt in die Trommel, nachdem sie kurz vor dem Trommeleintritt von dem im Nachüberhitzer abgekühlten Rauchgas noch einmal beheizt worden sind.

Das Verdampfersystem besteht also bei einem solchen Steilrohrkessel aus langen, vorwiegend vertikalen Siederohren, welche die Steigrohre bilden. Die Fallrohre des Kessels dagegen sind unbeheizt. Die ausreichende Speicherfähigkeit des Verdampfers ist hier durch den großen Trommel- sowie Rohrdurchmesser gewährleistet. Die Notwendigkeit, einen konvektiven Verdampfer zu verwenden, ist durch den für die Verdampfung notwendigen Wärmebedarf bedingt. Bei niedrigen bzw. mittleren Drücken ist nämlich die Verdampfungsenthalpie groß und die Speisewasserenthalpie niedrig.

Der Überhitzer des Kessels ist zweistufig ausgeführt. Dem Vorüberhitzer im zweiten Kesselzug folgen arbeitsstoffseitig der Temperaturregler und der Nachüberhitzer.

24.3.2 Kraftwerk-Steilrohrkessel

Als geeignete Lösung für das Großkraftwerk bietet sich das Konzept mit Steilrohrkessel und Dampfturbine als Antriebsmaschine für den elektrischen Generator an (Bild 24.2 rechts). Der Steilrohrkessel läßt hohe Drücke zu und die Rohre aus warmfesten Stählen für den Überhitzer ermöglichen eine hohe Dampfüberhitzung. Das Schweißen erlaubt ein Rohr beliebiger Länge und Gestalt herzustellen.

Ein Naturumlauf-Steilrohrkessel kleiner Leistung mit Ölfeuerung ist im Bild 24.7 dargestellt. Sein Feuerraum ist durch vollverschweißte Rohrwände umgeben (Bild 24.8), die, von der Flamme bestrahlt, bei Hochdruckanlagen die gesamte Dampferzeugung übernehmen. Die durch Wärmeabstrahlung abgekühlten Rauchgase verlassen den Feuerraum über ein aufgelockertes Rohrgitter, das die Verlängerung der hinteren Feuerraumwand bildet und beim Hochdruckkessel die Überreste des konvektiven Verdampferbündels darstellt. Hinter diesem befindet sich der Überhitzer. Im dritten Kesselzug ist der Wasservorwärmer untergebracht.

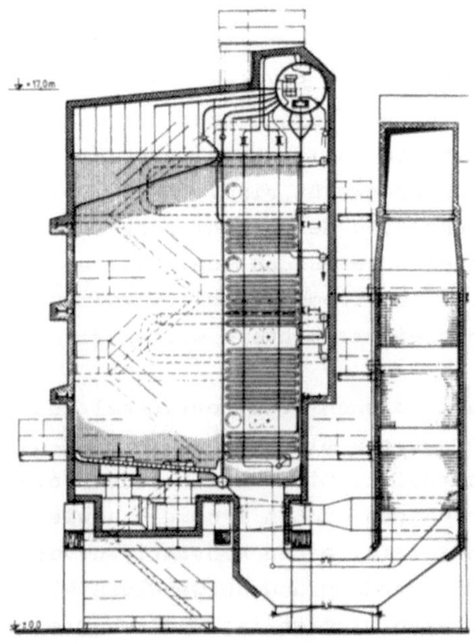

Bild 24.7. Ölgefeuerter Industrie-Steilrohrkessel

Bild 24.8. Vollverschweißte Feuerraumwand aus Siederohren

Dieser Steilrohrkessel hat folgende Merkmale:

1. Der Zwangsdurchlauf des Speisewassers wird in der Trommel unterbrochen. Dort endet der Eko, beginnt und endet der Verdampfer und beginnt der Überhitzer. Die Trommel ist keine Heizfläche mehr und soll nur den Dampf vom Wasser trennen.

2. Der Wasserspiegel in der Trommel ist die Regelgröße der Kesselspeisung.

3. Das Mischen des umlaufenden Wassers in der Trommel sichert den Ausgleich des Salzgehaltes im Kesselwasser. Die Absalzung erfolgt aus der Trommel, die Abschlammung aus den unteren Sammlern.

4. Die Heizflächengrenzen von Naturumlauf-Verdampfer, Eko und Überhitzer sind fest und durch die Lage der Trommel bestimmt. Deshalb bewirkt eine größere Abweichung des Druckes oder der Speisewassertemperatur vom Auslegungswert oder eine feuerseitige Verschmutzung eine merkbare Änderung der Kesselleistung bzw. der Dampftemperatur.

Nach Bild 24.7 sind die baulichen Merkmale des derzeitigen Steilrohrkessels:

1. großer Feuerraum mit Strahlungsverdampfer,

2. vollverschweißte Ausführung des Verdampfers,

3. unbeheizte Fallrohre großen Durchmessers,

4. kleiner Wasserinhalt des Verdampfers und eine kleine Kesseltrommel,

5. Überhitzer, Zwischenüberhitzer und Eko.

Dem Steilrohrkessel begegnet man überall dort, wo Dampfdrücke bis 180 bar und Dampftemperaturen bis 540 $^\circ$C verlangt werden. Jedoch werden im Gegensatz zu anderen Ländern in der Bundesrepublik Deutschland die Trommelkessel für hohe Dampfparameter und große Dampfleistung in Großkraftwerken zunehmend von den Durchlaufkesseln verdrängt. Den z. Zt. größten, in den USA gebauten Hochdruck-Hochtemperatur-Naturumlaufkessel zeigt Bild 24.9 /17/. Seine Leistung beträgt 3000 t/h Frischdampf von 180 bar/ 540 $^\circ$C, mit Zwischenüberhitzung auf 540 $^\circ$C. Die Zwischendampftemperatur wird mit Hilfe eines Regelzuges geregelt. Der Kessel verfeuert Kohlenstaub auf vier Ebenen und ist mit Brennern in Boxeranordnung ausgestattet. Der Grundriß des Feuerraumes ist ein ausgedehntes Viereck. Der Dampfverbraucher ist eine 1000 MW-Kondensationsturbine.

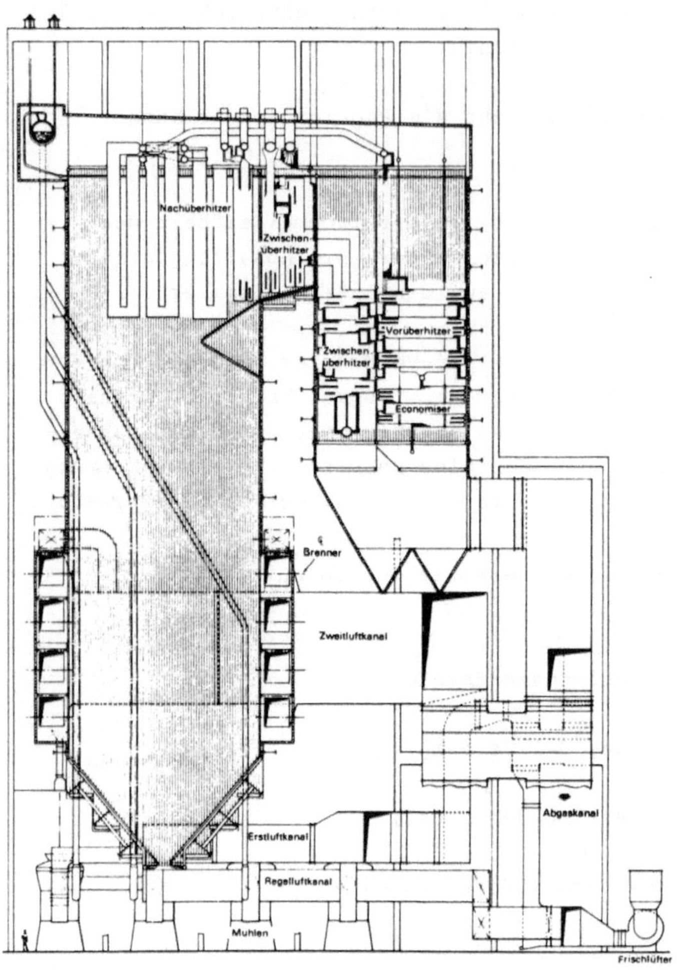

Bild 24.9. Steilrohr-Großkessel mit Naturumlauf von 3000 t/h Dampfleistung, 180 bar und 540 °C/540 °C

25. Vorgänge im Verdampfer

25.1 Strömungsformen, Wärmeübergang und Druckabfall im Siederohr

25.1.1 Strömungsformen

Welche Strömungsformen im Siederohr in Abhängigkeit von dem örtlichen
Dampfgehalt vorkommen können, zeigt das Bild 25.1. Beim Naturumlauf soll
das Gemisch im Bereich der Blasenströmung bleiben. Nur bei den Durchlaufkesseln können alle in Bild 25.1 dargestellten Strömungsformen auftreten /48/.

Eine ausführliche Behandlung der Zweiphasenströmung würde den Rahmen des
Buches sprengen und es sei hier diesbezüglich auf /49/ hingewiesen. Aus-
serdem liegen z.Zt. für die Größen wie Reibungszahl, Schlupf von Dampf-
blasen, Schallgeschwindigkeit im Siederohr u.a. noch keine einheitlichen
Beziehungen vor. Deshalb soll hier die Problematik der Verdampfung mit
Hilfe vereinfachter Darstellungen angedeutet werden.

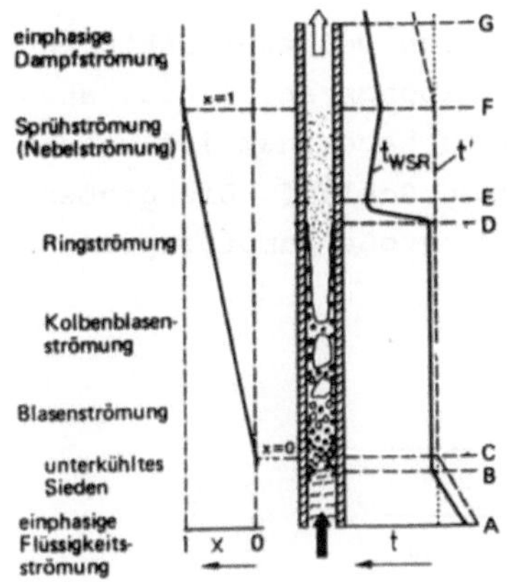

Bild 25.1. Strömungsformen im Siederohr.
A dampffreies Wasser t < t'; B Sieden in
Grenzschicht, Flüssigkeitskern t < t'
(unterkühltes Sieden); C Sieden im ganzen Strom, Beginn der Blasenverdampfung;
D Wasserfilmende (zwischen D und E Gebiet des instabilen Filmsiedens); E Minimaler Wärmeübergangskoeffizient; F Ende
der Verdampfung /48/

25.1.2 Der Schlupf

Würden sich bei Blasenströmung beide Komponenten des Dampfwassergemisches gleich schnell bewegen, so nehmen im Siederohr der Dampf bzw. das Wasser den Querschnittsanteil A" bzw. A' ein. Die leichteren Dampfblasen eilen jedoch dem Wasser im Dampfwassergemisch vor. Dieser Dampfblasenschlupf wandelt A' bzw. A" in A_S' bzw. A_S'' um, wobei $A_S'' < A''$ und $A_S' > A'$ werden. Dadurch vergrößert sich die Gemischdichte.

Mit dem Wasser- bzw. Dampfanteil im Gemischstrom $\dot{M}' = \dot{M}(1-x)$ bzw. $\dot{M}'' = \dot{M} \cdot x$ ist die Geschwindigkeit des Dampf- bzw. Wasseranteiles

$$w_S'' = \frac{\dot{M} \, xv''}{A_S''} \qquad \text{bzw.} \qquad w_S' = \frac{\dot{M}(1-x)v'}{A_S'}$$

Somit ist der Schlupf

$$\sigma = \frac{w_S''}{w_S'} = \frac{xv''}{(1-x)v'} \cdot \frac{A_S'}{A_S''} \qquad\qquad (25.1)$$

Da die Summe der Querschnittsanteile

$$A = A_S' + A_S''$$

ist, ergeben sich die beiden Querschnittsanteile zu:

$$\frac{A_S''}{A} = \frac{x\frac{v''}{v'}}{\sigma + x\left(\frac{v''}{v'} - \sigma\right)} \qquad \text{und} \qquad \frac{A_S'}{A} = \frac{\sigma(1-x)}{\sigma + x\left(\frac{v''}{v'} - \sigma\right)}$$

Der druckabhängige Schlupf ist der Tab. 25.1 /50/ zu entnehmen.

Der Schlupf ist nicht nur vom Druck, sondern auch von weiteren Faktoren wie dem Dampfgehalt x, dem Rohrdurchmesser, der Reibungszahl ξ u.a. abhängig /49,51/. Die beim Sieden entstehenden Blasen haben nämlich unterschiedliche Durchmesser und deshalb auch ungleichen Schlupf. Die großen Blasen holen die kleinen ein und so entstehen u.U. große Dampfpropfen, welche einen pulsierenden Umlauf bewirken.

Tabelle 25.1. Schlupf als Funktion des Druckes

p	bar	1	5	10	40	80	120	160	200
σ	-	6,5	4,18	2,87	1,99	1,55	1,44	1,31	1,23

Hier wird im weiteren σ nach Tab. 25.1 benutzt, dessen Werte jedoch als Mittelwerte des Schlupfes anzusehen sind. Bezeichnet man

$$\psi = \frac{v''}{v'} - 1 \tag{25.2}$$

so sind örtlich die Dichte und das spezifische Volumen des Dampfwasser-gemisches mit Schlupf

$$\rho_{xs} = \rho' \frac{A_s'}{A} + \rho'' \frac{A_s''}{A} \quad \text{bzw.} \quad v_{xs} = \frac{1}{\rho_{xs}} = v' \left[1 + \frac{x\,\psi}{\sigma - x(\sigma-1)} \right] \tag{25.3}$$

Für den örtlichen Dampfgehalt läßt sich nach Vergleich von

$$v_{xs} = v'(1 + x_s\psi)$$

mit (25.3) die Beziehung

$$\frac{x_s}{x} = \frac{1}{\sigma - x(\sigma-1)} < 1$$

finden. Je größer also der Schlupf σ ist, desto geringer wird demnach der örtliche Dampfgehalt. Der Raumanteil

$$\varepsilon = A_s''/A$$

gibt den örtlichen volumetrischen Dampfgehalt an.

25.1.3 Wärmeübergangskoeffizienten

Im Bereich A – B sowie G – F des Siederohres nach Bild 25.1, wo eine Einphasenströmung vorliegt, läßt sich die Wärmestromdichte aus

$$\dot{q} = \frac{\lambda}{D_{SR}} Nu(t_w - t_{FL}) = \frac{\lambda}{D_{SR}} \frac{\xi(Re-1000)Pr(t_w - t_{FL})}{8\left[1 + 12,7\sqrt{\frac{\xi}{8}}\,(Pr^{2/3}-1)\right]} \left[1 + \left(\frac{D_{SR}}{L}\right)^{2/3}\right]$$

berechnen /52/. Die Reibungszahl und die Reynoldszahl sind

$$\xi = \left[2\log\left(\frac{D_{SR}}{k}\right) + 1,14\right]^{-2} \quad \text{bzw.} \quad Re = \frac{\dot{m}\,D_{SR}}{\eta}$$

wobei k/D_{SR} die relative Wandrauhigkeit angibt. Beide Formeln werden auch für die übrigen Rohre benutzt, die einen einphasigen Arbeitsstoff führen, wie z.B. im Eko, Überhitzer und Zwischenüberhitzer.

Der Punkt B liegt dort, wo $t_W \approx t'$ und $t_{FL} < t'$ ist. Im Punkt C ist die Fluidtemperatur $t_{FL} = t'$. Im gesamten Bereich B - D, wo die Grenzschicht durch die Blasenbildung wirksam zerstört wird, kann für die dortige, hohe Wärmestromdichte

$$\dot{q} = 2,568 \ e^{0,0645p} \ (t_W-t')^4$$

angesetzt werden.

Die Lage des Punktes D, wo der Wärmeübergang sich erheblich verschlechtert, ist druckabhängig und wird durch den Dampfgehalt x_D definiert. Dieser beträgt für die Massenstromdichte $\dot{m}$ = 200 bis 5000 kg/m^{2}s in den einzelnen Druckbereichen:

1. p = 4,9 bis 29,4 bar:
$$x_D = C_1 \cdot \dot{q}^{-0,125} \ \dot{m}^{-0,333} \ e^{+0,171p} \qquad \text{mit } C_1 = 25,6 \cdot D_{SR}^{-0,07}$$

2. p = 29,4 bis 98 bar:
$$x_D = C_2 \cdot \dot{q}^{-0,125} \ \dot{m}^{-0,333} \ e^{-0,0025p} \qquad \text{mit } C_2 = 46,0 \cdot D_{SR}^{-0,07}$$

3. p = 98 bis 196 bar:
$$x_D = C_3 \cdot \dot{q}^{-0,125} \ \dot{m}^{-0,333} \ e^{-0,00795p} \qquad \text{mit } C_3 = 76,6 \cdot D_{SR}^{-0,07}$$

Für die Nebelströmung mit verschlechtertem Wärmeübergang (E-F) gilt

$$\dot{q} = \ 0,88 \ \frac{\lambda''}{D_{SR}} \ F \cdot (t_W-t_{FL})^{1,126}$$

mit der Funktion

$$F = 7,75 \cdot 10^{-4} \left\{ Re_g \left[x + \frac{v'}{v''} \ (1-x) \right] \right\}^{0,902} Pr^{1,47} \ Y^{-1,54}$$

In dieser sind

$$Re_g = \frac{\dot{m} \ D_{SR}}{\eta''} \quad \text{und} \quad Y = 1-0,1 \left[\left(\frac{v''}{v'} - 1\right)(1-x) \right]^4$$

Weitere Information über die Wärmeübertragung im Siederohr findet man z.B. bei /49/ sowohl für den unter- als auch überkritischen Druckbereich.

25.1.4 Siedekrisen

Für die Beurteilung, ob der Naturumlauf die notwendige Betriebssicherheit bietet, ist das entscheidende Kriterium das Abwenden der Siedekrisis. Diese äußert sich bei der Verdampfung durch einen verschlechterten Wärmeübergang, der dadurch hervorgerufen wird, daß die Flüssigkeit die Wand nicht mehr benetzt und die Wärme durch die schlecht leitende Dampfschicht übertragen werden muß. Bei hoher Wärmestromdichte kann ebenso wie bei Strahlungsbeheizung durch leuchtende Flammen die Wandtemperatur im Falle der Siedekrisis soweit ansteigen, daß eine Gefährdung des Siederohres nicht mehr ausgeschlossen ist /48,49/.

Die Siedekrisis erster Art (Bild 25.2), welche als "Departure from nucleate boiling"- DNB bezeichnet wird und die im gesamten Bereich vom unterkühlten Sieden bis zur Ringströmung einsetzen kann, wird primär durch übermäßige Wärmestromdichte verursacht. Die Auswirkung des DNB auf die Rohrwand ist nach Bild 25.3 erheblich größer als die des instabilen Filmsiedens im Bereich D-E des Bildes 25.1.

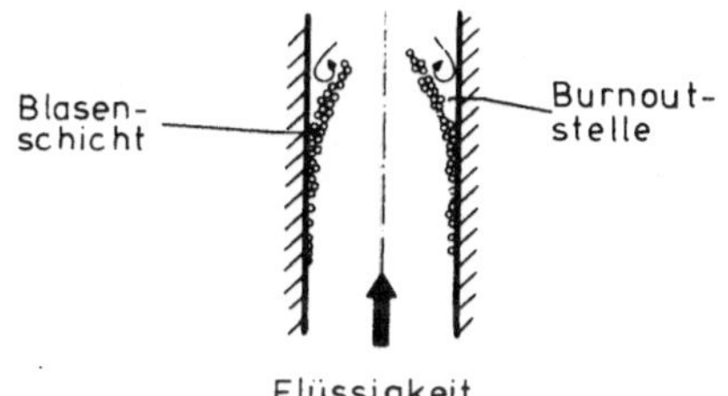

Bild 25.2. Dampffilmbildung mit Flüssigkeitskern (x_{DNB} - Departure from Nucleate Boiling)

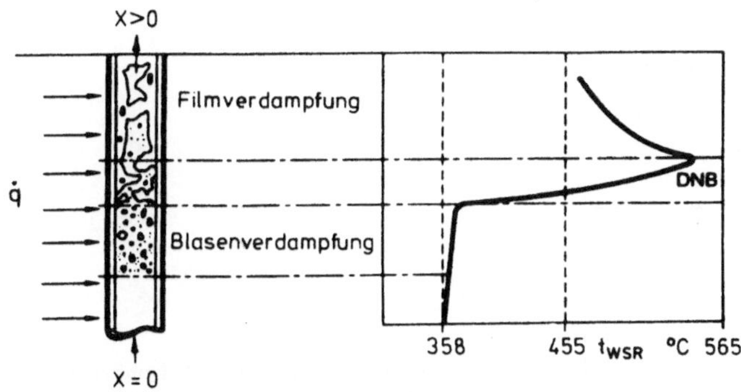

Bild 25.3. Auswirkung des DNB auf die Wandtemperatur

Die für DNB experimentell gefundenen Daten lassen sich /53,54,55/ durch die Formel

$$\dot{q}_{kr}(y,x) = 10^6 \left[10,3-17,5 \left(\frac{p}{p_{kr}} \right) + 8 \left(\frac{p}{p_{kr}} \right)^2 \right] \left(\frac{8}{D_{SR}} \right)^{0,5} \cdot \qquad (25.4)$$

$$\cdot \left(\frac{\dot{m}_{SR}}{1000} \right)^{0,68 \frac{p}{p_{kr}} - 1,2x(y)-0,3} \cdot e^{-1,5x(y)}$$

wiedergeben, deren Gültigkeitsbereich sich auf p = 29 bis 190 bar und $\dot{m}_{SR}$ = 500 bis 3000 kg/m²s erstreckt. Für drei Massenstromdichten sowie fünf verschiedene Drücke ist $\dot{q}_{kr}$ in den Diagramen in Bild 25.4 aufgetragen. Der Bereich des DNB liegt links vom Kurvenknickpunkt.

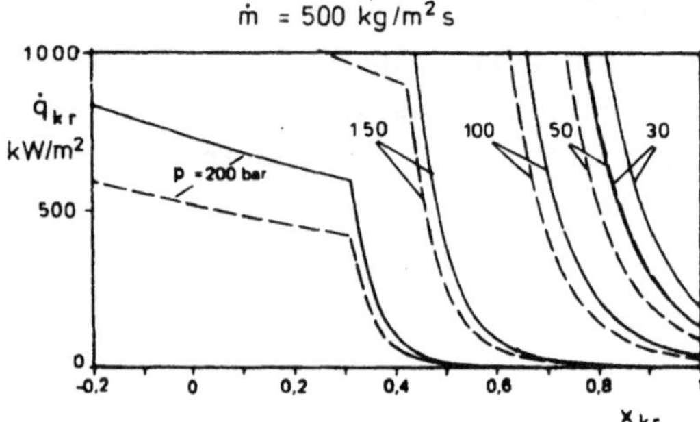

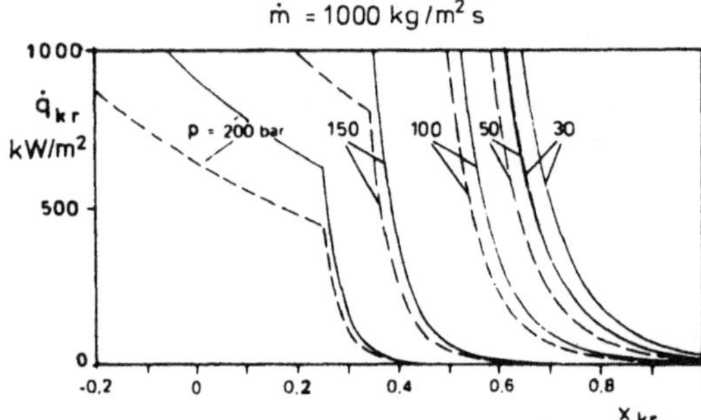

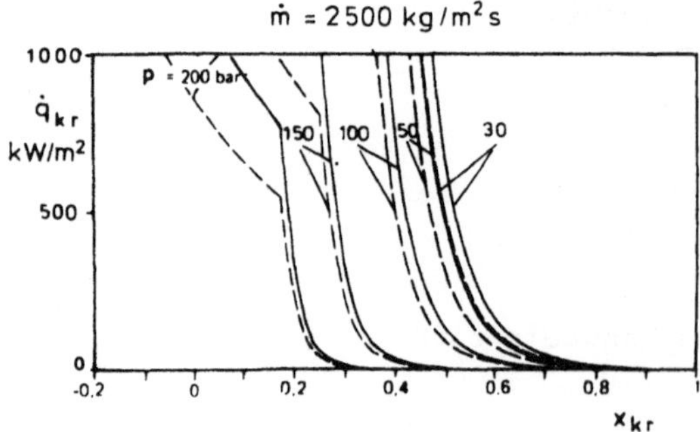

Bild 25.4. Kritische Wärmestromdichte als Funktion des kritischen Dampfgehaltes
Rohrinnendurchmesser —— = 10 mm
--- = 20 mm

Für Dampfkessel ist allerdings nur der Bereich $\dot{q}_{kr} < 10^3\,kW/m^2$ von Bedeutung. Die Verkleinerung des Rohrdurchmessers verbessert die Kühlung. Der hohe Wasserfluß gestattet hohe Wärmestromdichten, allerdings auf Kosten des kritischen Dampfgehaltes. Dies ist jedoch für Umlaufkessel wegen $x_e \sim 1/\dot{M}_U$ nicht schwerwiegend. Der Einfluß des höheren Druckes erweist sich nach den Diagrammen deutlich als ungünstig.

Die Formel (25.4) gilt für vertikale Siederohre. Die Erfahrung zeigt, daß die Siedekrisis überall dort begünstigt wird, wo eine Entmischung des Dampfwassergemisches möglich ist, wie z.B. bei geneigten Rohren des Aschentrichters der Trockenfeuerung, des Schlackengitters der Schmelzfeuerung oder bei leicht geneigten Rohren des Bodens von Öl- bzw. Gasfeuerung. Dort sind die Wärmestromdichten $\dot{q}_{kr}$ u.U. wesentlich niedriger.

Dagegen verbessert die Anwendung von Siederohren mit schraubenförmig gerillter Innenoberfläche (Bild 25.5) die Rohrwandkühlung wesentlich /56, 57,58/, da die innere Rohroberfläche größer ist und der Stromdrall der Dampffilmentstehung entgegenwirkt. Die Wirksamkeit der Rillen zeigt anschaulich das Bild 25.6. Bei sonst gleichen Randbedingungen vergrößert sich in diesem Fall x_{DNB} von 0,16 beim glatten Rohr auf 0,8 beim gerillten.

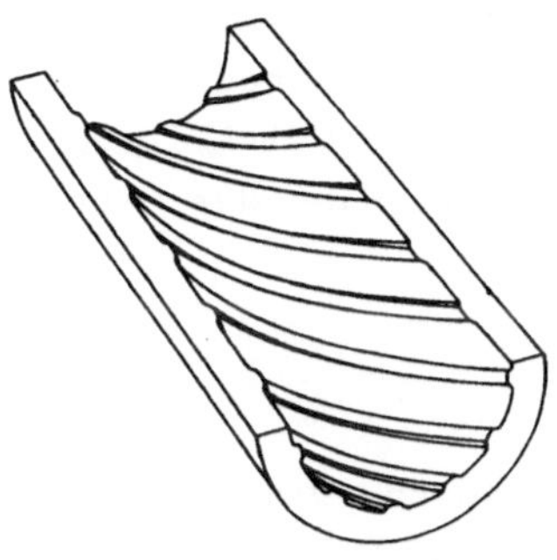

Bild 25.5. Gerilltes Siederohr

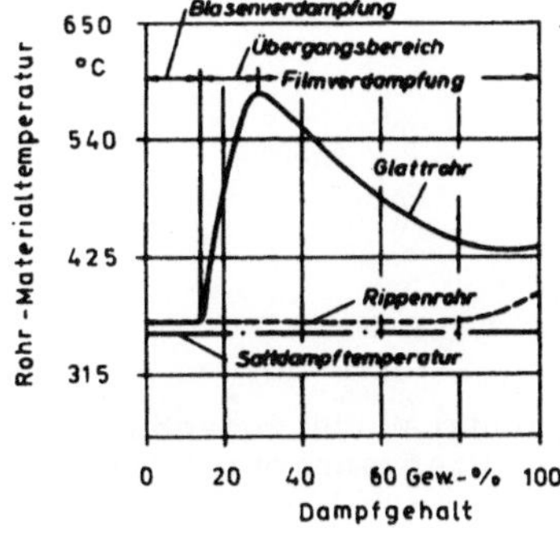

Bild 25.6. Vergrößerung von x_{DNB} durch Verwendung gerillter Siederohre

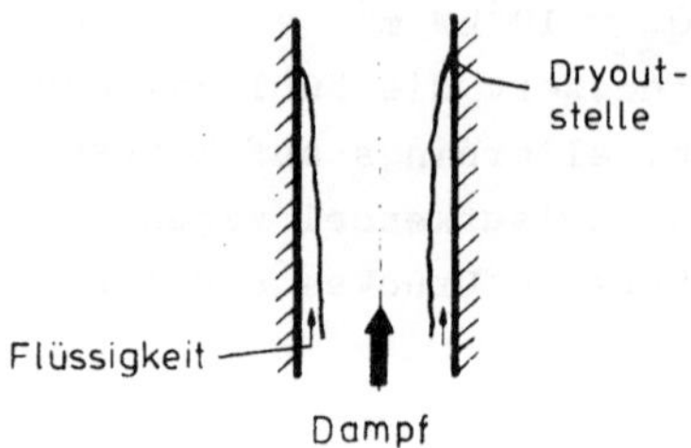

Bild 25.7. Austrocknen des Wasserfilms
(Siedekrisis zweiter Art)

Die Siedekrisis zweiter Art (Dryout) (Bild 25.7) betrifft vor allem die
Durchlaufkessel. Sie tritt beim Übergang von der Ring- in die Nebelströmung durch das "Austrocknen" des Wasserfilms auf. Diese setzt allerdings
hohe Dampfgehalte x voraus, insbesondere bei kleinen Massenstromdichten
$\dot{m}$, die bei Durchlaufkesseln z.B. im Teillastbereich auftreten. In Bild
25.1 entspricht dieser Krisisart der Bereich D-E. Der Grenzdampfgehalt
x_D sowie der Wärmeübergangskoeffizient sind dem Abschnitt 25.1.3 zu entnehmen. In den Diagrammen des Bildes 25.4 liegt der Bereich der Siedekrisis zweiter Art rechts vom Kurvenknickpunkt.

25.1.5 Druckverlust bei Blasenströmung in den beheizten Siederohren

Der Rohrwiderstand bei Blasenströmung ist bei Zweiphasenströmung größer
als bei der einphasigen. Er ist von der Beheizung abhängig /54/. Der intensive, durch die Verdampfung bedingte Massenaustausch zwischen dem
Kernstrom und der Grenzschicht bewirkt, daß nach Bild 25.8 bei Ablösen
der an den Wandvorsprüngen sich bildenden Blasen von der Wand der mittlere Volumenstrom

$$\dot{V}'' = \frac{\dot{q}_W}{r}\, v'' = \dot{m}_{DW} v'' \qquad m^3/sm^2$$

mit Wasser nachzufüllen ist. Der Wasserzufluß zur Wand und damit auch
der Massenaustausch ist deshalb aus Kontinuitätsgründen ($\dot{V}' = \dot{V}''$)

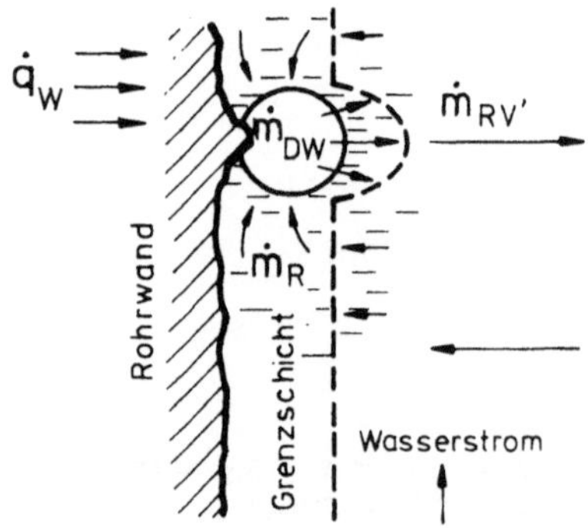

Bild 25.8. Massenaustausch zwischen dem
Kernstrom und der Grenzschicht beim
Sieden

$$\dot{m}_R = \dot{m}_{DW} \frac{v''}{v'} \qquad\qquad kg/sm^2 \qquad\qquad\qquad (25.5)$$

Da die sich bildenden Dampfblasen bei Blasenverdampfung vorübergehend an
der Wand anhaften, folgt aus (25.5) weiter, daß vom ausgetauschten Wasser auch der unverdampfte Anteil

$$\dot{m}_{Rv'} = \dot{m}_R - \dot{m}_{DW} = \dot{m}_{DW} \left(\frac{v''}{v'} - 1\right)$$

zuerst an der Rohrwand seine Geschwindigkeit ganz verliert. Danach wird
dieser von der Wand durch die sich bildende neue Dampfblase zurück in
den Hauptstrom verdrängt, wo er wieder die mittlere Geschwindigkeit des
Gemisches im Rohr $\bar{w}$ annimmt. Der zusätzliche Widerstand wird deshalb am
Anfang der Verdampfungszone, wo $x = 0$ und $\bar{w} = w_o$, gleich dem Impulsstrom, d.h.

$$\frac{\pi}{4} D_{SR}^2 \, d\Delta p_{\dot{q}} = \dot{m}_R \, w_o \pi D_{SR} dl$$

Hieraus erhält man nach Einsetzen von (25.5)

$$\frac{d\Delta p_{\dot{q}}}{dl} = 4 \, \dot{m}_{DW} \frac{v''}{v'} \frac{w_o}{D_{SR}} \qquad\qquad\qquad (25.6)$$

Vor allem bei den niedrigen Drücken, wo $\dot{m}_R/\dot{m}_{DW}$ die Größenordnung von
10^2 bis 10^3 besitzt, ist der erwähnte Wasseraustausch beträchtlich. Er
verflacht das Geschwindigkeitsprofil und wirkt auf den Druckabfall im
Siederohr wie eine Steigerung der Rohrwandrauhigkeit. Die Beziehung
(25.6) behält ihre Gültigkeit auch innerhalb der Verdampfungszone, wo
diese die Gestalt

$$\left(\frac{d\Delta p_{\dot{q}}}{dl}\right) \Big/ \left(\frac{d\Delta p_w}{dl}\right)_{Wasser} = 1 + x_{ms} \left(\frac{v''}{v'} - 1\right) + \frac{8}{\xi} \dot{m}_{DW} \frac{v''}{v'} \frac{v'}{w_o} \qquad (25.7)$$

annimmt. Die experimentelle Überprüfung von (25.7) ist in /99/ zu
finden. Eine ausführliche Übersicht über die im Kesselbau üblichen Beziehungen zur Bestimmung des Druckabfalls im Siederohr findet man in
/49/.

25.2 Der Naturumlauf

25.2.1 Dampfleistung des Verdampfers

Die Vorteile eines regen Umlaufes im Verdampfer sind:

1. eine intensive Siederohrkühlung, welche die Verhältnisse an der Rohrwand in sicherem Abstand von der Siedekrisis d.h. von x_{DNB} hält,

2. ein schneller Dampftransport in die Trommel, d.h. weniger Dampf bzw. mehr Wasser unter dem Wasserspiegel und somit eine größere Wärmespeicherung im Verdampfer,

3. ein für die Erhaltung der Blasenströmung günstiger niedriger Dampfgehalt am Siederohraustritt,

4. kleine Salzgehaltzunahme im Siederohr durch Verdampfung.

Entscheidend ist für den Naturumlauf der im Verdampfer effektiv erzeugte Dampfstrom $\dot{M}_{eff}$, der u.U. größer ist als die Kesselleistung $\dot{M}_D$. Das Speisewasser wird entweder in den Dampf- oder Wasserraum der Trommel eingeführt. Mit einer Speiserinne im Dampfraum (Bild 25.9 links) erwärmt sich durch den Kontakt mit dem umgebenden Sattdampf das vom Eko mit der Enthalpie h_E ankommende Speisewasser fast auf die Siedetemperatur. Dabei wird der Teil $\dot{M}_K$ des im Verdampfer erzeugten Dampfes kondensiert.

Im Idealfall wird das von der Speiserinne her in vielen Strahlen spritzende Speisewasser im Dampfraum auf die Siedewasserenthalpie h' erwärmt. Da die dabei an das Wasser übertragene Wärme in den Umlauf zurückkehrt, wird der im Verdampfer erzeugte effektive Dampfstrom um den niedergeschlagenen Dampfstromanteil größer. Mit $\dot{M}_{SW} = \dot{M}_D$ beträgt der erstere

$$\dot{M}_{eff} = \dot{M}_{SW} + \dot{M}_K = \dot{M}_D \left(1 + \frac{h' - h_E}{r} \right) = \dot{M}_D \ (1 + \Lambda) \qquad (25.8)$$

Die Kondensatzahl Λ kann insbesondere bei hohen Drücken oder bei den Anlagen ohne Ekonomiser beträchtlich werden /60,61/.

25.2.2 Einfluß der Brennerlage

Üblicherweise sind die Brenner im unteren Teil des Feuerraumes angeordnet und es gibt hier einen Gleichstrom zwischen der Flamme und dem Was-

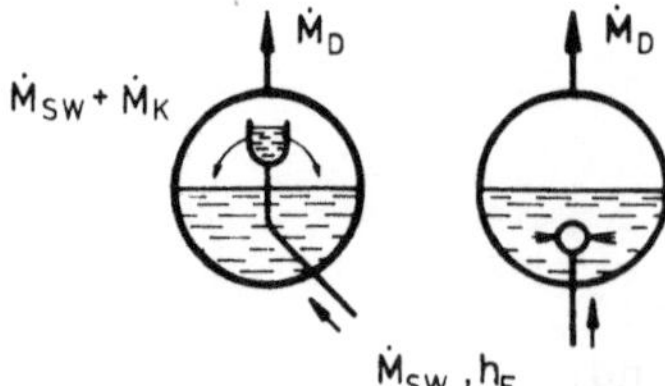

Bild 25.9. Ort der Speisewasserzufuhr
- links in den Dampfraum ($\Lambda > 0$)
- rechts unter dem Wasserspiegel ($\Lambda = 0$)

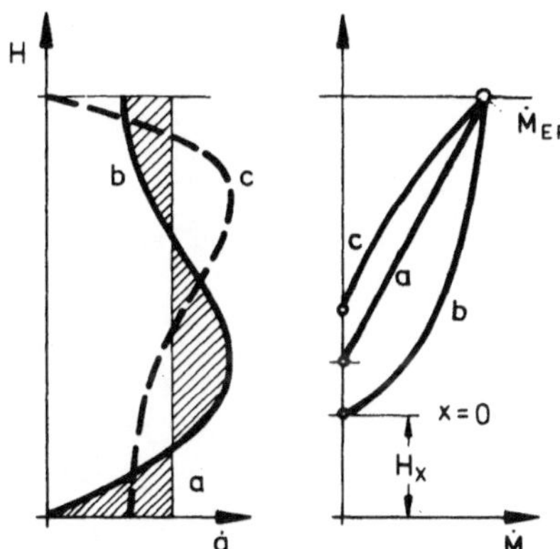

Bild 25.10. Beheizung und Dampfstrom entlang der Siederohre.
a gleichmäßige Beheizung; b untere Beheizung; c obere Beheizung

ser-Dampf-Gemisch in den Siederohren. Die Wasservorwärmung reicht im Siederohr bis auf die Höhe H_x. Im restlichen Siederohrteil wird der umlaufende Wasserstrom z.T. verdampft. Der heiße Flammenkern und somit auch der Schwerpunkt der Wärmeübertragung liegt dort oberhalb des Feuerraumbodens (Bild 25.10, Kurve b), d.h. im Bereich des Verdampfungsanfangs.

Verglichen mit gleichmäßiger Beheizung entlang der Siederohre (Variante a) liegt der Verdampfungsanfang x = 0 noch tiefer und die Verdampfungszone wird somit länger bzw. der mittlere Dampfgehalt im Siederohr nimmt zu. Liegt dagegen die Flamme wie bei Deckenbrennern oben, so ist die Lage umgekehrt (Kurve c). Hier ist die Vorwärmzone länger.

25.2.3 Ermittlung der Lage des Verdampfungsanfanges

Bei der Abwärtsströmung des Wassers im Fallrohr nimmt der Druck und somit auch die Siedewasserenthalpie zu. Die Lage des Verdampfungsanfangs im Siederohr hängt sowohl vom statischen Druck am Fallrohrfuß als auch von $\dot{M}_U$ ab. Auch die Beheizungsstärke längs des Siederohres (Bild 25.10) ist von Bedeutung.

In der Vorwärmzone ist der gesamte umlaufende Wasserstrom auf die örtliche Siedetemperatur aufzuwärmen /60/. Die Verdampfung setzt dort ein, wo die Wassertemperatur t(l) die dem örtlichen Druck p(l) entsprechende Siedetemperatur erreicht, d.h. wo (Bild 25.11) gilt:

$$t(l_x) = t' \left[p(l_x). \right] \tag{25.9}$$

In der l_x langen Wasservorwärmzone mit der Höhe H_x (Bild 25.11) wirkt das Gewicht der in ihr enthaltenen dampffreien Wassersäule dem Gewicht der gleich hohen Wassersäule im Fallrohr entgegen. Die wirksame Auf-

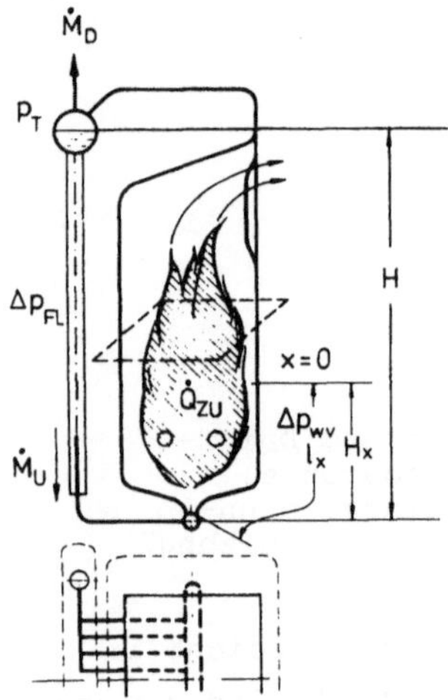

Bild 25.11. Schema des Umlaufkreises

triebshöhe schrumpft deshalb auf $H - H_x$. Die Siedewasserenthalpie im Punkt $x = 0$ ist dann

$$h'_x = h'_T + \left[g\rho' \ (H-H_x) - \Delta p_{FL} - \Delta p_{WV} \right] \frac{dh'}{dp}$$

Die Mischenthalpie des Wassers am Fallrohreintritt beträgt dagegen

$$h_M = \frac{(\dot{M}_U - \dot{M}_{SW}) h'_T + \dot{M}_{SW} h_E}{\dot{M}_U} = h'_T - \frac{\dot{M}_{SW}}{\dot{M}_U} (h'_T - h_E)$$

so daß in der Vorwärmzone dem Wasser der Wärmestrom

$$\dot{Q}_{Yx} = \dot{M}_U (h'_x - h_M) = \dot{M}_U \left\{ \left[g\rho' \ (H-H_x) - \Delta p_{FL} - \Delta p_{WV} \right] \frac{dh'}{dp} + \frac{\dot{M}_{SW}}{\dot{M}_U} (h'_T - h_E) \right\}$$

$$(25.10)$$

zuzuführen ist. Falls unter dem Wasserspiegel eingespeist wird, senkt das vom Eko in die Trommel zufließende Speisewasser die Enthalpie am Fallrohreintritt ab, wenn $h_E < h'$ ist. Wird dagegen in den Dampfraum eingespeist, so ist in (25.10) $h_E \sim h'_T$.

Aus (25.10) findet man

$$H_x = \frac{(g\rho' \ H - \Delta p_{FL} - \Delta p_{WV}) \frac{dh'}{dp} + (\dot{M}_{SW}/\dot{M}_U) (h'_T - h_E)}{\frac{1}{H_x} (\dot{Q}_{Yx}/\dot{M}_U) + \frac{dh'}{dp} g\rho'} \qquad (25.11)$$

Das $\dot{Q}_{y_x}$ im Nenner ist aus (22.11) zu bestimmen, indem man dort $y = y_x$ setzt. Deshalb ist Gl. (25.11) nur numerisch lösbar. Die Beziehung zwischen l_x und H_x ergibt sich aus der bekannten Gestalt des Siederohres und dessen Lage im Kessel. Nachher lassen sich für verschiedene $\dot{M}_U$ und l_x bzw. H_x die Größen $\dot{Q}_{y_x}$ und Δp_{WV} berechnen.

Große H_x gibt es sowohl in der Nähe des atmosphärischen Druckes, wo dt'/dp sehr groß ist, als auch bei Hochdruckanlagen. Hier zwingt uns die kleine Verdampfungsenthalpie einerseits und die verlangte Wärmeaufnahme im Feuerraum andererseits zu einer Verminderung der Wasservorwärmung im Eko. Bei Einspeisung in den Dampfraum wird H_x, insbesondere bei hohem Druck, kleiner als bei Einspeisung unter den Wasserspiegel.

Sind die Fallrohre beheizt, so wird H_x ebenfalls kleiner. Im Fallrohr soll jedoch das Sieden vermieden werden. Deshalb ist hier die Nebenbedingung

$$\dot{Q}_{FL} < \dot{M}_U \left[\frac{dh'}{dp} \; (g\rho'H - \Delta p_{FL}) + \frac{\dot{M}_{SW}}{\dot{M}_U} \; (h' - h_E) \right]$$

einzuhalten.

25.2.4 Größe des Naturumlaufes

In der dimensionslosen Kennzahl

$$m = 0{,}5 \cdot X \cdot Y \tag{25.12}$$

wird die Brennerlage durch die Größe X berücksichtigt, deren Extremwerte $X = 1{,}5$ den Bodenbrenner und $X = 0{,}8$ den Deckenbrenner kennzeichnen. Die Verminderung des Auftriebes durch den Schlupf wird durch den dimensionslosen Beiwert Y angegeben (siehe dazu auch Tab. 25.2):

$$Y = \frac{\left(x_{ms}/x_e \right)_\sigma}{0{,}5} = 2 \left(\frac{x_{ms}}{x_e} \right)_\sigma \tag{25.13}$$

Tabelle 25.2. Der die Verminderung des Auftriebes durch Schlupf wiedergebende Beiwert Y

p bar	σ	x_e				
		0,01	0,05	0,10	0,20	0,30
20	2,3	0,436	0,444	0,452	0,470	0,492
145	1,35	0,742	0,748	0,754	0,768	0,782
200	1,23	0,814	0,818	0,823	0,834	0,845

Dazu wird zur Vereinfachung im weiteren von einer gleichmäßigen Beheizung ausgegangen, wo $x = x_e (y-y_x)/(1-y_x)$ ist. Der auf den Austrittsdampfgehalt x_e bezogene, mittlere Dampfgehalt im Siederohr wird mit Rücksicht auf (25.3) zu

$$\left(\frac{x_{ms}}{x_e}\right)_\sigma = \frac{1}{x_e(1-y_x)} \int_{y_x}^1 x_s \, dy = \frac{1}{x_e(1-y_x)} \int_{y_x}^1 \frac{x_e(y-y_x)\, dy}{\sigma(1-y_x)-x_e(\sigma-1)(y-y_x)} =$$

$$= \frac{-1}{x_e(\sigma-1)} \left[1 + \frac{\sigma}{x_e(\sigma-1)} \ln \frac{\sigma - x_e(\sigma-1)}{\sigma} \right]$$

Ohne Schlupf ($\sigma = 1$) wäre $(x_{ms}/x_e)_{\sigma=1} = 0{,}5$.

Der Auftrieb überwindet beim Naturumlauf die Strömungswiderstände im Verdampfer. Seine Größe

$$\Delta p_{AU} = g(H-H_x) \left(\frac{1}{v_{mFL}} - \frac{1}{v_{mSR}} \right)$$

läßt sich mit

$$v_{mSR} = v' + mx_e(v''-v') = v' \left(1 + m \frac{\dot{M}_{eff}}{\dot{M}_U} \psi \right)$$

als

$$\Delta p_{AU} = \frac{g(H-H_x) \left(1 + m \dfrac{\dot{M}_{eff}}{\dot{M}_U} \psi - \dfrac{v_{mFL}}{v'} \right)}{v_{mFL} \left(1 + m \dfrac{\dot{M}_{eff}}{\dot{M}_U} \psi \right)} \approx \frac{g(H-H_x) m \dfrac{\dot{M}_{eff}}{\dot{M}_U} \psi}{v_{mFL} \left(1 + m \dfrac{\dot{M}_{eff}}{\dot{M}_U} \psi \right)}$$

angeben. Den Reibungsbeiwert des Siederohres

$$K = \frac{8}{\pi^2 D_{SR}^5} \frac{\xi_{SR}}{z_{SR}^2} = \frac{\xi_{SR}}{2 D_{SR} A_{SR}^2} \tag{25.14}$$

benötigt man, um den Druckabfall zu bestimmen. Hier ist der einschneidende Einfluß der Anzahl sowie des inneren Durchmessers der parallel geschalteten Rohre ersichtlich. Den Strömungswiderstand des Umlaufkreislaufes kann man als das κ-fache des Siederohrwiderstandes

$$\Delta p_W = \kappa \, K \, v' L_{SR} \left(1 + m \frac{\dot{M}_{eff}}{\dot{M}_U} \psi \right) \dot{M}_U^2$$

angeben. Der Beiwert $\kappa > 1$ berücksichtigt die Strömungsverluste im Fallrohr, in den Verbindungsrohren, Sammlern usw..

Aus dem Gleichgewicht beider Kräfte resultiert die dimensionslose Zahl

$$\Phi = \frac{g\,(H-H_x)/v_{mFL}}{\kappa\,K\,L_{SR}\,v'\,\dot{M}_{eff}^2} = \frac{g\,\dfrac{H}{L_{SR}}\left(1 - \dfrac{H_x}{H}\right)}{\kappa\,(1 + \Lambda)^2\,K\,v'\,v_{mFL}\dot{M}_D^2} \qquad (25.15)$$

Sie ist das Verhältnis des Gewichtes des auftriebswirksamen Teiles der Wassersäule im Fallrohr zum Strömungswiderstand des Heißwasserumlaufes. Den Einfluß des Druckes auf den Auftrieb erfaßt die dimensionslose Kennzahl Ψ gemäß (25.2).

Die dimensionslose Umlaufzahl

$$C = \dot{M}_U \,/\, \dot{M}_{eff} \qquad (25.16)$$

gibt an, wie viele Umläufe ein Wasserteilchen im Mittel absolvieren muß, bevor es verdampft.

Nach /60/ läßt sich aus $\Delta p_{AU} = \kappa\,\Delta p_W$ die kubische Gleichung

$$C^3 + 2m\Psi C^2 + m^2\Psi^2 C - \phi\Psi = 0 \qquad (25.17)$$

ableiten. Mit

$$K_1 = \frac{1}{2}\left(1 + \frac{2}{27}\,m^2\,\frac{\Psi^2}{\phi}\right) \quad \text{und} \quad K_2 = \frac{1}{2}\sqrt{1 + \frac{4}{27}\,m^2\,\frac{\Psi^2}{\phi}}$$

gibt deren reelle Wurzel

$$C = \frac{\dot{M}_U}{\dot{M}_{eff}} = \sqrt[3]{m\phi\Psi}\left(\sqrt[3]{K_1 + K_2} + \sqrt[3]{K_1 - K_2}\right) - \frac{2}{3}\,m\,\Psi \qquad (25.18)$$

die gesuchte Umlaufzahl an. Demnach reichen die Parameter Ψ, ϕ und m zur Umlaufberechnung aus. Da jedoch H_x, x_e und Y von $\dot{M}_U$ abhängen, müssen diese zuerst geschätzt werden. Meistens genügt dann eine Wiederholung der Rechnung.

Bei $\phi > 500$ läßt sich insbesondere bei mittleren und hohen Drücken, wo Ψ klein ist, der Klammerausdruck in (25.18) ohne größeren Fehler gleich Eins setzen (siehe Bild 25.12). Dieser hat nur bei großen Ψ, d.h. im Bereich $p < 70$ bar, einen merkbaren Einfluß. Bei sehr hohen Drücken läßt sich in (25.18) sogar das zweite Glied auf der rechten Seite vernachlässigen.

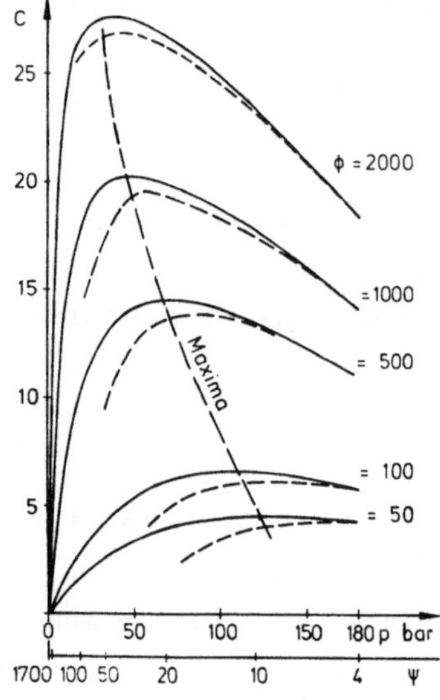

Bild 25.12. $\dot{M}_U/\dot{M}_{eff}$ als Funktion von
Ψ und ϕ (m = O.6)
——— = nach (25.18) ohne Annäherung
— — — = nach (25.18) mit dem Klammerausdruck gleich eins

25.2.5 Analyse des Naturumlaufes

Die Umlaufzahl allein ist kein ausreichendes Kriterium zur Beurteilung
der Rohrwandkühlung. Dazu ist die Ermittlung von x_{DNB} notwendig, für
dessen Überprüfung neben dem Dampfgehalt am Siederohraustritt

$$x_e = \frac{\dot{M}_{eff}}{\dot{M}_U}$$

die Massenstromdichte

$$\dot{m}_{SR} = \frac{\dot{M}_U}{A_{SR}} = \frac{\dot{M}_U}{\dot{M}_{eff}}\,\frac{\dot{M}_{eff}}{A_{SR}} = C \cdot \dot{m}_D \qquad (25.19)$$

von entscheidender Bedeutung ist.

Bei Einspeisung in den Dampfraum ist $\dot{m}_{SR}$ meistens größer als bei Speisewasserzufuhr unter den Wasserspiegel. Die Kurven nach Bild 25.12 weisen
bei ϕ = konst. Maxima auf, die sich mit steigendem ϕ nach links ver-
schieben. Ein kleines ϕ führt im Mittel- und noch stärker im Nieder-
druckbereich bei Druckverkleinerung wegen Zunahme von Ψ zum kleineren
$\dot{M}_U/\dot{M}_{eff}$. Dort nehmen die Strömungswiderstände schneller zu als der Auftrieb.

Große $\dot{M}_U/\dot{M}_{eff}$ kommen vor allem bei niedrigen Drücken und kleinen Anlagen
vor. Kleinere Anlagen benötigen dank dem großen Verhältnis $U/A_{FA} \sim \dot{Q}_{ZU}^{-1/2}$

(siehe Abschnitt 22.5) für die Auskleidung des Feuerraumes eine größere Anzahl parallel aufgestellter kurzer Siederohre (siehe Bild 24.7), welche außerdem einen größeren Durchmesser als die Siederohre eines Hochdruckkessels haben. Beides ergibt einen großen Siederohrquerschnitt und somit ein großes ϕ (das Verhältnis H/L_{SR} ist von der Kesselgröße wenig abhängig) und ein kleines $\dot{m}_D$. Die Wasserstromdichte $\dot{m}_{SR}$ ist hier deshalb trotz großem $\dot{M}_U/\dot{M}_{eff}$ niedrig.

Bei Hochdruckkesseln nimmt $\dot{M}_U/\dot{M}_{eff}$ ab, da sowohl Ψ als auch ϕ klein sind. Man benutzt außerdem aus Festigkeitsgründen enge Siederohre. Das niedrige U/A_{FA} bei Großkesseln senkt hier die Siederohranzahl und steigert $\dot{m}_D$, was für die Erhaltung eines ausreichenden $\dot{m}_{SR}$ günstig ist.

Eine ungleiche Beheizung benachbarter Siederohre des Verdampfers führt in diesen zu unterschiedlicher Dampferzeugung. Bei schwächer beheiztem Rohr wird bei gleicher Rohrgeometrie $\dot{m}_D$ kleiner und ϕ größer, so daß $\dot{M}_U/\dot{M}_{eff}$ nach (25.18) zunimmt. Andererseits geht aber $\dot{m}_{SR}$ zurück. Bei stärker beheiztem Rohr ist es umgekehrt.

25.2.6 Teillastverhalten und ungleiche Rohrbeheizung

Bei Teillast ändert sich die Kesselgeometrie nicht (A_{SR} = konst). Es wird hier aber $\dot{m}_D$ kleiner und wegen kürzerer Flamme X bzw. m in (25.18) größer. Die Kondensatzahl Λ nimmt bei Teillast zu, da h' sich zwar beim Festdruckbetrieb wenig verändert, dagegen aber h_E wegen erniedrigter Speisewassertemperatur sowie kleinerer Wassererwärmung im Eko zurückgeht.

Nach Erfahrung geht bei Teillast der Umlauf $\dot{M}_U$ langsamer zurück als $\dot{M}_D \sim \dot{Q}_{ZU}$, während $\dot{Q}_{Y_X} \sim \dot{Q}_{ZU}$ der Last direkt proportional ist. Wenn man zwischen $\dot{M}_D$ und $\dot{M}_U$ eine Potenzabhängigkeit (siehe Bild 25.13)

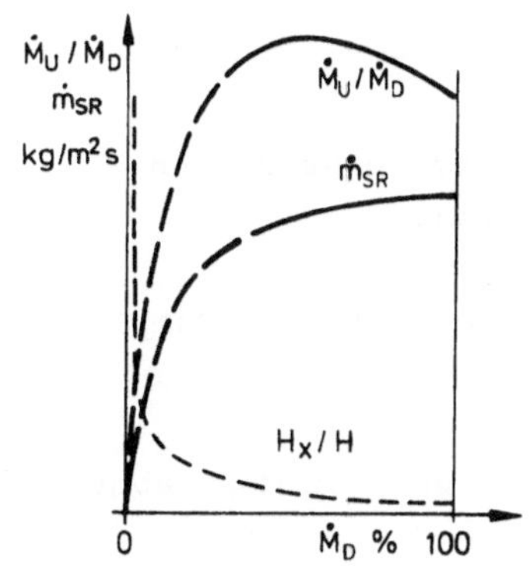

Bild 25.13. Die Umlaufzahl, die Massenstromdichte in den Siederohren und die wirksame Auftriebshöhe bei Teillast

$$\dot{M}_U \sim \dot{M}_D^n \sim \dot{M}_{SW}^n \sim \dot{Q}_{ZU}^n$$

annimmt, so ist der Exponent $n < 1$ und es gelten für $\dot{M}_D \to 0$ die Grenzwerte

$$\lim_{\dot{M}_D \to 0} \dot{M}_{SW}/\dot{M}_U \sim \lim_{\dot{M}_D \to 0} \dot{M}_{SW}^{1-n} \to 0 \quad \text{sowie} \quad \lim_{\dot{M}_D \to 0} \dot{Q}_{Yx}/\dot{M}_U \sim \lim_{\dot{M}_D \to 0} \dot{Q}_{ZU}^{1-n} \to 0$$

Setzt man diese in (25.11) ein, so erhält man für H_x die Grenzwerte

$$\lim_{\dot{M}_D \to 0} H_x \to H \quad \text{bzw.} \quad \lim_{\dot{M}_D \to 0} \left(1 - \frac{H_x}{H}\right) \to 0$$

Bei Teillast nimmt also H_x zu und die wirksame Auftriebshöhe verschwindet bei $\dot{M}_D \to 0$ /60/. Diese Zunahme von H_x findet jedoch merkbar erst bei sehr kleinen $\dot{M}_D$ statt, wie es die simulierte Kurve H_x/H in Bild 25.13 zeigt. Die Abschaltung unterer Brennerebenen bei Teillast vergrößert ebenfalls H_x. Setzt man deshalb für die wirksame Auftriebshöhe $H - H_x = $ konst, so gilt nach (25.18) bei Festdruck stark angenähert ($2m\psi/3=0$)

$$\frac{\dot{M}_U}{\dot{M}_{eff}} \sim \phi^{1/3} \sim \left[\frac{1-(H_x/H)}{\dot{m}_D^2}\right]^{1/3} \sim \dot{m}_D^{-2/3} \quad \text{bzw.} \quad x_e = \frac{1}{\dot{M}_U/\dot{M}_{eff}} \sim \dot{m}_D^{2/3} \qquad (25.20)$$

Die Massenstromdichte ist dabei

$$\dot{m}_{SR} = \left(\frac{\dot{M}_U}{\dot{M}_{eff}}\right)\dot{m}_D \sim \dot{m}_D^{1/3}$$

25.3 Verhalten der Salze

25.3.1 Salze und Gase im Trommelkessel

Ein Trommelkessel wandelt das salzhaltige Speisewasser in salzarmen Dampf um, d.h. er ist eine Art Destillieranlage, wobei:

1. Gase bei Erwärmen auf Siedetemperatur entweichen und mit dem Dampf den Kessel verlassen.

2. Salze im Wasservorrat des Kessels sich anreichern und von dort abgeführt werden müssen.

3. Mitreißen des salzreichen Kesselwassers mit Dampf zum Überhitzer
tunlichst zu verhindern ist.

Der Salzgehalt des Kesselwassers läßt sich aus der Salzbilanz bestimmen.
Hier muß erstens die Massenbilanz des Wassers

$$\dot{M}_{SW} = \dot{M}_D + \dot{M}_{ABS}$$

erfüllt sein. Zweitens gilt bei kontinuierlicher Absalzung $\dot{M}_{ABS}$ vom Verdampfer mit dem Wasservorrat M' die nicht stationäre Salzbilanz (Bild
25.14)

$$M' \cdot \frac{da_K}{d\tau} = (\dot{M}_D + \dot{M}_{ABS})a_{SW} - \dot{M}_{ABS}\, a_K - \dot{M}_D a_D \qquad (25.21)$$

Wird $a_D = \delta_D\, a_k$ angenommen (s. Abschnitt 25.3.2), so ist im Beharrungs-
zustand $(da_K/d\tau = 0)$ die Salzanreicherung

$$E = \frac{a_K}{a_{SW}} = \frac{1 + \dot{M}_{ABS}/\dot{M}_D}{\delta_D + \dot{M}_{ABS}/\dot{M}_D} \gg 1$$

Ein kleines $\dot{M}_{ABS}/\dot{M}_D$ bedeutet ein großes E. Große Absalzung erhöht jedoch
den Wärme- und Wasserverlust.

Die Absalzung ist notwendig bei salzhaltigem Speisewasser (Tab. 23.2).
Die mit salzfreiem Wasser (siehe Tab. 23.4) gespeisten Mittel- und Hochdruckkessel brauchen keine Absalzung, da der Salzübergang vom Wasser in
den Dampf, die Kesselwasserverluste sowie die kontinuierliche Kesselwas-
serproben-Entnahme zwecks Messung der Leitfähigkeit, des pH-Wertes usw.
ausreichende Salzabfuhr vom Verdampfer gewähren.

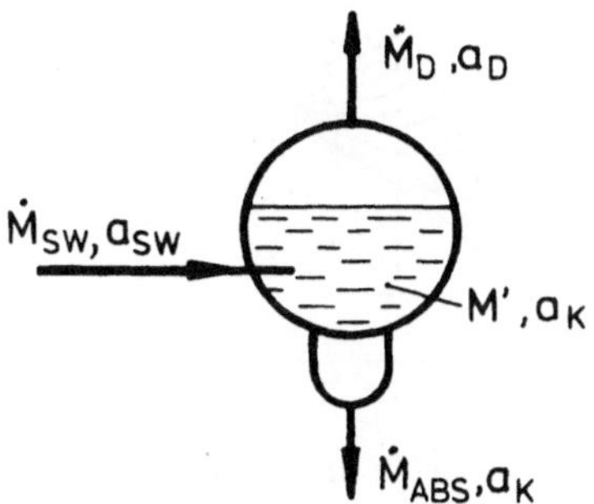

Bild 25.14. Salzbilanz des Kessels

Aus Gl. (25.21) läßt sich auch die Zeitkonstante der Salzanreicherung

$$T_{AR} = \frac{M'}{\dot{M}_{ABS} + \delta_D \dot{M}_D} = \frac{M'}{\dot{M}_D} \cdot \frac{1}{\delta_D + \dfrac{\dot{M}_{ABS}}{\dot{M}_D}} \tag{25.22}$$

finden. Beispielsweise ist mit $\dot{M}_{ABS}/\dot{M}_D = 0{,}001$, $\overline{M}'/\overline{M}_D = 0{,}2$ h und $\delta = 0{,}001$

$$T_{AR} = \frac{0{,}2}{0{,}001 + 0{,}001} = 100 \text{ h}$$

Die Anreicherung verläuft demnach sehr langsam. Deshalb kommt es beim frisch gefüllten Kessel auch beim Wasser schlechter Qualität zum Ausfällen der Härte erst nach längerem Betrieb, d.h. die Gefahr der Kesselsteinbildung ist zeitbedingt.

25.3.2 Auflösen der Salze im Dampf

Bei hohen Drücken löst der sich ähnlich wie eine Flüssigkeit verhaltende Dampf manche im Kesselwasser anwesenden Salze in sich. Die Verteilungszahl für Sattdampf (Bild 25.15) lautet

$$\delta_D = \left(\frac{\rho''}{\rho'} \right)^k = \frac{a_D}{a_K} \tag{25.23}$$

Nach Bild 25.15 ist vor allem SiO_2 in größeren Mengen im Dampf löslich. Die Bildung der Salzablagerungen im Überhitzer ist u.U. (z.B. Höchstdruckbereich in Bild 25.16) nicht ausgeschlossen. Weiter entstehen bei der Entspannung des Dampfes in der Turbine Salzablagerungen an den Schaufeln, da beim Dampf eine Übersättigung entsteht. Dies führt zur Verkieselung des HD-Teiles der Dampfturbine.

Das Abwenden von Salzablagerungen kann nach (25.23) durch einen niedrigeren Salzgehalt im Kesselwasser erreicht werden.

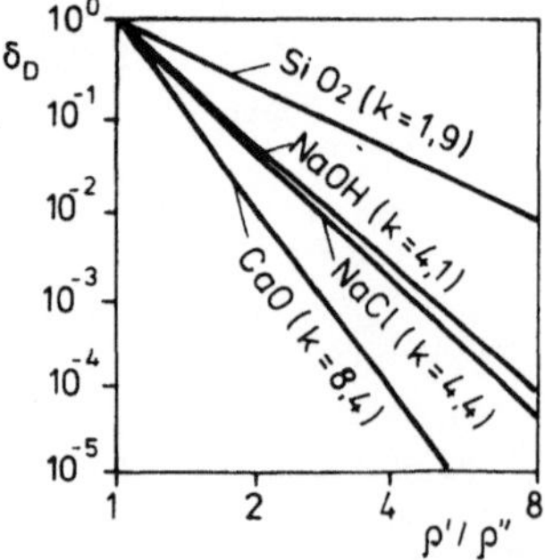

Bild 25.15. Verteilungszahl bei Salzübergang in den Dampf

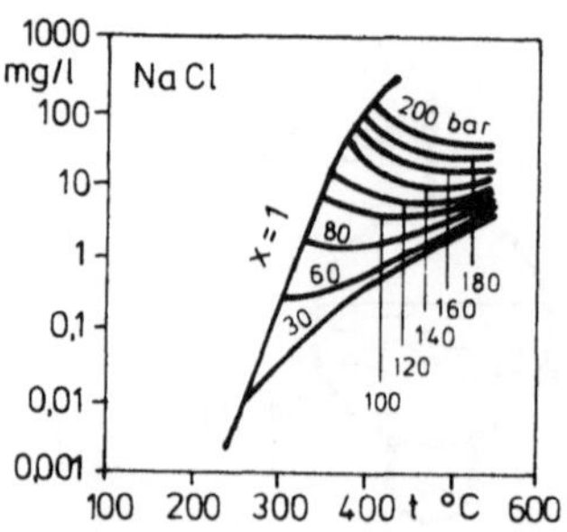

Bild 25.16. Löslichkeit von NaCl in überhitztem Dampf

26. Verdampfer

26.1 Rauchgasseitige Vorgänge als Randbedingung für die Gestalt von Kesselheizflächen

Für die Heizflächenform eines Kessels sind nicht nur die Art der Wärmeübertragung, sondern auch deren Verschmutzungsneigung auf der Feuerseite
von Einfluß. Somit zwingt die Asche im Brennstoff dem Kesselaufbau zusätzliche Randbedingungen auf. So beginnt der Rauchgasweg bei konventionellen Kesseln mit der mehr oder weniger stark leuchtenden Hochtemperaturflamme, die u.U. neben Brennstoffteilchen auch aus Brennstoffasche entstandene Schlackentröpfchen enthält. Die großen Flammenabmes-
sungen begünstigen die Wärmeübertragung durch Strahlung im geräumigen
Feuerraum, der von gekühlten, ganz metallischen Feuerraumwänden umgeben
wird. Diese bieten den eventuellen Schlackenansätzen wenig Halt und bilden den Strahlungsverdampfer (Bild 26.1).

Durch die Abstrahlung wird die Rauchgastemperatur am Feuerraumaustritt
gesenkt. Dabei sollen die Schlackentropfen zu festen Teilchen - zur
Flugasche - erstarren. Dem Feuerraum folgen die konvektiven Heizflächen
des Überhitzers bzw. Zwischenüberhitzers, in welchen die Wärmeübertra-

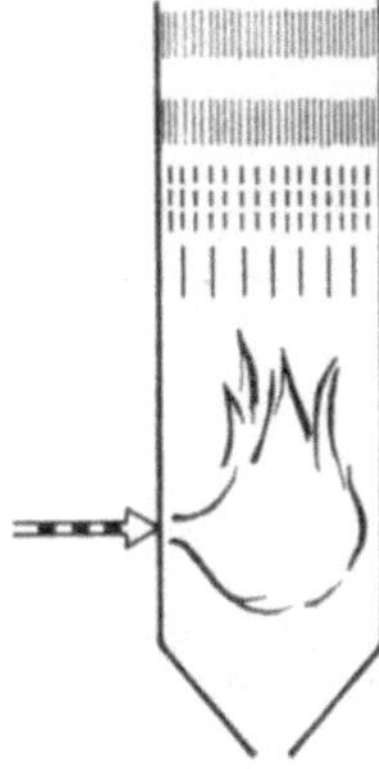

Bild 26.1. Heizflächenquerteilung längs des RG-
Weges

gung vor allem von der Rauchgasgeschwindigkeit abhängt. Diese haben am
Feuerraumaustritt die Form der flachen Schotten mit großer Teilung, die
aus quer zum Rauchgasstrom aufgestellten dicht nebeneinander gewickelten
Rohren bestehen. Ihr Verhalten gegenüber Schlackenansätzen ist dem der
Feuerraumwände ähnlich.

Den Schottenheizflächen sind rauchgasseitig Heizflächen aus dicht gepackten Rohrbündeln nachgeschaltet, welche in dem zur Verfügung stehenden Raum des Kesselzuges die Unterbringung einer großen konvektiven
Heizfläche ermöglichen. Die Rohrteilung wird in diesem Bündel umso kleiner gewählt, je niedriger die Rauchgastemperatur und der Aschegehalt der
Rauchgase sind.

Das Schema der Quer- und Längsteilung der Heizflächen in einem Kohlen-
staub-Turmkessel zeigt das Bild 26.1. Dabei darf bei Kohlenverbrennung
eine enge Querteilung erst dort benutzt werden, wo die Rauchgastemperatur mit Sicherheit kleiner ist als die Erweichungstemperatur der Asche.
Diese Staffelung der Querteilung begünstigt bei Turmkesseln das Durch-
fallen abgelöster Ascheansätze von den Rohrbündeln herab in den Feuerraumtrichter.

26.2 Berohrung des Verdampfers

Zum Verdampfer eines Umlaufkessels gehören nach Bild 1.4 die über die
Fallrohre gespeisten Siederohre und die Trommel. Die zu gasdichten
Feuerraumwänden (Bild 26.2) verschweißten Siederohre bilden die Feuer-
raumbegrenzung und verhindern eine Rauchgasleckage nach bzw. Falschluft-
einbrüche von außen. Die glatte, metallische Wand läßt die Entfernung
von Schlackenansätzen durch Wasserstrahl zu. Um die Wandverschmutzung zu
beobachten, werden in den Feuerraumecken Fenster vorgesehen, die eine
Sicht entlang der Wand bieten. An der Rückseite der verschweißten Wand
sind Isoliermatten angebracht, welche gegen mechanische Beschädigung

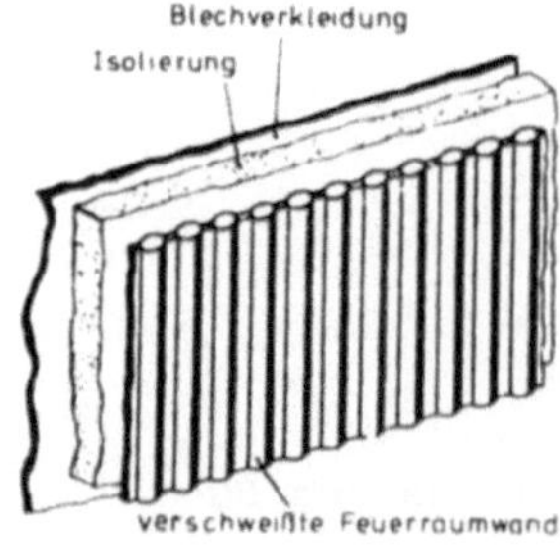

Bild 26.2. Gasdicht verschweißte Wand aus
Flossenrohren mit durch Blechummantelung
geschützten Isoliermatten

durch eine Blechummantelung geschützt werden. Die Siederohre stehen hier der Wärmeübertragung nur mit ihrer dem Feuer zugewandten Umfangshälfte zur Verfügung.

Da solche Feuerraumwände nicht steif genug sind, macht erst das äußere Rahmenwerk (Bandagen) die Wand gegen Drucküberschreitungen (z.B. bei Flammenverpuffung) widerstandsfähig (Bild 26.3). Der Höhenabstand der Bandagen beträgt einige Meter. Da sich die Feuerraumwände im Betrieb thermisch dehnen oder zusammenziehen, die außen liegenden Bandagen aber diesen Temperaturwechseln nur verzögert folgen, sind die Rahmenecken nachgiebig zu gestalten.

Enge Siederohre machen den Verdampfer leichter, da dessen Metallmasse dem Rohrdurchmesser direkt proportional ist. Hier gilt nach Bild 26.4:

$$\frac{M_E(D)}{M_E(D/4)} = \frac{\pi \; D \; s \; \rho_E \; \frac{1}{D}}{\pi \; \frac{D}{4} \; \frac{s}{4} \; \rho_E \; \frac{4}{D}} = 4$$

Der umlaufende Wasserstrom geht aber zurück. Nach (25.18) beeinflußt der Durchmesser der Siederohre die Umlaufkennzahl ϕ in fünfter Potenz und die Umlaufzahl C in ca. 1,7 facher Potenz. Deshalb werden die Rohre mit einem Außendurchmesser von 51 mm bei Großkesseln und von 63 bis 76 mm bei Kleinkesseln benutzt. Während in Europa glatte Rohre üblich sind,

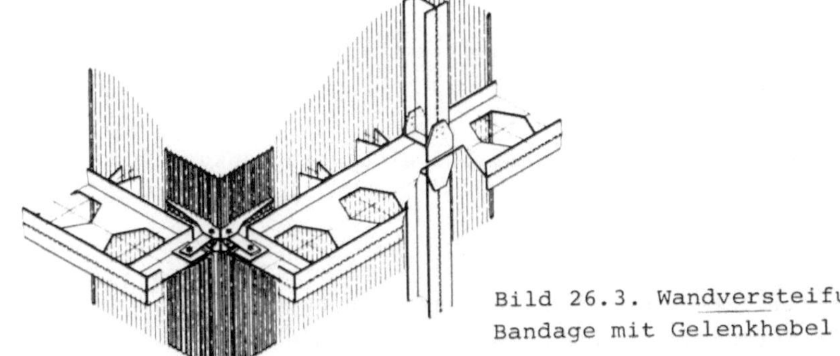

Bild 26.3. Wandversteifung durch Bandage mit Gelenkhebel an den Rahmenecken

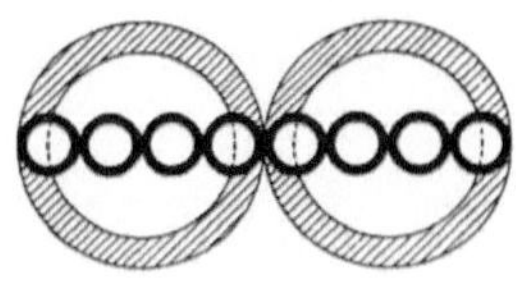

Bild 26.4. Vergleich von zwei Feuerraumwänden mit einem Durchmesserverhältnis der Rohre von 1:4

werden in USA die gerillten Rohre nach Bild 25.5 für Verdampfer von
Großkesseln verwendet /17/.

Als Fallrohre der Verdampfer benutzt man vor allem bei Großkesseln einige wenige, unbeheizte Rohre großen Durchmessers (Bild 24.9), welche bei
tragbarem Druckverlust eine hohe Wassergeschwindigkeit zulassen. Bei
Kleinkesseln wie in Bild 24.7 pflegt man oft als Fallrohrsystem die
Rohre der schwach beheizten Hinterwand des letzten Kesselzuges zu benutzen.

26.3 Kesseltrommel

26.3.1 Aufgabe der Trommel

Die Trommel hat im Umlauf nachfolgende Aufgaben zu bewältigen:

1. Trennung des umlaufenden Wassers vom Dampf.

2. Ausbildung des Wasserspiegels, welcher die Trommel in Wasser- und
Dampfraum aufteilt und als Regelgröße der Kesselspeisung dient.

3. Erwärmung des vom Eko kommenden Speisewassers auf Siedetemperatur,
sowie seine Vermischung mit dem umlaufenden Wasser.

4. Versorgung der Fallrohre mit Wasser.

5. Abfangen der im salzhaltigen Speisewasser enthaltenen Salze und deren
Abfuhr über das Entsalzungsventil.

6. Die Aufnahme des aus den Siederohren z.B. bei Druckabsenkung vorübergehend verdrängten Wassers.

Baulich ist die Kesseltrommel ein dickwandiges, geschweißtes Druckgefäß, an welches die Geräte zur Wasserstandsanzeige, die Manometer zur
Dampfdruckmessung sowie die als Schutz dienenden Sicherheitsventile
angeschlossen werden. Von der Trommel ist auch u.U. die Besichtigung
des Rohrinnern bei Revisionen der Anlage möglich. Der Trommeldurchmesser
wird in der Regel unter 2 m gehalten.

26.3.2 Rohranschlüsse an die Trommel und die Speisewasserzufuhr

An die Trommel werden schon bei der Herstellung Nippel angeschweißt, die dann zusammen mit der Trommel ausgeglüht werden. An diese Nippel werden schließlich die Fall- und Siederohre angeschweißt. Bei den im niedrigsten Punkt der Trommel angeschlossenen Fallrohren ist die Zulaufhöhe

$$h_{ZL} \gtrsim 1,5\ w_{FL}^2/2g$$

einzuhalten. Um diese zu verkleinern, wird manchmal das Fallrohr durch eine große Anzahl enger Verbindungsrohre, in denen die Wassergeschwindigkeit dann klein ist, an die Trommel angeschlossen (z.B. in Bild 33.14). Bei Fallrohren großen Durchmessers wird an deren Eintritt durch Einbau eines Siebes der Ausbildung des Einströmwirbels, welcher den Wassereinlauf drosseln würde, entgegengewirkt (Bild 26.5).

Bei $t_E < t'$ ist für die Speisewasserzufuhr ein Doppelrohrstutzen zu verwenden (Bild 26.6). Hier erlaubt das Außenrohr dank des an seiner Innenoberfläche kondensierenden Sattdampfes einen allmählichen Temperaturübergang zwischen dem kalten Speisewasserrohr und der heißen, dicken Trommelwand. Weiter ist bei Speisewasserzufuhr anzustreben:

1. Die gleichmäßige Verteilung des Speisewassers auf die ganze Trommellänge.

2. Dessen Erwärmung nahe an die Siedetemperatur, und zwar bevor sich das Speisewasser mit dem umlaufenden Wasserstrom vermischt.

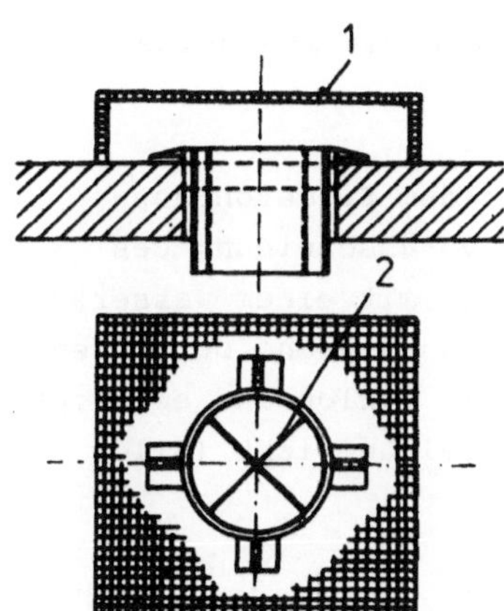

Bild 26.5. Einbauten am Fallrohreintritt.
1 Sieb; 2 kreuzförmiger Wirbelbrecher

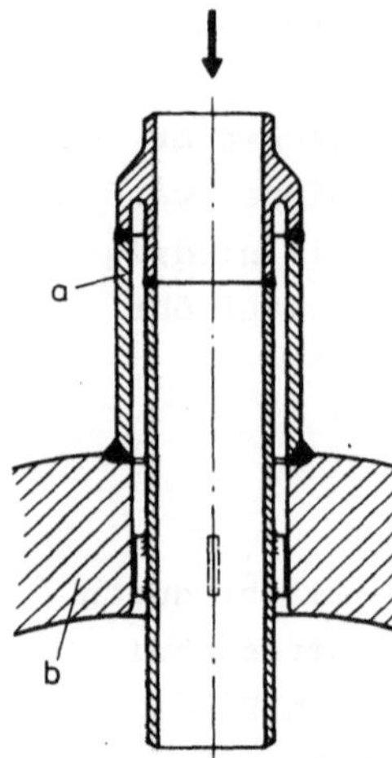

Bild 26.6. Doppelrohr für Speisewasserzufuhr.
a Doppelrohr; b Trommelwand

Beide Vorgänge wirken den kalten Wassersträhnen im Trommelinhalt und somit auch den Wärmespannungen in der Trommelwand entgegen.

Wird das Speisewasser in den Dampfraum eingeschleust, so geschieht das
meistens über eine Speiserinne (Bild 25.9). Bei Wasserzufuhr unter den
Wasserspiegel dient hierzu ein gelochtes Verteilungsrohr.

26.3.3 Feuchtigkeitsabscheidung

Um eine Turbinenversalzung zu vermeiden, ist der Salzgehalt im Dampf
unter 0,1 mg/l zu halten (vgl. Tab. 23.1). Selbst mit diesem Wert werden
z.B. durch eine 100 MW-Turbine (350 t/h Dampfverbrauch) bei Ausnutzungsdauer des Kraftwerkes von 6000 h/a ca. 210 kg/a durchgesetzt. Deshalb
muß in der Trommel jede Spur des salzreichen Kesselwassers vom Sattdampf
entfernt werden. Eine wirksame Trennung des Wassers vom Dampf in dem
kleinen, durch die kinetische Energie des umlaufenden Dampfwassergemisches hoch belasteten Dampfraum der Trommel sichern die Abscheider,
selbst bei hohen Drücken, wo $v''/v' \to 1$ strebt.

Die infolge der Richtungsänderung im Raum zwischen dem Siederohraustritt und der Trennwand (Bild 26.7) stattfindende Vorabscheidung des
Wassers entlastet die Zyklonabscheider, welche somit mit einem wasserär-
meren Naßdampf beaufschlagt werden. In diesen werden aufgrund der Fliehkraft die größeren Tropfen aus dem tangential an die Zyklonwand einströ-
menden Gemisch herausgeschleudert. Aus dem Kräftegleichgewicht (Bild
26.8)

$$3\,\pi\,\eta''D_{TR}\,u = \frac{1}{6}\,\pi D^3{}_{TR}\rho'\frac{w^2}{R} \tag{26.1}$$

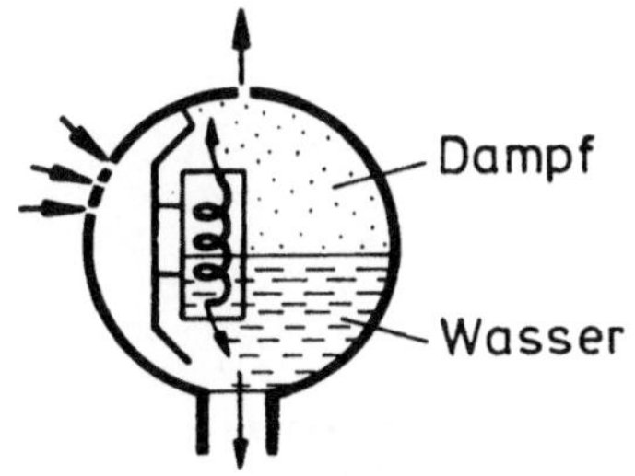

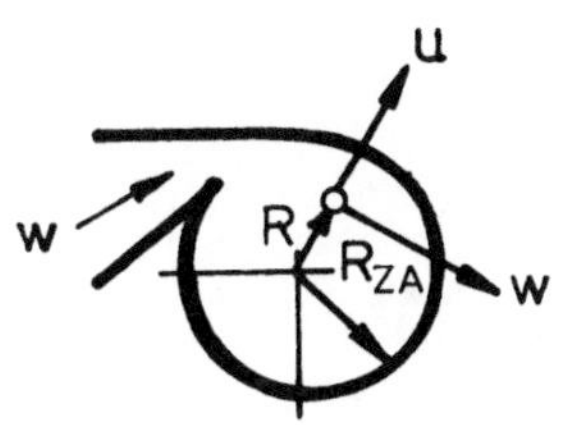

Bild 26.7. Zyklonabscheider an der Trennwand

Bild 26.8. Abscheidung eines Tropfens im Zyklonabscheider durch Fliehkraft

folgt für deren Abscheidungsgeschwindigkeit

$$u = \frac{1}{18} \frac{\rho'}{\eta''} \; D_{TR}^2 \frac{w^2}{R}$$

Das Bild 26.7 zeigt die an der Trennwand angebrachten Zyklone. Deren Anzahl ist groß, da nach (26.1) ihr Durchmesser klein zu halten ist.

Die Beseitigung der feinen Tropfen wird in Wellenblechabscheidern (Bild 26.9) durch mehrmalige Richtungsänderung und durch den kleinen Abstand der Tropfen von der Auffangoberfläche bewirkt. Die Dampfgeschwindigkeit muß hier mäßig sein, sonst droht das Abreißen des Wasserfilms. Dieses ist umso wahrscheinlicher, je kleiner die Oberflächenspannung des Filmes und je grösser die Dampfdichte ist. Die Oberflächenspannung $\sigma \sim (\rho' - \rho'')^4$ nimmt mit steigendem Druck ab (Bild 26.10), während die Dampfdichte wächst.

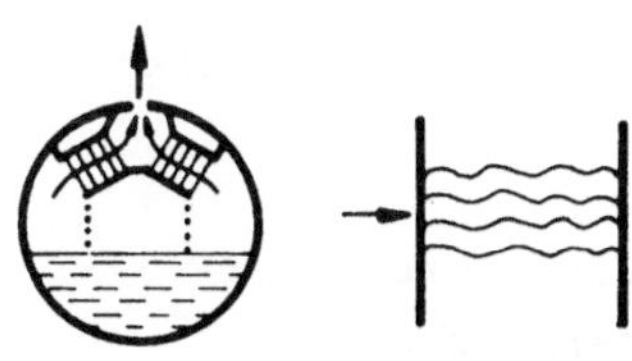

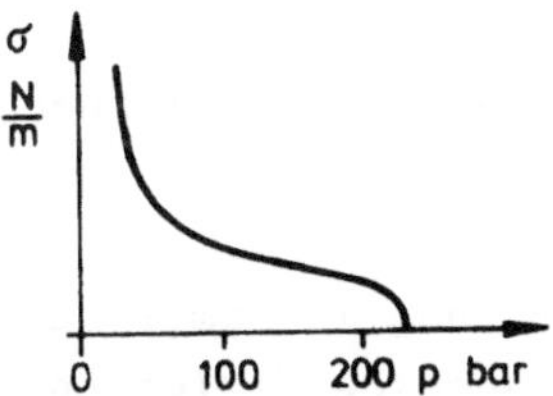

Bild 26.9. Wellenblechabscheider (Dampftrockner)

Bild 26.10. Oberflächenspannung des Wasser in Abhängigkeit vom Druck

Üblich ist die zweistufige Abscheidung mit Zyklonen als Vorabscheider und Wellenblechabscheidern als Feinabscheider, wie es der Trommelquerschnitt mit Axialzyklonen in Bild 26.11 zeigt. Es handelt sich hier um

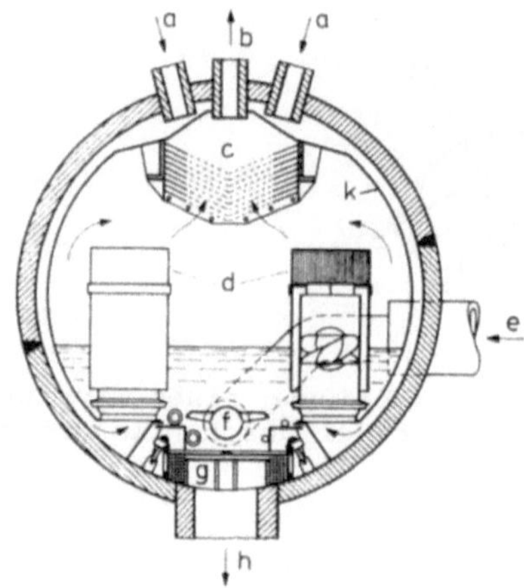

Bild 26.11. Trommeleinbauten eines Zwangsumlaufkessels. a Siederohre; b trockener Sattdampf zum Überhitzer; c Dampftrockner; d Axialzyklone; e Speisewasserzufuhr; f Wasserverteilungsrohr; g Sieb und Drallbrecher; h Fallrohr; k Innenmantel

die Trommel eines Zwangsumlaufkessels, da bei Naturumlaufkesseln wegen des erhöhten Strömungswiderstandes auf den im Bild dargestellten Innenmantel verzichtet wird. Vor dem Fallrohreintritt ist hier außerdem ein Sieb sowie ein kreuzförmiger Drallbrecher eingebaut.

26.3.4 Statische und dynamische Beanspruchung der Trommel

Bei Umlaufkesseln bildet die dickwandige Trommel hinsichtlich des zulässigen Temperaturtransienten das kritische Bauteil. Die Trommelwände erreichen nämlich Stärken bis zu 100 mm. Für die Beanspruchung der Trommel als Druckgefäß sind deren nachfolgende Merkmale entscheidend /62/:

1. dicke Wand,

2. Verschwächung durch Löcher für Rohranschlüsse,

3. hohes Verhältnis der Länge zum Durchmesser, insbesondere bei großen Kesseln,

4. waagerechte Aufteilung in Dampf- und Wasserraum mit unterschiedlichen Wärmeübergangskoeffizienten an der Innenoberfläche,

5. die kugelförmigen Trommelböden, die gegen Temperaturwechsel empfindlicher sind als der zylindrische Trommelmantel.

Die an den Lochrändern vorkommende Spannungskonzentration, welche die höchste Beanspruchung in der Trommelwand darstellt, ist sowohl durch die Wandverschwächung durch Löcher als auch durch die normalerweise vorkommende - und zusätzliche Biegespannungen erzeugende - Ovalität des Trommelmantels bedingt.

Bei Übergangsprozessen führt jede Druckänderung Siedetemperaturtransienten herbei. Die Wärmespannung in der dicken Trommelwand (Punkt 1) ist diesem Transienten direkt und der Wandstärke quadratisch proportional. Dabei ändert sich (beachte Punkt 4) die Wandtemperatur im Wasserraum schneller als im Dampfraum. Dies hat eine Verkrümmung der Trommelachse (Punkt 3) sowie eine ungleiche Verformung des Trommelquerschnittes in Umfangsrichtung zur Folge, wobei der Punkt 2 die Beanspruchung weiter erhöht.

All diese Spannungen vermindern beträchtlich den zulässigen Drucktransienten bei Lastwechseln und insbesondere beim Anfahren (1 bis 3 K/min), wo dt'/dp sehr groß ist und der kalten Trommel bei Erwärmung die Entlastung durch den Druck noch fehlt (Bild 26.12).

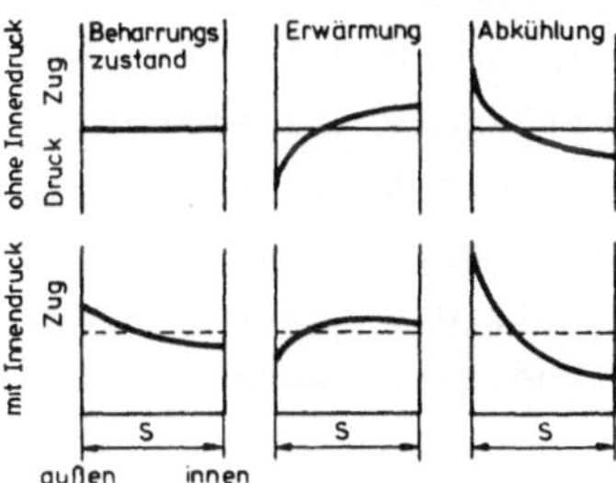

Bild 26.12. Spannungen in der Trommelwand bei Temperaturwechseln

27. Überhitzer

27.1 Temperaturstreuung am Überhitzeraustritt

Der Überhitzer ist ein Wärmetauscher, der aus einer großen Anzahl von
dampfseitig parallel geschalteten Rohren besteht, in denen durch Rauchgase das einphasige Medium - der Dampf - auf die verlangte Temperatur
überhitzt wird. Bei ungleicher Beheizung einzelner Überhitzer-Schlangen
ist bei diesen eine unterschiedliche Enthalpiezunahme die Folge. Da die
spezifische Wärmekapazität des Dampfes kleiner ist als die des Wassers,
ist eine merkbare Streuung der Dampftemperatur am Überhitzeraustritt zu
erwarten /63/.

Diese Temperaturabweichung ist der Enthalpiezunahme des Arbeitsstoffes
im Rohr direkt proportional, d.h. es ist eine Aufteilung der Überhitzer
in mehrere Stufen zweckmäßig /64/. Zwischen den Stufen (Bild 27.1) findet vor allem in den Austrittssammlern das Mischen statt, so daß der
nachfolgenden Stufe ein temperaturmäßig fast homogener Dampf zuströmt.
Der Mischeffekt in den Austrittssammlern entsteht dadurch, daß der Dampf
aus den Überhitzerrohren als Freistrahl quer in den axialen Dampfstrom
im Sammler eindringt und sich mit diesem intensiv mischt.

Für die Temperaturstreuung am Überhitzeraustritt kommen dann nur die in
der letzten Stufe entstandenen Abweichungen zur Auswirkung. Die rauchgasseitige Temperaturschieflage wirkt sich in diesem Fall auf die Temperaturstreuung bei Gegenstrom-Überhitzerstufen stärker aus als bei deren
Gleichstromschaltung.

Bei mehrstufigem Überhitzer /64,65/ ist auch eine Überkreuzung möglich.
Nach Bild 27.2 wird der Dampfstrom in zwei Stränge und somit jede Stufe
in zwei Sektionen aufgeteilt. Eine Sektion der vorhergehenden Stufe wird
mit einer Sektion der nachfolgenden Stufe über Kreuz verbunden. Dadurch
erhält der einfache Gleich- bzw. Gegenstrom zusätzlich eine Kreuzstrom-

Bild 27.1. Überhitzer
in Stufenbauweise

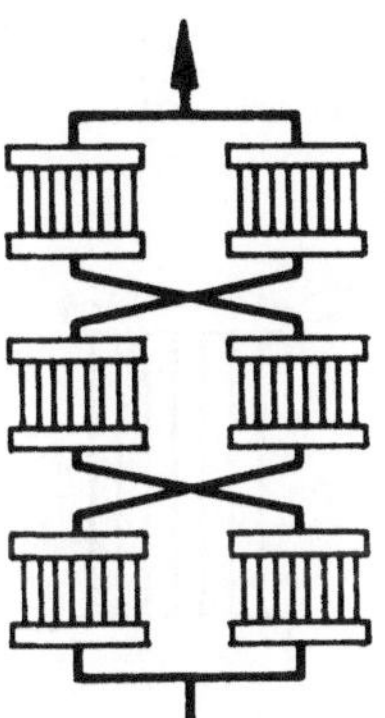

Bild 27.2. Schema der Überkreuzung
beim dreistufigen Zweistrang-Über-
hitzer

komponente sowohl in der Breite als auch in der Tiefe des Rauchgasstromes. Die Anzahl der Stränge ist mit der Zahl der Sektionen identisch.
Bei Großkesseln benutzt man für Überkreuzungen mehr als zwei Stränge.

Mittels Überkreuzung gelangt nun der Arbeitsstoff von einer Kesselseite
auf die andere bzw. von der Kesselmitte zu den Kesselseiten, wodurch
sich wenigstens teilweise die Folgen der Temperaturschräglage in den
Rauchgasen in der Kesselbreite wettmachen lassen. Nachteil des mehrstufigen Überhitzers sind höhere Kosten sowie ein größerer Druckabfall
infolge der Überführungsleitungen und der hohen Turbulenz, die zur
Durchmischung notwendig ist.

Die Temperaturstreuung in den einzelnen Stufen bzw. Sektionen als Folge
von baulichen Fehlern kommt ebenfalls vor. Beispielsweise ist bei den
Sammlern die Lage der Dampfzu- und -abfuhr für die gleichmäßige Beauf-
schlagung einzelner Rohre von Einfluß. Im Eintrittssammler mit Dampfzu-
und -abfuhr in der Mitte (Bild 27.3a) kommt es infolge des axialen
Dampfabflusses in die einzelnen Rohrschlangen in beiden Richtungen (vom
Eintrittsstutzen gesehen) zur Dampfstromverzögerung. Somit steigt der
Druck in Richtung der Sammlerböden an. Beim Austrittssammler ist es umgekehrt. Die Schlangenbeaufschlagung ist hier deshalb gleichmäßig. Die
Ausführung b zeigt ein der Ausführung a nahezu identisches Verhalten.
Dagegen gibt es bei der Anordnung c eine starke Asymmetrie in der Dampf-
verteilung, da hier in den einzelnen Rohren der Druckabfall sehr unter-
schiedlich ist.

Die Massenstromdichte in Überhitzerrohren liegt bei Vollast im Bereich
von $\dot{m}$ = 1000 bis 2500 kg/m^{2}s. Höhere Werte gelten für den Strahlungs-

überhitzer, wo eine kleine Übertemperatur der Rohrwand trotz hoher
Wärmestromdichte einzuhalten ist.

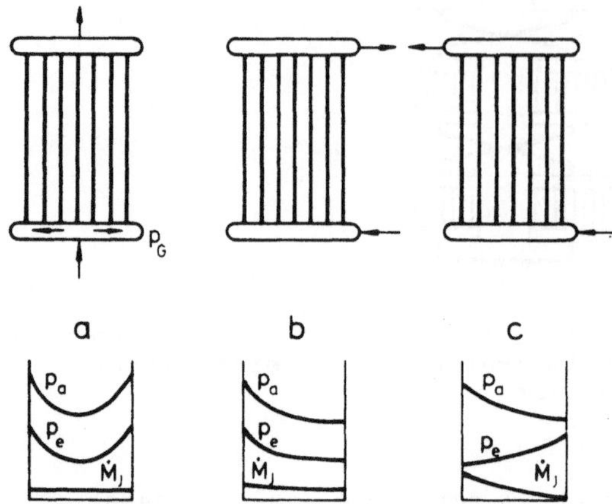

Bild 27.3. Varianten der Dampfzu- und -abfuhr bei den Sammlern des
Überhitzers. p_e bzw. p_a Druck entlang des Ein- bzw. Austrittssammlers;
$\dot{M}_j$ Dampfbeaufschlagung einzelner Rohre

27.2 Schaltung der Überhitzerstufen

Der Überhitzeraufbau ist von der Art des Verdampfungsverfahrens unabhängig und wird einerseits durch die Forderungen der Dampfströmung, andererseits rauchgasseitig durch die Art der Wärmeübertragung – Strahlung
oder Konvektion – bestimmt. Auch der Aschegehalt der Rauchgase ist von
Bedeutung. Außerdem spielen beim Überhitzerkonzept die regeldynamischen
Erwägungen eine große Rolle.

Ein Beispiel der rauchgasseitigen Schaltung einer dampfführenden Heizfläche mit Einspritzkühler zeigt das Bild 27.4. Die dem Einspritzkühler
vorgeschalteten Stufen 1 und 2 bilden den Vorüberhitzer, die Stufe 3
wird als Nachüberhitzer bezeichnet. Während an den Vorüberhitzer 1 die

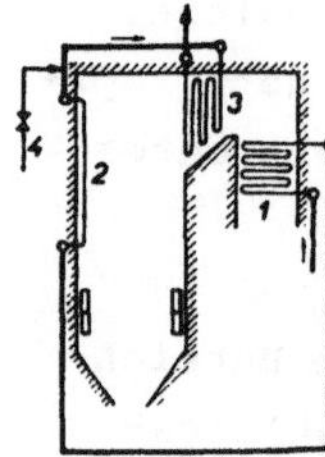

Bild 27.4. Dreistufiger Überhitzer. 1 konvektiver ÜH;
2 Strahlungsüberhitzer; 3 kombinierter ÜH; 4 Einspritzkühler

Wärme von den Rauchgasen fast ausschließlich durch Konvektion übertragen wird, ist der Überhitzer 2 als eine Strahlungsheizfläche anzusehen. Dem Nachüberhitzer 3 wird die Wärme in gleichem Maße durch Strahlung und durch Konvektion zugeführt.

Bei Großkesseln kann die Schaltung u.U. verwickelter sein, wie es z.B. die Abbildung des oberen Teils eines Turmkessels (Bild 27.5) zeigt. Hier sind die letzten Stufen des dreistufigen Überhitzers und des Zwischenüberhitzers ineinandergeschachtelt. Diese rauchgasseitig gesehen parallele Schaltung ergibt sich aus der Forderung, den Frisch- sowie den Zwischendampf auf gleich hohe Endtemperatur zu erhitzen. Sonst folgt hier im Rauchgasweg jeder Überhitzerstufe die des Zwischenüberhitzers. Die ersten und zweiten Stufen sind mit Rauchgas im Gegen-Kreuzstrom und die dritten Stufen im Gleich-Kreuzstrom angeordnet.

Das Bild 27.6 zeigt die mannigfaltigen Formen der Überhitzer- und Zwischenüberhitzerheizflächen eines Zweizug-Großkessels /6/.

27.3 Überhitzer-Bauformen

27.3.1 Liegender Überhitzer

Der konvektive Bündelüberhitzer im zweiten Kesselzug (Bild 27.6) besteht aus waagerechten Rohrschlangen. Die Heizflächen sind hier an den sattdampfführenden Tragrohren aufgehängt. Bei großer Schlangenlänge muß man mehr als zwei Tragrohrreihen (Bild 27.6) anordnen, da sonst bei engen Rohren mit kleinem Widerstandsmoment deren Durchbiegung zu groß und die Eigenfrequenz zu niedrig wäre. Die Resonanzgefahr, angeregt durch

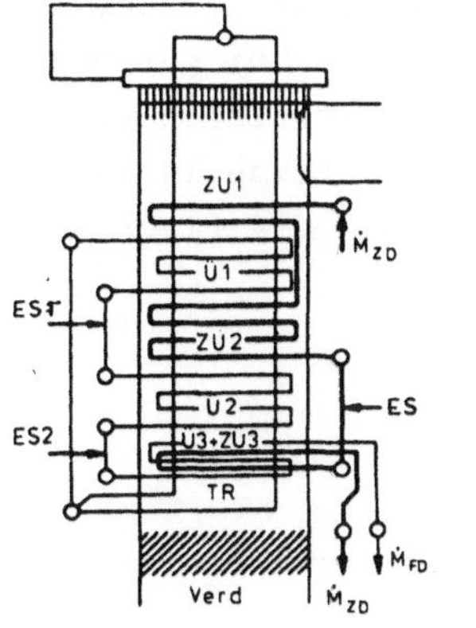

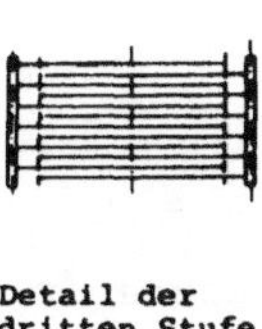

Bild 27.5. Turmkessel mit Verschachtelung der letzten Überhitzer- und Zwischenüberhitzerstufe.
ES1 erste Einspritzung im Überhitzer; ES2 zweite Einspritzung im Überhitzer; ES Einspritzung im Zwischenüberhitzer (Brennstoff: Erdgas)

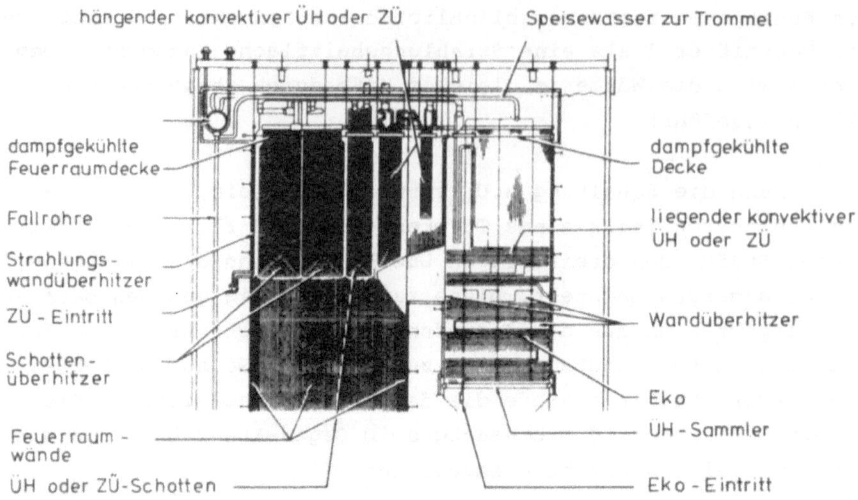

Bild 27.6. Dampfführende Heizflächen eines Zweizugkessels mit waagerechtem Zwischenzug /6/

die sich von den Rohren ablösenden Rauchgaswirbel, wäre groß. Für die rauchgasseitige Wirbelablösefrequenz gilt bei querangeströmten Rohren

$$f_{WB} = Sr \ \frac{w_{RG}}{D}$$

mit w_{RG} = Rauchgasgeschwindigkeit, D = Rohraußendurchmesser und der Strouhal-Zahl Sr. Die letztere ist stark von der Bündelgeometrie abhängig /48/.

Bei den Bündelüberhitzern werden die Rohrschlangen entweder versetzt oder fluchtend (Bild 27.7) angeordnet. Die Raumausnützung ist bei den beiden Anordnungen praktisch dieselbe. Der Vorteil der fluchtenden Anordnung der Rohrschlangen liegt in einem kleineren Zugverlust des Überhitzers. Der Wärmeübergangskoeffizient ist aber kleiner als bei der versetzten Anordnung. Die fluchtenden Rohrschlangen lassen sich leichter durch Rußbläser reinigen, da der Dampfstrahl aus der Bläserdüse in den freien Gassen zwischen den Rohrschlangen weiter vordringt. Die fluchtenden Rohrschlangen werden deshalb oft bevorzugt.

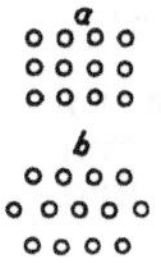

Bild 27.7. Anordnung der Rohre im Bündelüberhitzer. a fluchtend; b versetzt

Bei versetzter Anordnung sind der Wärmeübergangskoeffizient sowie der Druckabfall größer. Allerdings ist bei gleicher Raumausnützung der senkrechte Abstand der Rohrschlangen größer als bei fluchtender Anordnung und die Bildung senkrechter Überbrückungen aus Asche ist weniger wahrscheinlich.

Die Rauchgasgeschwindigkeit in den Überhitzern der Kessel mit Kohlenstaub- oder Rostfeuerung wird bei Vollast je nach dem Aschegehalt im Brennstoff zwischen 6 bis 12 m/s angenommen. Bei zu hohen Rauchgasgeschwindigkeiten ist das Abschleifen der Rohrschlangen durch abrasive Ascheteilchen zu befürchten.

Der waagerechte Überhitzer am Feuerraumaustritt wird nach Bild 27.8 als Schottenüberhitzer ausgebildet, der für den Einsatz im Bereich hoher Rauchgastemperaturen mit noch klebefähigen Ascheteilchen am besten geeignet ist. Dessen Rohrschlangen werden durch enges Aneinanderreihen in Form einer zusammenhängenden Platte gewunden. Die Entfernungen zwischen den benachbarten Schotten liegen zwischen 500 und 1500 mm. Der Wärmeübergang erfolgt vor allem durch Strahlung. Die großen Abstände zwischen den einzelnen Schotten sind vom Standpunkt der Strahlung günstig, da sie eine dicke strahlende Gasschicht geben.

Die Schottenüberhitzer sind in gewisser Hinsicht selbstreinigend. Ungleiche Temperatur der benachbarten Rohrschlangen führt zu ihrer verschieden großen Ausdehnung, wodurch die Schlackenansätze von der flachen Schottenoberfläche sich leichter ablösen. Durch das dichte Aneinanderlegen der gewundenen Rohrschlangen soll verhindert werden, daß sich die, den ganzen Umfang der Rohre umschließenden Schlackenansätze ausbilden.

Die Aufhängung von waagerechten Überhitzerschlangen in Bild 27.6 erfolgt an den mit Speisewasser oder Dampf gekühlten Tragrohren mittels Tragnasen aus feuerfester Legierung. Die Form einer solchen Tragnase, auf der das Überhitzerrohr frei aufliegt, zeigt Bild 27.9. Die Tragnasentemperatur wird hierbei entscheidend durch die Wärmeabstrahlung beeinflußt und

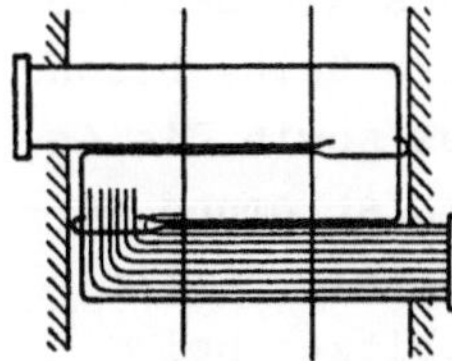

Bild 27.8. Schottenüberhitzer mit waagerecht gewickelten Schlangen und senkrechten Tragrohren

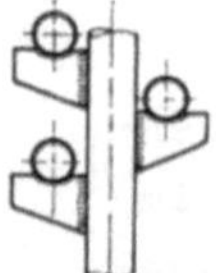

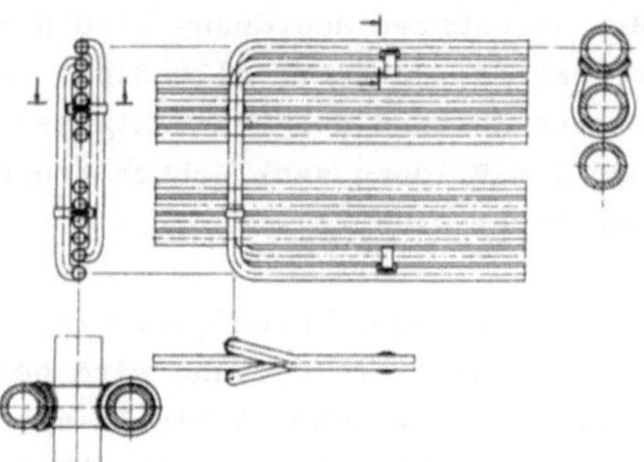

Bild 27.9. Ungekühlte Tragnasen

Bild 27.10. Rohrumwickelung
zwecks Zusammenhaltens einer
Schottenheizfläche

übersteigt selten 700 °C. Bei Ölkesseln sollte sie allerdings 550 °C
nicht überschreiten, da sonst die Schmelze, welche die in der Schweröl-
asche anwesenden Elemente Vanadium und Natrium enthält, die Metall-
schutzschicht angreifen kann. Die über Kreuz ausgebogenen Tragrohre sind
als Schottenträger im Hochtemperaturbereich zu empfehlen. Das Bild 27.10
zeigt die Art, wie man bei Überhitzerrohren deren Ausbiegen aus der
Schottenebene verhindert.

Bei den Überhitzern mit waagerechten Rohrschlangen ist eine Entwässerung
leicht möglich, da alle Rohrschlangen in einen gemeinsamen unteren Sammler eingeführt werden, aus dem das Wasser leicht abgezogen werden kann.

27.3.2 Hängender Überhitzer

Bei Turmkesseln kommt man mit waagerechten Rohrschlangen aus. Dagegen
sind bei einem Zweizugkessel wie in Bild 27.6 die Rohrschlangen im
waagerechten Zwischenzug senkrecht angeordnet. Die hängenden Überhitzer
leiden weniger an Verschmutzung durch feste, trockene Asche, da diese an
den senkrechten Rohren nicht haften bleibt. Sie werden meistens mit
fluchtenden Rohren ausgeführt. Man kann sie aber auch als Schottenüberhitzer ausbilden, die für den Betrieb mit hohen Rauchgasstemperaturen
besser geeignet sind (Schottenüberhitzer im oberen Brennraumteil des
Kessels in Bild 27.6).

Der hängende Überhitzer ist nicht entwässerbar. Man muß deshalb bei diesem Überhitzer, z.B. beim Abstellen des Kessels für längere Zeit, besondere Maßnahmen zur Verhütung der Korrosionen treffen. Dies sowie die Gefahr des Rohrausglühens beim Anfahren infolge der die Dampfströmung ver-
hindernden Kondensatpropfen, die in den unteren Rohrbögen beim Stillstand entstehen, sind die Gründe, warum der hängende Überhitzer bei
Großkesseln seltener Verwendung findet.

Oben aufgehängt sind die Überhitzerschleifen selbsttragend. Daher ist keine Halterung entlang der senkrechten Überhitzerrohre erforderlich. Zu lange Schlangen wären aber deshalb zu nachgiebig und hätten eine niedrige Eigenfrequenz. Bei den deutschen Großkesseln der letzten Jahre trifft man hängende Überhitzer mit Ausnahme der Schottenüberhitzer nur selten an.

27.3.3 Wandüberhitzer

Die Strahlungs-Überhitzer lassen sich auch als Wandüberhitzer ausbilden, welche im Feuerraum oder im Kesselzug angebracht werden. Der im Bild 27.6 an der Vorderwand des Brennraumes aufgestellte Wandüberhitzer ist wie ein vor den Siederohren liegender Schirm aufgebaut. Dieser kann entweder mit dicht nebeneinander gelegten Überhitzerrohren (Bild 27.11a) oder mit solchen größerer Teilung (Bild 27.11b) ausgeführt werden. Beide Ausführungen können an ihrer Leeseite mit einer Ummauerung aus keramischen Formsteinen bzw. aus feuerfestem Beton versehen werden.

Bei den Wandüberhitzern ist lediglich die vordere Hälfte des Rohrumfanges der Flammenstrahlung ausgesetzt. Hinsichtlich des Reinhaltens sind die eine durchgehende metallische Fläche bildenden Wandüberhitzer wegen der verschiedenen Wärmeausdehnung benachbarter Rohre in bestimmtem Maße selbstreinigend. Die Führung und die Befestigung der einzelnen Überhitzerrohre an der Wand muß so ausgeführt werden, daß die ungleiche Wärmedehnung der benachbarten Rohre keine Schwierigkeiten bereitet. Das gleiche gilt von der durch einseitige Bestrahlung hervorgerufenen Tendenz zum Ausbiegen der Rohre in den Feuerraum.

In Bild 27.6 bildet der Wandüberhitzer die Umfassungswände des Kesselzuges sowie die Kesseldecke. Im Detail ist ein Kesselzug aus Wandüberhitzern in Bild 27.12 dargestellt.

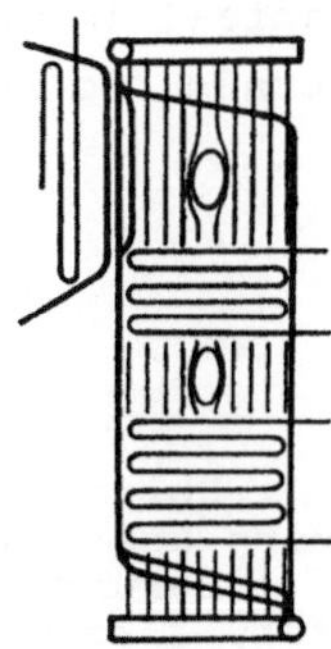

Bild 27.11. Wandüberhitzer

Bild 27.12. Kesselzug-Umfassungswände aus Überhitzerrohren

28. Zwischenüberhitzer (ZÜ)

Die Bauformen des Zwischenüberhitzers sind ebenfalls in Bild 27.6 dargestellt und unterscheiden sich von denjenigen des Überhitzers wenig. Die
ZÜ-Rohre haben allerdings einen größeren Durchmesser als die Überhitzerrohre, da das spezifische Volumen des Zwischendampfes größer ist als das
des Frischdampfes. Zusätzlich ist zu beachten, daß:

1. beim Festdruckbetrieb eine Abnahme der Zwischendampftemperatur am
   ZÜ-Eintritt bei Teillast und somit eine Zunahme der notwendigen
   Enthalpieerhöhung im Zwischenüberhitzer auftritt,

2. der Gewinn an thermischem Wirkungsgrad infolge Zwischenüberhitzung
   durch den Druckabfall im ZÜ sowie durch die Wassereinspritzung in den
   Zwischendampf zwecks Temperaturregelung beeinträchtigt wird (jedes
   Prozent Druckverlust verkleinert den Wirkungsgradgewinn um ca. 1 %).

In Bild 28.1 ist der Zwischenüberhitzer in zwei Stufen aufgeteilt, wobei die erste Stufe im Kesselzug zwischen der ersten Überhitzerstufe
und dem Speisewasservorwärmer liegt. Die zweite Zwischenüberhitzerstufe
befindet sich im Bereich hoher Rauchgastemperaturen und wird meistens
hinter der letzten Überhitzerstufe angebracht.

Ein möglichst kleiner Druckabfall im ZÜ setzt die Gegenstromschaltung
der ZÜ-Stufen im Rauchgas voraus. So führt die erste konvektive ZÜ-

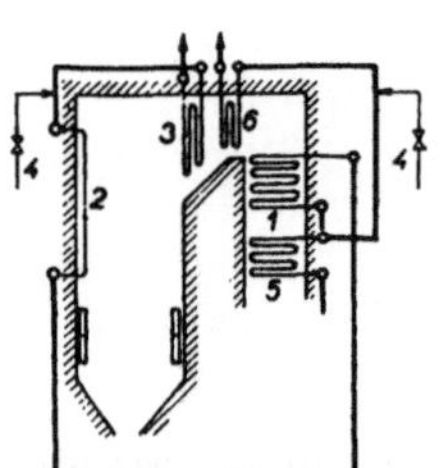

Bild 28.1. Übliche Schaltung des dreistufigen
Überhitzers und des zweistufigen Zwischenüberhitzers. 1 Berührungsüberhitzer; 2 Strahlungsüberhitzer, 3 kombinierter Überhitzer; 4 Dampfkühler; 5 erste Stufe des Zwischenüberhitzers;
6 zweite Stufe des Zwischenüberhitzers

Stufe, welche die größte Heizfläche bzw. Schlangenlänge L aufweist,
noch kalten Zwischendampf mit kleinem mittlerem spezifischen Volumen
$\bar{v}$, während die letzte ZÜ-Stufe mit kleiner Schlangenlänge (Strahlungsstufe) mit heißem Zwischendampf (großes $\bar{v}$) beaufschlagt wird. Auf diese
Weise läßt sich die Summe der Produkte $\bar{v}$ L für die einzelnen Stufen n

$$\sum_{n} (\bar{v} \, L)_n$$

welcher der Druckabfall direkt proportional ist, zum Minimum machen.

Die notwendige Massenstromdichte des Dampfes liegt hier im Bereich von
200 bis 450 kg/m^{2}s.

Der Zwischenüberhitzer bedarf besonderen Schutzes beim Anfahren des Kessels aus dem kalten Zustand. Einen Dampfstrom durch den ZÜ gibt es erst
dann, wenn der Kessel schon Dampf erzeugt und die zum Öffnen des HD-
Bypasses (Bild 3.1) notwendige Druckschwelle sowohl hinter dem Überhitzer als auch hinter dem ZÜ erreicht worden ist. Da man den Zwischendampf
als Sperrdampf für die Turbine benutzt, wird die letzte Druckschwelle
manchmal zu hoch angesetzt. Das Ausbleiben des Zwischendampfstromes läßt
nun den ZÜ ungekühlt und gefährdet das ZÜ-Metall, insbesondere, wenn der
Zwischenüberhitzer zu weit vorne im Rauchgasstrom liegt und die Rauchgastemperatur am Feuerraumaustritt inzwischen zu hoch angestiegen ist.
Eine frühere Inbetriebnahme der Turbine kann hier also wegen des An-
stauens des Zwischendampfes eine Schädigung der Zwischenüberhitzerrohre
nach sich ziehen.

Eine gefährliche Lage kann bei Anlagen ohne HD-Bypass auch bei plötzlicher Abschaltung der Turbine entstehen, wo der ZÜ bis zum Erlöschen der
Flamme ohne Dampfkühlung bleibt.

29. Ekonomiser (Wasservorwärmer)

Baulich ist dieser (Bild 29.1) dem liegenden Überhitzer ähnlich. Da der
Eko nach Bild 27.6 am Ende des Rauchgasweges vor dem Luftvorwärmer aufgestellt ist, d.h. im Bereich niedriger Temperatur (t_{RG} < 500 $^{\circ}$C), ist
seine Heizfläche groß. Der ursprünglich der Abwärmenutzung dienende Eko
ist eine Heizfläche mit Zwangsdurchlauf. Die Heizfläche bilden Schlangen
aus engen Rohren aus unlegiertem Stahl, die u.U. berippt sind. Der Eko
ist die billigste, druckführende Kesselheizfläche. Die Rohraufhängung
kann u.U. aus ungekühlten Rohrhalterungen bestehen.

Hat das Speisewasser eine niedrige Temperatur, so ist bei schwefelhalti-
gen Brennstoffen die Taupunktkorrosion nicht auszuschließen. Infolge der
Unterschreitung des Taupunktes bildet sich auf den Rohren am Ekoeintritt
ein Film aus stark verdünnter Schwefelsäure, welche das Rohr angreift.
Deshalb pflegt man bei Anlagen ohne Speisewasservorwärmung (wie bei Öl-
kleinkesseln), falls das Abgas Schwefeloxide enthält, das kalte Speisewasser in einem in der Kesseltrommel aufgestellten und dem Eko vorgeschalteten Vorwärmer über den Taupunkt hinaus vorzuwärmen.

Bei Hochdruckanlagen mit hoher Speisewassertemperatur findet im Eko die
Wassererwärmung auf eine mit sicherem Abstand (20 bis 30 K) unter der
Siedetemperatur liegende Temperatur statt. Dagegen funktioniert bei Nie-

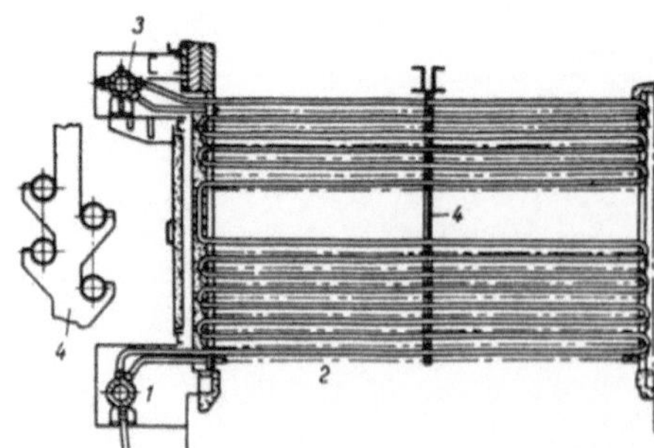

Bild 29.1. Ekonomiser.
1 Eintrittssammler; 2 Rohr-
schleifen; 3 Austrittssammler; 4 Rohrhalterung

derdruckanlagen der Eko oft als Vorverdampfer. Er liefert dann Naßdampf, dessen Dampfgehalt Werte bis $x = 0,2$ erreicht. Die Massenstromdichte nimmt man beim Eco mit 1000 bis 2000 kg/m^2s an.

Bei dem Verdampfungseko mit $x \leq 0,2$ wird dieser zum Durchlaufverdampfer mit großer Vorwärmzone, wobei der kleine Austrittsdampfgehalt die Neigung zur Labilität im Sinne des Absatzes 35.2 verstärkt. Wegen der schwachen Ekobeheizung ist jedoch die Gefahr für die Ekorohre klein und läßt sich durch den Einbau von Drosseln leicht beseitigen.

Ist der Eko, wie z.B. bei manchen Turmkesseln, die am höchsten aufgestellte Heizfläche mit einer Abwärtsströmung (wegen der unvermeidbaren Gegenstromschaltung des Wasser- und des Rauchgasstromes), so besteht die Gefahr des Abreißens des Wasserstromes innerhalb des Ekos. Es kann sogar zu einem Absaugen des Wassers aus dem Eko kommen, so daß nur eine Gerinneströmung verbleibt. Deshalb sind der Austritts- und der Eintrittssammler auf gleicher Höhe anzubringen und durch einige enge Rohre miteinander zu verbinden. Dann reißt die Wassersäule erst im Austrittssammler ab, während im Eko die Wasserfüllung gesichert bleibt. Die Rohre des Ekos sind dadurch allerdings nicht mehr entwässerbar bzw. die Entwässerung bedarf besonderer Maßnahmen (z.B. eines zusätzlichen Zwischensammlers im Eko unten).

30. Einfluß der Dampfparameter auf den Kesselaufbau

30.1 Wärmeübertragung entlang des Rauchgasweges

Um mit möglichst kleiner Kesselheizfläche auszukommen, sollte der Wärmeaustausch zwischen Rauchgas und Arbeitsstoff im Gegenstrom stattfinden. Außerdem sind die mit Wasser, Dampf bzw. Luft beaufschlagten Heizflächen im Rauchgasstrom so aufzustellen, daß das Temperaturgefälle
zwischen diesen und den Rauchgasen möglichst groß wird.

Dies ist jedoch nicht immer möglich. Bei ausgeführten Dampfkesseln muß
man sich mit einem Kompromiß begnügen, da die von den Rauchgasen zu er-
wärmenden Arbeitsstoffe mit den gerade höchsten Temperaturen, also Dampf
und Luft, bei ihrer Strömung nur kleine Wärmeübergangskoeffizienten aufweisen. Deshalb pflegt man wegen Einhaltung einer tragbaren Übertemperatur der Rohre dort, wo die Wärmestromdichte am größten ist, solche Arbeitsstoffe zu wählen, welche die Wärme von der Rohrwand intensiv, mit
einem großen Wärmeübergangskoeffizienten abführen. Die Feuerraumwände
werden aus diesem Grunde mit siedendem oder nichtsiedendem Wasser gekühlt, so daß dort innere Wärmeübergangskoeffizienten in der Größenordnung von 10 kW/m^2K vorliegen und die Übertemperatur der Rohrwand normalerweise 50 K nicht überschreitet.

Der Verlauf der Rauchgas- und Arbeitsstofftemperaturen längs des Rauchgasweges bei einem Hochdruckkessel ist in Bild 30.1 dargestellt. Die
Temperatur des Arbeitsmittels nimmt in der Richtung zur Mitte des Rauchgasweges im Kessel von beiden Seiten her zu. Der Anschaulichkeit halber
sind im Diagramm bei den einzelnen Wärmeaustauschflächen auch innere
Wärmeübergangskoeffizienten angegeben, die vom Anfang des Rauchgasweges
her absinken. Eine Ausnahme bildet in diesem Zusammenhang nur der Wasservorwärmer, der vor dem Luvo liegt. Monoton nimmt die Wärmestromdichte
durch die Wärmeaustauschfläche ab, wie Bild 30.1 ebenfalls erkennen
läßt.

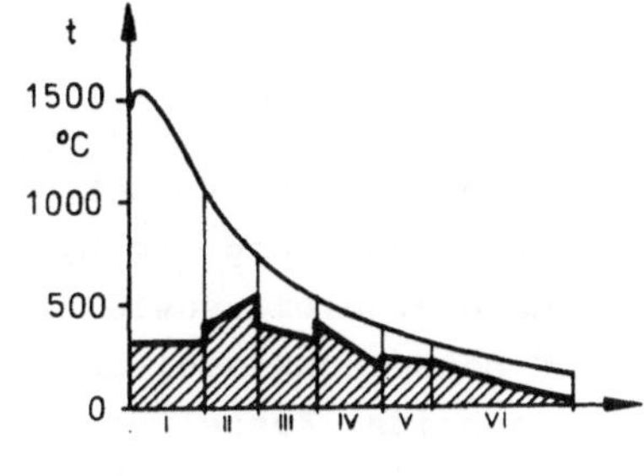

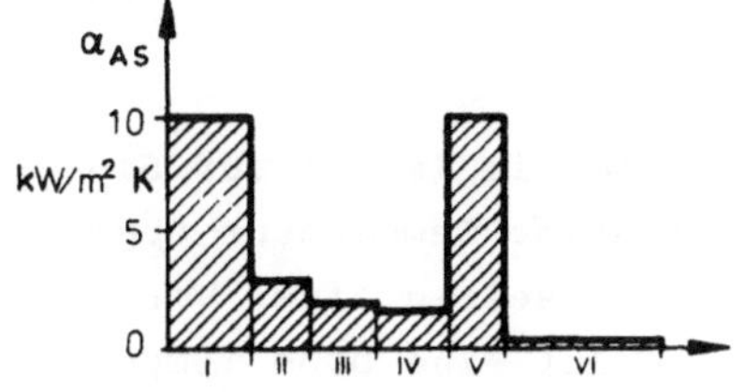

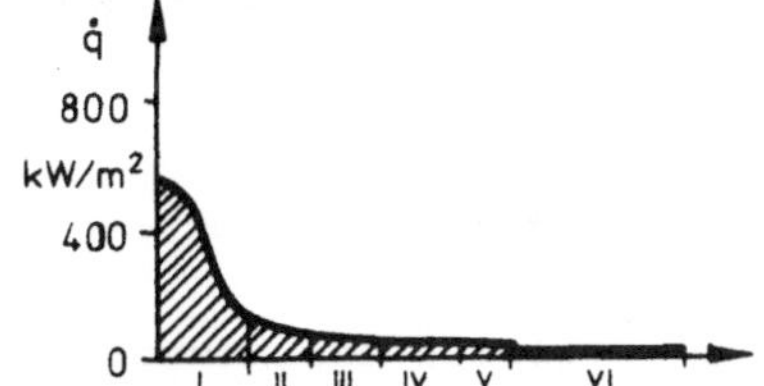

Bild 30.1. Rauchgas- und Arbeitsstofftemperatur, der innere Wärmeübergangskoeffizient der Heizflächen sowie die Wärmestromdichte in den einzelnen Kesselabschnitten längs des Rauchgasweges. I Strahlungsverdampfer; II Nachüberhitzer; III ZÜ; IV Vorüberhitzer; V Eko; VI Luvo

Nach Abschn. 22.2 beeinflußt die Abgastemperatur den Kesselwirkungsgrad am stärksten. Je niedriger diese ist, desto kleiner ist einerseits der Abgasverlust und umso größer sind andererseits die Abmessungen der Niedertemperaturheizflächen und somit die Anlagenkosten. Über die optimale Abgastemperatur entscheidet deshalb neben dem Brennstoffpreis die Ausnutzungsdauer des Kessels. Bei Grundlastanlagen und teurem Brennstoff sollte man Abgastemperaturen möglichst tief unter 200 $^\circ$C anstreben, während bei Spitzenkesseln Abgastemperaturen von 300 bis 400 $^\circ$C wirtschaftlich optimal sein können.

30.2 Auslegung und Lage der Heizflächen im Kessel

Über den Aufbau des Dampferzeugers entscheiden sowohl dessen Feuer- als auch dessen Dampfseite. Feuerseitig muß die Größe des Feuerraumes eine abgeschlossene Verbrennung und eine ausreichende Rauchgasabkühlung gewähren, weil z.B. bei Kohlenstaubfeuerungen ein Betrieb ohne Verschlackung der konvektiven Heizflächen sicherzustellen ist. Der Feuerraumaustritt legt die örtliche Grenze zwischen den Strahlungs- und den Konvektivheizflächen eines Kessels fest.

Dampfseitig gesehen ist das vorgegebene μ bzw. $\dot{Q}_{FR}$ je nach Dampfdruck kleiner, gleich oder größer als der Wärmebedarf der Verdampfung. Im h,p-Diagramm (Bild 30.2) ist zwecks Vergleich die Enthalpiezunahme sowie die Zustandsänderung des Arbeitsstoffes im Nieder- und Hochdruckkessel dargestellt. Dabei wurde für die Heizflächenaufteilung beider Kessel einfachheitshalber der gleiche Brennstoff sowie das gleiche $\dot{Q}_{FR}$ bzw. Δh_{FR} angenommen.

Im ND-Kessel wird das mäßig vorgewärmte Speisewasser im Kessel auf Siedezustand gebracht, verdampft und zuletzt auf niedrige Temperatur überhitzt. Dagegen wird das Speisewasser in einem HD-Kessel in einer Vorwärmerkaskade durch Entnahmedampf aus der Turbine auf eine hohe Temperatur vorgewärmt. Nach Teilexpansion des überhitzten Dampfes in der Turbine findet die Zwischenüberhitzung statt, wodurch der Dampf erneut auf die erforderliche hohe Temperatur gebracht wird.

Demnach bedarf der Niederdruck-Kessel nach Bild 30.2 wegen

1. der niedrigen Siedetemperatur wenig Wärme zum Aufwärmen des Wassers im Eko,

2. einer großen Verdampfungsenthalpie u.U. eines zusätzlichen, konvektiven Verdampfers bzw. eines Verdampfungsekos,

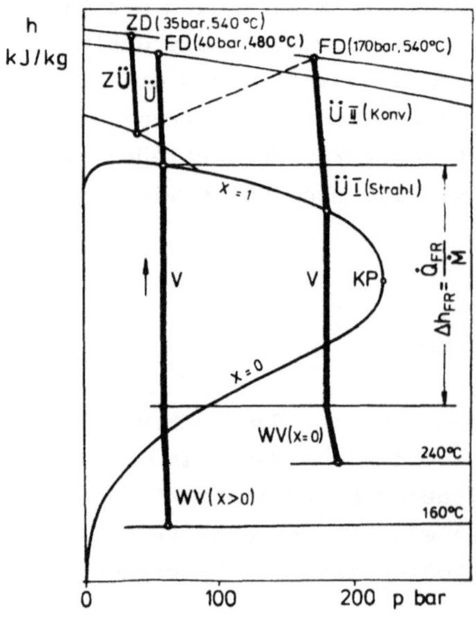

Bild 30.2. h,p-Diagramm mit Zustandsänderungen im Nieder- und Hochdruckkessel (Vollast). WV Wasservorwärmung; V Verdampfung; Ü Überhitzung; ZÜ Zwischenüberhitzung

3. einer niedrigen Frischdampftemperatur und einer kleinen spezifischen Wärmekapazität des Niederdruckdampfes eines kleinen Überhitzers.

Dagegen ist bei einem Hochdruck-Kessel erforderlich,

   1. daß die Wasservorwärmung im Eko so klein gehalten wird, da diese z.T. im Verdampfer stattfinden muß.

   2. daß aufgrund der geringen Verdampfungswärme ein Teil der Feuerraumwände mit Strahlungs- bzw. Zwischenüberhitzern verkleidet wird.

Streng genommen gelten die letzten Forderungen nur für die Kessel mit festem Ende der Verdampfung.

Die Auswirkung der Dampfparameter auf den Aufbau des Kessels zeigt Bild 30.3. Die Schaltung der einzelnen Heizflächen im Kessel entspricht hier den in Abschnitt 30.1 erwähnten Gesichtspunkten. Diese gehen von einer konventionellen Feuerung mit leuchtender Flamme und einem im Feuerraum aufgestellten Strahlungsverdampfer aus. Handelt es sich dagegen um Anlagen wie Abhitzekessel, bei welchen der Feuerraum fehlt, ist die Heizflächenschaltung von der Temperatur der Wärmequelle abhängig.

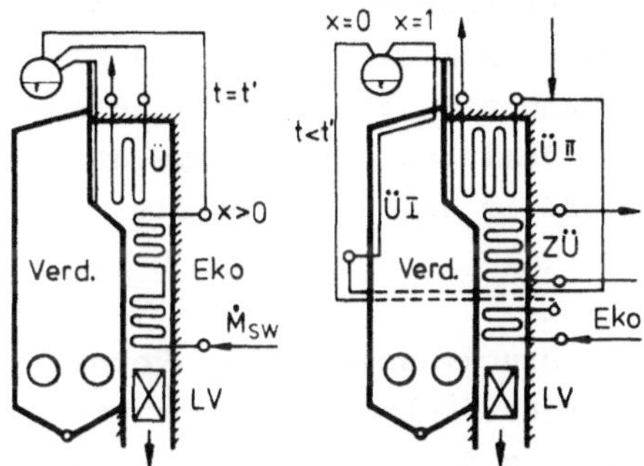

Bild 30.3. Aufbau eines ND- und HD-Trommelkessels

31. Steilrohrkessel im Kernkraftwerk

Hier werden die Rauchgase an der Siederohr-Außenseite durch das heiße
Druckwasser ersetzt. Im Dampferzeuger findet keine Überhitzung statt. Zu
erwähnen ist hier auch das kleine Temperaturgefälle zwischen Primär- und
Sekundärseite. Dennoch liegt beim U-Rohr-Kessel (Bild 31.1) die mittlere
Wärmestromdichte in der gleichen Größenordnung wie im Feuerraum eines
konventionellen Kessels (ca. 200 kW/m^2), da der Wärmedurchgangskoef-
fizient dank intensiver Wärmeübertragung an beiden Seiten der Heizfläche
um ein Vielfaches größer ist als der im Flammenbereich konventioneller
Kessel.

Das kleine Temperaturgefälle bringt andererseits eine starke Kopplung
der Temperaturfelder an beiden Seiten der Wärmeaustauschfläche mit sich
und somit eine ausgeprägte Abhängigkeit des übertragenen Wärmestromes
von der sekundärseitigen Temperaturverteilung. Das kleine Temperaturgefälle übt auch eine druckstabilisierende Wirkung z.B. bei plötzlichem
Lastabwurf der Turbine aus, da der Druck- und damit der Siedetemperatur-
anstieg an der Sekundärseite das Temperaturgefälle und folglich die
Wärmezufuhr reduziert.

Das Primärkühlmittel tritt nach Bild 31.1 vom Druckwasserreaktor kommend
in den Eintrittsraum der Primärkammer ein, durchströmt die U-Rohre unter Wärmeabgabe und fließt über den Austrittsraum der Primärkammer dem
Reaktor abgekühlt wieder zu. Das Speisewasser wird über eine Ringleitung
gleichmäßig in den Spalt zwischen Druckbehälter und Innenmantel eingeführt. Über der Rohrplatte beginnt durch die Wärmezufuhr vom U-Rohr die
Verdampfung. Das Dampfwassergemisch wird in Zyklonabscheidern getrennt.
Die Endnässe fängt man in den Wellenblechabscheidern ab. Das umlaufende
Wasser mischt sich mit dem Speisewasser und kehrt zur Rohrplatte zurück.

Bei dem U-Rohr-Kessel in Bild 31.1 ist das Verhältnis $\dot{M}_U/\dot{M}_D$ klein, was
den sekundärseitigen Wasservorrat stark herabsetzt. Der Wasserspiegel
spricht deshalb auf alle Druckänderungen empfindlich an. Dadurch wird

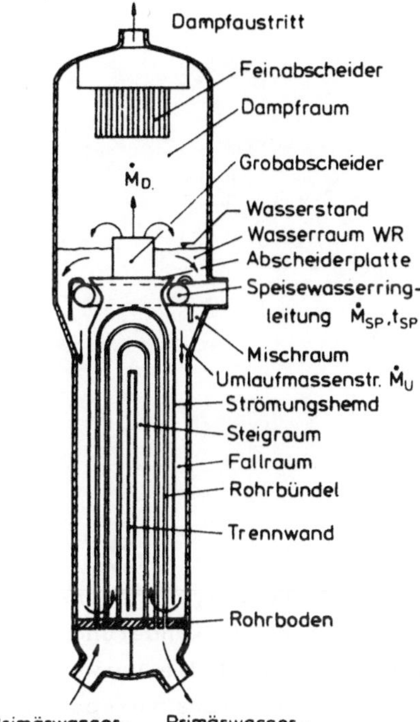

Bild 31.1. Vereinfachte Darstellung eines U-Rohr-Dampferzeugers

die Speiseregelung erschwert. Der schwache Umlauf wird hier durch den großen Widerstand der Feuchtigkeitsabscheidung in den Zyklonen verursacht, die mehr als ein Viertel des verfügbaren Auftriebes verbrauchen. Die eventuell ungleiche Rohrkühlung ist hier ungefährlich, da eine zu hohe Übertemperatur der Siederohre nicht entstehen kann.

Angesichts kleiner Abmessungen und hoher Dampfleistung ist der U-Rohr-Dampferzeuger bezogen auf die Dampfleistung nur ein kleiner Wärme- und Wasserspeicher. Die Regelung erfolgt hier von der Reaktorseite. Die Sattdampfturbine arbeitet mit Vordruckregelung, d.h. sie verbraucht passiv die ihr vom Reaktor angebotene Wärme bzw. den ihr vom Kessel gelieferten Dampfstrom, ohne auf die von der Netzseite kommenden Störungen direkt zu reagieren.

32. Dynamik und Regelung

32.1 Naturumlaufverdampfer

32.1.1 Verhalten bei Druckänderung

Während der Inhalt der dickwandigen Trommel und die Verdampfungszone in
den engen und stark beheizten Siederohren als ein auf Druckänderung unverzögert ansprechender Dampfspeicher funktionieren, sind die Vorwärmzone in den Siederohren und die unbeheizten Fallrohre Heißwasserspeicher
($t<t'$), die an der durch Druckabsenkung bewirkten Verdampfung nur bei
großen Lastwechseln und dann verzögert teilnehmen.

Betrachten wir nun die Vorgänge im Wasserrohrkessel (Bild 32.1) bei einer Druckabsenkung /7,8/. Bei der unbeheizten Trommelwand erfolgt der
Wärmeaustausch nur von der Wasserseite her, d.h. sie stellt einen Sei-
tenspeicher dar. Ihre Teilnahme am Übergangsprozeß verlangt, daß die von

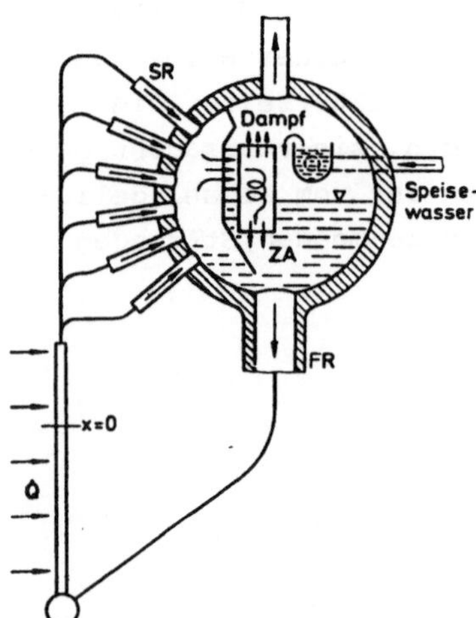

Bild 32.1. Schema eines Wasserrohrkessels mit Naturumlauf (mit stark ver-
größerter Trommel). SR Siederohre;
FR Fallrohre; ZA Zyklonabscheider

der Wand ausgespeicherte Wärme zuerst durch Leitung zur inneren Trommeloberfläche geführt und dort an das Wasser übertragen wird. Der dortige
Wärmestrom ist dem sich beim Übergangsvorgang ausbildenden Temperatur-
unterschied zwischen der Trommelwand und dem Wasser proportional. Er
steigt von Null an, so daß die druckunterstützende Wirkung der Trommelwand mit beträchtlicher Verzögerung anläuft. Ungünstig ist auch bei den
hohen Dampfdrücken die kleine Siedetemperaturänderung, die z.B. bei 100
bar Dampfdruck bei einer Druckänderung von 1 bar nur 0,8 K beträgt. Deshalb fällt der von den Trommelwänden ausgespeicherte Wärmestrom, verglichen mit der druckbedingten Ausspeicherung des Verdampferinhaltes, relativ klein aus.

Der Wasserinhalt der unbeheizten Trommel ist bei druckseitiger Störung
eine richtungsabhängige Regelstrecke /66/. Wird über die Speiserinne
eingespeist (Bild 32.1), so erwärmt der umgebende Sattdampf das Speisewasser noch im Dampfraum auf Siedetemperatur. Der sich deshalb im Siedezustand befindende Wasserinhalt der Trommel spricht auf eine negative
Druckänderung durch fast unverzögerte zusätzliche Dampfbildung an, wobei
der am Wasserspiegel einsetzende Siedevorgang schnell den ganzen Wasservorrat der Trommel erfaßt. Positive Druckänderungen bewirken dagegen wegen des Fehlens der Dampfblasen im Wasservorrat keine unmittelbare Temperaturzunahme im Trommelwasserraum, die sonst durch die teilweise Bla-
senkondensation stattfinden würde. Solch ein dynamisches Verhalten verdankt man den Zyklonabscheidern, da von diesen dampffreies Umlaufwasser
in den Wasservorrat der Trommel gelangt. Die Temperaturzunahme erfolgt
hier verzögert durch Mischen des Trommelinhaltes mit dem von den Dampf-
abscheidern sowie von der Speiserinne zufließenden wärmeren Wasser.

Zu den richtungsabhängigen Speichern sind auch die unbeheizten Fallrohre
zu rechnen. Der Verzicht auf ihre Beheizung soll zusammen mit der Trennung von Wasser und Dampf in der Trommel das abwärtsströmende Wasser
auch beim fallenden Druck dampffrei halten. In den Fallrohren ist je
nach Größe des Drucktransienten mit einer Strukturänderung zu rechnen.
Der Wasserstrom ist nämlich bei seiner Abwärtsbewegung sowohl dem statischen Druck, der umso schneller zunimmt, je größer die Abwärtsgeschwin-
digkeit des Wasserstroms ist, als auch der Druckabsenkung in der Trommel
ausgesetzt. Nimmt der statische Druck schneller zu als der Trommeldruck
ab, was bei den hohen Wassergeschwindigkeiten in den Fallrohren derzeitiger Kessel meistens zutrifft, so kommt es dort trotz des sinkenden
Dampfdruckes nicht zum Sieden und umgekehrt.

Findet die Speisewasserzufuhr unter dem Wasserspiegel, z.B. am Anfang
der Fallrohre statt, so steigt die zum Sieden in den Fallrohren notwen-

dige Geschwindigkeit des Druckabsinkens erheblich an. Außerdem führt
eine Einspeisung unmittelbar unter dem Wasserspiegel zu einer Absenkung
der Temperatur des Trommelinhaltes, der sich deshalb z.T. wie ein Dampfspeicher und z.T. wie ein Heißwasserspeicher verhält. Liegt das Speise-
rohr allerdings ganz unten (Bild 25.9), so trifft dies nicht zu.

Zu bemerken ist noch, daß Druckänderungen auch von der Wanderung des
Verdampfungsanfanges sowie von Umlaufzahländerungen begleitet werden.

32.1.2 Speicherwert des Verdampfers

Auch bei Kesseln mit elastischer Feuerung läuft die Erhöhung des Dampf-
verbrauches der Steigerung der Feuerungsleistung (Bild 32.2) vor. Deshalb findet bei Lastzunahme eine vorübergehende Druckabsenkung statt,
die eine Wärmeausspeicherung aus dem Verdampfer bedingt und nachher
eine Übersteuerung der Brennstoffzufuhr zwecks Druckerholung verlangt.
Die ausgespeicherte Wärme überbrückt den Unterschied zwischen der Dampferzeugung und der Dampfabnahme.

Beim Steilrohrkessel ist der Wasserinhalt in den engen Rohren mit großer
Oberfläche klein. Dagegen nimmt die Eisenmasse des Verdampfers und noch
steiler die des Überhitzers gerade bei steigenden Dampfparametern stark
zu. Deshalb verschiebt sich auch die Wärmespeicherung vom Verdampfer in
den Überhitzer (Tab. 32.1).

Die große druckbedingte Wärmeausspeicherung, die zur Sattdampfbildung
führt, ist bei den – überhitzten Dampf erzeugenden – Steilrohrkesseln
nur bedingt brauchbar, da diese u.U. große Frischdampf-Temperaturände-

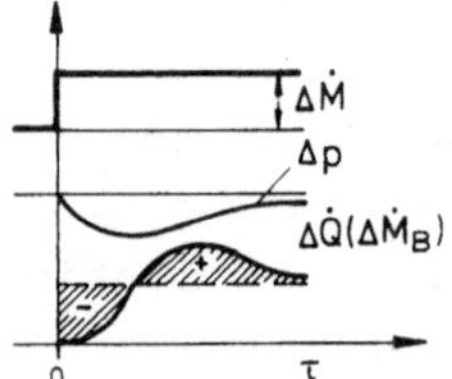

Bild 32.2. Ablauf der Leistungszunahme des Kessels

Tabelle 32.1. Wärmespeicherung im Drucksystem des Kessels

Druck in bar/Temperatur in $^\circ$C		16/250 (GWRK)	64/490 (SRK)	100/510 (SRK)
Überhitzer $M_{EÜ}/\dot{M}_D$	h	0,02-0,05	0,1-0,3	0,3-0,5
Verdampfer $(M' + \dot{M}_{EV})/\dot{M}_D$	h	2-10	1,2-1,6	0,6-1

rungen mit sich bringen kann. Deshalb erfordert der Steilrohrkessel eine
Feuerung, welche schnell reagiert, so daß man sich beim Regelvorgang auf
den Speicherwert des Kessels nur beschränkt zu verlassen braucht.

Die Einhaltung der Frischdampftemperatur bezweckt neben dem besseren
thermischen Wirkungsgrad auch den Schutz des Überhitzerwerkstoffes gegen zu hohe Temperaturen bzw. der Turbine gegen Temperaturwechsel.
Meistens wird bei Naturumlaufkesseln die volle Frischdampftemperatur im
Lastbereich 60 bis 100 % verlangt. Hierzu ist eine durch Überdimensionierung des Überhitzers entstandene Reserve an Überhitzung notwendig,
welche im Normalbetrieb durch die Dampftemperaturregelung kompensiert
wird. In deren Stellglied, dem Einspritzkühler, wird durch die dem Dampf
entnommene überschüssige Wärme zusätzlicher Dampf erzeugt.

Die Lastabhängigkeit der Frischdampftemperatur kann bei HD-Kesseln durch
den mehrstufigen Überhitzer vermindert werden, da der konvektive Vorüberhitzer eine steigende und der Strahlungsüberhitzer eine fallende
Kennlinie hat (Bild 32.3). Schaltet man beide dampfseitig hintereinander, so erhält man eine weniger lastabhängige Frischdampftemperatur. Die
Überhitzerstufe am Feuerraumaustritt hat eine kombinierte, wenig lastabhängige Charakteristik.

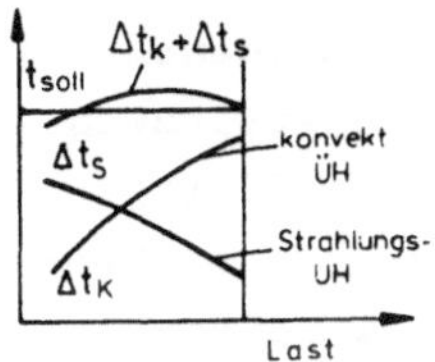

Bild 32.3. Kennlinie des zweistufigen Überhitzers,
der aus einer hintereinandergeschalteten Strah-
lungs- und Konvektivstufe besteht

Die Aufteilung des Überhitzers in Vor- und Nachüberhitzer mit zwischen-
liegendem Dampfkühler zeigt das frühere Bild 27.4. Bei Großkesseln ist
eine zweistufige Temperaturregelung üblich. Der erste Kühler weist meistens eine größere Kühlleistung auf und seine Aufgabe ist es, die Auswirkung großer Störungen wie Brennstoffwechsel, Ausfall der HD-Speise-
wasservorwärmer usw. abzufangen. Der zweite Kühler liegt vor der letzten Überhitzerstufe und besorgt die schnelle, feine Einhaltung der
Frischdampftemperatur.

32.2 Überhitzer

32.2.1 Einspritzkühler

Als Stellglied der Dampftemperatur wird in der Regel der Einspritzkühler mit Einspritzung von Speisewasser (Bild 32.4) verwendet. Es werden
10 %, bei verschmutzten Kesseln u.U. bis zu 20 % des Speisewasserstromes eingespritzt. Beim Einspritzen von Speisewasser muß folgendes gewährleistet sein:

1. Das Einspritzwasser muß salzfrei sein (sonst bilden sich Salzablagerungen in Überhitzer und Turbine).

2. Hinter der Einspritzstelle muß der abgekühlte Dampf noch überhitzt bleiben (wenigstens um 5 K), da sonst beim Naßdampf eine
   ungleiche Verteilung der Nässe an die Rohre des Nachüberhitzers
   kaum zu vermeiden wäre.

Der Dampfzerstäubungs-Einspritzkühler (Bild 32.5) /63/ wird in die
Dampfleitung eingebaut, welche Vor- und Nachüberhitzer verbindet. Die
dicke Wand der Dampfleitung wird vor Temperaturstößen durch den Einbau
eines Venturirohres aus dünnem Blech geschützt. Dieses verträgt ohne
Schwierigkeiten nicht nur eine Änderung der Dampftemperatur, sondern
auch Temperaturschocks, welche durch den Aufprall der abgeschiedenen
und sofort verdampfenden Tropfen entstehen. Der geregelte Einspritzwasserstrom wird in den Ringraum um die Ejektoreinschnürung eingeführt
und fließt mit geringer Geschwindigkeit durch Löcher in den rasch strömenden Dampf. Durch die große Beschleunigung im Dampfstrom wird dann

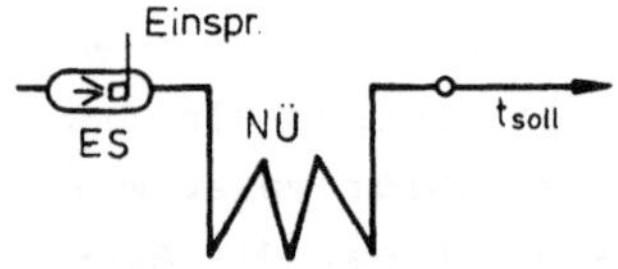

Bild 32.4. Schema des Einspritzkühlers.
ES Einspritzkühler; NÜ Nachüberhitzer

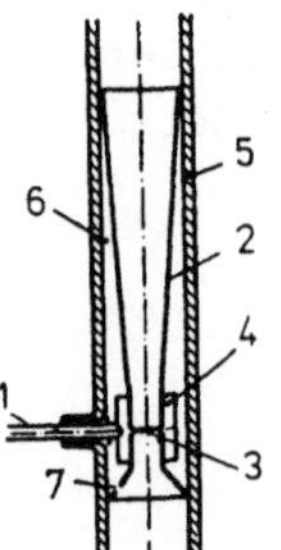

Bild 32.5. Ejektorartige Dampfzerstäubungsdüse.
1 Wasserzufuhr; 2 ejektorartiges Schutzrohr; 3 Ein-
spritzlöcher; 4 Ringkammer; 5 Dampfleitung; 6 Iso-
lierraum mit ungekühltem Dampf; 7 Druckausgleichs-
öffnungen

das Wasser zerstäubt. Neben Dampf- werden auch Druckzerstäuber benutzt, bei welchen die Dampfzerstäubung ein sekundärer, der Druckzerstäubung nachfolgender Vorgang ist.

32.2.2 Überhitzer als Regelstrecke

Für das Verhalten des Überhitzers als Regelstrecke ist die Art der Störung von Bedeutung. Wenn die Eingangstemperatur der Rauchgase plötzlich erhöht wird, steigt die Wärmeaufnahme in allen Überhitzerteilen sofort an und die Austrittstemperatur des Dampfes beginnt ohne Verzögerung zu wachsen (Bild 32.6 links). Die fast gleichzeitige Erhöhung der Wärmeaufnahme in der gesamten Überhitzerheizfläche ist der sehr kleinen Wärmespeicherung im schnell strömenden Rauchgasstrom sowie dem niedrigen rauchgasseitigen Wärmeübergangskoeffizienten zu verdanken /63/.

Ähnliches Verhalten liegt vor, wenn der Rauchgasstrom im Überhitzer vergrößert wird. Auch bei Störung durch den Dampfstrom ist die Antwort der Dampftemperatur unverzögert. Steigt dagegen die Eintrittstemperatur des Dampfes, so nimmt wegen des großen dampfseitigen Wärmeübergangskoeffizienten die Wärmezufuhr vom Dampf an die Rohrwand stark zu, d.h. es wird in den Überhitzerwänden Wärme gespeichert, so daß schon in den ersten Überhitzerschleifen die Temperaturerhöhung des Dampfes verwischt wird. Es muß also der Dampf zuerst nahezu die ganze Überhitzermasse erwärmen, bevor am Überhitzerende eine Änderung der Austrittstemperatur des Dampfes bemerkbar wird (Bild 32.6 rechts).

32.2.3 Dynamisch optimale Schaltung der Überhitzerstufen

Die Eisenmasse der dickwandigen Rohre des Hochdruck-Hochtemperaturüberhitzers ist nach Tab. 32.1 ein beträchtlicher Wärmespeicher. Die Über-

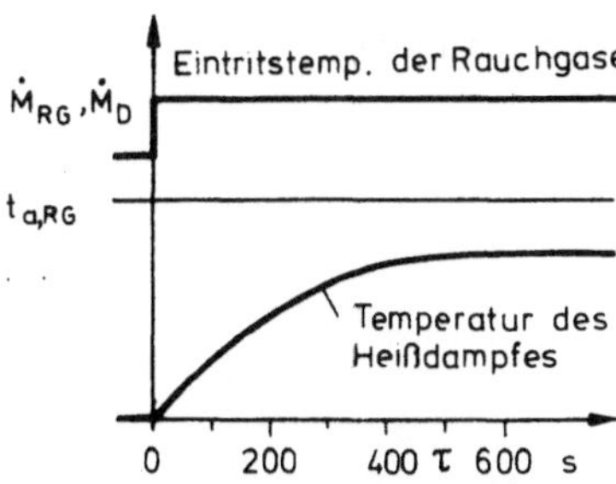

Störung durch Massenstrom
bzw. Rauchgastemperatur

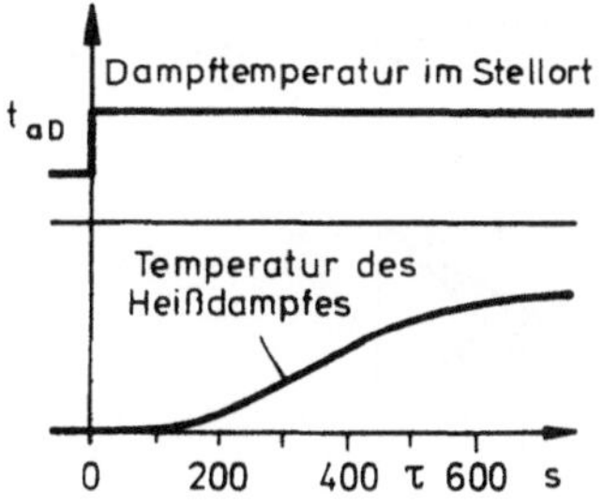

Störung durch Dampfeintrittstemperatur

Bild 32.6. Übergangskurven des Überhitzers

hitzerstufen sind deshalb so zu schalten, daß sie sich bei Lastzunahme
thermisch entladen. Die mittlere Temperatur der gesamten Überhitzermasse
soll demnach bei Laststeigerung zurückgehen /67/. Bei zweistufigem, im
Sinne des Bildes 32.3 geschaltetem Überhitzer ohne Einspritzkühler, vergrößert sich bei Laststeigerung nach Bild 32.7 sowohl die im Konvektivüberhitzer als auch die im Strahlungsüberhitzer gespeicherte Wärmemenge,
die von außen zugeführt werden muß, um die durch die schraffierten Flächen gegebene Größe. Das gewünschte Speicherungsverhalten wäre hier nur
durch die umgekehrte Schaltung erzielbar, die jedoch wirtschaftlich
kaum tragbar wäre, weil der große schwere Konvektivüberhitzer wegen der
erhöhten Dampftemperatur aus teurem legiertem Stahl hergestellt werden
müßte. Auch das Regelverhalten der zweiten Überhitzerstufe als konvektive Heizfläche wäre wegen ihrer großen Masse schlecht.

Die Anwendung von drei Überhitzerstufen mit zwei Einspritzkühlern verbessert die Lage, da hinter der ersten und der zweiten Überhitzerstufe
die Dampftemperatur konstant gehalten wird (Bild 32.8). Hier wird bei
Laststeigerung die zweite und die dritte Überhitzerstufe entladen, während die erste Stufe sich auflädt und dadurch die Laststeigerung verzögert. Die Masse der ersten Stufe hier ist allerdings wesentlich kleiner
als die des Berührungsteiles in Bild 32.7.

Eine weitere Verbesserung stellt der vierstufige Überhitzer nach Bild
32.9 dar. Hier ist die erwünschte, umgekehrte Schaltung von Bild 32.7

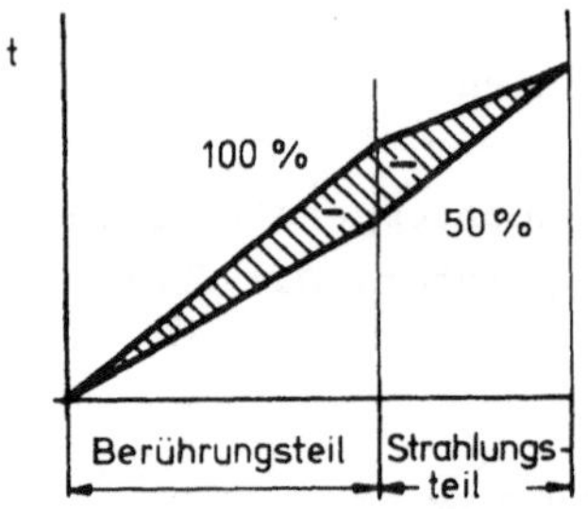

Bild 32.7. Temperaturverlauf bei Voll- und Teillast im Überhitzer ohne Dampfkühlung (der Strahlungsüberhitzer ist dem Berührungsüberhitzer
nachgeschaltet).
- Einspeicherung }
+ Ausspeicherung } bei Lastzunahme

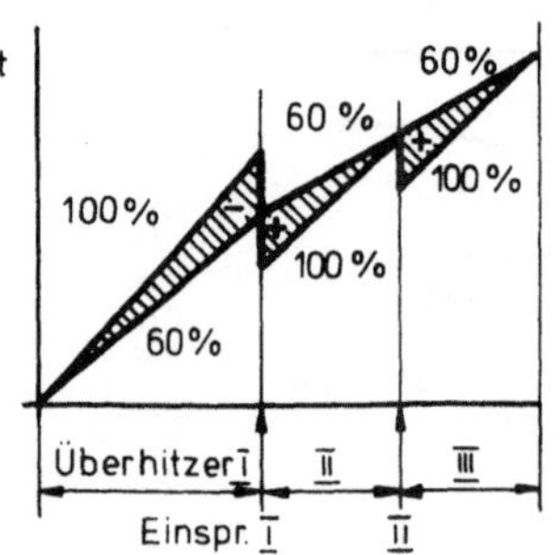

Bild 32.8. Temperaturverlauf bei Voll- und
Teillast im dreistufigen Überhitzer mit zwei
Einspritzungen

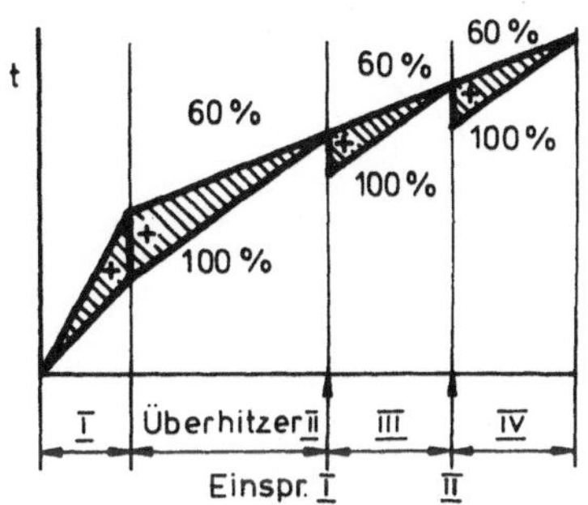

Bild 32.9. Temperaturverlauf bei Voll- und
Teillast im vierstufigen Überhitzer mit
einer Strahlungsstufe und zwei Einspritzungen

den konvektiven Nachüberhitzerstufen vorgeschaltet. Bei der ersten bzw.
zweiten Stufe läßt sich ihre Entladung bei Lastanstieg durch ihre Strah-
lungs- bzw. Konvektivcharakteristik bewerkstelligen, während die dritte
und vierte Überhitzerstufe eine konvektive Charakteristik besitzen
müßte. Die vierte Stufe kann dabei eine flache Charakteristik haben, wozu man sie in den Bereich hoher Rauchgastemperaturen vorrücken muß. Dann
fällt sie auch baulich klein aus, was wegen des Einsatzes von hochle-
gierten Werkstoffen wirtschaftlich günstig ist und zusätzlich die Dynamik verbessert.

32.3 Zwischenüberhitzer

32.3.1 Lastabhängigkeit der Zwischenüberhitzung

Kraftwerksblöcke mit Naturumlaufkessel werden meistens mit Festdruck betrieben (Bild 32.10). Der Vordruck des hinter dem ZÜ liegenden MD-Tei-
les einer Kondensationsturbine ist aber der Last direkt proportional.
Deshalb wird das Druck- sowie Wärmegefälle im HD-Teil bei Teillast grösser und die Dampftemperatur vor dem ZÜ niedriger (Bild 3.2 links). Somit muß bei Forderung nach konstanter Zwischendampftemperatur der im ZÜ
übertragene Anteil der Wärme bei Teillast zunehmen (siehe Abschnitt 28).

32.3.2 Regelung

Ein Weg wäre wieder eine Überdimensionierung des Zwischenüberhitzers mit
Einspritzung. Während die letztere bei der Frischdampf-Temperaturrege-
lung keine wirtschaftlichen Nachteile mit sich bringt, vorausgesetzt, es
wird das Speisewasser mit voller Temperatur eingespritzt, wird durch die
Wassereinspritzung in den Zwischendampf der Wärmewirkungsgrad des Blok-
kes beeinträchtigt, da die Einspritzung den Zwischendampfstrom vergrös-
sert. Bei unveränderter Turbinenlast gibt der hinter dem Zwischenüberhitzer liegende Turbinenteil anteilmäßig mehr Leistung ab, und der in

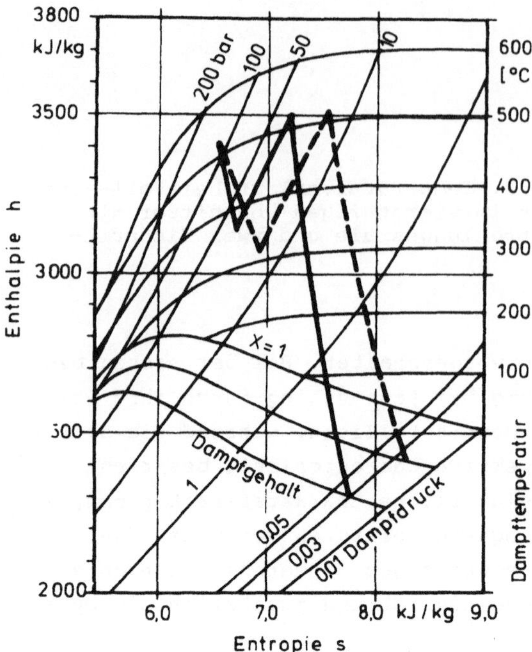

Bild 32.10. Dampfexpansion bei Voll- und Halblast im h,s-Diagramm.
—— Vollast, --- Halblast

die Turbine einströmende Frischdampfstrom ist zu vermindern. Somit erniedrigt die Einspritzung das mittlere Exergieniveau der Wärmeumwandlung in der Turbine. Die Auswirkung der Einspritzung auf den Wirkungsgrad eines 125 MW-Blockes ersieht man aus dem Diagramm, Bild 32.11. Jedes Prozent des eingespritzten Wassers vergrößert den Wärmeverbrauch im Block um 0,13 bis 0,16 %.

Die Einspritzung im Zwischenüberhitzer ist beim Festdruckbetrieb als Behelf anzusehen, die bei schnellen Lastwechseln die genauere Einhal-

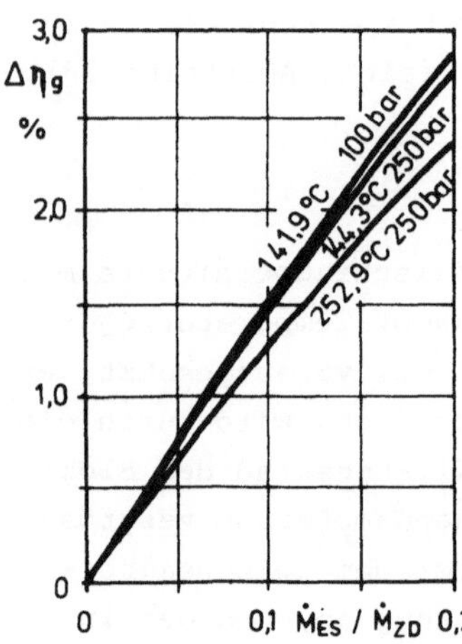

Bild 32.11. Wirkungsgradverschlechterung bei der Regelung der Temperatur des ZÜ-Dampfes durch Einspritzung

tung der Zwischendampftemperatur vorübergehend unterstützen soll, bevor die trägere rauchgasseitige Regelung zur vollen Wirkung kommt. Auch beim Versagen der letzteren sowie für den Fall, daß der Zwischendampf außerordentlich stark gekühlt werden muß, bringt die Einspritzung einen Ausweg. Die Einspritzung in den Zwischendampf ist auch bei Kleinlast vorteilhaft, da man dadurch die Dampfnässe in den letzten Turbinenstufen vergrößern kann. Beim Leerlauf der Turbine wird dadurch eine zu hohe Überhitzung des Turbinenabdampfes verhindert.

Als Stellglieder kommen auch die Frischdampf-Zwischendampfwärmetauscher in Frage, bei welchen ein Teil der vom Rauchgas im Überhitzer aufgenommenen Wärme an den Zwischendampf übertragen wird (Bild 32.12). Diese Regelungsart ist allerdings wesentlich träger als die der Einspritzung.

Die Temperatur des Zwischendampfes läßt sich auch rauchgasseitig regeln. Bei Rauchgasumwälzung (Bild 32.13) senkt man die Wärmeabgabe im Feuerraum zu Gunsten der konvektiven Heizfläche des Kessels. Für Kohlenstaubfeuerungen mit Asche im Rauchgas ist der Regelzug (Bild 32.14) besser geeignet, welcher eine Umverteilung der Wärmezufuhr vom Überhitzer zum ZÜ erlaubt. Bei mehreren Brennerebenen hilft bei Teillast die Flammenverlagerung in die obere Brennerebene ebenfalls, die Zwischendampftemperatur zu heben.

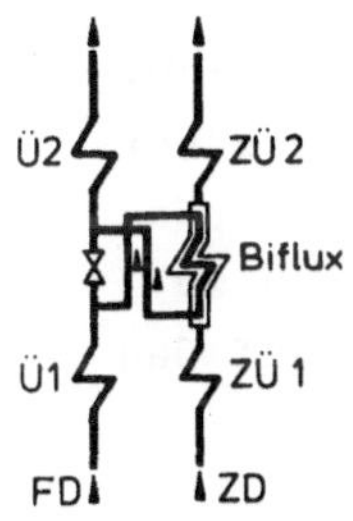

Bild 32.12. Wärmetauscher zwischen Frisch- und Zwischendampf

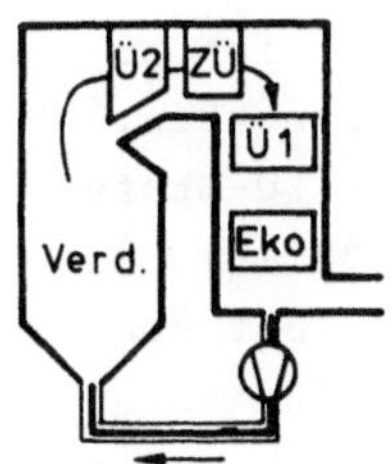

Bild 32.13. RG-Umwälzung

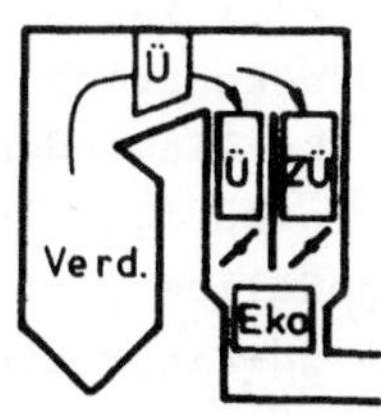

Bild 32.14. Kessel mit RG-Regelzug

32.3.3 Zwischenüberhitzer als Dampfspeicher

Beachtung muß dem im Zwischenüberhitzer und in seinen Hin- und Rück-
leitungen gespeicherten Dampf geschenkt werden, dessen beträchtliche
Expansionsenergie bei Vollastabschaltungen die Drehzahl der Turbine gefährlich hochtreiben kann. Da die Turbine Vollastabschaltungen ohne An-
sprechen des Schnellschlusses zulassen soll, wird bei Anlagen mit Zwischenüberhitzung kurz vor dem Wiedereintritt des Dampfes in die Turbine
neben der schnellschlußabhängigen Abschließung noch ein drehzahlabhän-
giges Abfangventil vorgesehen, welches bei plötzlicher Generatorentla-
stung die Einhaltung der Normaldrehzahl dadurch sichert, daß es den Zwischendampf aufstaut und dessen Einlaß in die Maschine in dem Maße regelt, in dem die Turbine diesen übernehmen kann. Im Kleinlastbereich
läßt sich der Zwischendampf durch Drosseln im Abfangventil stetig auf-
stauen, um den Dampfdruck im Zwischenüberhitzer nicht zu tief absinken
zu lassen (Sperrdampf für Turbine).

Der Zwischenüberhitzer als Dampfspeicher verzögert auch die Leistungs-
änderung der Turbine. So ist bei Lastzunahme der der Turbinenleistung
direkt proportionale ZÜ-Druck auf den neuen, höheren Pegel zu heben.
Deshalb wird ein Teil des Abdampfes vom Turbinen-Hochdruckteil vorerst
im Zwischenüberhitzer gespeichert und die Leistung des ND-Teiles, welche 2/3 bis 3/4 der Turbinen-Gesamtleistung beträgt, läuft mit Verzögerung an ($T_{Z\ddot{U}}$ ca. 10 bis 15 s). Bei kurzzeitigen Laständerungen kommt
deshalb den Netzanforderungen nur der HD-Teil der Turbine nach.

Um die ZÜ-Rohre gegen Verzunderung zu schützen, muß der Ansprechdruck
des ND-Bypasses sowie des Sicherheitsventiles hinter dem Zwischenüberhitzer dem Druck des Zwischendampfes nachgeführt werden. Sonst würden
z.B. bei Turbinenabschaltung im Teillastbetrieb die ZÜ-Schlangen zu
lange ungekühlt bleiben, da der ZÜ vorerst über den HD-Bypass auf den
Vollast-Ansprechdruck aufzuladen wäre.

32.3.4 Schaltung der ZÜ-Stufen

Die Schaltung nach Bild 28.1 ist auch dynamisch optimal. Sonst ist zu
betonen, daß beim Festdruckbetrieb bei Teillast sowohl in der ersten,
rauchgasseitig vor dem Eko liegenden, als auch in der zweiten ZÜ-Stufe
die mittlere Temperatur niedriger ist als bei Vollast (Bild 32.15). Die
Zunahme des Temperaturgefälles im Zwischenüberhitzer bei Teillast kompensiert die niedrigere ZÜ-Eintrittstemperatur nur zum Teil.

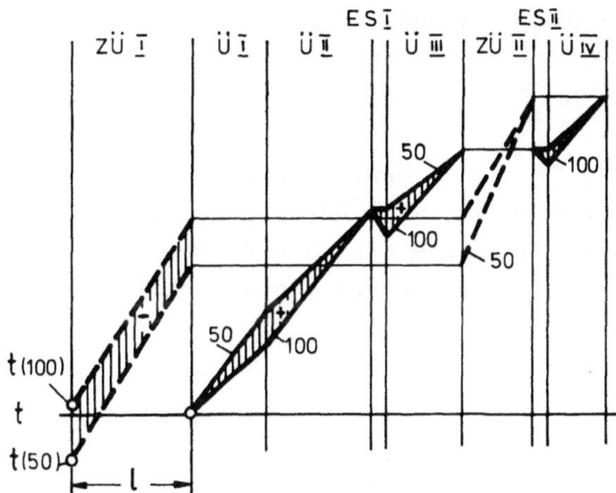

Bild 32.15. Temperaturverlauf bei Voll- und Teillast im Überhitzer
und ZÜ

Für Anlagen mit einem FD-ZD-Wärmetauscher nach Bild 32.12 gilt das Bild
32.16. Hier ersetzt der hinter der zweiten Überhitzerstufe positionierte
Wärmetauscher die sonst notwendige Einspritzung, indem dort der Frischdampf abgekühlt und der Zwischendampf erwärmt wird. Da dann die ZD-Temperatur vor der zweiten ZÜ-Stufe bei Teillast höher liegt als bei Voll-
last, findet hier bei Lastzunahme eine Wärmeausspeicherung statt.

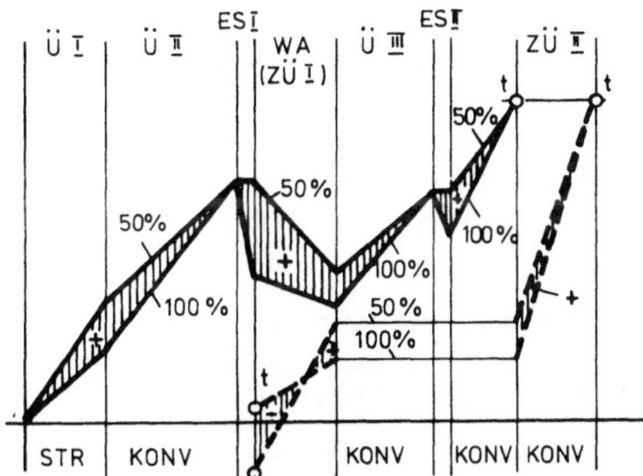

Bild 32.16. Temperaturverlauf bei Voll- und Teillast im Überhitzer und
ZÜ bei einer Anlage mit Wärmetauscher

32.4 Regelkreise des Trommelkessels

Bei den mit Festdruck betriebenen Trommelkesseln haben Regelabweichun-
gen folgende Auswirkungen:

1. Druck-Schwankungen beeinflussen die Leistung, denn die Schluck-
   fähigkeit der Turbine ist dem Vordruck proportional. Die Wir-
   kungsgradeinbuße ist aber nicht groß.

2. Frischdampftemperaturabnahme $\Delta t_{FD} = -10$ K bewirkt einen um 0,5
   bis 1 % größeren Wärmeverbrauch. Außerdem sind Wärmespannungen und
   erhöhte Dampfnässe in den letzten Turbinenstufen die Folge. Bei
   positiver Temperaturabweichung wird das Kriechen des Werkstoffes
   beschleunigt.

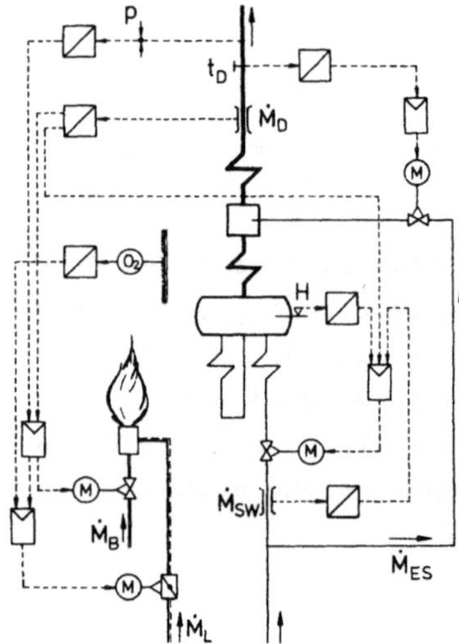

Bild 32.17. Regelschema des Trommelkessels

Die einzelnen Regelkreise des Trommelkessels sind der Tab. 32.2 zu entnehmen.

Tabelle 32.2. Regelkreise eines Trommelkessels

Regelkreis	Regelstrecke	Regelgröße	Stellgröße	Stellglied
Leistung	Verdampfer	Druck	Feuer	Kohlenzuteiler, Ölpumpe, Gasventil
Speisung	Verdampfer	Wasserstand	Speisewas-serstrom	Speiseregelventil, Speisepumpe
FD-Tempe-ratur	Überhitzer	Temperatur	Einspritzung	Einspritzventil
ZD-Tempe-ratur	Zwischen-überhitzer	Temperatur	Einspritzung, RG-Umwälzung usw.	Einspritzventil, Regelklappe des Umwälzventilators usw.

Das Regelungsschema eines gasbefeuerten Kessels ist in Bild 32.17 zu
finden. Es beinhaltet die in der Tab. 32.2 erwähnten Regelkreise der
Frischdampfseite des Kessels (Regelung des Zwischenüberhitzers siehe
Abschnitt 32.3.1). Die Querkopplung der Regelkreise ist hier schwächer
als beim Durchlaufkessel. Die geforderte Laständerungsgeschwindigkeit
beträgt bei Kraftwerkskesseln 2 bis 3 %/min. Der Festdruckbetrieb und
die damit verbundenen Temperaturänderungen in der Turbine beschränken
bei Lastwechseln die zulässige Laständerungsgeschwindigkeit des Blockes.
Die Fähigkeit des Kessels, die Last schnell zu ändern, kann, falls vorhanden, nicht in vollem Maße ausgenutzt werden.

Die linearen dynamischen Modelle des Kessels dienen der Analyse der
Regelvorgänge. Die mathematische Beschreibung des Prozesses erfolgt
durch lineare Differentialgleichungen mit konstanten Koeffizienten.
Deren Lösung ist meist mit Hilfe der Laplace'schen Operatorrechnung
möglich, so daß für Spezialfälle die Ergebnisse sowohl für den Zeit-
als auch für den Frequenzbereich vorliegen /103/.

Die Simulation erfaßt dabei z.B. bei einem Trommelkessel mit weniger
ausgeprägten Querkopplungen die einzelnen Teilsysteme wie Verdampfer,
Überhitzer usw. unabhängig voneinander. In diese werden die einzelnen Eintrittsgrößen nacheinander eingeführt und der Übergangsprozeß
nachgebildet. Durch die nachfolgende Entwicklung des Durchlauf-Dampf-
erzeugers hin zu Dampfzuständen, die in der Nähe des kritischen Punktes liegen, sowie durch den heute stark verbreiteten Gleitdruckbetrieb
bei Kondensationskraftwerken kann sich das zeitinvariante lineare Modell auch für die Simulation kleiner Störungen als zu einfach erweisen.
Die sich daraus ergebende Notwendigkeit, zu einem nichtlinearen zeit-
varianten Dampferzeugermodell überzugehen, bedarf des Einsatzes nume-
rischer Simulationsmethoden /9/.

Die Erstellung eines solchen Modells beginnt mit der Erfassung der Kesselgeometrie und der Aufstellung der Differentialgleichungen für die
nichtstationären Energie-, Impuls- und Massenbilanzen. Die Aufteilung
der Kesselgeometrie in viele Segmente sowie die modulare Struktur des
Modells erleichtert die Erfassung der baulichen Ausführung der Anlage.

33. Zwangsumlauf

33.1 Grenzen des Naturumlaufes

33.1.1 Einfluß der Kesselgröße

33.1.1.1 Dampfgehalt am Siederohraustritt

Die obere Grenze für die Anwendung des Naturumlaufkessels kann durch
die Steigerung des Druckes bzw. der Kesselgröße erreicht werden. Auch
bei einer zu intensiven Beheizung der Siederohre reicht u.U. der Naturumlauf für eine wirksame Rohrwandkühlung nicht mehr aus. Alle drei Ursachen begünstigen die Siedekrisis.

Vergrößert man die Kesselleistung $\dot{M}_D \sim \dot{Q}_{ZU}$, so läßt sich bei der Rohrteilung $t_R \sim D_{SR}$ und dem Feuerraumumfang nach (22.24)

$$U \sim \sqrt{\dot{Q}_{ZU}}$$

bzw. bei der Siederohranzahl

$$A_{SR} = z_{SR} \frac{\pi}{4} D_{SR}^2 \sim D_{SR} \sqrt{\dot{Q}_{ZU}}$$

für den Siederohrquerschnitt die Proportionalität

$$z_{SR} = U/t_R \sim \frac{1}{D_{SR}} \sqrt{\dot{Q}_{ZU}} \tag{33.1}$$

angeben. Wegen (33.1) ist der Kehrwert des Widerstandbeiwertes (25.14)

$$\frac{1}{K} \sim D_{SR} A_{SR}^2 \sim D_{SR}^3 \dot{Q}_{ZU} \tag{33.2}$$

Läßt man den Druck, d.h. Ψ, sowie den Beiwert m unverändert, so erhält man nach (25.20) und unter Bezugnahme auf (33.1) die Massenstromdichte

$$\dot{m}_{SR} = (\dot{M}_U/\dot{M}_{eff})/(\dot{M}_{eff}/A_{SR}) \sim \dot{Q}_{ZU}^{1/6} \tag{33.3}$$

welche mit $\dot{Q}_{ZU}$ nur langsam ansteigt. Weiter ist der Dampfgehalt am Siederohraustritt

$$x_e = \frac{\dot{M}_{eff}}{\dot{M}_U} \quad \frac{\dot{Q}_{ZU}^{1/3}}{D_{SR}} \tag{33.4}$$

Die wachsende Kesselgröße führt also trotz gleichbleibender Wärmestromdichte $\dot{q}_W$ zu einem erhöhten Dampfgehalt entlang des Siederohres, da mit der wachsenden Siederohrlänge auch $\dot{Q}_{ZU}$ ansteigt, und somit x_e nach (33.4) schneller zunimmt als $\dot{m}_{SR}$ nach (33.2). Für den zulässigen Höchstwert des Dampfgehaltes gilt nach Abschnitt 25.2 die Nebenbedingung

$$x_e < x_{DNB} \tag{33.5}$$

33.1.1.2 Kritische Wärmezufuhr

Die Beziehung (25.4) erlaubt es, die kritische Kesselgröße für glatte Siederohre zu berechnen. Wird bei allen Kesselgrößen $\dot{q}_W$ bzw. $\dot{q}(y)$ gleich angenommen und ergänzt man nun das Bild 33.1 um die für verschiedene $\dot{Q}_{ZU}$ berechneten, örtlichen Dampfgehalte $x(y)$, so lassen sich aus (25.4) die dazu entsprechenden, kritischen Wärmestromdichten $\dot{q}_{1kr}(y,x)$ ebenfalls örtlich ermitteln.

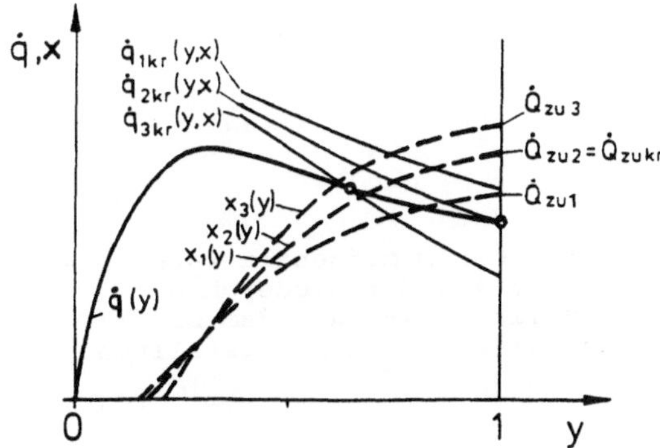

Bild 33.1. Ermittlung der kritischen Wärmeleistung $\dot{Q}_{ZU,kr}$

Die Siedekrisis ist dort zu erwarten, wo die letzteren die Kurve $\dot{q}(y)$ schneiden. Bei kritischer Kesselgröße ($\dot{Q}_{ZU2}$ in Bild 33.1) tritt das offenbar am Siederohraustritt auf, während sich bei $\dot{Q}_{ZU} > \dot{Q}_{ZU,kr}$ der Schnittpunkt stromaufwärts verlagert (z.B. bei $\dot{Q}_{ZU3}$). Die Kurve $\dot{q}_{1kr}(y,x)$ weist keinen Schnittpunkt auf, d.h. hier reicht der Naturumlauf zur Wandkühlung aus.

Ab $\dot{Q}_{ZU,kr}$ hat man zu gerillten Rohren zu greifen oder, um x_e zu senken und somit $\dot{q}_{kr}(y,x)$ zu heben, zum Zwangsumlauf überzugehen, wo sich $\dot{m}_{SR}$ und x_e durch die Umwälzpumpe (33.3) nach Bedarf einstellen lassen.

33.1.2 Einfluß des Druckes und der Beheizung

Eine andere Grenze findet man, indem man bei fester Leistung den Druck erhöht. Dabei ist zu beachten, daß sehr hohe Drücke vor allem bei Großkesseln angewendet werden, so daß beide Faktoren, Größe und Druck, gleichzeitg zum Tragen kommen.

Neben dem kleiner werdenden Ψ spielt bei Druckerhöhung die im Abschnitt 25.2.4 erwähnte Verminderung der wirksamen Auftriebshöhe eine Rolle, die den Massenfluß $\dot{m}_{SR}$ ebenfalls herabsetzt. In diesem Fall ist die Speisewasserzufuhr in den Dampfraum (Bild 25.9 links) zu empfehlen, um $\dot{m}_{SR}$ zu heben. Dadurch wird x_e allerdings erhöht. Es wird also auch der möglichen Druckhöhe beim Naturumlauf seitens der Siedekrisis (x_{DNB}) eine Grenze gesetzt /57/.

Das Bild 33.2 zeigt die Lage oberhalb 170 bar für glatte und gerillte Siederohre. Als obere Druckgrenze für den Naturumlauf nimmt man bei glatten Siederohren ca. 180 bar an. Werden gerillte Siederohre benutzt, so liegt diese bei ca. 200 bar. Bei gerillten Rohren ist Δx_{DNB} die Sicherheitsreserve gegen die Siedekrisis.

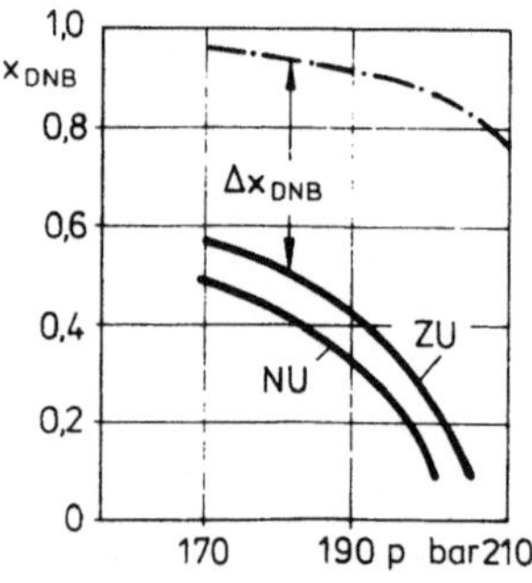

Bild 33.2. Kritischer Dampfgehalt x_{DNB} in Abhängigkeit von der Art der Siederohre (glatt ——; gerillt -·-·-) und dem Druck (Δx_{DNB} = Sicherheitsreserve bei gerillten Siederohren)

Der Übergang zum Zwangsumlauf zwecks Anheben von $\dot{m}_{SR}$ kann auch durch eine zu intensive, von einem hohen $\dot{m}_D$ begleitete Siederohrbeheizung erforderlich werden (z.B. bei ölgefeuerten Kesseln).

33.2 Merkmale des Zwangsumlaufverdampfers

Der in Mitteleuropa als Großkessel selten vorkommende Zwangsumlaufkessel unterscheidet sich vom Naturumlauf-Trommelkessel durch /6,68/:

1. einen von der Umwälzpumpe erzwungenen Umlauf, d.h. durch Verzicht auf den Auftrieb als alleinige Triebkraft des Umlaufes,

2. enge Siederohre sowie Zwangsverteilung des Wassers (Drossel am Siederohreintritt),

3. keine Beschränkung bei der Wicklung der Verdampferrohre, die nicht mehr senkrecht angeordnet werden brauchen,

4. wirksamere Trommeleinbauten mit größerem Druckverlust,

5. Anwendbarkeit bis zu 200 bar Dampfdruck.

Das Schema eines Zwangsumlaufkessels ist in Bild 33.3 dargestellt. Im untersten Fallrohrpunkt ist die Umwälzpumpe eingebaut, welche das Wasser durch den Verdampfer durchdrückt. Die Lage der Pumpe im tiefsten Punkt des Umlaufes erhöht den Pumpenvordruck und verhindert somit im Saugstutzen der Pumpe die Dampfbildung, deren Gefahr bei Druckabsenkung am größten ist. Wie schon im Abschnitt 32.1.1 erwähnt, kann durch Speisewasserzufuhr direkt in die Fallrohre der zulässige Transient der Druckabsenkung erhöht werden.

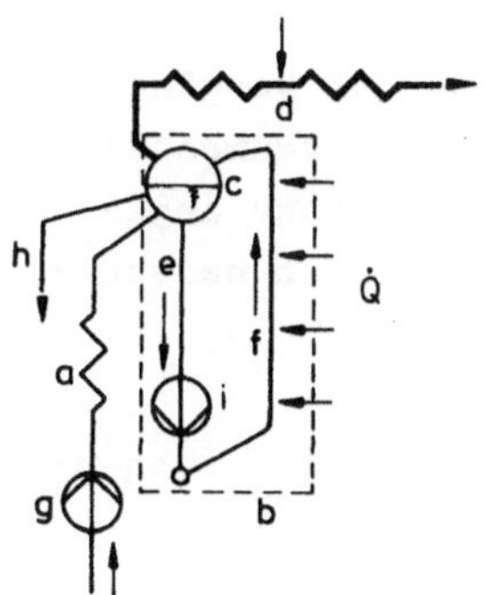

Bild 33.3. Schema eines Trommelkessels mit Zwangsumlauf. a Wasservorwärmer (Eko); b Verdampfer; c Trommel bzw. Wasserabscheider; d Überhitzer; e Fallrohr; f Siederohr; g Speisepumpe; h Absalzung; i Umwälzpumpe (--- = Verdampfer)

Die Umwälzpumpe ist eine einstufige, stopfbuchslose Kreiselpumpe (Δp_{UP} =
2 bis 3 bar). Die Pumpe muß unempfindlich gegen einen eventuell vorhandenen kleinen Dampfgehalt im zu fördernden Wasser sein und auch schnelle
Temperaturänderungen vertragen. Der Motor besitzt einen Naßläufer. Es
wird ein Kühlkreis vorgesehen, um die Motorwärme abzuleiten.

33.3 Druckverlust beim Zwangsumlauf

33.3.1 Reibungsverlust im Rohr

Bei den langen, engen Siederohren steht bei der Ermittlung des Druckabfalles der Reibungsverlust im Vordergrund. Die örtlichen Verluste spielen hier eine untergeordnete Rolle und man berücksichtigt diese durch
einen entsprechenden Zuschlag zum Reibungsverlust. Da der Reibungsverlust in einem Rohr sowohl von der Geschwindigkeit als auch vom spezifischen Volumen des strömenden Stoffes abhängt, ist es zweckmäßig, die
übliche Gleichung /3/

$$\Delta p_R = f(\dot{M}) = \int_0^L \xi \, \frac{1}{D} \, \frac{w^2}{2v} \, dl \tag{33.6}$$

durch Einführung des Massenstromes

$$\dot{M} = \frac{A\,w}{v} = Z \, \frac{\pi}{4} \, D^2 \, \frac{w}{v} \tag{33.7}$$

in die Form

$$\Delta p_R = \frac{8}{\pi^2} \int_0^L \frac{\xi}{Z^2 D^5} \, v \, \dot{M}^2 dl \tag{33.8}$$

zu bringen.

Da es uns hier vor allem um die qualitative Beschreibung der Vorgänge
geht, werden im weiteren die Reibungszahl ξ sowie der Rohrdurchmesser
und die Siederohranzahl Z über die ganze Rohrlänge als konstant angenommen. Dann läßt sich die vorgehende Beziehung folgendermaßen darstellen:

$$\Delta p_R = K \, L \, \bar{v} \, \dot{M}^2 \tag{33.9}$$

Hier ist K mit dem Reibungswert des Siederohres (25.18) identisch und

$$\bar{v} = \frac{1}{L} \int_{o}^{L} v \, dl \qquad\qquad (33.10)$$

bedeutet den Mittelwert des spezifischen Volumens.

33.3.2 Zusammensetzung des Reibungsverlustes

Im allgemeinsten Falle, der bei Durchlaufkesseln zu beobachten ist, wird
dem Verdampfer vorgewärmtes Wasser zugeführt und leicht überhitzter
Dampf entzogen (Bild 33.4). Der Reibungsverlust des Verdampfers besteht
hier aus den Teilverlusten im Vorwärm-, Verdampfungs- und Überhitzungsabschnitt.

In Bild 33.5 ist nun die Änderung des spezifischen Volumens und der
Anstieg des Druckverlustes entlang eines solchen Verdampferrohres aufgetragen. Zur Vereinfachung wurde eine gleichmäßige Beheizung angenommen. Man sieht, daß im ersten Drittel nur rund 10 %, im letzten Drittel
dagegen mehr als die Hälfte des Gesamtdruckverlustes entsteht.

Nimmt bei einem aus Z Siederohren bestehenden Verdampfer das einzelne
mit dem Wasserstrom $\dot{M}/Z$ beaufschlagte Siederohr auf seiner Länge L den

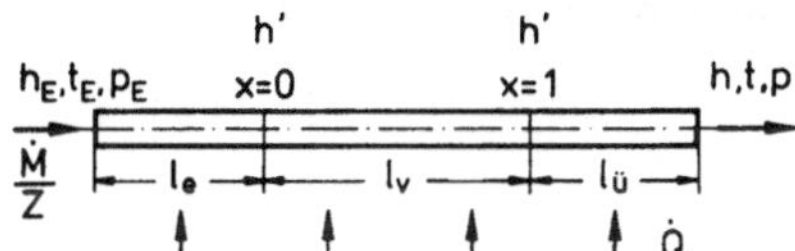

Bild 33.4. Umwandlung des Wassers
zum Dampf im Siederohr

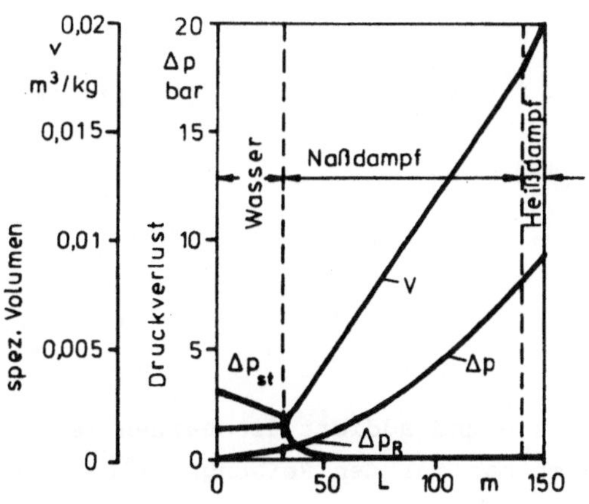

Bild 33.5. Anwachsen des spezifischen Volumens und des Druckverlustes über der Rohrlänge (senk-
rechtes Rohr mit Aufwärtsströmung)

Wärmestrom $\dot{Q}_V/Z$ auf, so findet - mit der Enthalpie des dem Verdampfer zuströmenden Wassers h_E - in dem Rohrabschnitt von der Länge

$$l_e = \frac{h'-h_E}{\dot{Q}_V} \ \dot{M} \ L \qquad (33.11)$$

die Erwärmung des durchfließenden Massenstromes $\dot{M}$ auf Siedetemperatur statt. Da beim Zwangsumlauf die Siederohre von nassem Dampf verlassen werden, entfällt hier die Berücksichtigung der Überhitzungszone. Der Verdampfungsabschnitt hat dann also die Länge

$$l_v = L - l_e = L \left[1 - \frac{\dot{M}}{\dot{Q}_V} \ (h'-h_E) \right] \qquad (33.12)$$

und der aus dem Siederohr austretende Naßdampf den Dampfgehalt

$$x_e = \frac{1}{r} \left[\frac{\dot{Q}_V}{\dot{M}} - (h'-h_E) \right] \qquad (33.13)$$

In beiden Rohrabschnitten gilt für den Druckverlust wieder die Gleichung (33.9). Im Erwärmungsabschnitt nimmt sie jedoch mit K die Form

$$\Delta p_e = K \ \dot{M}^2 \ v_e \ l_e = K \ \dot{M}^3 \ \frac{1}{2} \ (v_E + v') \ \frac{h'-h_E}{\dot{Q}_V} \ L \qquad (33.14)$$

an, da dort das mittlere spezifische Volumen des Wassers die Größe

$$v_e = \frac{1}{2} \ (v_E + v') \qquad (33.15)$$

besitzt. Dagegen wird im Verdampfungsteil mit dem mittleren spezifischen Naßdampfvolumen

$$v_v = \frac{1}{2} \ (v' + v_x) = \frac{1}{2} \left[2v' + (v'' - v')x_e \right] =$$

$$= v' + \frac{1}{2} \ (v'' - v') \ \frac{1}{r} \left[\frac{\dot{Q}_V}{\dot{M}} - (h' - h_E) \right] \qquad (33.16)$$

der Druckverlust im Verdampfer zu

$$\Delta p_v = K \ \dot{M}^2 \ v_v \ l_v \qquad (33.17)$$

Setzt man hier nun (33.12) und (33.16) ein und addiert die beiden Teilverluste (33.14) und (33.17), so bekommt man für den Reibungsverlust im Siederohr

$$\Delta p_R = \Delta p_e + \Delta p_v \tag{33.18}$$

und nach einigen Umformungen den Ausdruck /69,70/

$$\Delta p_R = \frac{A}{\dot{Q}_V} \dot{M}^3 - B \dot{M}^2 + C \dot{Q}_V \dot{M} \tag{33.19}$$

Die einzelnen Beiwerte sind

$$A = \frac{1}{2} (h' - h_E) \left[(v'' - v') \frac{h'-h_E}{r} - (v' - v_e) \right] KL \tag{33.20}$$

$$B = \left[\frac{h'-h_E}{r} (v'' - v') - 2v' \right] KL$$

und

$$C = \frac{1}{2} \frac{v''-v'}{r} \; KL \tag{33.21}$$

33.3.3 Einfluß der Drosselung

Nach (33.9) ist die gesuchte Gestalt der Kennlinie $\Delta p_R = f(\dot{M})$ bei den entweder durch Wasser oder durch Dampf beaufschlagten Rohren eine Parabel zweiter Ordnung (Kurve 1, Bild 33.6). Dagegen wird die Kennlinie der Siederohre, die am Anfang Wasser und an ihrem Ende nassen Dampf führen, eine Kurve dritten Grades nach (33.19), die u.U. einen Sattel aufweist (Kurve 2 in Bild 33.6). Im Sattelbereich sind bei gleichem Δp_R drei verschiedene Massenströme $\dot{M}$ möglich. Dadurch wird die Beaufschlagung einzelner Siederohre mit Wasser unbestimmt und labil.

Dieser Verlauf der Kennlinie ist dadurch bedingt, daß nach Bild 33.7 bei Siederohren das spezifische Volumen des Arbeitsstoffes und folglich auch der Gradient $d\bar{v}/dl$ längs des Siederohres zunehmen. Demzufolge hat

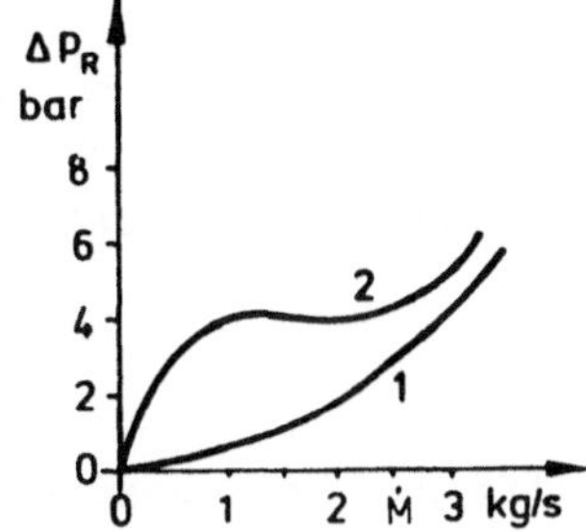

Bild 33.6. Kennlinien des Siederohres.
1 Einphasenstrom; 2 Zweiphasenstrom

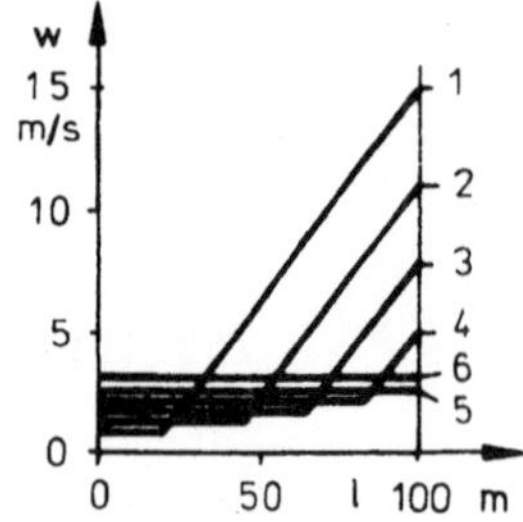

Bild 33.7. Geschwindigkeit des Arbeitsstoffes
im Siederohr bei gleichmäßiger Beheizung und
bei verschiedenem Durchfluß von 1,2,3,4,5 und
6 t/h

nach demselben Bild jede Vergrößerung vom $\dot{M}$ eine Verkürzung des Verdampf-
ungsabschnittes und somit eine Verkleinerung von $\bar{v}$ zur Folge. Kommt es
dabei zu einem Rückgang des Produktes $\bar{v}\dot{M}^2$, d.h. wird die Ableitung
negativ

$$\frac{d}{d\dot{M}}\,(\bar{v}\,\dot{M}^2) = 2\,\bar{v}\,\dot{M} + \dot{M}^2\,\frac{d\bar{v}}{d\dot{M}} < 0 \tag{33.22}$$

so liegt ein Sattel vor.

Der sattelförmige Verlauf der Kennlinie 2 läßt sich ausglätten, wenn
man am Eintritt des Siederohres, wo das dampffreie Wasser einströmt,
einen zusätzlichen hydraulischen Widerstand anbringt, wie z.B. eine
Drosselblende. Addiert man deren Druckverlust

$$\Delta p_D = R_D \dot{M}^2 \tag{33.23}$$

zum Druckabfall im Siederohr (33.19), so bekommt man für die Kennlinie
des gedrosselten Siederohres (Bild 33.8 oben)

$$\Delta p = \Delta p_R + \Delta p_D = \frac{A}{Q_V}\,\dot{M}^3 - (B-R_D)\dot{M}^2 + C\,\dot{Q}_V\dot{M} \tag{33.24}$$

Der Widerstand Δp_D ist nun so zu bemessen, daß (33.24) bei allen Durchsätzen keine Maxima oder Minima aufweist. Dies trifft dann zu, wenn die
Ableitung von (33.24)

$$\frac{d\Delta p}{d\dot{M}} = 3\,\frac{A}{Q_V}\dot{M}^2 - 2(B-R_D)\dot{M} + C\,\dot{Q}_V \tag{33.25}$$

zum Auffinden der Extremwerte gleich Null gesetzt wird und beide Wurzeln

$$\begin{aligned}\dot{M}_1\\\dot{M}_2\end{aligned} = \frac{B - R_D \pm \sqrt{(B - R_D)^2 - 3AC}}{3A}\,\dot{Q}_V \tag{33.26}$$

keine reellen, sondern komplexe Zahlen sind. Dies trifft nur bei negati-
ver Diskriminante

$$(B - R_D)^2 - 3AC < 0 \tag{33.27}$$

zu. Man braucht für die Stabilisierung der labilen Strömung also die Widerstandszahl einer Drossel

$$R_D > B - \sqrt{3AC} \tag{33.28}$$

Ist dagegen $B - \sqrt{3AC} \leq 0$, so ist auch $R_D \leq 0$ und die Kennlinie ist an sich stabil. Auf die Verwendung einer Drossel kann dann verzichtet werden.

33.3.4 Senkrechte Siederohre

Ist das Siederohr senkrecht oder geneigt aufgestellt, so kommt bei der Strömung noch die statische Druckdifferenz Δp_{st} zur Geltung. Ist die Höhendifferenz des Verdampferein- und -austritts gleich H und herrscht im gesamten Austritts- sowie Eintrittssammler der gleiche Druck, so gilt für ein Rohr mit der Neigung β nach Ergänzung der Beziehung (33.9) beim Aufwärtsstrom

$$\Delta p = \Delta p_R + \Delta p_{st} = K \; L \; \bar{v} \; \dot{M}^2 + \frac{gH}{\bar{v}} = L \; (K \; v \; \dot{M}^2 + \frac{g}{\bar{v}} \sin\beta) \tag{33.29}$$

Als Grenzwerte für Δp_{st} sind bei $\dot{Q}$ = konst. anzugeben:

$$\dot{M} \to 0 \qquad \bar{v} \to \infty \qquad p_{st} \to 0$$
$$\dot{M} \to \infty \qquad \bar{v} \to v' \qquad p_{st} \to gH/v'$$

Somit wirkt das Gewicht der Gemischsäule in gleicher Richtung wie eine Drossel, wobei Δp_{st} mit zunehmendem $\dot{M}$ monoton von Null ansteigend sich asymptotisch dem Maximalwert gH/v_E nähert (Bild 33.8).

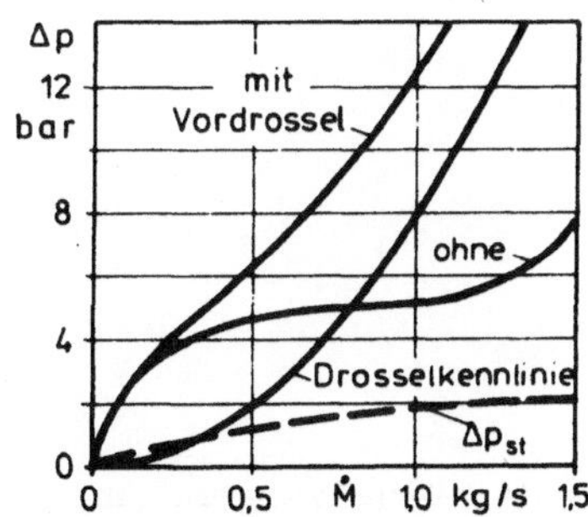

Bild 33.8. Verdampferkennlinien ohne und mit Vordrosselung.
Druck 80 bar; H_{st}=0 m; Beheizung 850 kW;
Unterkühlung 600 kJ/kg

33.4 Mindestumlaufzahl beim Zwangsumlauf

Der Zwangsumlauf gestattet die Anwendung enger Siederohre, da der höhere Strömungswiderstand durch die Pumpe überwunden wird. Somit wird aber der Siederohr-Gesamtquerschnitt kleiner und der Gesamt-Wasserdurchsatz des Verdampfers ebenso wie die Umlaufzahl gehen bei gleichem Massenfluß $\dot{m}_{SR}$ und gleichem Feuerraumumfang zurück. Bei Zwangsumlaufkesseln liegt die übliche Umlaufzahl zwischen C = 3 bis 6; die erste Zahl gilt für Großkessel. Die Gefahr der Siedekrisis ist somit u.U. größer als beim Naturumlauf.

Neben dieser ist der Einfluß einer kleinen Umlaufzahl auch auf die Druckstabilität bei Lastwechseln zu überprüfen, da eine Druckänderung sich auf den Austrittsdampfgehalt x_e, der aus den vorgenannten Gründen hoch ist, merkbar auswirkt /70/. Steigt der Druck, so nimmt nach dem h,p-Diagramm in Bild 33.9 h' zu und h" ab. Da zwischen den Gemischkomponenten ein Wärmeaustausch stattfindet, läßt sich ein thermodynamisches Gleichgewicht voraussetzen. Ist nun das Gemisch im Siederohr bei großem C wasserreich (kleines x_e), so verschiebt sich im h,p-Diagramm der Punkt 1 bei isenthalper Druckzunahme zum kleineren x. Bei hohem x_e (C klein) ist es umgekehrt (Punkt 2).

Das Verhalten eines wasserreichen Gemisches (Punkt 1) ist also stabil, da der Dampfstrom bei Druckanstieg zurückgeht, d.h. dessen Reaktion erfolgt in gleicher Richtung wie die des Reglers, welcher eine Zurücknahme der Feuerung einleitet. Dagegen verhält sich bei hohem x_e, wo bei Druckanstieg die Dampferzeugung zunimmt, d.h. dem Reglereingriff entgegenwirkt, der Verdampfer labil.

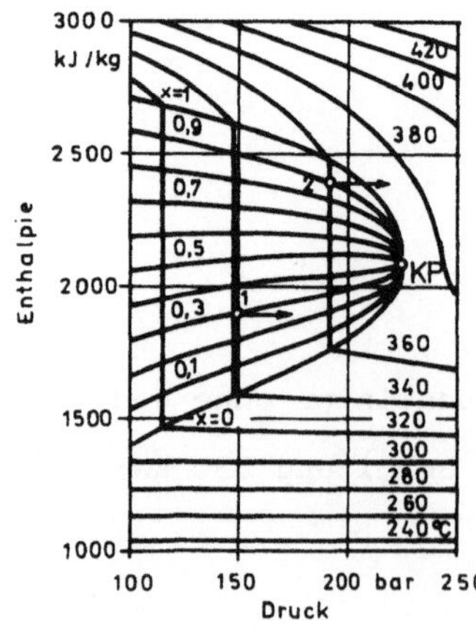

Bild 33.9. Auswirkung der Druckzunahme auf die Dampferzeugung. 1 Anfangszustand bei kleinem x_e; 2 Anfangszustand bei sehr grossem x_e

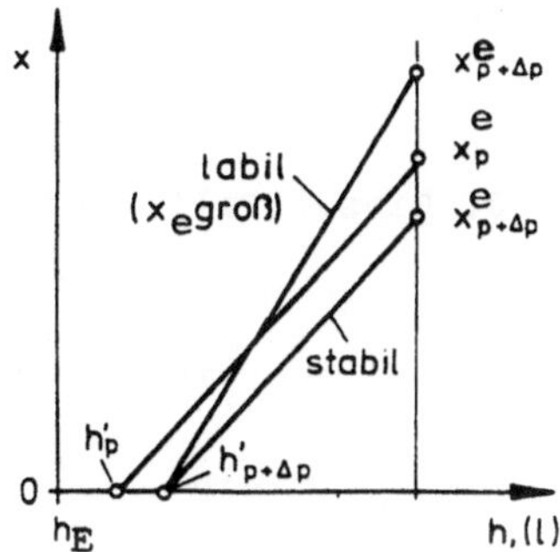

Bild 33.10. Verlauf des Dampfgehaltes entlang des Siederohres beim Druck p sowie p + Δp

Von Interesse ist die Stabilitätsgrenze. Das Bild 33.10 zeigt unter der Annahme gleichmäßiger Rohrbeheizung x als Funktion von h bzw. 1. Im Vorwärmabschnitt wird die Wasserenthalpie von h_E auf h' angehoben und erreicht nachher durch Verdampfung den Dampfgehalt x^e_p am Rohraustritt. Steigt der Druck um Δp, so verschiebt sich die Siedewasserenthalpie in Bild 33.9 nach rechts ($h'_{p+\Delta p} > h'_p$) und aus x^e_p wird $x^e_{p+\Delta p}$.

Bei unveränderter Wärmezufuhr von außen bleibt die Enthalpiezunahme konstant, d.h. bei $\dot{M}_U$ = konst. gilt die Bilanz

$$h' + r_p\, x^e_p - h_E = h'_{p+\Delta p} + r_{p+\Delta p}\, x^e_{p+\Delta p} - h_E \tag{33.30}$$

Mit

$$x^e_{p+\Delta p} = x^e_p + \Delta x^e, \quad h'_{p+\Delta p} = h'_p + \Delta h', \quad r_{p+\Delta p} = r_p + \Delta r$$

bzw.

$$\Delta x^e = \left(\frac{dx}{dp}\right)^e_p \Delta p, \quad \Delta h' = \left(\frac{dh'}{dp}\right)_p \Delta p, \quad \Delta r = \left(\frac{dr}{dp}\right)_p \Delta p \tag{33.31}$$

findet man aus (33.30) die Steigung

$$\left(\frac{dx}{dp}\right)^e_p = -\frac{1}{r_p}\left[\left(\frac{dh'}{dp}\right)_p + x^e_p \left(\frac{dr}{dp}\right)_p\right] \tag{33.32}$$

In dem in Frage kommenden Druckbereich $p < p_{kr}$ ist nach Bild 33.9 dh'/dp>0 und dr/dp<0. Ist nun x^e_p klein, so überwiegt das erste Glied in der Klammer und es wird $(dx^e_p/dp) < 0$. Bei unveränderter Wasserzufuhr nimmt also der Dampfstrom im Rohr ab und es gilt $\Delta x^e < 0$.

Dagegen tritt bei hohem x^e_p, d.h. bei kleiner Umlaufzahl, $(dx^e_p/dp)_p > 0$ auf. Vor allem bei hohen Drücken (p > 180 bar) fördert nach (33.22) die kleine Verdampfungsenthalpie r_p die druckbedingte Änderung von x_e und somit die weitere Entwicklung der Druckstörung stark. Der veränderte

Dampfstrom $x_e \cdot \dot{M}_U$ verursacht dabei, daß der Absolutwert des Drucktransienten $dp/d\tau$ steil zunimmt.

An der Stabilitätsgrenze ist $(dx_p/dp)_p^e = 0$ bzw. $\Delta x_p^e = 0$. Dieser Fall wird erreicht bei

$$x_{pGrenz}^e = - \frac{(dh'/dp)_p}{(dr/dp)_p} \tag{33.33}$$

Die Grenzwerte sind in der Tab. 33.1 aufgetragen.

Im Druckbereich $p < 200$ bar liegt x_{pGrenz}^e hoch über dem für Zwangsumlaufkessel üblichen Höchstwert $x = 0,333$ bei der Umlaufzahl $C = 3$.

Tabelle 33.1. Grenzdampfgehalt und Umlaufzahl in Abhängigkeit vom Druck

p bar	x_{pGrenz}^e	C
30	1,000	1
70	0,810	1,24
100	0,735	1,36
140	0,588	1,70
180	0,543	1,84
220	0,474	2,11
p_{Kr}	0,500	2

33.5 Zwangsumlauf-Verdampfer

Der Zwangsumlaufkessel besitzt aus Sicherheitsgründen bis zu drei Umlaufpumpen mit Rückschlagventil an jedem Pumpenaustritt. Damit beim unsymmetrischen Pumpenbetrieb keine Wasserstandsunterschiede entlang der Trommel entstehen, münden die Fallrohre in einen Zwischensammler großen Durchmessers, der als Zwischenspeicher den Druckausgleich gewährleisten soll (Bild 33.11). Erst von diesem Sammler aus werden die Pumpen gespeist, die dann die Fußsammler des Verdampfers mit Wasser versorgen.

Um eine gleichmäßige Wasserverteilung auf die Siederohre zu erzwingen, werden diese mit Drosseln versehen. Im Fußsammler großen Durchmessers ist vor den Drosseln eine gelochte Trennwand als Feinsieb aufgestellt (Bild 33.12) /6/, welche die Drosselverstopfung durch Schlamm verhindert. Die Drossel selbst ist eine Platte mit einem kalibrierten Loch in der Mitte.

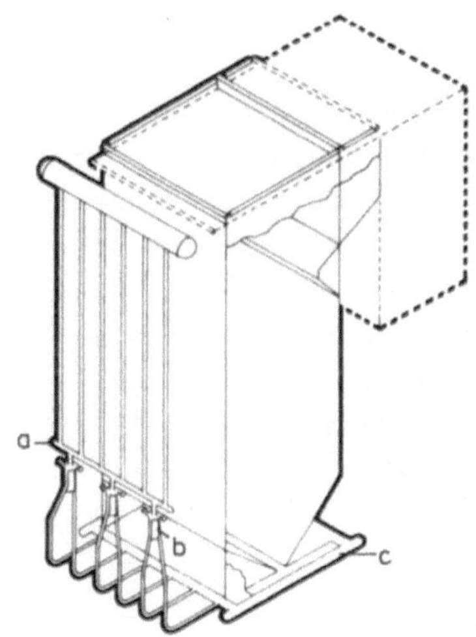

Bild 33.11. Das Fallrohrsystem eines Zwangs-
umlauf-Kessels mit dem Zwischensammler.
a Zwischensammler; b Umwälzpumpe; c Fußsammler

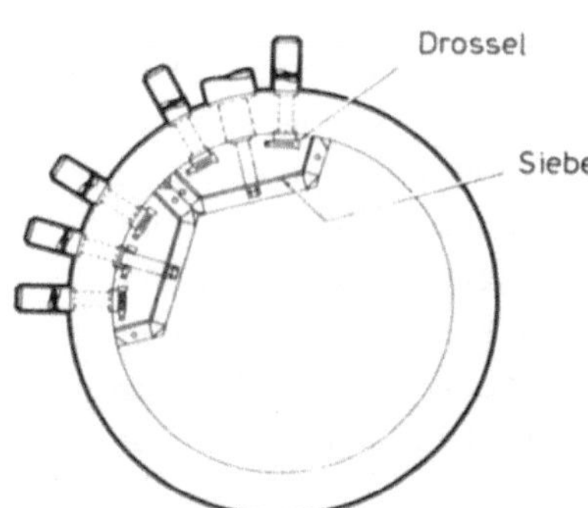

Bild 33.12. Anordnung von Dros-
seln und Sieben im unteren
Ringsammler eines Zwangsumlauf-
Verdampfers

Der Zwangsumlauf macht in der Trommel hochwirksame Abscheidereinbauten
mit einem größeren Durchflußwiderstand möglich.

Die Siederohrdrosselung vergleichmäßigt die Wasserverteilung auf die
Siederohre und verringert somit örtliche Temperaturunterschiede im Verdampfer. Dies macht ein schnelles Anfahren sowie schnelle und große
Lastwechsel möglich. Um dabei die im Abschnitt 26.3.4 erwähnte Trommel-
empfindlichkeit zu mildern, wird ein dünnwandiger Innenmantel eingebaut.
Auf diese Weise entsteht zwischen der Trommelwand und dem Dampfraum eine
Naßdampfzone mit hochturbulentem Inhalt (Bild 26.11), in die alle Siederohre münden /6/. Somit kann die ganze innere Trommeloberfläche den Sie-
detemperaturwechseln gleich schnell folgen.

33.6 Anwendungsgebiete

Hinsichtlich seiner Anwendung liegt der Zwangsumlaufkessel zwischen dem
Naturumlauf- und dem Durchlaufkessel. Er gestattet den Bau des Trommelkessels auch für sehr hohe Drücke und Leistungen /6/. Weiter ist dieser
beim Nieder- und Mitteldruck dort anzuwenden, wo in den Siederohren sehr
hohe Massenflüsse verlangt werden, z.B. wegen zu starker Beheizung. Auch
dort, wo sich die Beheizung stark und schnell ändert, ist der Zwangsumlauf am Platze. In allen diesen Fällen wäre der Naturumlauf unzuläng-
lich. Der Durchlaufkessel wird dagegen wegen zu hohen Druckabfalls im
Verdampfer sowie der Gefahr einer labilen Strömung bei Nieder- und Mitteldruckanlagen nur in Sonderfällen benutzt.

Ein weiteres Anwendungsgebiet für Zwangsumlaufkessel sind die Anlagen,
bei denen der konvektive Verdampfer aus langen Rohrschlangen mit hohem
Strömungswiderstand besteht. Einem solchen Zwangsumlaufverdampfer mit
schlangenförmigen und hoch wärmebelasteten Rohrbündeln begegnet man
z.B. bei der Wirbelschichtfeuerung, bei der die in der Wirbelschicht
eingetauchten Siederohre einem Wärmefluß bis ca. 400 kW/m^2 ausgesetzt
sind. Die konvektiven Mitteldruckverdampfer mit hohem Durchflußwiderstand kommen auch bei Abhitzekesseln mit einem großen Verhältnis von
Siederohrlänge/Verdampferhöhe vor (Bild 40.1). Auch manche Dampferzeuger in Kernkraftwerken gehören zu dieser Gruppe. Ebenfalls bietet der
Zwangsumlauf eine Lösung für Kessel, die aus Gewichtsgründen aus sehr
engen Rohren zu bauen sind (z.B. Schiffskessel).

Den Zwangsumlaufkesseln begegnet man heutzutage in der Bundesrepublik
vor allem bei industriellen Nieder- oder Mitteldruckanlagen sowie in
Form von Abhitzekesseln. Dagegen wird bei Hochdruck-Großkesseln der
Durchlaufkessel bevorzugt. Hier ist allerdings der Durchlaufkessel mit
überlagertem Umlauf zu erwähnen (siehe weiter Abschnitt 39.1), der dem
Zwangsumlaufkessel ähnlich ist.

Im Bild 33.13 ist ein 320 t/h, 145 bar, 530/530 $^\circ$C Zwangsumlaufkessel
mit Kohlenstaubfeuerung dargestellt. Die Umwälzpumpe versorgt hier einen Ringsammler großen Durchmessers mit Wasser.

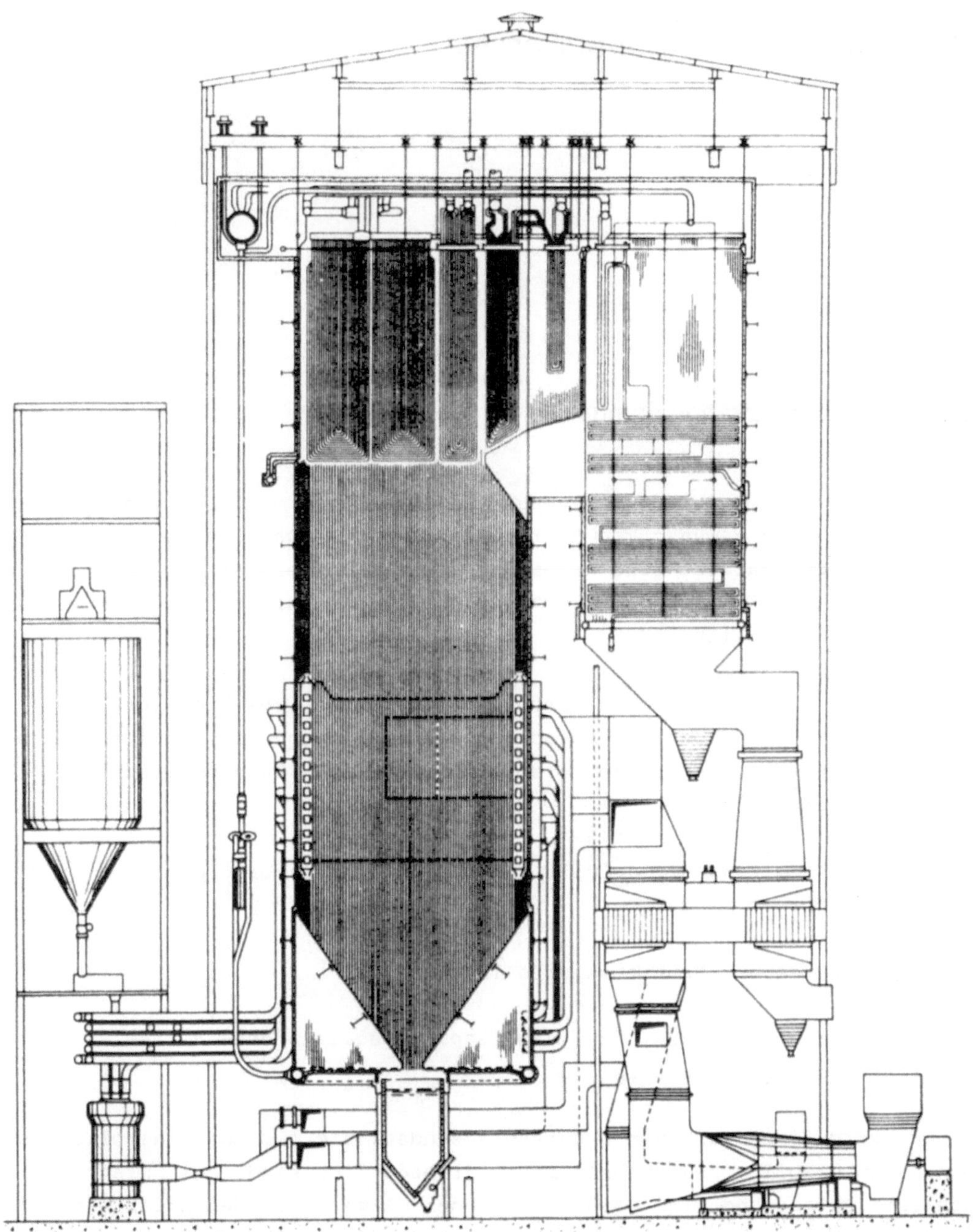

Bild 33.13. Zwangsumlaufkessel mit Kohlenstaubfeuerung

34. Anfahren von Trommelkesseln

34.1 Ablauf des Anfahrvorganges

Beim Anfahren soll der Dampferzeuger ausgehend vom Stillstand auf optimalem Weg in den gewünschten Betriebszustand überführt werden. Als Kriterien der Optimalität sind neben der Betriebssicherheit noch weitere
Gesichtspunkte wie Wirtschaftlichkeit, Dauer des Anfahrens und Umwelt-
freundlichkeit üblich /9/.

Um sich ein Bild über den Anfahrvorgang zu machen, sei hier kurz der
Kaltstart eines im Kraftwerksblock aufgestellten und mit fossilen Brennstoffen befeuerten Dampferzeugers beschrieben. Die Zündbereitschaft
setzt voraus:

1. Kessel ist mit Wasser gefüllt und die Kühlwasserversorgung des
   Blockes ist im Gange.

2. Strom und andere Betriebsstoffe liegen vor.

3. Frischlüfter, Saugzug, Luvo, Speisepumpe sowie andere Hilfs-
   maschinen sind in Betrieb.

Danach wird die Anzahl von Brennern gezündet, die für das Einstellen der
minimalen stabilen Feuerungsleistung erforderlich sind. Bei Anlagen mit
Kohlenstaubfeuerung sind es die Gas- oder Öl-verfeuernden Anfahrbrenner,
da die Mahlanlage erst dann in Betrieb genommen werden kann, wenn heiße
Luft bzw. heiße Rauchgase vorliegen. Im weiteren wird der Verdampferin-
halt auf Siedetemperatur erwärmt, wobei Überhitzer sowie Zwischenüberhitzer vorerst ungekühlt bleiben. Dies beschränkt die zulässige Rauchgastemperatur am Feuerraumaustritt für längere Zeit auf ca. 550 $^\circ$C.

Das Einsetzen des Siedens wird vom Wasserausstoß aus dem Verdampfer begleitet, wobei die Dampfbildung zum Anstieg des Dampfdruckes im System führt. Der noch geschlossene HD-Bypass sowie die geschlossenen Turbinenventile verhindern die Abgabe des Dampfes, d.h. Überhitzer bzw. Zwischenüberhitzer bleiben weiterhin ungekühlt. In ihren kalten Bereichen findet Kondensation des aufgestauten Dampfes statt. Erst wenn die vorgegebene Druckschwelle am Überhitzeraustritt erreicht ist und das HD-Bypassventil öffnet, beginnt die Kühlung des Überhitzers und der Dampffluß zum Zwischenüberhitzer. Dabei wird vor dem letzteren ein Teil des Dampfes für den HD-Wasservorwärmer bzw. für den Entgaser entnommen. Der Dampfstrom im Zwischenüberhitzer stellt sich erst nach Erreichen der Druckschwelle des ND-Bypasses ein. Durch weitere Erhöhungen der Brennerleistung bzw. durch Inbetriebnahme weiterer Brenner werden der Dampfstrom des Kessels sowie die Dampfparameter zügig soweit angehoben, daß die Turbine angestoßen werden kann. Inzwischen kann auch die erste Mühle der Kohlenstaubfeuerung angefahren werden.

Die Zeit von der Herstellung der Zündbereitschaft bis zum Beginn der Dampfabgabe an die Turbine wird als Anfahrzeit des Kessels bezeichnet. Das Anfahren stellt also einen zeitlich abgeschlossenen Vorgang dar, der aus mehreren, unter Umständen zu wiederholenden Teilabschnitten besteht. Dabei verändern sich neben den Massen- und Energieströmen auch der Druck- sowie der Temperaturzustand des Kessels.

Der an das Drucksystem übertragene Wärmestrom erzeugt Wärmespannungen, welche wegen der beim Anfahren stattfindenden beträchtlichen Wärmespeicherung im Metall der Kesselelemente wesentlich größer sind, als bei anderen im Normalbetrieb vorkommenden, nicht stationären Vorgängen. Somit verlangt die Planung des Anfahrens bzw. Abstellens eine sorgfältige Analyse und Vorbereitung. Heute wird dieses mit mathematischen Modellen des Kraftwerkblockes simuliert, um den Brennstoffverbrauch zu minimieren sowie die schonendste Anfahrweise zu finden /67/.

34.2 Natur- und Zwangsumlauf beim Anfahren – ein Vergleich

Wird der Kessel vom kalten Zustand angefahren, so setzt zuerst ein interner Umlauf in den senkrechten Siederohren ein, bei dem das Wasser auf der angestrahlten Rohrhälfte aufsteigt und auf der kälteren Seite wieder absinkt. Danach bildet sich beim Naturumlaufkessel ein Warmwasserumlauf aus, bei welchem die Wassertemperatur in den Siederohren der in den Fallrohren voreilt. Der umlaufende Warmwasserstrom (Bild 34.1) ist nach dem Zünden der Brenner am größten /79,80/.

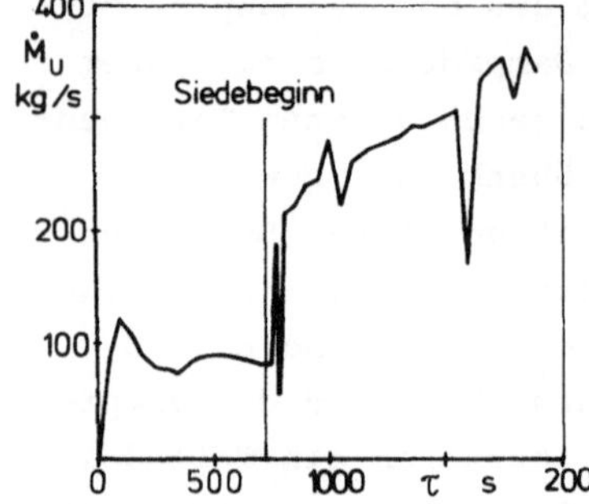

Bild 34.1. Naturumlauf beim Anfahren
vor und nach Siedebeginn

Der nach Siedebeginn sich einstellende Dampf-Wasserumlauf ist nach Bild
34.1 wegen der bei Dampfbildung eintretenden Vergrößerung des Auftriebes
intensiver als der vorangehende Warmwasserumlauf. Da der Dampf durch
sein großes spezifisches Volumen bereits in kleinen Mengen zu einer
hohen Geschwindigkeit des Dampf-Wassergemisches am Siederohrende führt,
ergibt sich im Verdampfer am Siederohrende ein großer Druckabfall. Der
dadurch entstehende Dampfstau unterbindet zusammen mit dem großen Um-
laufstrom sowie dem statischen Druck von der Wassersäule in Fallrohren
das Sieden im unteren Teil der Siederohre, so daß auch nach Siedebeginn
das Wasser in der Brennernähe weiterhin nur erwärmt wird.

Die nach Einsetzen der Verdampfung entstehende Verdampfungszone wandert
stromaufwärts vom Siederohraustritt in das Siederohr hinein. Da die einzelnen Siederohre beim Start verschieden stark beheizt werden, ist das
Auftreten der Verdampfung zuerst nur in den am stärksten beheizten Rohren zu beobachten und führt hier zu einer intensiven Förderung des Wassers. In den übrigen Siederohren kann, falls diese unter dem Wasserspiegel ausmünden, dabei eventuell eine Strömungsumkehr eintreten, so daß
sie vorübergehend als Fallrohre wirken.

Der zulässige Temperaturtransient im Verdampfer ist durch die Trommel
vorgegeben (Abschnitt 26.3.4). Deshalb läßt sich der Zwangsumlaufkessel schneller anfahren, da nach Bild 33.18 die Trommel gleichmäßig auf-
gewärmt wird. Darüberhinaus läuft beim Anfahren bereits die Umwälzpumpe,
so daß hier die vorher geschilderten Unregelmäßigkeiten in den Siederohren nicht zu erwarten sind /6/.

34.3 Amerikanische Anfahrweise

Das Bild 3.4 zeigt die amerikanische Variante des Bypass-Systems, das
gemeinsam mit dem Überström-Drosselventil hinter dem Vorüberhitzer das

Anfahren erleichtern soll. Hier ist durch das gesteuerte Ablassen des Dampfes aus dem Verdampfer der zulässige Temperaturtransient in der Trommel einstellbar. Der um den Überhitzer herumgeleitete Dampf kann nach Bedarf sowohl zum Turbinenkondensator als auch zum Überhitzer- bzw. Zwischenüberhitzeraustritt abgeführt werden.

Beim Anfahren läßt sich durch das Zusammenspiel von Überström-Drosselventil und Bypass die Temperatur bzw. deren Transient sowohl im Verdampfer als auch im Überhitzer- sowie Zwischenüberhitzerbereich wirksam beeinflussen. Daraus ergeben sich beim Anfahren nachfolgende Vorteile:

1. Durch das Ablaßventil wird die Kopplung zwischen Feuerleistung und Druck- bzw. Siedetemperatur-Transienten gelöst.

2. Die Frisch- bzw. Zwischendampftemperaturen vor dem HD- bzw. ND-Turbinenteil lassen sich unabhängig voneinander durch umgeleiteten Sattdampf senken und somit dem Turbinenzustand anpassen.

3. Durch Drosselung des zu überhitzenden Dampfstromes und Zumischen des Sattdampfes am Überhitzer- bzw. ZÜ-Austritt kann die Wassereinspritzung vermieden werden, welche sonst bei kleinen Dampfströmen am Anfang des Anfahrens Schwierigkeiten bereiten kann.

4. Dank des Drosselventils ist unterschiedlicher Druck im Vor- und Nachüberhitzer möglich.

5. Durch erhöhte Feuerleistung und verminderten Dampffluß durch den Überhitzer ist beim Warm- bzw. Heißstart das schnelle Erreichen einer hohen Frischdampftemperatur möglich, während durch das Bypassventil zum Kondensator die Wärmespannungen der Trommel im zulässigen Rahmen gehalten werden.

35. Durchlaufdampferzeuger

35.1 Arbeitsweise und Aufbau

Der Durchlaufkessel /3/ kommt vor allem für hohe Dampfdrücke d.h. für
Großkessel in öffentlichen Kraftwerken sowie für große Industriekraft-
werke in Frage. Auch ist der Betrieb eines Durchlaufkessels mit überkritischen Drücken möglich. Die Dampfparameter sind hier nur durch den
Werkstoff der Kesselelemente sowie durch den Arbeitsbedarf der Speisepumpe eingeschränkt.

Beim Natur- oder Zwangsumlauf endet die Druckwirkung der Speisepumpe auf
den geförderten Massenstrom am Wasserspiegel in der Trommel. Dank der
Volumenzunahme des Arbeitsstoffes bei der Verdampfung, die zum Druckanstieg führt, wird der in den Siederohren erzeugte Dampf aus dem Trommel-
dampfraum zum Überhitzer verdrängt.

Bei einem Durchlaufkessel entfällt die Trommel und damit auch der Wasserstand im Kessel. Nach Bild 1.5 wird ein Wasserteilchen bei einmaligem
Durchgang vorgewärmt, verdampft und überhitzt. Deshalb sind Vorwärmer-,
Verdampfer- und Überhitzerheizflächen im Rohr direkt hintereinanderge-
schaltet. Bild 35.1 zeigt schematisch den Wasser-Dampf-Weg. Der Speisewasserstrom drängt hier wie ein Kolben den Dampf zum Kesselaustritt hinaus. Daher läßt sich auch der Druck am Überhitzeraustritt seitens der
Speisepumpe beeinflussen.

Ein Einrohrdampferzeuger nach Bild 35.1 mit stetig durchlaufendem Rohr
ist für Großkessel keine brauchbare Lösung, da

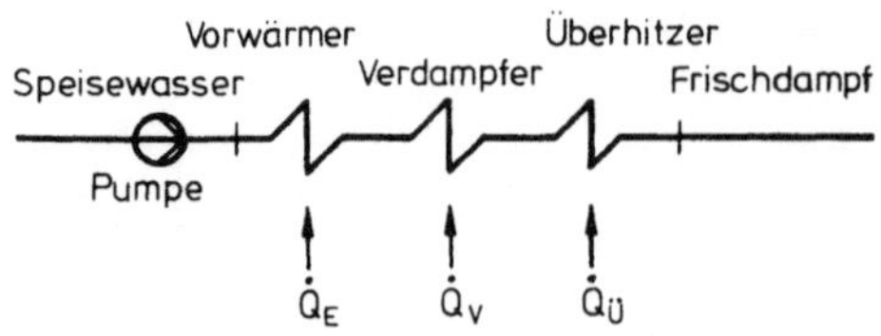

Bild 35.1. Schema des Wasser-
Dampf-Weges in einem Durchlaufkessel

1. sich durch ein enges Siederohr (z.B. mit dem Innendurchmesser
   D_i = 22 mm), selbst bei einer hohen Massenstromdichte von
   $\dot{m}$ = 3000 kg/m^{2}s, nur ein Wasserstrom von ca. 4 t/h durchsetzen
   läßt. Für einen 1000 t/h Kessel sind demnach 250 parallelgeschal-
   tete Rohre notwendig.

2. wegen örtlich unterschiedlicher Art der Wärmeübertragung (Strahlung
   oder Konvektion) die Heizflächen z.T. als Wände bzw. Schotten und
   z.T. als Rohrbündel ausgeführt werden müssen. Dies verlangt genau
   wie beim Trommelkessel die Heizflächenaufgliederung in Eko, Verdampfer und Überhitzer mit baulich festen Grenzen in Form von Sammlern.

Der Aufbau des Durchlaufkessels ist also nur im Verdampferbereich anders
als beim Trommelkessel. Die baulichen Verdampfergrenzen stimmen allerdings nicht mit den Grenzen der Verdampfungszone x = 0 und x = 1 im Bild
33.4 überein. So soll z.B. am Austritt vom Eko, der ein konvektives
Rohrbündel ist, die Wasserenthalpie um 150 bis 200 kJ/kg unter der Sie-
deenthalpie liegen. Dadurch schließt man in allen Betriebslagen ein Sieden vor dem Verdampfer, der die Feuerraumwände bildet, aus. Tritt die
Verdampfung nämlich vorher ein, so ist dadurch eine gleichmäßige Beaufschlagung aller Siederohre mit Wasser erschwert.

Demzufolge liegt am Verdampferanfang eine Vorwärmzone (Bild 30.2). Da
zudem bei hohen Drücken die Verdampfungsenthalpie klein ist, ist nach
gleichem Bild auch mit einer Überhitzungszone am Verdampferende zu rechnen. Obwohl die Verdampfergrenzen durch den Eintrittsammler bzw. Wasserabscheider festgelegt sind, bleibt im Rahmen dieses Dreizonenverdampfers
die Wanderung der Verdampfungszone ähnlich wie beim Einrohrkessel nach
Bild 35.1 in beschränktem Ausmaß weiter möglich.

Die teilweise Dampfüberhitzung schon im Strahlungsverdampfer bzw. im
Schottenüberhitzer läßt den Einbau des Zwischenüberhitzers als konvektive Heizfläche im Bereich der konvektiven Überhitzerstufen zu, ohne
daß dadurch vor der ersten, dicht gepackten, konvektiven Heizfläche eine
zu hohe Rauchgastemperatur entsteht. So läßt sich die Gefahr der Verschlackung bei Einsatz von Brennstoffen wie Kohle oder Schweröl abwenden.

Als Speisewasser für Durchlaufkessel muß vollentsalztes Wasser benutzt
werden. Die Ansprüche an seine Güte gibt Tab. 23.4 an. Zulässig ist hier
auch das neutrale Speisewasser. Die vom Gesichtspunkt der Turbine einzu-
haltende Dampfgüte entspricht derjenigen beim Trommelkessel (Tab. 23.1).

35.2 Innere Vorgänge im Durchlaufverdampfer

35.2.1 Wärmeübergang in den Durchlauf-Siederohren

Aus Bild 25.1 geht hervor, daß im Bereich A bis D die Übertemperatur der
Rohrwand klein bleibt. Im Bereich D - E durchläuft der Wärmeübergangskoeffizient ein Minimum, das einen Gipfel in der Wandtemperaturkurve
darstellt. Wie sich der örtliche Charakter der Vorgänge im Rohr nach
Bild 25.1 auf die Rohrwandtemperatur auswirkt, zeigt auch das Bild 35.2.

Das Minimum des Wärmeübergangskoeffzienten stellt sich bei umso kleinerer Dampfnässe ein, je höher der Druck und je stärker die Beheizung
des Rohres ist. Bei Drücken über 200 bar verschwindet die Blasenverdampfung vollständig; das ganze Naßdampfgebiet ist praktisch durch das
instabile Filmsieden gekennzeichnet.

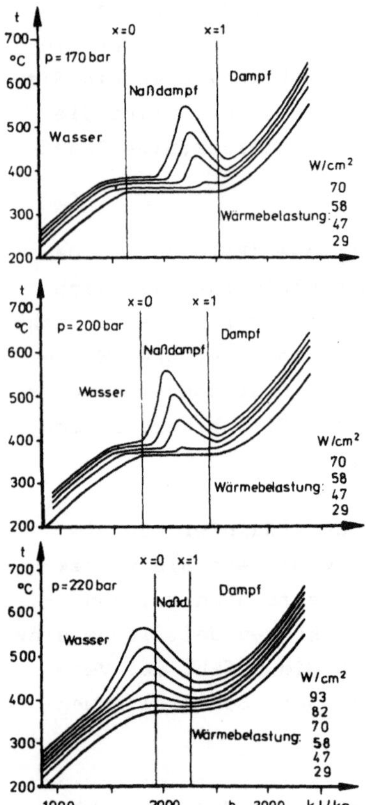

Bild 35.2. Rohrwandtemperatur als
Funktion des Druckes bzw. der Wärmestromdichte $\dot{q}_W$ /71/ (gleiche Beheizung auf ganzer Rohrlänge)

35.2.2 Druckabfall im Siederohr

Ähnlich dem Zwangsumlaufkessel kann der Verdampfer auch beim Durchlaufkessel Instabilitäten aufweisen. Diese werden durch die im Verdampfer
des Durchlaufkessels liegende Überhitzungszone gefördert. Für das Siederohr mit Überhitzungszone (Bild 33.4) bleiben die Gleichungen (33.12 bis
33.15) weiter gültig. Die vollständige Verdampfung des Wassers bedarf
hier der Länge

$$l_V = \frac{r}{\dot{Q}_V} \, \dot{M} \, L$$

Im Restteil des Rohres mit der Länge

$$l_{\ddot{u}} = L - l_e - l_V = L \left[1 - \frac{\dot{M}}{\dot{Q}_V} \, (h'' - h_E) \right]$$

wird der entstandene Dampf überhitzt. Im Verdampfungsabschnitt ist das
mittlere spezifische Volumen

$$v_V = \frac{1}{2} \, (v'' + v')$$

und der dortige hydraulische Widerstand

$$\Delta p_V = K \, \dot{M}^2 \, v_V \, l_V = K \, \dot{M}^3 \, \frac{1}{2} \, (v'' + v') \, \frac{r}{\dot{Q}_V} \, L \qquad (35.1)$$

Ähnlich kann man im Überhitzungsabschnitt das mittlere Dampfvolumen mit

$$v_{\ddot{u}} = \frac{1}{2} \, (v + v'')$$

angeben. Gilt nun mit p in bar und h in kJ/kg in der Nähe des Sattdampf-
zustandes für den überhitzten Dampf die Näherungsgleichung

$$v = \frac{1}{p} \, (2{,}33 \cdot 10^{-3} h - 1{,}075)$$

so ergibt sich die Größe des Druckverlustes in diesem Abschnitt zu

$$\Delta p_{\ddot{u}} = K \, \dot{M}^2 \, v_{\ddot{u}} \, l_{\ddot{u}} = \frac{1}{2} \, K \, L \, \dot{M}^2 \left\{ v'' + \frac{1}{p} \left(2{,}33 \cdot 10^{-3} (h_E + \frac{\dot{Q}_V}{\dot{M}}) - 1{,}075 \right) \right\}$$

$$\cdot \left[1 - \frac{\dot{M}}{\dot{Q}_V} \, (h'' - h_E) \right] \qquad (35.2)$$

Insgesamt hat nun das Siederohr den Reibungsverlust von

$$\Delta p_R = \Delta p_e + \Delta p_v + \Delta p_{\ddot{u}} \tag{35.3}$$

der sich nach Einsetzen der einzelnen Teilverluste aus den vorhergehenden Beziehungen wieder in der einfachen Form

$$\Delta p_R = \frac{A}{\dot{Q}_V} \, \dot{M}^3 - B \, \dot{M}^2 + C \, \dot{Q}_V \, \dot{M} \tag{35.4}$$

angeben läßt. Die einzelnen Beiwerte sind hier:

$$A = \left[\frac{1}{2} \, (v_E + v') \, (h' - h_E) + \frac{1}{2} \, r \, (v'' + v') + \right.$$
$$\left. + \, (h'' - h_E) \left(\frac{0,537 - 1,16 \cdot 10^{-3} \, h_E}{p} - \frac{1}{2} \, v'' \right) \right] \, K \, L$$

$$B = \left(\frac{0,537 + 1,16 \cdot 10^{-3} (h'' - 2h_E)}{p} - \frac{1}{2} \, v'' \right) \, K \, L$$

und

$$C = 1,16 \cdot 10^{-3} \, \frac{1}{p} \quad K \, L$$

35.3 Stabilisierung der Durchlaufströmung

35.3.1 Stabilitätsfaktor als Kriterium der Strömungsstabilität

Die Beziehung

$$\frac{d\Delta p}{\Delta p} = S \, \frac{d\dot{M}}{\dot{M}}$$

gibt an, um wieviel sich der Druckverlust verändert, wenn der Massenstrom im Siederohr um $d\dot{M}/\dot{M}$ vergrößert wird. Ist der hier auftretende, dimensionslose Stabilitätsfaktor /72,73/

$$S = \frac{d\Delta p}{\Delta p} \, / \, \frac{d\dot{M}}{\dot{M}} = \frac{\dot{M}}{\Delta p} \, \frac{d\Delta p}{d\dot{M}} \tag{35.5}$$

positiv, so ist die Druckkennlinie 2 im Bild 33.6 $d\Delta p/d\dot{M}$ steigend und die Strömung ist stabil. Für ein Rohr ohne Drossel bekommt man nach (33.9)

$$\frac{d\Delta p_R}{d\dot{M}} = \left(2\,\dot{M}\,\bar{v} + \dot{M}^2\,\frac{d\bar{v}}{d\dot{M}} \right) K\,L$$

und nach Einsetzen in (35.5)

$$S = 2 + \frac{\dot{M}}{\bar{v}}\,\frac{d\bar{v}}{d\dot{M}}$$

Danach hängt der Stabilitätsfaktor ausschließlich ab von den thermodynamischen Größen Druck, Enthalpiezunahme im Siederohr und Eintrittsenthalpie des Wassers, aber in keiner Weise von K oder L. Nach dem zweiten Glied der rechten Seite ist S dem Durchfluß sowie der durchflußbedingten Änderung des mittleren spezifischen Gemisch-Volumens direkt proportional, welche bei $\dot{Q}$ = konst. negativ ist, so daß S < 2 wird.

Der Verlauf des Stabilitätsfaktors für Verdampfer ist im Bild 35.3 dargestellt /69/. Das Bild beinhaltet auch eine Angabe über den Austrittszustand des Stromes (gestrichelte Geraden). Im Grenzfall $\dot{M}$ = 0 ist der Stabilitätsfaktor

$$\lim_{\dot{M}\to O} S = 1$$

Mit zunehmendem $\dot{M}$ verläuft die Kurve im Bild 35.3 über ein Minimum hin zu einem Knickpunkt beim Sattdampfzustand am Rohraustritt. Die weitere Durchsatzsteigerung bewirkt ein zweites Minimum im negativen, labilen Bereich. Der nächste Knickpunkt entspricht dem Durchsatz, bei dem gerade Siedewasser aus dem System austritt. Bei noch höheren Durchsätzen ohne Verdampfung im Rohr, wo $d\bar{v}/d\dot{M} \to 0$, nähert sich die Kurve dem Wert 2, der Steigung der Parabel für das unbeheizte Rohr (Einphasenstrom).

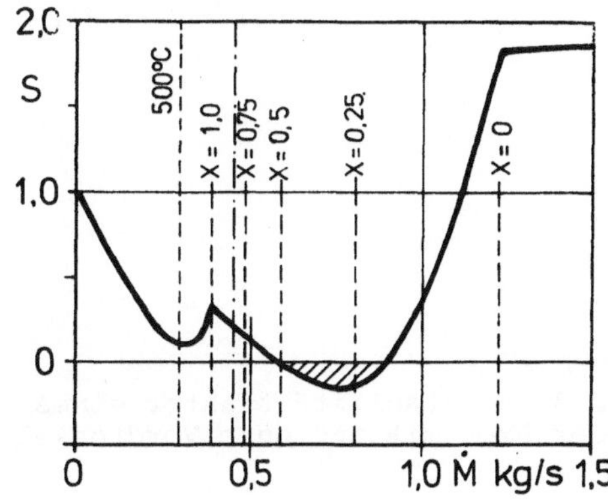

Bild 35.3. Stabilitätsfaktor für Verdampfer (labiler Bereich schraffiert) /69/

35.3.2 Siederohre mit Drossel

Die Stabilitätskennlinie ist demnach eine weitere Beurteilungsgrundlage
für das Verdampferverhalten. Wie sich eine Drossel auf den Stabilitätsfaktor auswirkt, zeigt das Bild 35.4 /71/. Bei Durchlaufkesseln, wo der
Wasserstrom durch den Verdampfer dem erzeugten Dampfstrom gleich ist,
ist der notwendige Drosselverlust für die niedrigste Teillast auszule-
gen. Da dieser mit zunehmender Last quadratisch ansteigt, kann hier eine
wirksame Vordrosselung u.U. zu unwirtschaftlich hohen Druckverlusten
bei Vollast des Dampferzeugers führen.

35.3.3 Einfluß des statischen Druckes

Günstig wirkt auch der statische Druck seitens der Gemischsäule im vertikalen Siederohr. Im Aufwärtsstrom ist der negative Druckgradient
($d\Delta p_{st}/dl$) am Rohranfang am größten (Bild 33.5), da dort die größte Ar-
beitsstoffdichte vorliegt. Der Stabilitätsfaktor geht hier in die Form

$$S = \frac{2 + \frac{\dot{M}}{\bar{v}} \frac{d\bar{v}}{d\dot{M}} \left(1 - \frac{gH}{KL\bar{v}^2\dot{M}^2} \right)}{1 + \frac{gH}{KL\bar{v}^2\dot{M}^2}} \tag{35.6}$$

über. Ein $H > 0$ verkleinert das zweite negative Glied im Zähler und verbessert somit die Stabilität (Bild 35.5).

35.3.4 Einfluß von Druck und Eintrittsenthalpie

Die Diagramme im Bild 35.6 zeigen den Einfluß des Druckes und der Eintrittsenthalpie auf den Druckverlust- und die Stabilitätskennlinien. Die
Eintrittsenthalpie des Wassers wird durch die Unterkühlung unter Siedewasserenthalpie ausgedrückt. Je kleiner $h'-h_E$ ist, desto geradliniger
und steiler verlaufen die Druckverlustkennlinien. Der zunehmende Druck

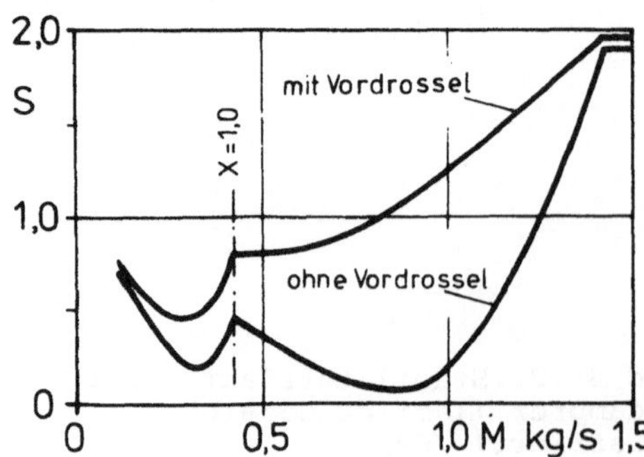

Bild 35.4. Stabilitätsfaktor eines
Siederohres mit und ohne Vordrossel

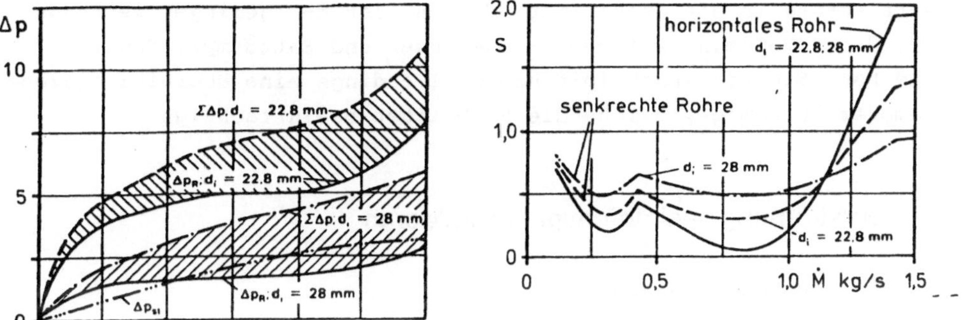

Bild 35.5. Einfluß der statischen Höhe auf die Verdampferkennlinien /69/

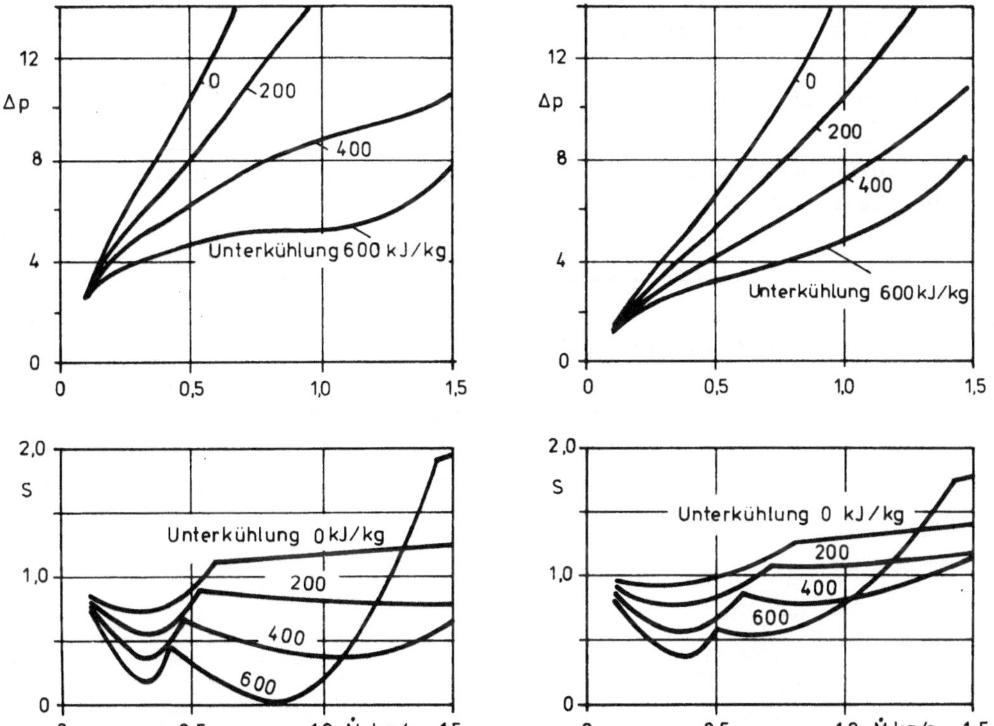

Druck   = 80 bar
H_{st} = 0
Beheizung = 850 kW

Druck   = 150 bar
H_{st} = 0
Beheizung = 850 kW

Bild 35.6. Verdampferkennlinien (Unterkühlung = h' - h_E) /69/

verbessert ebenfalls die Stabilität. Ursache ist der geringer werdende
Unterschied der Volumina zwischen Siedewasser und Sattdampf. Hoher
Druck und hohe Eintrittsenthalpie haben allerdings eine Überhitzungszone
im Verdampfer zur Folge, welche die Stabilität beeinträchtigt.

35.4 Die Rohrströmung beeinträchtigende Faktoren

35.4.1 Ungleiche Rohrbeheizung

Ungleiche Enthalpie am Austritt parallel geschalteter Verdampferrohre
läßt sich nie ganz vermeiden. Ihre Ursache sind:

- feuerseitige Verschmutzung,

- unrichtige Feuerführung,

- verschiedene Beheizungsprofile längs der Rohre auch bei gleicher
  Gesamtbeheizung,

- Toleranzen der Rohrabmessungen und der Rohrrauhigkeit,

- innere Ablagerungen in den Siederohren.

Da der Druckabfall in allen parallel geschalteten Rohren gleich ist, ist
im Diagramm (Bild 35.7) der Massenstromunterschied zwischen zwei un-
gleich beheizten Rohren gleich deren Abstand auf der waagerechten Iso-
bare Δp = konst. /69/.

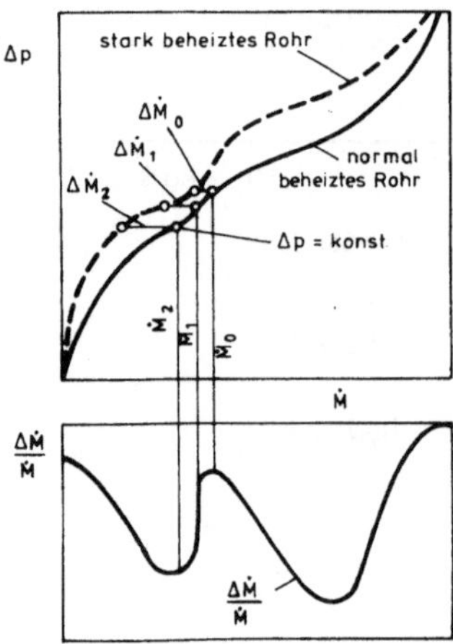

Bild 35.7. Verdampferkennlinien und
relative Durchsatzminderung bei unterschiedlicher Beheizung /69/

Die Gleichung der mittleren Austrittsenthalpie am Siederohraustritt
lautet

$$h = h_E + \frac{\dot{Q}}{\dot{M}}$$

und beschreibt eine um h_E verschobene Hyperbel. Die Auswirkung von $\Delta\dot{Q}$
auf die Enthalpie am Austritt zeigt in Abhängigkeit von $\dot{M}$ das Bild 35.8
sowohl für horizontale als auch für vertikale Siederohre /69/. Bei allen
Enthalpiekurven ist die Anfangsenthalpie h_E gleich.

Die größte Kurvensteigung tritt bei h > h" auf, d.h. im Heißdampfgebiet.
Den größten Enthalpieabweichungen begegnet man dagegen im Naßdampfgebiet (h < h"), wo diese jedoch nur den Dampfgehalt des ausströmenden Gemisches verändern. Erst bei kleinen Durchsätzen oder bei Verdampfern mit
großer Aufwärmspanne liegen die Austrittsenthalpien im überhitzten Bereich.

Auch hier ist die stabilisierende Wirkung des statischen Druckes sichtbar. Nachteilig ist, daß sich mit zunehmender Aufwärmspanne oder bei
hoher Eintrittsenthalpie h_E der Austrittszustand des Dampfes vom Naß-
dampfbereich in das Heißdampfgebiet verlagert. Dort ergeben die mit der
Aufwärmspanne überproportional wachsenden Enthalpieschieflagen um so
größere Temperaturunterschiede, je größer die Dampfüberhitzung ist.

35.4.2 Rohrdurchmesser und Rohrrauhigkeit

Die Verdampferrohre müssen entsprechend der gewünschten Feuerraumgestalt
gewickelt werden. Die dabei entstehenden Rohrlängen sind beträchtlich
(Rohrschraube des Strahlungsverdampfers bis 200 m und die anschließenden
Umfassungswände bis 50 m) und werden durch Zusammenschweißen der vom
Walzwerk gelieferten Rohre beschränkter Länge erzielt. Ein Teil der Ursachen für den unterschiedlichen Druckverlust ist daher konstruktiv bedingt, z.B. aufgrund ungleicher Rohrlängen, ungleicher Anzahl der Krüm-

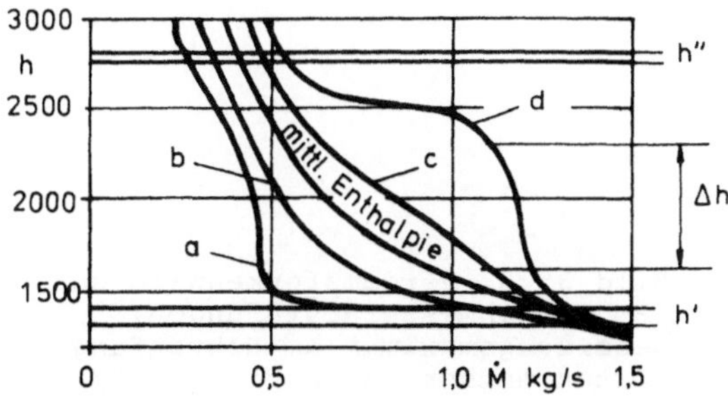

Bild 35.8. Austrittsenthalpie h bei
Beheizungsunterschieden als Funktion des Massenstromes $\dot{M}$ (beim ho-
rizontalen Rohr H_{st} = O m und beim
vertikalen Rohr H_{st} = 4O m) /69/
a: $\Delta\dot{Q}$ = − 5 %, H_{st} = O m
b: $\Delta\dot{Q}$ = − 5 %, H_{st} = 4O m
c: $\Delta\dot{Q}$ = + 5 %, H_{st} = 4O m
d: $\Delta\dot{Q}$ = + 5 %, H_{st} = O m

mer und Verzweigungsstücke, Anzahl der Schweißnähte usw.. Weitere Ursachen liegen in der Rohrherstellung, und zwar durch ungleiche Rauhigkeiten, Durchmesser und Wanddicketoleranzen. Auch die Korrosion der Innenoberfläche bei Lagerung oder die im Betrieb entstandenen Salz- oder Magnetitablagerungen sowie die Riffelrauhigkeit spielen hier eine Rolle.

Solche Einflüsse wirken sich je nach ihrer Lage im Verdampfer unterschiedlich aus. Liegen sie am Anfang des Systems im Wassergebiet, so bewirken sie eine geringere Änderung des Gesamtdruckverlustes als am Austritt. Die Durchflußabweichungen sind deshalb um so größer, je weiter solche Ungleichförmigkeiten am Ende des Verdampfungssystems liegen. Es muß deshalb darauf geachtet werden, daß zu diesen nicht vermeidbaren Ursachen keine weiteren hinzukommen, wie etwa unterschiedlich geführte parallele Rohre oder Rohr-Systeme und Verteilungsfehler auf Grund ungleichmäßiger An- und Abströmung in Sammlern.

35.5 Einfluß des Verdampferaufbaues

Das nachfolgende Bild 35.9 gilt für tiefliegende Beheizung /69/. Für verschiedene Varianten der Rohrinnendurchmesserabstufung werden die

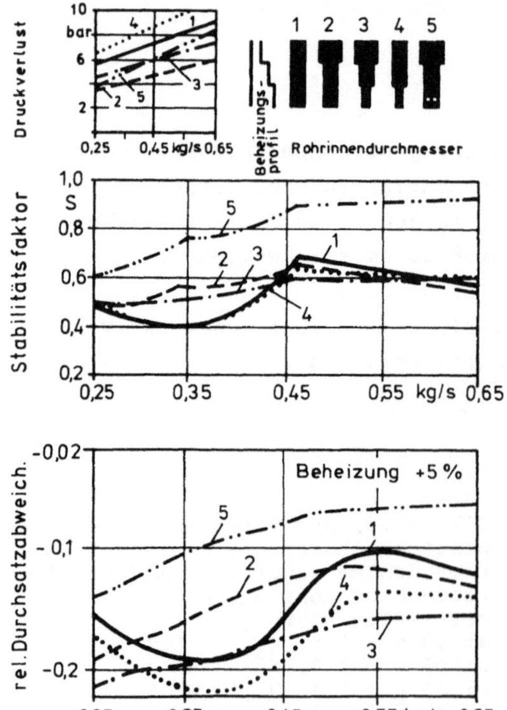

Bild 35.9. Verdampferkennlinien (Rohrdurchmesserabstufungen) Beheizungsmaximum am Rohranfang (Daten entspr. Bild 35.7) /69/

Stabilitäts- und Durchflußkennlinien für ungleiche Beheizung des Einzelrohres von + 5 % ermittelt. Flacher verlaufen alle Kurven für Varianten mit einer Rohrdurchmessererweiterung im letzten Drittel des Verdampfers. Der Vergleich der Druckverluste (oben im linken Diagramm) zeigt, daß den höchsten Druckverlust die Ausführung mit dem kleinsten Stabilitätsfaktor aufweist. Für durchgehende Siederohre ist die Vordrosselung im Wassergebiet mit einer Rohrdurchmessererweiterung im letzten Abschnitt die optimale Lösung.

Der Kessel ohne Drossel in Bild 36.5 entspricht dem Fall 3, da an die Schraube mit einer hohen Massenstromdichte die senkrechten Umfassungswände mit einem um ein mehrfaches größeren Durchflußquerschnitt angeschlossen werden.

35.6 Auswirkung des Druckabfalls im Kessel auf den spezifischen Wärmeverbrauch des Blockes

Da der Druckverlust mit zunehmendem Innendurchmesser in der fünften Potenz sinkt, bringen Rohrdurchmessererweiterungen nennenswerte Verbesserungen, falls die zulässige Rohrwandstärke nicht überschritten wird. Der große Druckabfall im Verdampfer vergrößert den Eigenbedarf der Anlage seitens der Speisepumpe. So ist z.B. bei einem 200 bar Block mit Zwischenüberhitzung beim Gesamtwirkungsgrad $\eta_g = 0,4$ mit einem Wärmeverbrauch $q = 2,5$ kWh$_{th}$/kWh $= 9000$ kJ/kWh sowie einer Speisewassermenge $\dot{M}_{SW}/P = 3$ kg/kWh zu rechnen. Ist das spezifische Volumen des Speisewassers $v_{SW} = 0,0013$ m^3/kg und der Speisepumpen-Wirkungsgrad $\eta_{SP} = 0,6$, so bewirkt die durch einen vergrößerten Druckabfall im Dampferzeuger verursachte Erhöhung des Speisewasserdruckes z.B. um 10 bar $= 10^6$ N/m^2 eine Wärmeverbrauchzunahme von

$$\Delta q = \frac{(\dot{M}_{SW}/P)\,v_{SP}\Delta P}{1000 \cdot \eta_{SP}} = \frac{3 \cdot 0,0013 \cdot 10^6}{1000 \cdot 0,6} = 6,6 \text{ kJ/kWh}$$

und wegen $\eta_g = 3600/q$ eine Wirkungsgradverschlechterung um

$$100\,\frac{\Delta \eta_g}{\eta_g} = -\,100\,\frac{\Delta q}{q} = -\,\frac{100 \cdot 6,6}{9000} \approx -\,0,1\ \%$$

35.7 Verhalten der Salze im Durchlauf-Siederohr

Auch hinsichtlich des Salzverhaltens ist der Durchlaufverdampfer ein
System mit verteilten Parametern. Der veränderte Speisewasser-Salzgehalt
zeigt sich sehr schnell an der Dampfreinheit, da hier die Pufferwirkung
des umlaufenden Wasserinhaltes des Trommelkessels fehlt. Die Störung
wandert durch das Siederohr wie eine Konzentrationswelle, deren Fort-
pflanzungsgeschwindigkeit der Wassergeschwindigkeit gleich ist /74/.

Nach der Salzbilanz für ein infinitesimales Element (Bild 35.10) strömt
diesem mit dem Wasser der Salzstrom a $\dot{M}'$ zu, während der Salzstrom
δ_D a $d\dot{M}'$ in den im Element erzeugten Dampf übergeht. Somit ist in dem
aus dem Element austretenden Wasser der Restsalzstrom (a–da) $(\dot{M}'–d\dot{M}')$
enthalten. Die Salzbilanz des Elements lautet dann

$$a\ \dot{M}' = \delta_D\ a\ d\dot{M}' + (a - da)(\dot{M}' - d\dot{M}')$$

bzw.

$$\frac{da}{a} = - (1 - \delta_D)\ \frac{d\dot{M}'}{\dot{M}'}$$

Nimmt man als Grenzbedingung für den Anfang des Rohres die Beziehungen

$$\dot{M}'_{l=0} = \dot{M}_D + \dot{M}_{ABS} \quad \text{und} \quad a_{l=0} = a_{SW}$$

an, ergibt ihre Integration die Beziehung

$$a = a_{SW} \cdot \left(\frac{\dot{M}_D + \dot{M}_{ABS}}{\dot{M}'} \right)^{1-\delta_D} \tag{35.7}$$

Hierin bedeuten $\dot{M}_D$ die Dampfleistung des Kessels und $\dot{M}_{ABS}$ die aus der
Absalzungsflasche abgeführte Absalzungsmenge. Eine Abhängigkeit vom Be-
heizungsprofil liegt demnach bei a nicht vor, sondern wirkt sich nur
integral über $\dot{M}_D$ aus. Der an der Stelle 1 in den Dampf übergegangene
Salzanteil ist

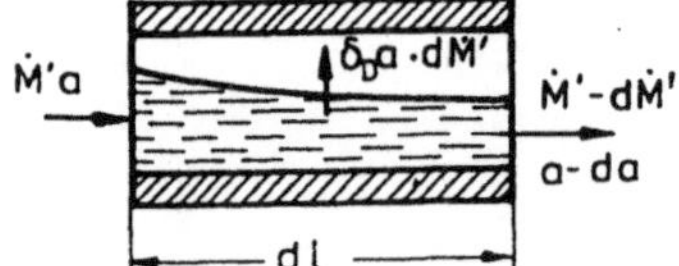

Bild 35.10. Übergang der Salze in den
Dampf im Verdampferrohr eines Durchlaufkessels

$$S = - \delta_D \int_{\dot{M}_D + \dot{M}_{ABS}}^{\dot{M}'} a \, d\dot{M}' = - \delta_D \int_{\dot{M}_D + \dot{M}_{ABS}}^{\dot{M}'} a_{SW} \left(\frac{\dot{M}_D + \dot{M}_{ABS}}{\dot{M}'} \right)^{1-\delta_D} \cdot d\dot{M}' =$$

$$= a_{SW} (\dot{M}_D + \dot{M}_{ABS}) \left[1 - \left(\frac{\dot{M}'}{\dot{M}_D + \dot{M}_{ABS}} \right)^{\delta_D} \right] \tag{35.8}$$

Mit dem über das Speisewasser in den Kessel kommenden Salzstrom

$$S_{SW} = a_{SW} (\dot{M}_D + \dot{M}_{ABS})$$

läßt sich (35.8) in die Form

$$\frac{S}{S_{SW}} = 1 - \left(\frac{\dot{M}'}{\dot{M}_D + \dot{M}_{ABS}} \right)^{\delta_D}$$

bringen. Der Verlauf von S/S_{SW} ist in Abhängigkeit von $1-(\dot{M}'/\dot{M}_D)$ in Bild 35.11 für verschiedene Verteilungszahlen aufgezeichnet, wobei $\dot{M}_{ABS} = 0$ angenommen wurde, d.h., es handelt sich um einen Verdampfer mit vollständiger Ausdampfung.

Selbst wenn diese Ergebnisse nur grob angenähert sind, so sieht man doch aus Bild 35.11 klar, daß bei kleinen δ_D Werten, welche sich bei den heute meistens in Betracht kommenden Druckstufen zwischen 120 bis 180 bar ergeben, der Salz-Übergang in den Dampf vor allem am Ende des Verdampfungsvorganges stattfindet. So findet man z.B. mit $\delta_D = 0.01$ am Ende der Verdampfung in den letzten 5 % des zu verdampfenden Wassers noch volle 97 % des gesamten in den Kessel eingeführten Salzstromes. Im Laufe

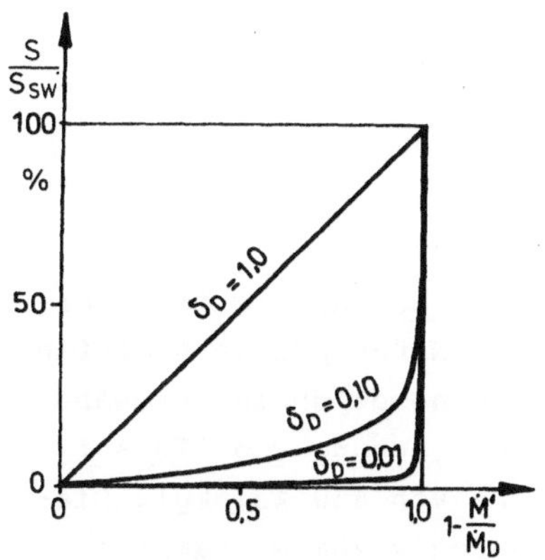

Bild 35.11. Übergang von Salz in den Dampf entlang des Siederohres bei verschiedenen Verteilungszahlen δ_D

der ganzen vorhergehenden Verdampfung von 95 % des Wassers sind in den Dampf nur 3 % Salz übergegangen. Dagegen sind es bei δ_D = 0,1 (Kieselsäure) schon 26 %.

35.8 Verdampfer mit überkritischem Druck

Neben rein überkritischen Durchlaufkesseln mit Frischdampfdrücken von 250 bis 270 bar gibt es viele Anlagen mit 190 bar am Überhitzeraustritt, bei denen das Vorderteil des Verdampfers bei Vollast oberhalb des kritischen Druckes arbeitet (Bild 36.5). Die Parameter des kritischen Zustandes des Wassers sind:

$$p_{kr} = 221,2 \text{ bar}, \quad t_{kr} = 374,15 \;^{O}C, \quad v_{kr} = 0,00317 \text{ m}^3/kg$$

Bei kritischem Zustand verschwindet das Naßdampfgebiet (r = 0). Im kritischen Punkt wird v' = v" = v_{kr}. Außerdem haben die spezifische Wärmekapazität, die Oberflächenspannung sowie die Verteilungszahl die Werte

$$c_p \to \infty \qquad \sigma = 0 \qquad \delta_{Salz} = 1$$

Bei überkritischen Drücken gibt es dort, wo c_p nach Bild 35.12 sein Maximum erreicht, die Phasenänderung zweiter Ordnung (Pseudophasenwechsel). Diese findet bei der Temperatur

$$t_{PAZO} = 374,15 + 0,355 \, (p-221,2) \;^{O}C$$

statt.

Bild 35.13 zeigt den Verlauf des spezifischen Volumens in Abhängigkeit von der Enthalpie; v steigt hier monoton an. Rechts von h_{PAZO} ist dv/dh wesentlich steiler als links. Eine Druckabsenkung bringt hier wieder eine merkbare Massenausspeicherung dank des großen Kompressibilitätskoeffizienten

$$\chi = \frac{1}{v} \; \frac{\partial v}{\partial p} \Big|_T$$

Bei Übergangsprozessen ersetzt diese Massenausspeicherung die im unterkritischen Druckbereich bei Druckabsenkung in der Naßdampfzone stattfindende Selbstverdampfung. Ein hohes c_p bewirkt kleine dt/dh in der Nähe von t_{PAZO} (z.B. bei 245 bar bedarf die Temperaturerhöhung von 370 auf 390 ^{O}C (t_{PAZO} = 382,75 ^{O}C) einer Enthalpiezunahme von 659 kJ/ kg). Dieser Enthalpiebereich bildet demnach eine Art Analogie zum Naßdampfbe-

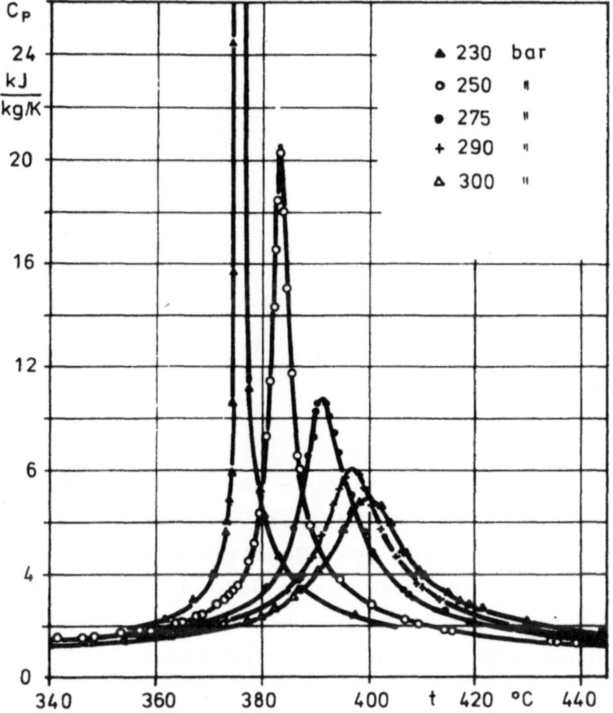

Bild 35.12. Spezifische Wärmekapazität c_p im überkritischen Druckbereich

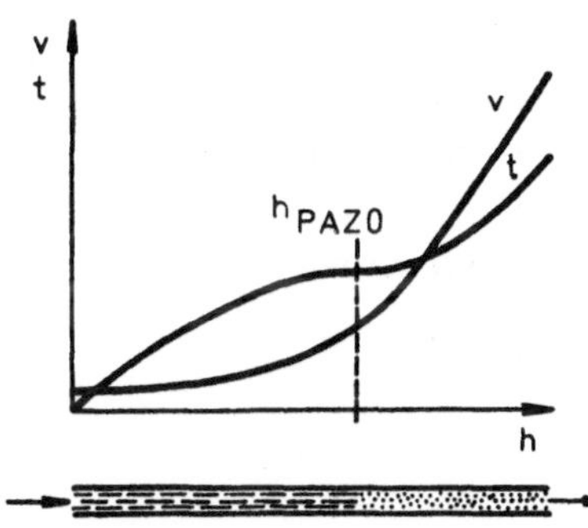

Bild 35.13. Temperatur und spezifisches Volumen der überkritischen Phase
entlang des Einrohrkessels

reich beim unterkritischen Druck, wo allerdings die Temperatur konstant
bleibt. Das große c_p vermindert auch die Temperaturstreuung am Austritt
der Verdampferrohre.

Baulich weisen die Kessel mit überkritischem Druck keine Unterschiede
zum konventionellen Durchlaufkessel auf. Das Anfahren und Abstellen erfolgt mit Gleitdruck.

36. Aufbau des Durchlaufkessels

36.1 Entwicklung der Verdampferausführung

Als erste Vertreter des Durchlaufkessels sind Benson- und Sulzerkessel
zu erwähnen /3,71/, deren ursprüngliche Ausführung als Großkessel die
Bilder 36.1 und 36.3 zeigen. Der Grundgedanke beim Bensonkessel war der
Betrieb mit überkritischem Druck. Durch Vermeiden des Naßdampfbereiches
wollte der Erfinder vielleicht auch den Salzablagerungen im Kessel entgegenwirken, da er intuitiv fühlte, daß die überkritische Phase die meisten Salze zu lösen vermag.

Die weitere Entwicklung hat allerdings gezeigt, daß es ganz gut möglich
war, auch ohne überkritischen Druck im Verdampfer auszukommen. Der Verdampfer des Bensonkessels wurde (Bild 36.1 und 36.2) durch eine größere
Anzahl hintereinandergeschalteter Kühlschirme gebildet (vom Hersteller
als "Pakete" bezeichnet), die aus einem Eintritts- und einem Austrittssammler bestanden und die untereinander durch eine größere Zahl paral-
lelgeschalteter Siederohre verbunden waren. Die Pakete wurden an den
Wänden des Feuerraumes angebracht.

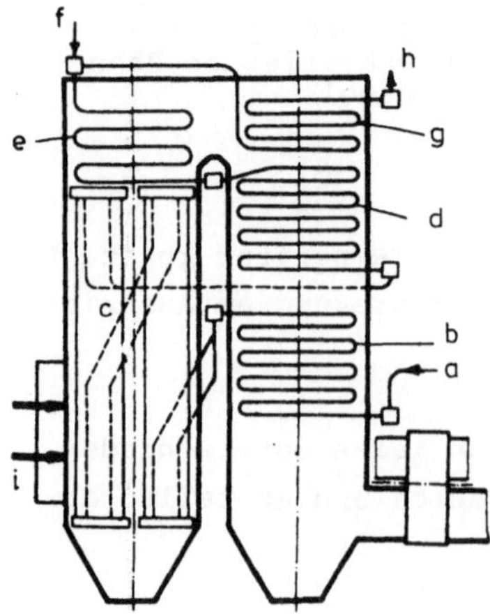

Bild 36.1. Schema des Bensonkessel.
a Speisewassereintritt; b Eko; c Verdampfer; d Restverdampfer; e Strahlungsüberhitzer; f Einspritzung; g Berührungsüberhitzer; h Frischdampfleitung;
i Brenner

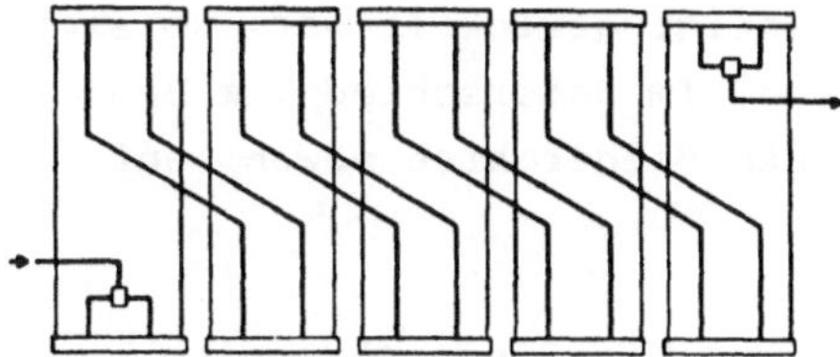

Bild 36.2. Schema eines aus Paketen gebildeten Verdampfers

Beheizt waren hier nur die Steigrohre, während die die einzelnen Pakete verbindenden Fallrohre unbeheizt blieben. Diese Anordnung sollte die stabile Strömung sichern und durch wiederholtes Mischen des Naßdampfes in den Fallrohren einen Enthalpieausgleich zwischen den aus den einzelnen Siederohren des vorhergehenden Pakets austretenden Teilströmen schaffen.

Bei klassischen Bensonkesseln mit Dampfdrücken unter 100 bar wurde das Verdampfungsende in einen Restverdampfer verlagert, in den der Naßdampf noch mit etwa 20 % Feuchtigkeit einströmte. Der Restverdampfer war eine konvektive Heizfläche im zweiten Kesselzug, wo eine kleine Wärmebelastung der Restverdampferrohre vorlag. Auf diese Weise sollte selbst beim Betrieb mit nicht salzfreiem Speisewasser, wenn im Restverdampfer Salzablagerungen entstanden waren, eine tragbare Übertemperatur der Rohrwände gewährleistet bleiben. Allerdings waren hier periodische Kesselabstellungen nötig, um die lösbaren Salzablagerungen rechtzeitig auszuspülen.

Der zweite Repräsentant von Durchlaufkesseln war der Sulzerkessel, Bild 36.3, mit einem Verdampfer aus mehreren nebeneinandergeschalteten Siederohren von größerem Durchmesser. Im Unterschied zum Bensonkessel verliefen diese Rohre ununterbrochen durch den ganzen Verdampfer. Der Verdampfer bestand aus dem Siederohrband, das an den Feuerraumwänden mäander-

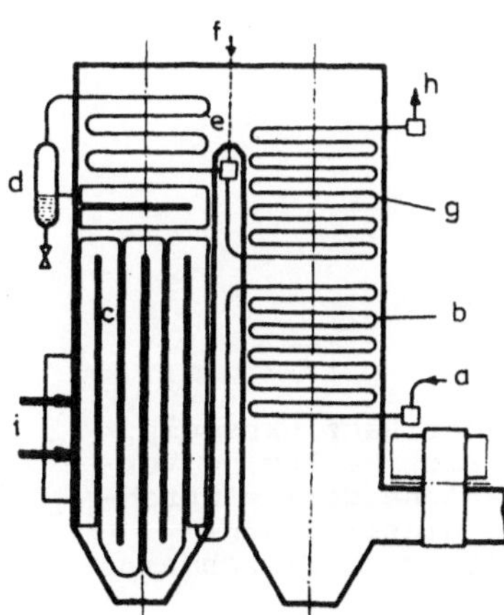

Bild 36.3. Schema des Sulzerkessels. a Speisewassereintritt; b Eko; c Verdampfer; d Wasserabscheider; e Strahlungsüberhitzer; f Einspritzung; g Berührungsüberhitzer; h Frischdampfleitung; i Brenner

artig entweder waagerecht, senkrecht oder geneigt gewickelt war, um sich
der gewählten Form des Feuerraumes anzupassen. Im Unterschied zum Bensonkessel strömte hier also das Gemisch in den Siederohren sowohl auf-
als auch abwärts.

Um eine stabile Strömung zu erreichen, bildeten die Siederohre eine Verlängerung der Ekonomiserrohre, deren Durchflußwiderstand die Wirkung einer Drossel hatte. Jedes Siederohr besaß außerdem ein Strangdrosselven-
til, mit dem sich die Austrittsenthalpie zusätzlich individuell beeinflussen ließ.

Ein typisches Merkmal des Sulzerkessels war der Wasserabscheider. Die
Kesselspeisung wurde so geregelt, daß aus dem Verdampfer noch Naßdampf
mit 4 bis 5 % Feuchtigkeit austrat. Diese Restfeuchtigkeit sollte die
meisten Salze aus dem verdampften Wasser enthalten, die im Wasserabscheider abgefangen und als Kesselabsalzung abgeführt wurden. Deshalb
benötigte der Sulzerkessel keinen Restverdampfer.

Zur Messung der Dampffeuchtigkeit am Verdampferaustritt wurde eines der
Strangdrosselventile absichtlich mehr als die anderen geschlossen und
das betreffende Siederohr lieferte einen mäßig überhitzten Dampf (seine
Überhitzung betrug etwa 30 °C), während die übrigen Siederohre Naßdampf
mit der verlangten Feuchtigkeit abgaben. Mit diesem Regelsiederohr konn-
te man durch Messen der Dampfüberhitzung einen Impuls für die Kesselspeisung schaffen, was allerdings den Sulzerkessel zum Kessel mit festem
Verdampfungsende machte.

Parallel zum Sulzerkessel entstand in der UdSSR der Ramzinkessel, dessen
charakteristisches Merkmal der schraubenförmig gewickelte Verdampfer war
(Bild 36.4). Die schwach geneigten Siederohre waren zur Stabilisierung

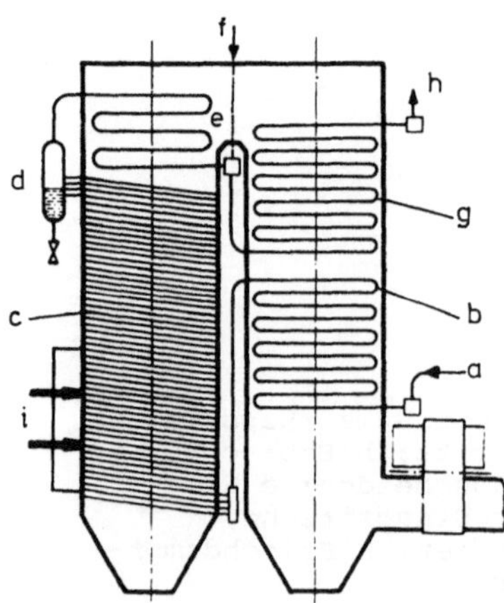

Bild 36.4. Schema des Ramzinkessels.
a Speisewassereintritt; b Eko; c Verdampfer; d Wasserabscheider; e Strahlungsüberhitzer; f Einspritzung;
g Berührungsüberhitzer; h Frischdampfleitung; i Brenner

des Wasserdurchflusses am Eintritt mit einer Drossel versehen. Der ursprüngliche Ramzinkessel hatte keinen Wasserabscheider; die vollständige Verdampfung fand in den Strahlungsflächen des Kessels statt.

36.2 Derzeitiger Durchlaufkessel

36.2.1 Turmkessel

Die Entwicklung zum Durchlauf-Großkessel hat die Unterschiede zwischen Benson- und Sulzerkessel allmählich verwischt. Die Übergangszone des Bensonkessels ist verschwunden, der Wasserabscheider des Sulzerkessels dient heute nur noch dem Anfahren und dem Teillastbetrieb und der schraubenförmige Strahlungsverdampfer wird allgemein verwendet.

Ein derzeitiger Durchlaufkessel in Turmbauweise mit Erdgasfeuerung ist in Bild 36.5 gezeigt. Sein Verdampfer umwickelt schraubenförmig den Feuerraum. Am Schraubenende geht der Strahlungsverdampfer in schwach beheizte Umfassungswände des Kesselzuges mit konvektiven Heizflächen über, wobei sich die Anzahl der Rohre, die hier senkrecht geführt sind, an der Übergangsstelle verdreifacht (siehe Detail A im Bild 36.5).

Die Turmbauweise ergibt einen Kessel mit aufsteigendem Rauchgasstrom ohne Richtungsänderungen. Dies ist wichtig bei kohlebefeuerten Anlagen,

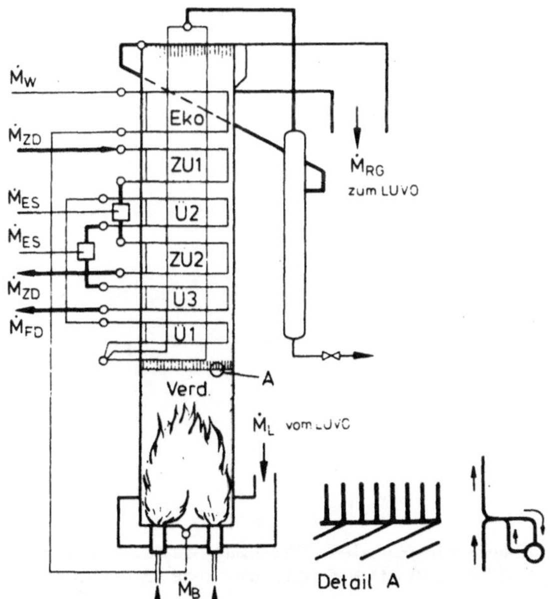

Bild 36.5. Schema eines Turmkessels

da so der Verschleiß durch Flugasche vermindert wird. Die Grundfläche
des Kessels ist klein. Weitere Merkmale des Kessels in Bild 36.5 sind:

1. Verdampfer ist vollverschweißt.

2. Dreizonen-Verdampfer, der bei Vollast leicht überhitzten
   Dampf abgibt.

3. Wasserabscheider für das Anfahren.

36.2.2 Schraubenförmig gewickelter vollverschweißter Verdampfer

Bei der vollverschweißten Wand (Bild 24.8 und Bild 36.6) hängt die Anzahl der parallelgeschalteten Verdampferrohre von der verlangten Massenstromdichte $\dot{m}_{SR}$, dem Rohrinnendurchmesser D_i sowie von der Kesselleistung $\dot{M}_D$ ab. Werden die Rohre mit der Teilung t_R parallel zu einem
Band verschweißt, so ist dessen Breite ($t_R \sim D_{SR}$)

$$b = t_R \quad \frac{4\,\dot{M}_D}{\pi\,D_i^2\,\dot{m}_{SR}} \sim \dot{M}_D/D_i\dot{m}_{SR} \tag{36.1}$$

Diese ist kleiner als der Feuerraumumfang und um die Feuerraumwand lük-
kenlos auszukleiden, muß das Band schraubenförmig um den Feuerraum her-
umgewickelt werden (Bild 36.6 unten). Die Steigung der Schraube

$$\beta = \text{arc sin } (b/U_F)$$

nimmt mit der Kesselgröße zu, da wegen (22.25) bzw. (36.1)

$$\frac{b}{U_F} \sim \sqrt{\dot{M}_D/D_i\dot{m}_{SR}}$$

ist.

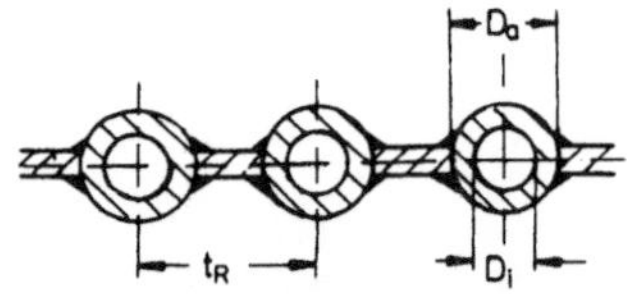

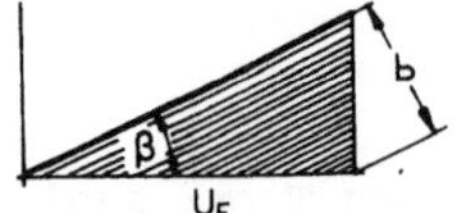

Bild 36.6. Abmessungen der Verdampferberohrung
sowie die Breite und die Steigung des Rohrban-
des

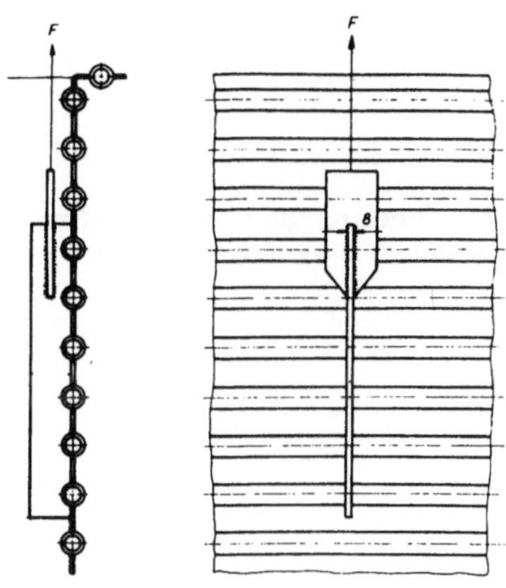

Bild 36.7. Rohrwand mit angeschweißtem
Zugband /75/

Die Rohrschraube ist entwässerbar. Sie ist aber nicht selbsttragend.
Ihre Eigengewichtskomponente quer zum Rohr ist proportional dem $\cos\beta$
und vergrößert die Umfangskomponente der Spannung in der Rohrwand. Deshalb muß die Schraube zwecks Rohrentlastung durch angeschweißte Zugbän-
der getragen werden, die oben am Kesselgerüst aufgehängt sind (Bild
36.7) /75/.

Auch bei Durchlaufkesseln erwägt man die Anwendung von gerillten Rohren, um x_{DNB} zu erhöhen bzw. die notwendige Massenstromdichte $\dot{m}_{SR}$ senken zu können. Auf diese Weise soll bei größeren Anlagen die Leistungs-
grenze erniedrigt werden, bei der man von der schraubenförmig gewundenen zur vertikalen, selbsttragenden Berohrung übergehen kann.

36.2.3 Wasserabscheider

Am Austritt des Verdampfers wird der Wasserabscheider angebracht. Dessen Hauptaufgabe ist beim Anfahren die Trennung des Verdampfers vom
Überhitzer, denn es soll verhindert werden, daß insbesondere beim Warm-
oder Heißstart Wasser in den Überhitzer eindringt. Der Wasserabscheider
macht auch einen Anfahrumlauf möglich.

Bei Vollast wird der Wasserabscheider trocken gefahren, da der Dampf vom
Verdampfer leicht überhitzt ist. Er wird u.U. bei Teillast naß, z.B.
beim Gleitdruckbetrieb, insbesondere wenn dabei zwecks Regelung der Zwischendampftemperatur die Rauchgasumwälzung benutzt wird (Bild 36.8),
welche die Wärmeaufnahme im Feuerraum senkt.

Die Wasserabscheidung mit vorgeschalteten Zyklonabscheidern ist schematisch in Bild 36.9 dargestellt. Das in den Zyklonen abgeschiedene Wasser

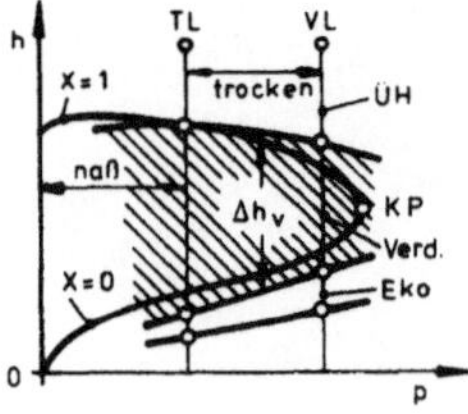

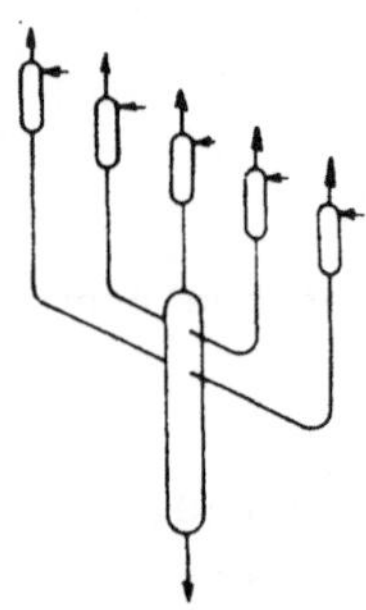

Bild 36.8. Wärmezufuhr und -bedarf der Verdampfung bei Teillast (Gleitdruckbetrieb mit Rauchgasumwälzung)

Bild 36.9. Wasserabscheider mit Sammelgefäß außerhalb des Dampfstromes

fließt in das gemeinsame Sammelgefäß herab, welches abseits des Dampfstromes liegt. Den plötzlichen Temperaturänderungen sind nur die Zyklone ausgesetzt, deren Wand dünner ist, als die des Sammelgefäßes.

36.2.4 Anfahr- und Schwachlastumwälzung

Da beim Durchlaufkessel der Massenstrom durch den Verdampfer der Dampfleistung direkt proportional ist, läßt sich der Durchlaufkessel nicht unter eine Mindestlast (ca. 30 %) herabfahren (Bild 36.10). Man pflegt deshalb häufig beim Anfahren und bei Schwachlast einen durch Wasserumwälzung erhöhten Wasserstrom durch Vorwärmer und Verdampfer zu führen. Das überschüssige Wasser wird am Verdampferende im Wasserabscheider abgefangen. Damit dadurch kein Wärmeverlust eintritt, wird das heiße abgeschiedene Wasser von der im Nebenstrom geschalteten Umwälzpumpe vor den Verdampfer bzw. Ekonomiser zurückgefördert (Bild 36.11).

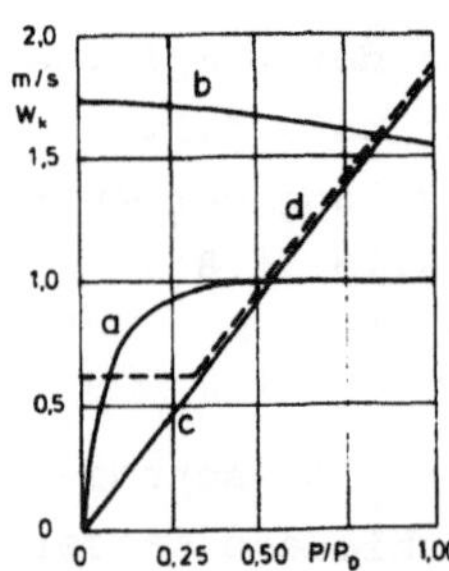

Bild 36.10. Wassergeschwindigkeit w_k vor Verdampfer in Abhängigkeit von der Blocklast: a) Naturumlauf; b) Zwangumlauf; c) Zwangdurchlauf; d) Durchlauf mit ca. 30 % Mindestlast

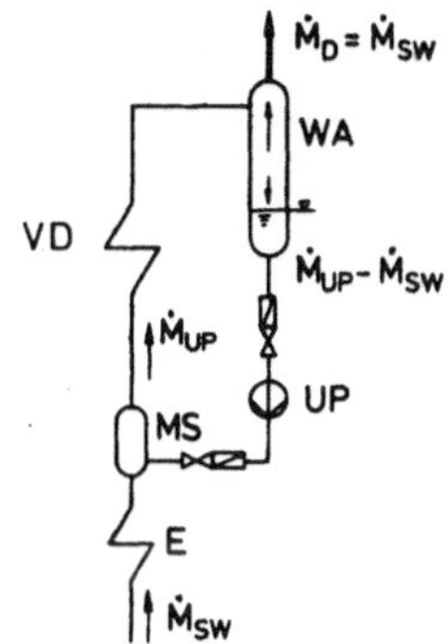

Bild 36.11. Durchlaufkessel mit Umwälzpumpe im Nebenstrom. WA Wasserabscheider; MS Mischstück; UP Umwälzpumpe; E Ekonomiser; VD Verdampfer

Liefert bei Kleinlast der Verdampfer vor Einschalten der Umwälzpumpe noch überhitzten Dampf, so ist vorerst durch vergrößerte Kesselspeisung im Wasserabscheider der Wasserstand herzustellen. Dabei wird die Frischdampftemperatur zurückgehen, da die Überhitzungszone des Verdampfers zur Verdampfungszone wird. Beim Abschalten der Umwälzpumpe ist mit umgekehrten Folgen zu rechnen.

36.3 Gleitdruckbetrieb des Durchlaufkessels

Die Durchlaufkessel sind typische Gleitdruckkessel. Sie sind unter allen Kesselbauarten die kleinsten Wärme- und Wasserspeicher und benötigen keine so dickwandigen Gefäße wie die Trommel. Sonst führt der lastproportionale Gleitdruck beim Kessel zu einer beträchtlichen Wärmeein- bzw. -ausspeicherung. Diese erfordert eine umso größere Überregelung der Brennstoffzufuhr, je schneller der Lastwechsel vollzogen wird.

Wie die lastabhängige Dampftemperatur vor dem Zwischenüberhitzer beim Fest- und Gleitdruckbetrieb aussieht, zeigt Bild 36.12 /76/. Im h,p-Diagramm in Bild 36.13 ist der Arbeitsstoffzustand bei verschiedenen

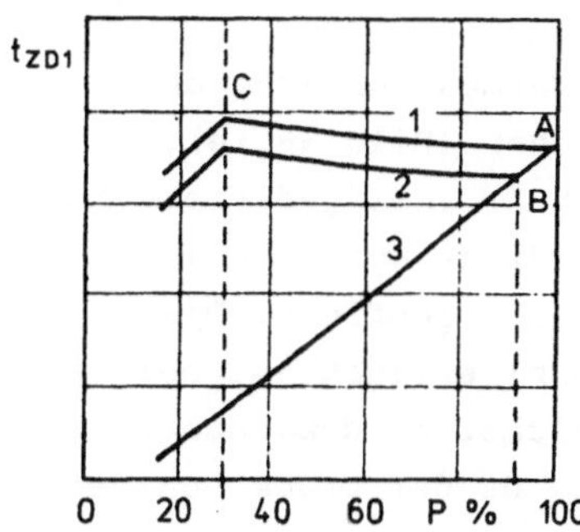

Bild 36.12. Dampftemperatur vor dem Zwischenüberhitzer. 1 reiner Gleitdruck; 2 Gleitdruck mit Vordrosselung; 3 Festdruck /76/

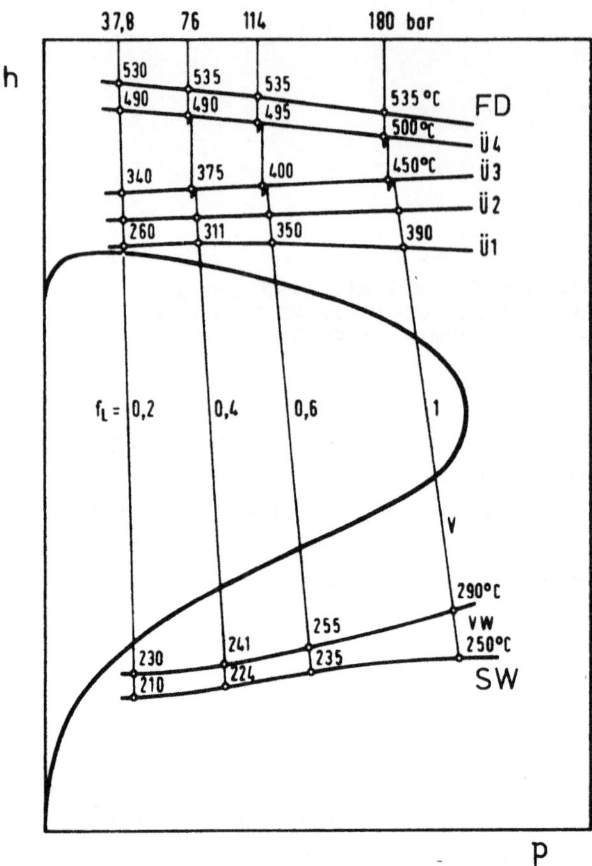

Bild 36.13. Lastabhängigkeit des Temperaturfeldes entlang der Frischdampf-
Seite des Kessels (ohne Vordrosselung)(VW - Eko)

Lasten dargestellt (reiner Gleitdruck). Man erkennt hier die Abnahme
der Überhitzung im Verdampfer sowie die Verringerung des Abstandes zwischen der Siede- und Wassertemperatur am Ekoaustritt bei Teillast. Auch
die lastabhängige Speisewassertemperatur ist hier aufgetragen. Die
volle Frischdampftemperatur läßt sich im vorliegenden Fall bis 30 %-
Teillast einhalten.

Bei Gleitdruckblöcken läßt sich beim Kessel eine Wärmeausspeicherung
des Verdampfers nur durch Vordrosselung verwirklichen (Bild 36.14).
Hier sind die Regelventile bloß bei Vollast (Punkt A) voll geöffnet. Im
Bereich A-B halten sie durch Schließen den Vollastdruck aufrecht (Vordrosselung). Im Bereich B-C bleiben sie z.B. auf 90 % geöffnet. Die
Öffnungsreserve von 10 % im Bild 36.14 (schraffiert) erlaubt es, bei
Lastzunahme des Blockes eine druckbedingte Ausspeicherung des Kessels
durch volles Öffnen der Regelventile zu erzwingen, da der Druck von der
oberen auf die untere Druckgerade absinkt.

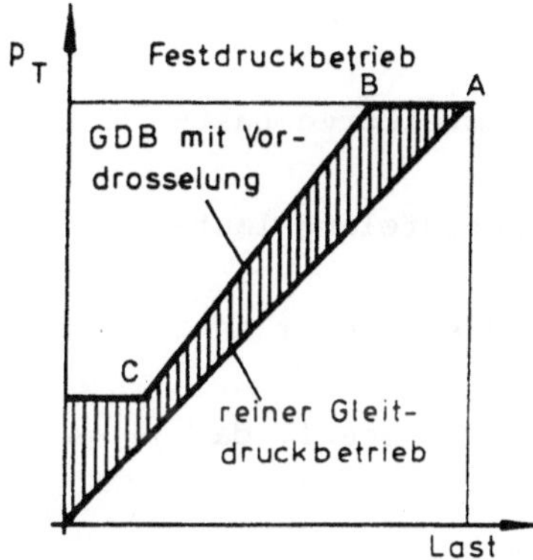

Bild 36.14. Gleitdruckbetrieb mit Vordrosselung

Auch bei Kleinlast (links vom Punkt C) geht man wieder zum Festdruckbetrieb über, um das Sieden im Eko (siehe Bild 36.13) bzw. unzulässige Wärmespannungen im Verdampfer bei niedrigem Druck, wo dt'/dp groß ist, zu vermeiden. Die dazu notwendige Dampfdrosselung im Regelventil, welche die Dampftemperatur senkt, wirkt dabei dem verschlechterten inneren Wirkungsgrad der Turbine entgegen, der sonst gerade bei Kleinlast eine hohe Abdampftemperatur hinter dem ND-Teil zur Folge hätte. Die Knickpunkte der Temperaturkurve im Bild 36.12 entsprechen den Grenzen B und C im Bild 36.14. Bei Kleinlast wird der Dampf auch im ZÜ angestaut und gedrosselt, um den Sperrdampfdruck für die Turbine einzuhalten.

Beim Gleitdruckbetrieb ist im Teillastbereich, wo der Druck niedrig ist, nach Bild 36.13 die Unterkühlung am Siederohreintritt sehr klein, was zur Stabilisierung der Strömung im Durchlaufverdampfer beiträgt. Auch die mit fallender Last zunehmende Verdampfungsenthalpie, welche bei vorgegebener Wärmeaufnahme des Verdampfers die Überhitzung im Verdampfer vermindert, wirkt stabilisierend. Man braucht deshalb bei Gleitdruckanlagen u.U. keine Siederohrdrossel einzusetzen.

Die Vorteile des Gleitdruckbetriebes sind im Vergleich zum Festdruckbetrieb:

1. wenig lastabhängige Temperaturverteilung in der Turbine, wodurch deren schnelle Lastwechsel ermöglicht werden.

2. kleinerer Kraftverbrauch der Speisepumpe bei Teillast.

3. längere Lebensdauer der letzten Stufen des Überhitzers bzw. Zwischenüberhitzers, da bei Teillast die Werkstoffbeanspruchung durch den Druck kleiner ist.

4. besserer Wirkungsgrad der Turbine, da

   - sich eine konstante FD- und ZD-Temperatur im breiteren Last-
     bereich einhalten läßt,
   - die Geschwindigkeitsdreiecke der Turbinenbeschaufelung last-
     unabhängig sind,
   - der Hochdruckteil der Turbine symmetrisch und einfacher ist.

5. sich mit der Last linear ändernder Druckabfall im Kessel, da

$$\dot{M}_D \sim p \sim P, \quad \overline{v} \sim \frac{1}{p} \quad \text{bzw.} \quad \Delta p \sim \overline{v}\dot{M}_D^2 \sim \frac{1}{p} \, p^2 \sim P$$

   so daß die Verteilung des Arbeitsstoffes in den Heizflächen bei
   Teillast gleichmäßiger und stabiler wird als bei quadratischer
   Druckabfallabhängigkeit.

6. die beim Gleitdruck stattfindende Zunahme der Sattdampf-Enthalpie sowie der Enthalpie-Rückgang hinter dem Eko, d.h. die größere Enthalpiezunahme im Verdampfer paßt gut zu dem natürlichen Teillastverhalten des Strahlungsverdampfers (Bild 22.4 und 30.2).

7. leichtes und schnelles Anfahren bzw. Abstellen des Kessels.

Die Nachteile des Gleitdruckbetriebes sind:

1. große Druckänderungen bei Lastzunahme und folglich eine größere
   Wärmeeinspeicherung im Kessel als beim Festdruck. Dies kann u.U.
   eine größere Leistung der Stellglieder von Feuerungs- und Dampftemperaturregelung unvermeidbar machen.

2. Vordrosselung des Frischdampfes beim Regelungsbetrieb.

3. Einbuße an thermischem Wirkungsgrad infolge Druckabsenkung
   bei Teillast bzw. Dampfabkühlung bei der Drosselung.

4. druckbedingte Siedetemperaturänderungen im Verdampfer.

Insgesamt ist jedoch der Gleitdruckbetrieb wirtschaftlicher als der
Festdruckbetrieb und ermöglicht schnelle und große Lastwechsel der Turbine, falls die Kesselfeuerung diesen zu folgen vermag. Der Gleitdruckbetrieb ist auch bei Kesseln mit überkritischem Druck möglich.

37. Dynamik des Durchlaufverdampfers

37.1 Charakteristische Merkmale des Durchlaufverdampfers

Folgende Merkmale des Durchlaufverdampfers sind vom Standpunkt der Dynamik aus hervorzuheben:

1. der große Druckabfall in den langen und engen Siederohren infolge der hohen Massenstromdichten. Diese sind auch bei Mindestlast des Blockes ausreichend hoch zu halten. Die Flammenstrahlung geht nämlich, insbesondere bei Abschaltung einiger Brennerebenen, örtlich weniger zurück als die Kesselspeisung.

2. der meistens in unmittelbarer Nähe des kritischen Punktes liegende Dampfdruck. Dessen Änderungen bewirken eine erhebliche Wanderung der Grenzen der Verdampfungszone, da die Druckabhängigkeit der Enthalpien an den Grenzkurven $x = 0$ bzw. $x = 1$ sehr stark ist (Bild 30.2). Manchmal liegt der Verdampfer im überkritischen Druckbereich.

3. der bei diesen Anlagen immer häufiger vorkommende Gleitdruck, bei dem sich einer Druckabweichung, verursacht durch eine von der Turbine kommende Dampfbedarf-Störung, noch eine durch Laständerung bedingte Verlagerung des Druckpegels superponiert.

Während früher das Verhalten des Durchlaufkessels ausschließlich mit linearen Modellen auf Analogrechnern simuliert wurde, stehen heute für diese Zwecke auch eine Anzahl von Rechenprogrammen /77 bis 80/ zur Verfügung, die auf Digitalrechnern eingesetzt werden können.

37.2 Verdampfer als Regelstrecke

Der Durchlaufverdampfer nach Bild 35.1 ist ein System mit verteilten Parametern /77/. Die Länge der Verdampferrohre beträgt bis zu 200 m, die von Eko, Verdampfer und Überhitzer insgesamt ca. 1000 m. Die Durchflußzeit erreicht somit Werte von einigen Minuten. Die Austrittsgrößen reagieren deshalb z.B. auf die Änderung der Kesselspeisung mit beträchtlicher Lauf- und Verzugszeit. Nur mit Hilfsstellgrößen, deren Stellort nahe dem Kesselaustritt liegt, ist eine ausreichende Regelgüte zu erzielen. So übt hier die Einspritzung vor der letzten Überhitzerstufe gleichzeitig die Funktion der nahe am Kesselaustritt liegenden zweiten Kesselspeisung aus, die neben der Dampftemperatur auch den Druck beeinflußt.

Die Übergangskurven des Verdampfers für eine Beheizungs- bzw. Speisewasserstromstörung sind einschließlich der Lage des Verdampfungsendpunktes in Bild 37.1 dargestellt. Der Wasserausstoß im ersten und das Nachfüllen des Verdampfers im zweiten Fall ist gut ersichtlich. Im Siederohr mit Vorwärm-, Verdampfungs- und Überhitzungszone wandern bei Störungen die Grenzen des Verdampfungsgebietes (x = 0 bzw. x = 1). Damit ändern sich auch die Längen der übrigen Zonen im Siederohr. Ebenso verändern sich der Masseninhalt des Siederohres sowie der Dampfgehalt bzw. die Überhitzung am Siederohraustritt. Der Frischdampfdruck wird ebenfalls beeinflußt, wobei der Druckanstieg bei Feuererhöhung vorübergehender und bei Speisungszunahme bleibender Natur ist.

Tritt z.B. beim Gleitdruckbetrieb eine Druckabsenkung am Verdampferaustritt als Störung auf (Bild 37.2), so verschiebt sich das Ende der Verdampfungszone stromaufwärts und die Vorwärmzone wird kürzer. Dieses bewirkt wieder einen Wasserausstoß, der vorübergehend die Überhitzung des

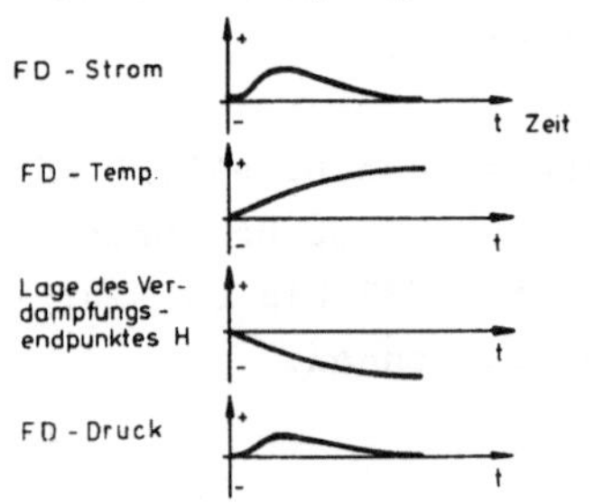

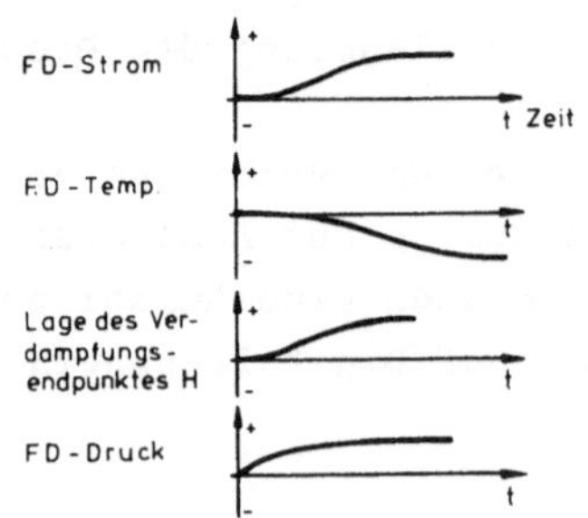

Bild 37.1. Übergangskurven des Durchlaufverdampfers bei einer Beheizungsstörung (links) und bei einer Speisewasserstromstörung (rechts)

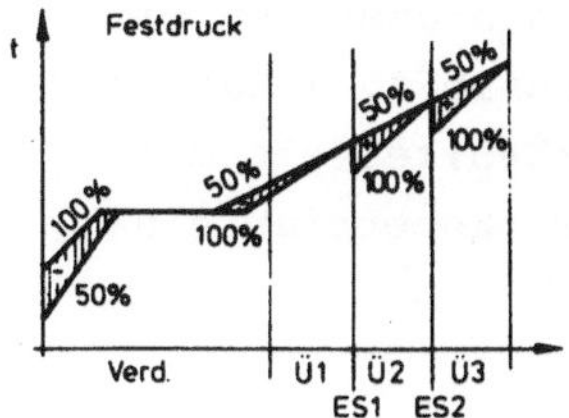

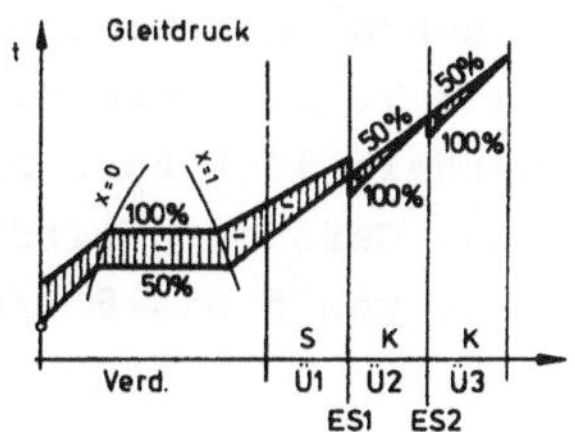

Bild 37.2. Wärmespeicherung im Kessel beim Fest- und Gleitdruck

gelieferten Dampfes senkt oder sogar zum Naßdampfzustand am Siederohraustritt führen kann. Nach Abklingen des Wasserausstosses kommt es bei unverminderter Kesselspeisung und konstanter Eintrittstemperatur des Wassers wegen der höheren Sattdampf- bzw. niedrigeren Siedewasserenthalpie zu einer Verkleinerung der Überhitzungszone.

Wie es im Durchlaufkessel mit den Wärmespeichervorgängen zwischen Voll- und Halblast aussieht, ist für Fest- sowie Gleitdruck ebenfalls in Bild 37.2 veranschaulicht. Insbesondere beim Gleitdruck ist die Wärmeeinspeicherung im Verdampfer bei Lastzunahme gut sichtbar.

37.3 Regelung

Beim reinen Durchlaufbetrieb kann der Frischdampfstrom nur durch den Speise- und Einspritzwasserstrom geändert werden, während die Feuerleistung nach Bild 37.1 lediglich einen vorübergehenden Einfluß ausübt (Wasserausstoß). Dagegen spricht nach Bild 32.6 links die Dampftemperatur auf die veränderte Feuerungsleistung unverzögert an. Somit ist z.B. das nachfolgende Regelkonzept möglich:

- Frischdampfstrom, geregelt durch die Summe von Speise- und Einspritzwasserstrom.

- Frischdampftemperatur, geregelt durch die Feuerleistung.

Das Verhältnis Einspritz-/Ekonomiserwasserstrom bleibt dabei frei wählbar. Es kann als Stellgröße zur Einhaltung einer gewünschten Dampfüberhitzung am Abscheider oder einer vorgeschriebenen Größe der Einspritzung verwendet werden. Es ist allerdings auch die umgekehrte Zuordnung möglich, nämlich mit dem Brennstoffstrom als Stellgröße für die Dampfleistung bzw. dem Speise- oder Einspritzwasserstrom für die Frischdampftemperatur.

Bild 37.3 zeigt die Lasterhöhung bei Gleitdruck mit Vordrosselung mit einem Lastgradienten von 4 % Vollast pro Minute unterhalb 35 % Last und 8 % Vollast pro Minute oberhalb 35 % Last eines 425 MW-Ölkessels mit schraubenförmiger Berohrung. Gefordert wird im Kraftwerksbetrieb eine Laständerungsgeschwindigkeit von 5 bis 8 %/min /81/.

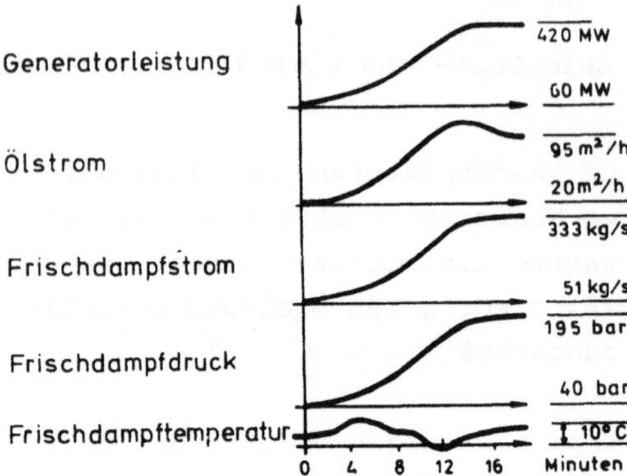

Bild 37.3. Gemessene Leistungserhöhung beim Durchlaufkessel mit schraubenförmiger Berohrung des Verdampfers

38. Sonderbauarten des Durchlaufkessels

38.1 Durchlaufkessel mit überlagertem Umlauf

38.1.1 Anlagen mit unterkritischem Druck

Aus dem Aufbau des konventionellen Durchlaufkessels ergaben sich als
Gründe für die Entstehung des Durchlaufkessels mit überlagertem Umlauf:

1. hohe Kosten des schraubenförmig gewundenen, nicht selbsttragenden
   Verdampfers,

2. großer Druckverlust im Verdampfer (große Rohrlänge und hohes $\dot{m}_{SR}$),

3. beschränkte Mindestlast des Verdampfers, da $\dot{m}_{SR} \sim \dot{M}_D$.

Andererseits verlangt der vermehrte Einsatz von Kernkraftwerken im
Grundlastbereich von den konventionellen Dampfkraftwerken im Verbund-
betrieb:

1. große Laständerungsgeschwindigkeit,

2. langzeitigen Betrieb mit Kleinlast,

3. tägliches Anfahren und Abstellen.

In den sechziger Jahren erschien als Neuentwicklung der Durchlaufkessel mit überlagertem Umlauf (DLKUM) /82/. Seine Variante für unterkritischen Druck zeigt das Schema im Bild 38.1. Die vor dem Verdampfer im
Hauptstrom eingebaute, der Speisepumpe nachgeschaltete Umwälzpumpe fördert den Wasserstrom $\dot{M}_{UP}$, der zu allen Betriebslagen größer ist als der
Speisewasserstrom $\dot{M}_{SW}$. Ihre Förderhöhe ist größer als der Vollast-Druck-
abfall im Verdampfer. Deswegen liegt der Druck vor der Umwälzpumpe nied-

riger als der im Wasserabscheider, und es entsteht ein Umlauf über die
Nebenstromleitung. Da nach Bild 38.2 $\dot{M}_{UP}$ wenig lastabhängig ist, nimmt
der umgewälzte Nebenstrom $\dot{M}_{UP}-\dot{M}_{SW}$ bei Teillast zu.

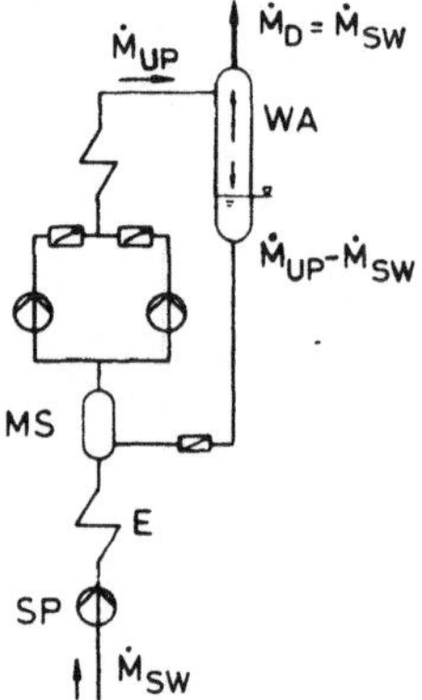

Bild 38.1. Umwälzschema eines DLKUM mit zwei Haupt-
strompumpen

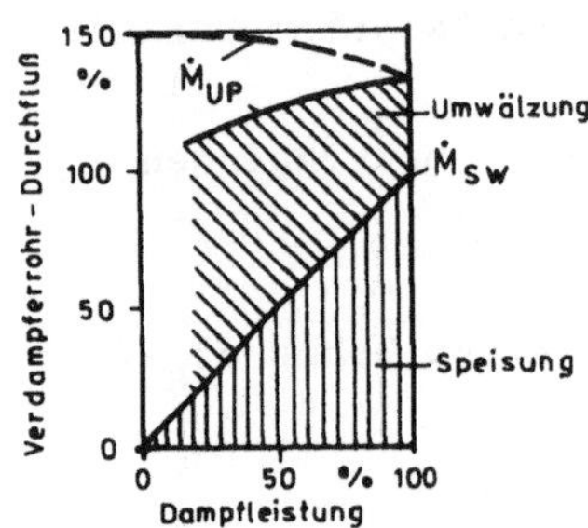

Bild 38.2. Massenstrom durch Verdampfer
(C = 1.35 bei Vollast).
—— Gleitdruckbetrieb
--- Festdruckbetrieb

Vom Zwangumlaufkessel unterscheidet sich diese Kesselbauart durch:

1. eine sehr niedrige Umlaufzahl (C < 1,8),

2. den Ersatz der Kesseltrommel durch einen Wasserabscheider mit
   dünnen Wänden,

3. die Anwendbarkeit sowohl bei unter- als auch bei überkritischen
   Drücken.

Diese Verdampferbauart hat senkrechte Siederohre. Folglich muß die Breite des Siederohrbandes nach Bild 36.6 dem Feuerraumumfang gleich sein.
Der aus dem Speisewasser- und Nebenstrom resultierende Hauptstrom ergibt
sich also aus (36.1), wenn man dort b = U einsetzt. Die resultierende
kleine Umlaufzahl C = $\dot{M}_{UP}/\dot{M}_{SW}$ geht mit Rücksicht auf (22.25) mit wachsender Kesselgröße und abnehmendem Rohrdurchmesser (36.1) zurück.

Einige Vorteile des DLKUM sind:

1. Die geschweißten Rohrwände im Verdampfer aus vertikalen Rohren sind
   selbsttragend.

2. Der Kraftbedarf von Speise- und Umwälzpumpe zusammen ist vor allem
   im oberen Lastbereich günstiger als bei einem reinen Zwangsdurchlauf-Dampferzeuger.

3. Durch die Umwälzung ist über den gesamten Lastbereich ein nahezu gleich großer Massenfluß vorhanden. Bei Teillast ist das
   Brennkammmerrohr besser geschützt als bei einem reinen Zwangsdurchlauf-Dampferzeuger. Ein großer Wasserstrom ist auch beim
   Anfahren vorhanden.

4. Das Regelungsschema ist hier ähnlich dem eines Trommelkessels,
   d.h. die Kesselspeisung wird nach dem Wasserstand im Wasserabscheider geregelt.

Zu den Nachteilen des überlagerten Zwangsumlaufes sind zu rechnen:

1. die Umwälzpumpe als zusätzliches Element des Kessels,

2. das feste Verdampfungsende, welches beim Gleitdruckbetrieb allerdings nicht so sehr ins Gewicht fällt.

38.1.2 Überkritische Variante

Nach Bild 38.3 ist beim unterkritischen DLKUM mit der Umwälzpumpe im
Hauptstrom die Massenstromdichte im Hochlastbereich kleiner als beim
reinen Durchlaufkessel. Im Mittel- und Kleinlastbereich gilt das Gegen-
teil, denn der Umlauf ist als Mittel zur verbesserten Rohrkühlung bei
Teillast gedacht.

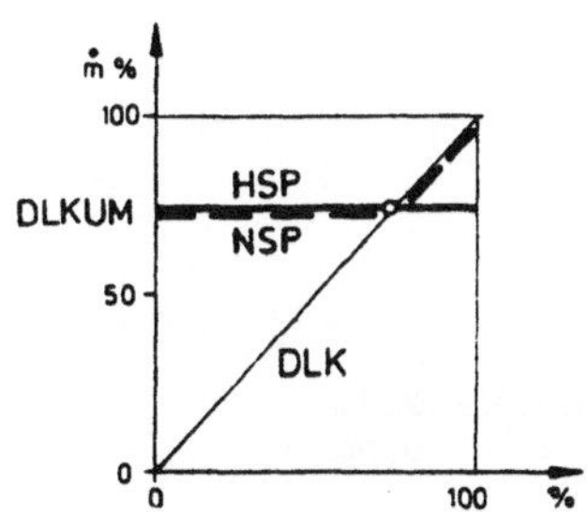

Bild 38.3. Massenstromdichte am Ver-
dampfereintritt bei Teillast im DLK
und DLKUM (C = 1.33)
—— Hauptstrompumpe (HSP)
--- Nebenstrompumpe (NSP)

Beim überkritischen DLKUM, wenn dieser mit Gleitdruck betrieben werden
sollte, führt der Betrieb in der Nähe des kritischen Druckes bei vorgegebener Wärmezufuhr von der Feuerseite zu der im Abschnitt 33.4 be-
schriebenen Druckinstabilität (C < 2). Das große $v \rightarrow v_{kr}$ verkleinert
außerdem $\dot{M}_U$, da die Umwälzpumpe nach dem Volumenstrom bemessen ist. Zusätzlich können die Dampfblasen zur Pumpenkavitation führen. Deshalb
macht man bei überkritischen DLKUM mit Gleitdruckbetrieb von der Umwälzung nur unterhalb des kritischen Punktes Gebrauch, z.B. von 75 % Last
herunter (der gestrichelte Verlauf im Bild 38.3). Oberhalb dieser Grenz-
last hört der Umlauf auf und es wird also aus dem DLKUM ein konventioneller Durchlaufkessel. Hierzu muß allerdings die Umwälzpumpe im Nebenstrom geschaltet sein, ähnlich wie bei der Anfahrumwälzung im Bild
36.11, d.h. der Umwälzstrom geht vom Maximum bei Mindestlast mit
steigender Last bis auf Null zurück.

Bei Festdruckbetrieb kann man das Schema nach Bild 38.1 auch für überkritische Kessel ohne Änderung übernehmen. Bei amerikanischen Anlagen
verzichtet man in diesem Fall auf den Wasserabscheider, der durch ein
kugelförmiges Verzweigungsstück ersetzt wird /6/.

38.2 Geradrohrkessel für Kernkraftwerke

Bei Vollast tritt das primärseitig im Atomreaktor erwärmte Druckwasser
als Heizmedium in den oberen Halbkugelboden des Geradrohr-Dampferzeu-

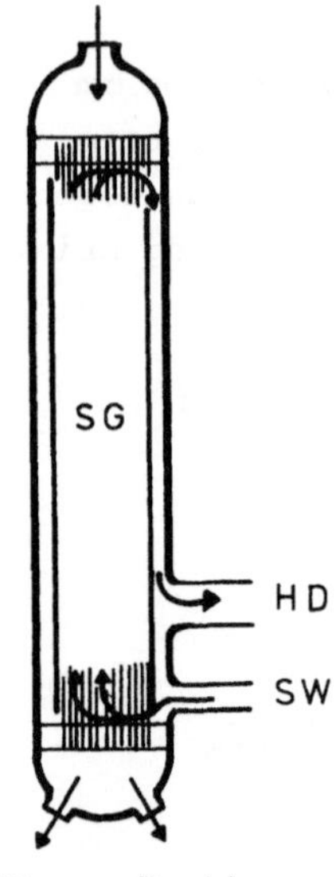

Bild 38.4. Schema des Geradrohrkessels.
SW Speisewasser; HD Heißdampf; SG Dampfwassergemisch; DW Druckwasser

gers ein (Bild 38.4). Durch die beiden Austrittstutzen strömt dieses abgekühlt zu den Hauptkühlmittelpumpen /83/.

Sekundärseitig führt man das Speisewasser in den unteren Ringraum zwischen Mantel und Rohrbündel ein. Dort wird es auf den Umfang verteilt und gelangt dann oberhalb der unteren Rohrplatte in die Rohrzwischenräume. Das hochsteigende Wasser erwärmt sich im Zwangsdurchlauf auf Siedetemperatur, verdampft und wird dann leicht überhitzt. Im Ringspalt zwischen Innenmantel und Rohrbündel strömt der Heißdampf nach unten und verläßt den Dampferzeuger durch die Dampfaustrittstutzen.

Dieser Dampferzeuger ist also ein Gegenstrom-Wärmetauscher. Wie aus Bild 38.5 ersichtlich, sind die drei Verdampferzonenlängen stark lastabhängig, wobei der Bereich des Blasensiedens über einen großen Lastbereich nahezu proportional der Last ist. Bei Kleinlast dient der größte Teil der Dampferzeugerheizfläche dem Überhitzen und die Dampfaustrittstemperatur ist fast gleich der Druckwasser-Eintrittstemperatur (Bild 38.6).

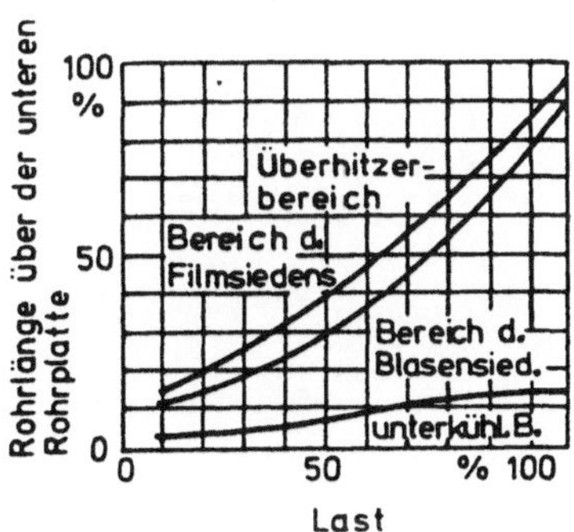

Bild 38.5. Länge der Vorwärm-, Verdampfungs- sowie Überhitzungszone im GRK bei Teillast

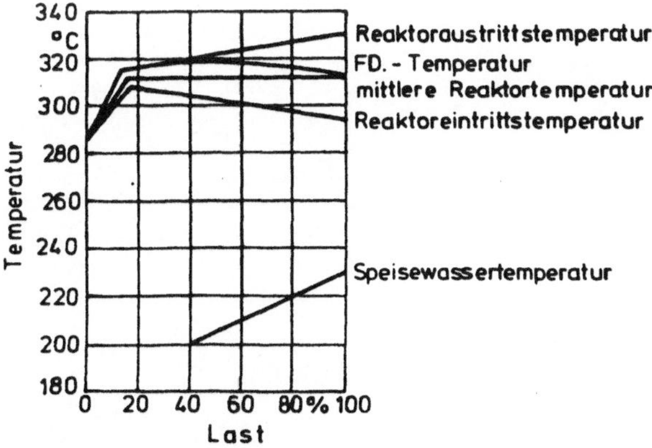

Bild 38.6. Temperatur im Druckwasserreaktor bei Teillast

Die Druckwasser-Umwälzpumpen arbeiten mit konstanter Drehzahl und fördern durch jeden Dampferzeuger einen Massenstrom von etwa 35 000 t/h
/83/. Bei Vollast liefert der Kessel einen Dampfmassenstrom von ca.
3600 t/h, das heißt, bei Vollast müssen für 1 t/h überhitzten Dampf etwa
10 t/h Druckwasser durch den Dampferzeuger strömen.

Der Einsatz von Durchlaufkesseln mit überlagertem Umlauf und unterkritischem Druck kommt auch für kleinere Anlagen im mittleren Druckbereich
in Frage; d.h. für die Industrie- und Kraftwerksanlagen dort, wo man
sonst einen Zwangsumlaufkessel einsetzen würde. Als Vorteil ist hier der
Wegfall der Trommel und deren Ersatz durch den für schnelle Temperaturwechsel besser geeigneten Wasserabscheider sowie der kleine Druckabfall
im Verdampfer zu erwähnen. So kann ein DLKUM z.B. als Abhitzekessel für
Gasturbinenkraftwerke benutzt werden.

39. Abwärme verwertende Kessel

39.1 Abhitzekessel

39.1.1 Aufgaben eines Abhitzekessels

Die Abwärme tritt in verschiedenen Formen in Erscheinung, am häufigsten als Abgas von Wärmekraftmaschinen und Industrieöfen oder als Heißwasser bei der Kühlung von exponierten Ofenteilen in der Metallverarbeitung u.ä. /84, 85/. Die Abhitzekessel nutzen diese Abwärme aus, falls sie mit einer ausreichend hohen Temperatur anfällt. Weitere Gründe für das Aufstellen eines Abhitzekessels können sein:

1. Nachverbrennung der noch im Abwärmeträger enthaltenen brennbaren Anteile (z.B. von CO im Abgas der O_2-Stahlkonverter),

2. Abkühlung der Prozeßabgase zwecks weiterer Behandlung (z.B. zwecks ihrer Entstaubung, zwecks Einbau eines Saugzuges bei Öfen u.ä.),

3. Schalldämpfung (bei Verbrennungsmotoren und Gasturbinen).

Für kleine Leistungen kommen als Abhitzekessel Niederdruck-Großwasserraumkessel mit Rauchgasrohren als Heizfläche in Betracht. Bei großem Abwärmeanfall sind Wasserrohrkessel mit Natur- oder Zwangsumlauf am besten geeignet. Bei Kesseln, die beispielsweise Wärmekraftmaschinen und O_2-Stahlkonvertern nachgeschaltet sind, steigert sich die Abwärmezufuhr binnen weniger Minuten auf Vollastwert. Deshalb müssen sie große Temperaturtransienten vertragen.

Zu den größten Abhitzekesseln gehören die in Gasturbinenkraftwerken, wo beträchtliche Mengen an Abwärme anfallen. Die Wärmeübertragung erfolgt bei diesen vor allem durch Konvektion. Der Strahlungsanteil ist hier dagegen klein, da:

1. die Abgastemperatur nicht hoch ist (meistens unter 550 $^{\circ}$C),

2. der Gehalt an strahlenden, dreiatomigen Gasen (CO_2 und H_2O) im Abgas gering ist, da die Gasturbine mit sehr hohem Luftüberschuß betrieben wird,

3. die mittlere Schichtstärke des Abgases in den dicht gepackten Rohrbündeln, insbesondere wenn die Rohre berippt sind, klein ist.

Bei den Heizflächen solcher Abhitzekessel ist die Gegenstromschaltung in der abgasseitigen Reihenfolge Überhitzer, Verdampfer und Eko die Regel. Die Rohrberippung wird hier häufig als Mittel zur Vergrößerung der Wärmeaustauschfläche eingesetzt. Dennoch bleibt die Wärmestromdichte klein und die Heizflächengröße beträchtlich.

39.1.2 Verbesserte Nutzung der Abwärme

39.1.2.1 Abhitzekessel mit Zusatzbrennern

Im weiteren soll der Gasturbinen-Abhitzekessel stellvertretend für andere Abwärme-Nutzungsanlagen näher behandelt werden. Maßnahmen zur Leistungssteigerung sind sowohl abgas- als auch dampfseitiger Art. Maßgebende Parameter für die Kesselauslegung sind die Prozeßabgastemperatur t_{AGa} (s. Bild 39.1) und das Verhältnis der Wärmekapazitätsströme $c_{AG}\dot{M}_{AG}/c_{AS}\dot{M}_{AS}$. Um die Exergie der Abwärme zu heben, werden Zusatzbrenner benutzt. Diese vergrößern neben t_{AGa} auch $\dot{M}_{AS}$. Demzufolge wird das Verhältnis $c_{AG}\dot{M}_{AG}/c_{AS}\dot{M}_{AS}$ kleiner und die Kesselabgastemperatur t_{AGe} sinkt. Außerdem lassen sich den thermischen Wirkungsgrad der Abwärmeumwandlung verbessernde höhere Dampfparameter anwenden oder die Heizfläche des Überhitzers u.U. beträchtlich verkleinern.

In Bild 39.2 ist ein für GT-Abhitzekessel entwickelter Kanalbrenner dargestellt /85/, der Erdgas verfeuert und den Restsauerstoff der GT-Abgase

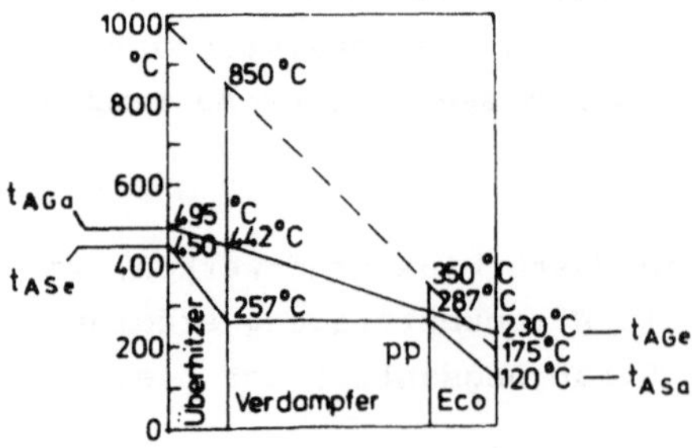

Bild 39.1. Temperaturverteilung entlang eines Abhitzekessels. —— ohne Zusatzfeuerung (+ 25 % --- mit der Gesamtwärmezufuhr) pp = pinch-point (Ort des kleinsten Temperaturgefälles)

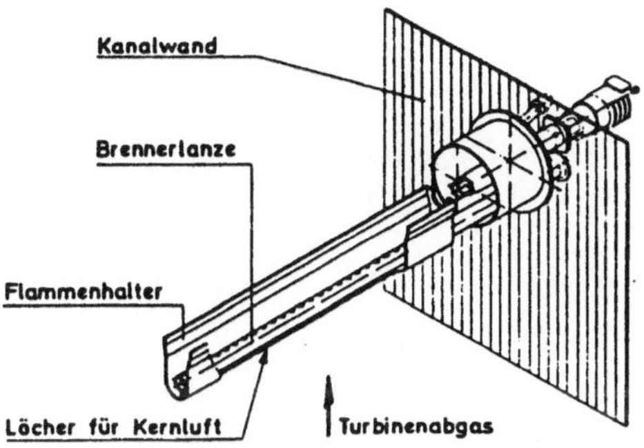

Bild 39.2. Kanalbrenner

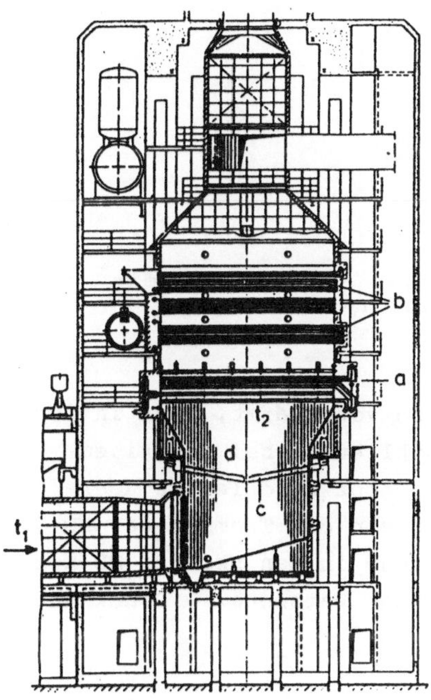

Bild 39.3. Abhitzekessel hinter einer Gasturbine. a Überhitzer; b Eko
und konvektiver Verdampfer mit Zwangumlauf; c Zusatzbrenner; d Brennraum
mit Naturumlaufsiederohren

nutzt. Er wird am Eintritt des im Bild 39.3 dargestellten Abhitzekessels
/86/ eingebaut. In den senkrechten Verdampferrohren des Feuerraumes findet ein Naturumlauf statt, während der konvektive Verdampfer mit Zwangsumlauf betrieben wird.

39.1.2.2 Anlage mit Zweidruckturbine

Hier wird nach Bild 39.4 dem Mitteldruckkessel zusätzlich ein weiterer
Niederdruckkessel abgasseitig nachgeschaltet /86/. Der letztere kühlt
das Abgas tief ab, da die Sattdampftemperatur in der ND-Stufe um ca.
100 K tiefer liegt als in der MD-Stufe. Der gesamte Speisewasserstrom

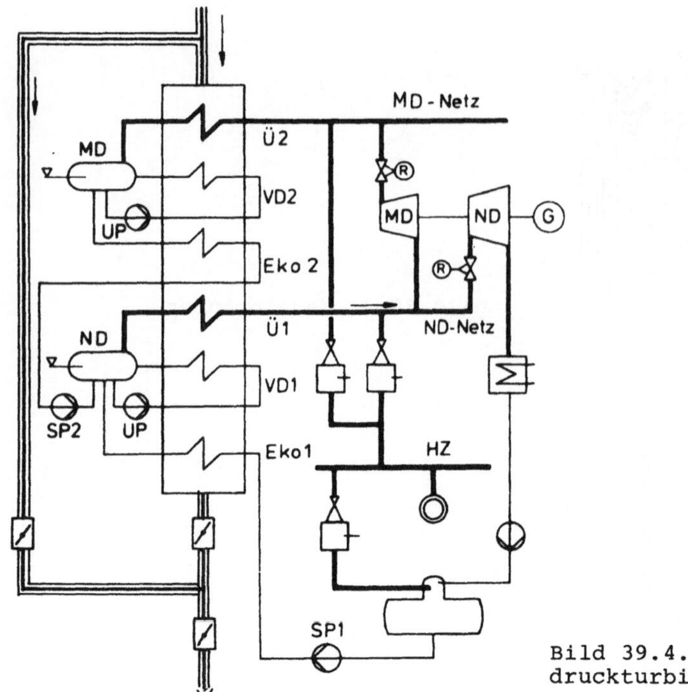

Bild 39.4. Anlage mit Zwei-
druckturbine

mit niedriger Temperatur wird zuerst im ND-Eko vorgewärmt, dann in der
ND-Trommel mit Umlaufwasser gemischt und anschließend bei niedrigem
Druck zum Teil verdampft. Der entstehende ND-Dampf wird leicht über-
hitzt. Das nicht verdampfte Kesselwasser wird von der Trommel der ND-
Stufe durch die zweite Speisepumpe abgezogen und in den Eko des MD-Kes-
sels gefördert. Der MD-Dampf soll möglichst hohe Parameter – Druck und
Temperatur – haben.

Der Abdampfstrom vom MD-Turbinenteil beaufschlagt, gemischt mit dem ND-
Dampf vom Kessel, den ND-Kondensationsteil der Turbine. Im Winter kann
man den ND-Dampf in das Heiznetz liefern.

Bei GT-Anlagen werden auch MD-Durchlaufkessel eingesetzt /87/, die sich
schnell anfahren und mit Gleitdruck betreiben lassen.

39.2 Abhitzekessel mit Zusatzfeuerung

39.2.1 Kombinierte Gas-Dampf-Anlagen (Kombiblöcke)

39.2.1.1 Eigenschaften des GT-Abgases und dessen Verwendung

Zur vollen Entfaltung kommt der Abhitzekessel bei Kombianlagen (Bild 2.10) /16,87/. Bei der Gasturbinenanlage /11/ mit offenem Kreislauf /12/ nach Bild 39.5 ist die umgebende Atmosphäre der kalte Speicher des Kreisprozesses. Die Luft wird im Verdichter (im Arbeitsdiagramm Bild 39.5 die Zustandsänderung 1-2) komprimiert und dabei auf T_2 erwärmt. Für die weitere Erwärmung auf T_3 zweigt man nun einen Teil des Luftstromes für die Brennkammer ab, wo der Brennstoff mit einer hohen, für eine stabile Verbrennung notwendigen Temperatur (ca. 1500 $^{\circ}$C) verbrennt. Das entstandene heiße Verbrennungsgas wird nachher der um die Brennkammer herumgeleiteten kälteren Luft zugemischt. Diesem Teilvorgang entspricht die Zustandsänderung 2-3.

Die zugesaugte Luftmenge $n \cdot \mu_{Lo}$ wird auf 1 kg des verfeuerten GT-Brennstoffes mit dem Heizwert H_{uGT} bezogen. Die entsprechende Wärmebilanz lautet mit dem Brennkammer-Wirkungsgrad η_{BK}

$$\eta_{BK} \; H_{uGT} = \acute{c}_{pG} \; \mu_{Lo} \; n(T_3-T_2)$$

Somit ist die Luftzahl

$$n = \frac{\eta_{BK} \; H_{uGT}}{c_{pG}\mu_{Lo}(T_3-T_2)}$$

und der restliche O_2-Raumanteil im GT-Abgas beträgt

$$O_{2rest} = 0,21\left(\frac{n-1}{n}\right)$$

Mit $T_3-T_2 = 600$ K, $c_p = 1,4$ kJ/kgK, $H_u = 35000$ kJ/kg, $\mu_{Lo} = 10$ kg/kg und $\eta_{BK} = 0,98$ erhält man beispielsweise die Luftzahl n = 4 und ein Abgas mit 15,7 % Sauerstoff.

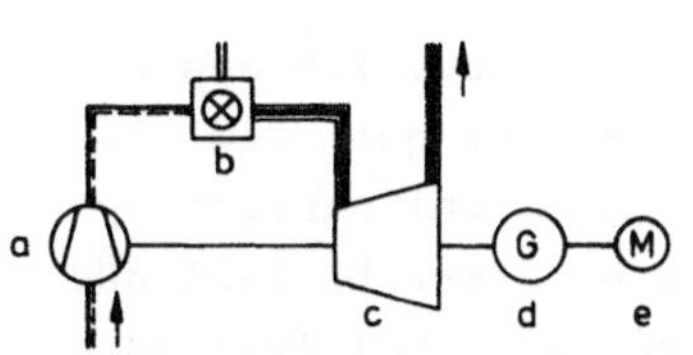

Schaltschema der Gasturbine

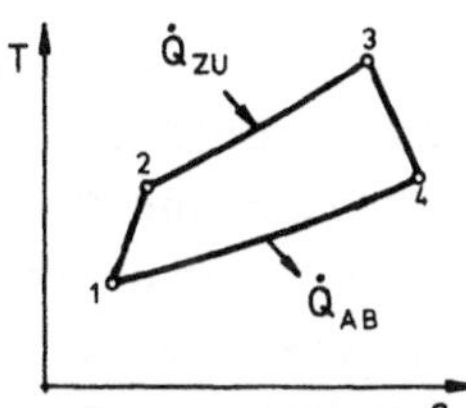

Darstellung des Kreisprozesses im T,s-Diagramm

Bild 39.5. Gasturbinenanlage mit offenem Kreislauf

39.2.1.2 Verbrennung des Kesselbrennstoffes

Nach den vorangehenden Ausführungen verbraucht die Gasturbine ca. ein
Viertel des Sauerstoffgehaltes der durchgesetzten Luftmenge. Das heiße
GT-Abgas eignet sich deshalb sehr gut als Sauerstoffquelle für die Verbrennung im Kessel, der bei Kombianlagen der Gasturbine nachgeschaltet
ist. Die Abgastemperatur (400 $^\circ$C und mehr) wirkt dabei fördernd auf Zündung und Verbrennung. Der Kessel nützt hier die Abwärme der Gasturbine
aus /88/.

Das GT-Abgas wird nach Bild 2.10 in die Kesselbrenner geführt, wo der
Hauptanteil des im Kombiblock verbrauchten Brennstoffes (oft minderwertige Brennstoffe wie schwefelhaltiges Schweröl oder aschereicher Kohlenstaub) verfeuert wird. Da bei der Gasturbine mit offenem Kreislauf
bei Teillast das Verhältnis der Turbinenleistung zum Verdichterkraftver-
brauch steil abnimmt /11/, ist es u.U. zweckmäßig, die Gasturbine dauernd mit Vollast zu betreiben und die Laständerungen der Dampfturbine
des Kombiblockes zu übertragen. Die Kesselbrenner sind dann Stellglieder
der Blockleistung.

Beim Kombiblock handelt es sich also um eine Anlage mit zweistufiger
Verbrennung, wobei in der ersten Stufe mit Luft als O_2-Quelle gearbei-
tet wird. Die in der Kesselfeuerung als zweite Verbrennungsstufe entstehende Flamme hat infolge des bei der Teilverbrennung in der Gasturbine entstandenen CO_2-, H_2O- und N_2-Ballastes eine niedrigere Temperatur als bei konventionellen Kesseln.

Bei einem Ausfall des Kessels werden die Turbinenabgase durch die Aus-
puffleitung direkt in den Schornstein abgeführt. Fällt dagegen die Gasturbine aus, liefern die sonst in Bereitschaft stehenden Frischlüfter
die Verbrennungsluft. Ist die Leistung der Gasturbine im Vergleich zur
verlangten Kesselleistung klein, so laufen die Frischlüfter z.T. auch
während des Normalbetriebes.

39.2.1.3 Konvektiver Verdampfer und das Betriebsverhalten des
Kombikessels

Ist die Gasturbine als Sauerstoffquelle für den Vollastbetrieb des Kessels ausreichend und gibt es keine GT-Abgasumleitung, so geht die Flammentemperatur und somit die Wärmeübertragung an den Strahlungsverdampfer bei Teillast steil zurück, da der mit konstanter Drehzahl laufende
Verdichter einer Gasturbinenanlage mit offenem Kreislauf bei Teillast
sogar etwas mehr Luft als bei Vollast liefert. Der Strahlungsverdampfer

wird somit bei Kleinlast als Wärmeübertrager wenig wirksam und setzt nur
die im Eko begonnene Wasservorwärmung fort. Die Verdampfung verschiebt
sich in den konvektiven Verdampfer, der ein unentbehrlicher Bestandteil
der Kombikessel ist (Bild 39.6 links). Dieser wirkt als Vorüberhitzer
/16/, wenn sich bei Vollast die Verdampfung in den Strahlungsverdampfer
verlagert.

Bei Anlagen mit GT-Abgasumleitung nach Bild 39.6 rechts ist die Flammentemperatur weniger lastabhängig. Die am Feuerraumaustritt hoch geblie-
bene Rauchgastemperatur erleichtert das Einhalten der FD- sowie ZD-Temperatur. Der konvektive Verdampfer ist aber auch hier unentbehrlich, um
die bei Teillast umgeleiteten Abgase abkühlen zu helfen. Die Größe des
umgeleiteten Abgas-Teilstroms ist als Funktion der Kessellast im Bild
39.7 aufgetragen.

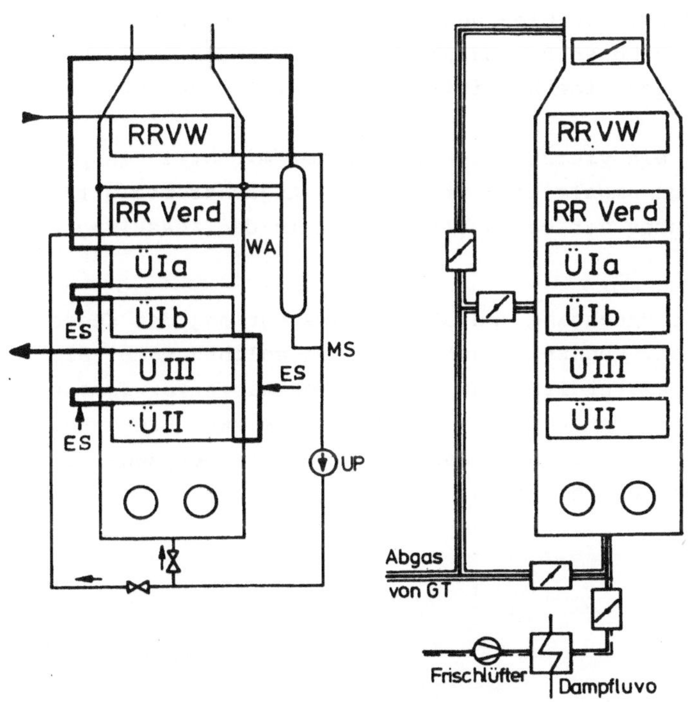

Bild 39.6. Arbeitsstoff- und rauchgasseitiges Schema eines Kombikessels
(RR - Rippenrohr)

Bei dem Dampferzeuger in Bild 39.6 (DLKUM) als Beispiel eines Kombikessels wird das Speisewasser vom Rippenrohrvorwärmer einem Mischstück zu-
geleitet, in dem es mit dem Wasser aus dem Abscheider, der dem Verdampfer nachgeschaltet ist, zusammengeführt wird /82/. Über die Umwälzpumpe

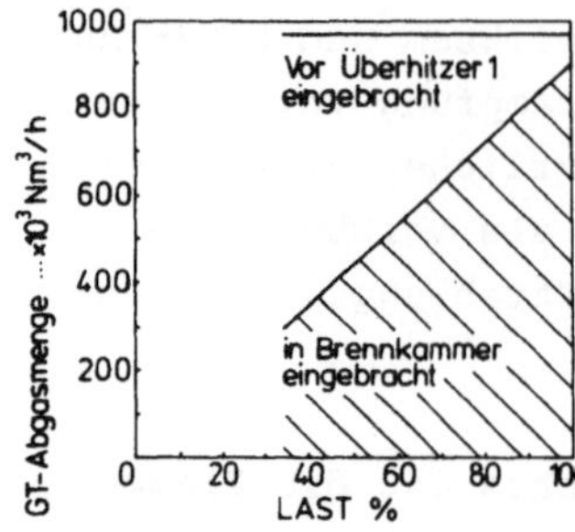

Bild 39.7. Umleitung der GT-Abgase

gelangt es in den Verdampfer, und zwar einmal in die vier Feuerraumwände
und parallel dazu in den konvektiven Rippenrohrverdampfer. Diese regel-
bare Aufteilung erleichtert den Notbetrieb ohne Gasturbine, da man die
verstärkte Wärmeaufnahme des Strahlungsverdampfers kompensieren kann.
Der konvektive Rippenrohrverdampfer liegt rauchgasseitig zwischen dem
Überhitzer I und dem Vorwärmer und liefert beim Anfahren den ersten
Dampf. Nach Zuschalten der Gasturbine und einer schnellen Laststeigerung
beugt er außerdem einer zu hohen Rauchgastemperatur vor dem Speisewasservorwärmer vor, in welchem eine Dampfbildung zu verhindern ist.

Dem Wasserabscheider ist ein vierstufiger Überhitzer mit drei Einspritzungen nachgeschaltet. Der umgeleitete Teil des GT-Abgasstromes wird unter Umgehung des Feuerraumes vor dem Überhitzer Ia in den Kesselzug eingeführt.

Der Temperaturverlauf der Rauchgase und des Mediums entlang des Kessels
ist Bild 39.8 zu entnehmen. Kennzeichnend für einen solchen Kombi-Block
ist die sehr geringe Temperaturdifferenz am Ende des Wasservorwärmers
(19 K) und am Ende des Verdampferbündels (23 K). Diese zwei Pinch-Points
führen im Hinblick auf ein nicht zu großes Bauvolumen in der Regel dazu,
daß Rippenrohre verwendet werden müssen.

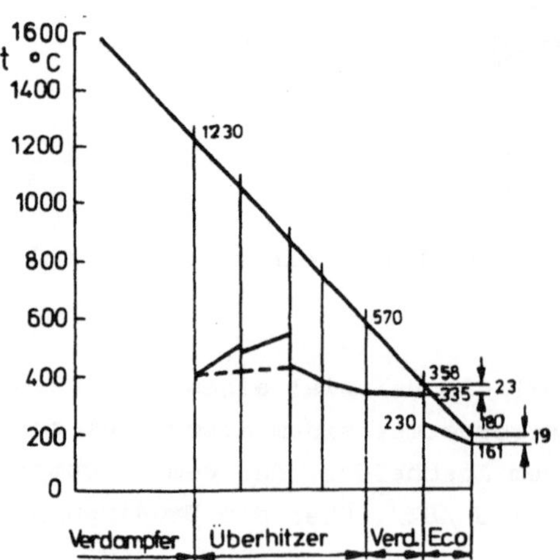

Bild 39.8. Temperaturverteilung im
Kombikessel

39.2.2 Kombianlage mit Kohlenstaub- und Wirbelschichtfeuerung

In Bild 39.9 ist eine Anlage dargestellt, bei welcher eine Wirbelschichtfeuerung in Kombination mit einer Kohlenstaubfeuerung arbeitet
/89/. Dabei werden die Abgase der Wirbelschichtanlage in den Feuerraum
des Kohlenstaubkessels eingeführt, so daß bei Unregelmäßigkeiten in der
Wirbelschicht eine Nachverbrennung hier in der heißen Kohlenstaubflamme
möglich ist. Bei dieser Ausführung ist zur Erzielung einer möglichst
hohen Leistung die Kohlenstaubfeuerung auf ihrem Umfang von einer Gruppe
von Wirbelschichtfeuerungen umstellt.

Dieser Kombiblock besitzt eine Luftturbine, wobei die Rohre des Lufter-
hitzers im Wirbelbett zur Erhitzung der Druckluft für die Turbine dienen. Die heiße GT-Abluft versorgt als Verbrennungsluft sowohl die Wir-
belschicht- als auch die Kohlenstaubfeuerung mit Sauerstoff. Die Kohlenstaubfeuerung deckt 80 % der Wärmeleistung des Blockes. Die Abgase des
Kohlenstaubkessels werden im Wirbelbett-Heizwasser-Wärmetauscher weiter
abgekühlt, anschließend entschwefelt und ganz zuletzt mit der im Kühlturm zugesaugten Luft ($\dot{M}_{KTL}/\dot{M}_{RG}$ ca. 30) vermischt. Das Gemisch gelangt
als Kühlturmbrüden ins Freie, so daß kein Schornstein notwendig ist.

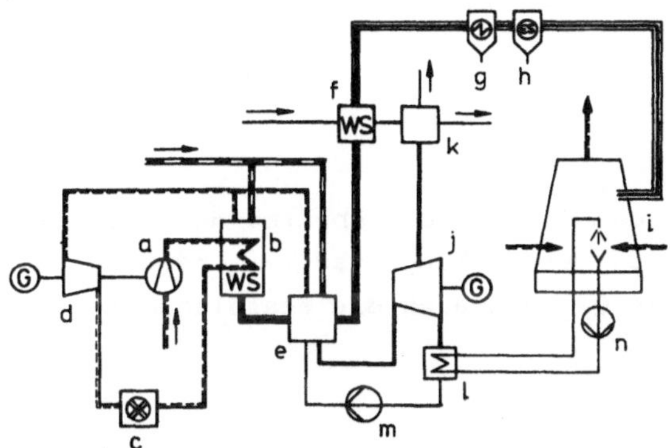

Bild 39.9. Kombianlage bestehend aus Wirbelschicht- und Kohlenstaubfeuerung. a Verdichter; b WS-Feuerung; c Zusatzfeuerung vor Luftturbine;
d Luftturbine; e Dampfkessel; f WS-Wärmetauscher; g Entstaubung; h Entschwefelung; i Kühlturm; j Dampfturbine; k Heizwasser-Vorwärmer; l Kondensator; m Kondensatpumpe

39.3 Wirkungsgrad des Kombiblockes

Das Schema des Prozesses im T,s-Diagramm zeigt das Bild 39.10. Indiziert
GT die Gasturbine, D die Dampfkraftanlage, so gilt für den thermischen
Wirkungsgrad und die Gesamtwärmezufuhr der kombinierten Anlage /12/

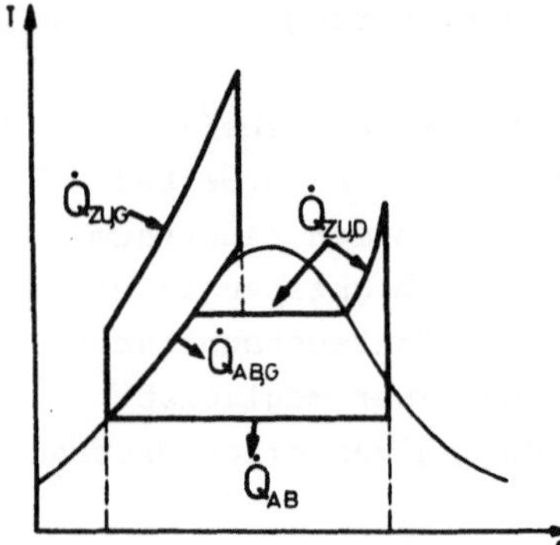

Bild 39.10. Kombinierter Gas-Dampfturbi-
nenprozeß ohne Zwischenüberhitzung und
Speisewasservorwärmung im T,s-Diagramm

$$\eta_{KA} = \frac{P_{GT} + P_D}{\dot{Q}_{ZU}} \quad \text{und} \quad \dot{Q}_{ZU} = \dot{Q}_{ZU,GT} + \dot{Q}_{ZU,D} \tag{39.1}$$

Für den Wirkungsgrad der Gasturbinenanlage ist

$$\eta_{GTg} = \frac{P_{GT}}{\dot{Q}_{ZU,GT}} \tag{39.2}$$

und für den der Dampfanlage

$$\eta_{DKg} = \frac{P_D}{\dot{Q}_{ZU,D} + \dot{Q}_{AB,GT}} \tag{39.3}$$

zu setzen, sofern man davon ausgeht, daß die gesamte Abwärme der Gasturbine dem Dampfkraftprozeß zugute kommt. Der Wirkungsgrad η_{DKg} berücksichtigt sowohl die Kondensatorabwärme $\dot{Q}_{AB}$ als auch die Kesselabwärme
$\dot{Q}_{AG}$.

Nach vorgehendem ist das Leistungsverhältnis

$$\frac{P_D}{P_{GT}} = \frac{\eta_{DKg}\left[(1-\eta_{GT})\dot{Q}_{ZU,GT} + \dot{Q}_{ZU,D}\right]}{\eta_{GTg}\,\dot{Q}_{ZU,GT}} = \frac{\eta_{DKg}}{\eta_{GTg}}\left(1-\eta_{GTg} + \frac{\dot{Q}_{ZU,D}}{\dot{Q}_{ZU,GT}}\right) \tag{39.4}$$

bzw.

$$\frac{P}{P_{GT}} = \frac{P_{GT} + P_D}{P_{GT}} = 1 + \frac{\eta_{DKg}}{\eta_{GTg}}\left(1-\eta_{GTg} + \frac{\dot{Q}_{ZU,D}}{\dot{Q}_{ZU,GT}}\right) \tag{39.5}$$

Enthält z.B. das GT-Abgas noch 75 % des Luftsauerstoffes, so kann
$\dot{Q}_{ZU,D}/\dot{Q}_{ZU,GT} \sim 3$ angenommen werden. Dann wäre mit $\eta_{DKg} = 0,40$ und
$\eta_{GTg} = 0,25$

$$\frac{P}{P_{GT}} = 1 + \frac{0,40}{0,25}\,(1-0,25+3) \approx 7,0$$

Bei Anwendung einer 120 MW-Gasturbine wäre hier eine Gesamtleistung des
Kombiblockes von ca. 840 MW erzielbar.

Setzt man (39.4) in (39.1) ein, so ist der Gesamtwirkungsgrad des
Kombiblockes

$$\eta_{KA} = \frac{P_{GT}\left(1 + \dfrac{P_D}{P_{GT}}\right)}{\dot{Q}_{ZU,GT}\left(1 + \dfrac{\dot{Q}_{ZU,D}}{\dot{Q}_{ZU,GT}}\right)} = \eta_{DKg} + \frac{\eta_{GTg}(1-\eta_{DKg})}{1 + \dfrac{\dot{Q}_{ZU,D}}{\dot{Q}_{ZU,GT}}} \tag{39.6}$$

Im vorliegenden Beispiel wäre

$$\eta_{KA} = 0,40 + \frac{0,25(1-0,40)}{1+3} \approx 0,437$$

d.h. die Wärmeausnutzung vergrößerte sich um ca. 9 %. Man erkennt nun
den starken Einfluß von η_{DKg} auf η_{KA}. Demnach ist es bei einer kombinierten Anlage nicht notwendig, eine thermodynamisch hochwertige Gasturbine einzusetzen, wohl aber für eine möglichst gute Ausnutzung der Gasturbinenabwärme im Dampfkessel Sorge zu tragen /12/. Ein hohes η_{GTg} erhöht allerdings nach (39.2) die von der Gasturbine abgegebene Leistung
P_{GT}, was z.B. beim Kesselausfall von Vorteil ist.

40. Großwasserraumkessel

40.1 Aufbau, Einsatzweise und Brennstoff

Das Schema in Bild 24.1 zeigt vereinfacht den Aufbau eines Großwasserraumkessels. Bei derzeitigen Ausführungen werden allerdings die Rauchgasrohre in mehreren Zügen geführt und ein Ekonomiser sorgt für die
tiefere Abgasabkühlung.

Isolierte Industriebetriebe mit kleinem, stark schwankendem Sattdampf-
verbrauch und mäßiger Speisewassergüte setzen GWRK als Dampfquelle ein.
Diese werden heute fast ausschließlich mit Öl oder Gas befeuert. Die
Verbrennungsluft wird von Ventilatoren geliefert. Die Brenner haben oft
nur zwei Leistungsstufen. Es gibt aber auch Brenner, bei denen bei zu
hohem Dampfdruck die Brennstoffzufuhr abgeschaltet bzw. bei zu niedrigem
Druck eingeschaltet wird. Das beträchtliche Speicherungsvermögen des
Kessels hält dabei die Druckänderungsgeschwindigkeiten klein.

Die Kesselregelung schrumpft hier auf die Regelkreise des Brennstoffes,
der Luft und der Kesselspeisung zusammen. Der GWRK wird rauchgasseitig
meistens mit Überdruck betrieben.

Eine Arbeitsperiode des GWRK bei Anwendung eines Zweipunktreglers zeigt
das Bild 40.1. In Zeitabschnitten, in denen der Brenner abgeschaltet ist

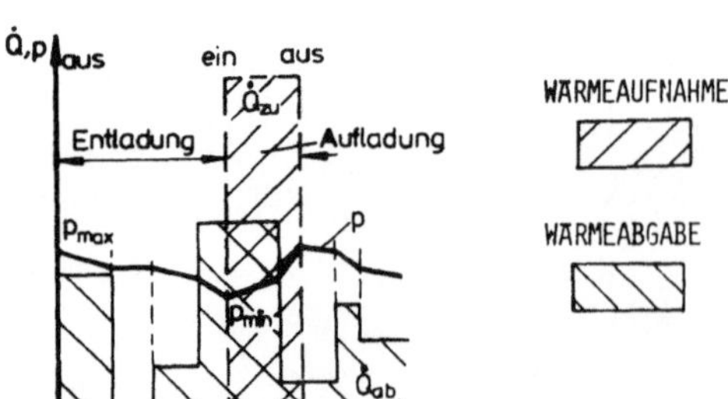

Bild 40.1. Arbeitsperiode eines
GWRK bei Anwendung eines Zweipunktreglers

$(\dot{Q}_{ZU} = 0)$, gilt für die Dampferzeugung durch Druckabsenkung die Bilanz

$$M' \, h'_p = (M' - \Delta M') \, h'_{p-\Delta p} + \Delta M' \, h''_{p-\Delta p}$$
$$\text{Wasser} \qquad\qquad \text{Wasser} \qquad\qquad \text{Sattdampf}$$

Da in dieser Bilanz

$$h'_{p-\Delta p} = h'_p - \frac{dh'}{dp} \, \Delta p \quad \text{und} \quad h''_{p-\Delta p} = h''_p - \frac{dh''}{dp} \, \Delta p$$

ist, ergibt sich mit $\Delta\dot{p}\cdot\Delta M' \approx 0$ der entladene Dampfstrom zu

$$\Delta\dot{M}_D = \frac{-\Delta M'}{\Delta\tau} = - \frac{M' \, \dfrac{dh'}{dp} \, \dfrac{\Delta p}{\Delta\tau}}{h''-h'} = - \frac{1}{r} \frac{dh'}{dp} \, M' \, \Delta\dot{p}$$

Durch die Vollastleistung $\bar{M}_D$ und den Nenndruck $\bar{p}$ dividiert, folgt

$$\frac{\Delta\dot{M}_D}{\bar{M}_D} = - \frac{\bar{p}}{r_p} \frac{\overline{dh'}}{dp} \frac{M'}{\bar{M}_D} \frac{\Delta\dot{p}}{\bar{p}} \approx - 0,11 \frac{M'}{\bar{M}_D} \frac{\Delta\dot{p}}{\bar{p}}$$

da im Druckbereich 5 - 20 bar

$$\frac{\bar{p}}{r_p} \cdot \frac{\overline{dh'}}{dp} \approx 0,11$$

ist. Die Zeitkonstante der Wärmespeicherung folgt zu

$$T'' = 0,11 \, \frac{M'}{\bar{M}_D}$$

Die Speicherzeit des Kessels $M'/\bar{M}_D$, die zum Ausdampfen des Wasservorrates notwendig wäre, reicht beim GWRK bis zu mehreren Stunden. So ergibt sich beispielsweise mit der Druckänderungsgeschwindigkeit $\Delta\dot{p}/\bar{p} = -0,01 \; 1/\text{min} = -0,6 \; 1/\text{h}$ und $M'/\bar{M}_D = 5 \; \text{h}$ die Zeitkonstante zu $T'' = 0,11\cdot 5 \; \text{h} = 0,55 \; \text{h}$ und

$$\Delta\dot{M}_D/\bar{M}_D = -0,11\cdot 5\cdot(-0,6) = + 0,33$$

d.h., es ist eine anfängliche Zunahme der Dampfproduktion um 33 % erzielbar.

Die Forderung nach Stabilisierung des Druckes ist durch die große Speicherfähigkeit gut erfüllt und die Überbrückung des Unterschiedes zwischen $\dot{M}_D$ und $\dot{M}_B$ ohne große Druckschwankungen ist gesichert. Regelungstechnisch ist also ein GWRK eine Regelstrecke, die sowohl auf Stelleingriffe als auch auf Störungen stark verzögert antwortet.

Aus dem Aufbau eines Großwasserraumkessels ergeben sich folgende Nachteile:

a) kleine Heizfläche im zylindrischen Druckgefäß und damit kleine Leistung (< 20 t/h).

b) nur kleiner Dampfdruck möglich, da nach (24.1) gilt

$$p \leq \frac{2\,\sigma_{zul}\,s}{D}$$

Ist s sowie σ_{zul} klein und D groß, ergibt sich daraus eine Druckbeschränkung auf ca. 18 bar.

c) großer Verbrauch an Metall (bis 5 kg auf 1 kg/h Dampfleistung).

40.2 Salzbilanz und Absalzung

Der GWRK reagiert auf die Speisewassergüte nicht so empfindlich wie andere Kesselbauarten. Dies verdankt man der Dynamik der Salzspeicherung
(nach (25.22) ist T_{AR} ca. 100 bis 1000 h). Das Mitreißen des Wassers im
Dampf ist zu vermeiden. Bei Großwasserraumkesseln enthält der Dampf bis
zu einigen Prozenten Feuchtigkeit. Deshalb sind bauliche Gegenmaßnahmen
wie Dampfsammler, Sammlerrohr usw. erforderlich. Die hohe Wärmebelastung, vor allem im Flammenrohr, kann bei Öl- bzw. Erdgasverfeuerung
u.U. die Entsalzung des Speisewassers notwendig machen.

40.3 Heißwasserkessel

Wird der GWRK für Heizungszwecke als Heißwasserkessel eingesetzt (Bild
40.2), so gibt es bei Beibehaltung des Wasserspiegels zwar einen Dampfraum, aber keine Dampfabgabe nach außen. In dem dort aufgestellten Wärmetauscher wird das vom Heiznetz rücklaufende Heißwasser (t_{RL}) durch

kondensierenden Dampf auf die Vorlauftemperatur t_{VL} erwärmt. Um ein Temperaturgefälle zu schaffen, muß der Dampfdruck etwas höher sein als der Sattdampfdruck bei der Sättigungstemperatur $t' = t_{VL}$. Der Kessel erzeugt also wieder Sattdampf, welcher im Dampfpolster durch Rücklaufwasser kondensiert wird. Eine kleine Kolbenspeisepumpe deckt hier die Undichtheitsverluste des Kessels.

Geregelt wird hier nicht die Temperatur, sondern wieder der auf Störungen schneller ansprechende Dampfdruck. Der Heißwasserkessel dieser Bauart ist an sich ein Dampfspeicher.

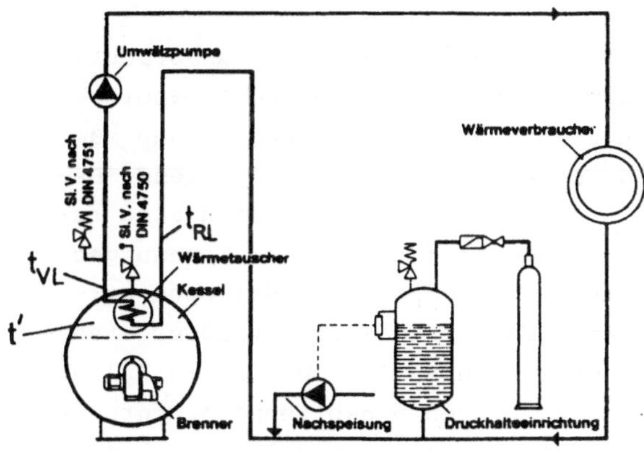

Bild 40.2. Schaltschema eines Heißwassererzeugers

41. Belastung, Bemessung und Erschöpfung von Kesselbauteilen

41.1 Belastungsfälle bei einem Dampfkessel

Kesselelemente werden bei erhöhter Temperatur mechanisch beansprucht. Ihr Belastungszustand ergibt sich zum einen aus Innen- und Außendruck, Eigengewicht, Füllungsgewicht sowie verhinderter Längsdehnung und zum zweiten aus schnellen Temperaturänderungen /75/. Die resultierende Beanspruchung, der ein Kesselelement ausgesetzt ist, setzt sich also zusammen aus den durch mechanische Belastung hervorgerufenen Spannungen, deren Summe σ_p beträgt, sowie aus den durch Temperaturänderungen hervorgerufenen Spannungen von der Gesamtgröße σ_t, die z.T. vorübergehender Natur sind. Während die ruhenden Beanspruchungen fast bei allen Anlagenelementen auftreten, setzen die Wärmespannungen einen Temperaturgradienten, d.h. einen Wärmestrom in der Wand bzw. bei kraftschlüssig verbundenen Elementen ungleiche Temperatur voraus.

Bei stationärer Wärmeübertragung ist auch die durch Temperaturabfall in der Rohrwand bewirkte Wärmespannung stationär /91/. Instationäre Wärmespannung wird durch Temperaturänderungen bewirkt. Beide lassen sich im Kesselbetrieb nicht vermeiden. Falls die letzteren quasistationär sind ($\dot{t}_w$ = konst), ist nach /92,93/ die instationäre Wärmespannung der Temperaturänderungsgeschwindigkeit linear und der Wandstärke im Quadrat direkt proportional, d.h.

$$\sigma_t \sim \phi_F \frac{s^2}{a} \dot{t}_w \tag{41.1}$$

Der Temperaturleitfähigkeit a ist die instationäre Wärmespannung indirekt proportional. Der Faktor ϕ_F berücksichtigt die Grundform des Bauteiles (Platte, Zylinder oder Kugel). Da die Wanddicke dem Druckgefäßdurchmesser proportional ist, ist bei Großkesseln mit dickeren Wänden zu rechnen. Deshalb setzt nach (41.1) die Einhaltung von gleichem σ_t einen kleineren Temperaturtransienten ($\dot{t}_w \sim 1/s^2$) voraus.

Das Verhältnis s^2/a ist die aus der Fourier'schen Differentialgleichung für die instationäre Wärmeleitung bekannte Zeitkonstante des Temperaturausgleichs. Folglich bietet eine Aufteilung großer Druckgefäße in mehrere kleinere mit dünneren Wänden ebenso wie die Wahl eines besser wärmeleitenden Stahles eine Möglichkeit, die Wärmespannung zu vermindern.

Die gegen Temperaturwechsel höchst empfindlichen dickwandigen Druckgefäße wie Sammler, Wasserabscheider usw. sind unbeheizt und von außen wärmeisoliert. Deren Temperatur folgt der Arbeitsstofftemperatur verzögert nach. Die Maximalwerte von nichtstationären Wärmespannungen treten deshalb an der Innenseite von druckführenden Elementen auf. Je nachdem, ob es sich um ein Aufwärmen oder Abkühlen des Elementes handelt, ändert sich das Vorzeichen der Wärmespannung. Die resultierende Spannung, die aufgrund der üblichen Festigkeitshypothesen gefunden wird, ist bei den unter Druck stehenden und Wärmeträger führenden Rohren bei Abkühlung am größten, da sich die temperatur- und druckbedingten Zugspannungen addieren (Bild 26.12). Bei den Sammlern mit Nippeln liegt die größte Beanspruchung des Werkstoffes an den Lochrändern.

Im Abschn. 36.2.2 wurden Wärmespannungen erwähnt, die durch eine zeitweilig ungleiche Dehnung benachbarter, fest gekoppelter Kesselelemente verursacht werden. Als Beispiel zeigt das Bild 41.1 die Temperaturverläufe bei vollverschweißter Rohrwand mit Zugbändern /75/. Schwierigkeiten entstehen auch bei Verbindungen von Kesselelementen der Art Rohr-Steg, Wand-Wand, Wand-Hängerohr bzw. Sammler-Wand, wobei bei den letzteren die Rohrnippel zusätzlich auf Biegung und Drehung beansprucht werden können.

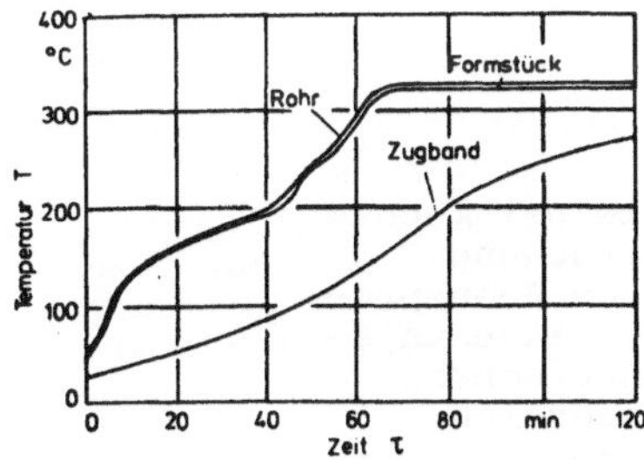

Bild 41.1. Gemessener Temperaturverlauf für Rohrwand, angeschweißtes Formstück und Zugband beim Anfahren

41.2 Dauer- und Zeitfestigkeit

Die lediglich bei Umgebungstemperatur belasteten Maschinen- und Apparaturteile können aufgrund der Dauerfestigkeit bemessen werden, gleichgültig, ob es sich um ruhende Belastung oder Wechselbelastung handelt. Hier spielt die Zeit bei der Dimensionierung keine Rolle, da eine plastische Verformung nicht zu erwarten ist.

Anders ist es bei den Kessel- oder Turbinenelementen, welche bei erhöhten Temperaturen der Belastung ausgesetzt werden. Die vorkommenden Grundfälle der Beanspruchung sind in Bild 41.2 /96/ angegeben. Die zwei oberen Fälle entsprechen der ruhenden Belastung, und der hier vorherrschende Verformungsmechanismus ist das Kriechen des Metalles (Platzwechselplastizität). Im Falle a ist die Spannung vorgegeben (Dampfdruck in Rohrleitung), während es sich im Fall b um die Entspannung mit vorgegebener Verformung (angezogene Schrauben, vorgespannte Dampfleitung) handelt. Der Fall c kommt z.B. bei Wärmekraftmaschinen vor. Die sich zyklisch wiederholenden Vorgänge wie Anfahren oder Abstellen erfaßt der Fall d, wo die Spannung durch die behinderte Wärmedehnung hervorgerufen wird.

In allen vier Fällen ist die abgelaufene Betriebszeit bzw. bei den Fällen c und d die Anzahl der stattgefundenen Lastspiele wichtig. Diese können nämlich plastische Verformungen hervorrufen, die sich akkumulieren. Da aus diesem Grunde die Lebensdauer der Anlagenelemente beschränkt ist, sind sie rechtzeitig vor ihrer Erschöpfung auszubauen und zu ersetzen.

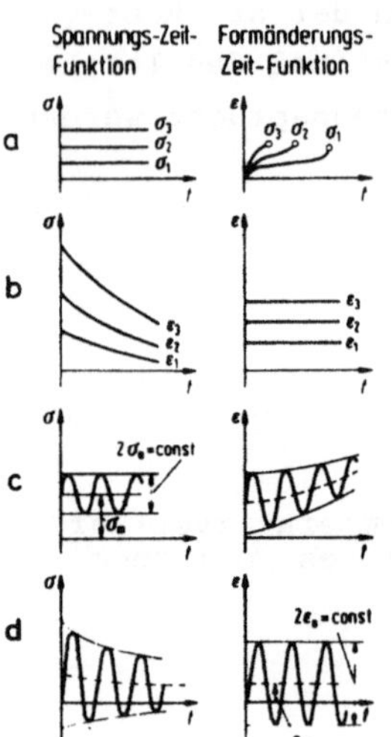

Bild 41.2. Grundlastfälle bei mechanisch-thermischer Beanspruchung.
a kraftschlüssige, ruhende Beanspruchung (σ = konst.); b formänderungsschlüssige, ruhende Beanspruchung (ε = konst.); c kraftschlüssige Wechselbeanspruchung ($\sigma = \sigma_m + \sigma_a$); d formänderungsschlüssige Wechselbeanspruchung ($\varepsilon = \varepsilon_m \pm \varepsilon_a$)

41.3 Zügige Beanspruchung

41.3.1 Kennwerte der Zeitfestigkeit

Bei den einer erhöhten Temperatur ausgesetzten Kesselelementen (Überhitzer und ZÜ samt Sammler sowie Heißdampfleitungen) geht es im stationären Lastbetrieb um den Fall a im Bild 41.2. Diese Elemente sind nach
der Zeitfestigkeit zu bemessen. Dazu werden als Festigkeitskennwerte
die Zeitstandfestigkeit und die Zeitdehngrenze eingeführt. Der erste
Kennwert steht für die Beanspruchung, die von einer Probe bei gegebener
Temperatur und Zeit ohne Bruch ertragen wird, während die Zeitdehngrenze
die Beanspruchung angibt, die nach vorgegebener Zeit eine vereinbarte
Dehnung der Probe hervorruft. Zu erwähnen sind die Zeitstandfestigkeit
für 100000 bzw. 200000 h, $\sigma_{B/100000/t}$ bzw. $\sigma_{B/200000/t}$, und die Zeitdehngrenze $\sigma_{1/100000/t}$, die eine Dehnung von 1 % nach 100000 Stunden
verursacht. Die hier angenommene kleine Dehnung von 1 % berücksichtigt
die Tatsache, daß die meisten niedrig- oder mittellegierten Stähle bei
dem langsamen Kriechen kleine Bruchdehnungen von einigen Prozenten aufweisen. In der Tab. 41.1 sind die Zeitkennwerte einiger Stähle als Funktion der Temperatur aufgetragen.

Bei der Auslegung eines Kesselteiles wird die zulässige Beanspruchung
so gewählt, daß immer eine Sicherheit gegenüber dem festgelegten Festigkeitskennwert vorliegt. Bei den mit niedrigen Temperaturen betriebenen
Kesselteilen ist es zweckmäßig, den Sicherheitsbeiwert auf die Festigkeit σ_B oder die $\sigma_{0,2/t}$-Dehngrenze (die ebenfalls in der Tab. 41.1 angegeben ist), d.h. auf die als Dauerfestigkeit zu betrachtenden Kenn-
werte, zu beziehen (Verdampfer, Trommel, Eko sowie Wasser- und Satt-
dampfleitungen). Dimensioniert man nach der Zeitfestigkeit, so ist es
auch möglich, eine Sicherheit gegenüber der Zeit bzw. der Temperatur
einzuführen /63/.

41.3.2 Rohrbemessung nach zügiger Belastung

Für den Bau und Betrieb von Dampferzeugern gelten die "Technischen Regeln für Dampfkessel" (TRD) /94/. Die Dimensionierung eines ungeschwäch-
ten Rohres als wichtiges Bauelement eines Kessels wird exemplarisch dargestellt. Zu berücksichtigen sind hier die Abschnitte TRD 300, 301 und
508. Die Erfassung anderer Elemente wie Zylinderschalen, Kugelböden,
Vierecksammler usw. würde den Rahmen dieser Abhandlung sprengen. Sie ist
ähnlich wie beim Rohr durch entsprechende TRD geregelt.

Die Rohrwandstärke ist nach TRD 300

$$s = \frac{p \cdot D_a}{200 \frac{K}{S} v + p} \tag{41.2}$$

Tabelle 41.1. Übersicht über einige warmfeste Stähle

Gruppe	Bezeichnung	Legierungsbestandteile %						$\sigma_{0,2}$-Grenze[x]					$\sigma_{B/100000}$[x]				$\sigma_{1/100000}$[x]			
		Si	Mn	Cr	Ni	Mo	V	300°	350°	400°	450°	500°	520°	550°	570°	600°	520°	550°	570°	600°
0	St 35.8	<0.35	0.40	--	--	--	--	137	118	108	88	--	--	--	--	--	--	--	--	--
	St 45.8	0.10-0.35	0.45	--	--	--	--	157	137	128	108	--	--	--	--	--	--	--	--	--
	17 Mn 4	0.20-0.40	0.90-1.20	0.30	--	--	--	206	177	157	137	98	30	--	--	--	22	--	--	--
1	15 Mo 3	0.15-0.35	0.50-0.80	--	--	0.25-0.35	--	206	186	177	167	147	59	(31)	--	--	46	(25)	--	--
	13 CrMo 44	0.15-0.35	0.40-0.70	0.7 -1.0	--	0.40-0.50	--	235	216	206	196	177	94	49	(33)	--	70	36	24	--
2	10 CrSiMo V 7																			
	10 CrMo 910	0.15-0.50	0.40-0.60	2.0 -2.5	--	0.9 -1.1	--	226	216	206	196	186	108	66	48	(29)	78	49	35	(23)
3	x 20 CrMo V121	0.10-0.50	0.30-0.80	11.0-12.5	0.30-0.80	0.80-1.20	0.25-0.35	392	373	353	309	265	285	217	167	112	--	--	--	--
4	x 8 CrNiNb 1613	0.30-0.60	1.0 -1.5	15.0-17.0	12.0-14.0	--	--	137	--	127	--	118	--	--	(129)	108	--	--	(91)	78
	x 8 CrNiMoVNb 1613	0.30-0.60	1.0 -1.5	15.5-17.5	12.5-14.5	1.1 -1.5	0.60-0.85	176	--	167	--	157	--	--	(209)	172	--	--	(152)	137

x $\sigma = N/mm^2$

Gruppe 0 = nicht warmfeste Stähle

Die vorgehenden Erwägungen führen dazu, daß als Festigkeitskennwert K
bei Berechnungstemperatur $\leq$ 350 $^{\circ}$C die Streck- bzw. O,2-Dehngrenze
$\sigma_{O,2/t}$ gewählt wird. Beide sind Dauerfestigkeits-Kennwerte, da der be-
anspruchte Kesselteil sich nur elastisch verformt und die Beanspruchung
keinen Lebensdauerverbrauch zur Folge hat. Liegt die Berechnungstemperatur t oberhalb der vorgehenden Grenztemperatur, so ist die Dauer- oder
Zeitfestigkeit in Rechnung zu stellen; entweder die Dehngrenze $\sigma_{O,2/t}$,
dividiert durch den Sicherheitsbeiwert S = 1,5 oder die Zeitstandfestigkeit $\sigma_{B/200000/t}$, je nachdem, welches der beiden Kriterien das niedrigere ist. Verfügt man über den letzteren Kennwert nicht, so kann dieser
durch die mit S = 1,5 dividierte Zeitstandfestigkeit $\sigma_{B/100000/t}$ ersetzt
werden.

Der Beiwert v $\leq$ 1 in (41.2) berücksichtigt die Wertigkeit der Schweißnähte. Die TRD 300 schreibt weiter die minimale Dicke der Rohrwand als
Funktion des Rohrdurchmessers vor. Dagegen sollte mit Ausnahme von Überhitzerrohren die größte Rohrwanddicke mit Rücksicht auf Wärmespannungen
6,3 mm nicht überschreiten.

Die Berechnungstemperatur eines Bauteiles entspricht der Betriebstempe-
ratur, erhöht um einen Temperaturzuschlag (siehe TRD 300). Danach ist
die Berechnungstemperatur für Siederohre beim Strahlungsverdampfer um
50 K höher als die Siedetemperatur anzusetzen, beim konvektiven Verdampfer mit Rohrwanddicke s um (15 + 2 s) K, jedoch auch höchstens um 50 K
höher. Beim Überhitzer beträgt je nach Art der Wärmeübertragung, ob
Strahlung oder Konvektion, der Zuschlag 50 bzw. 35 K. Bei unbeheizten
Elementen ist die Siedetemperatur (z.B. im Verdampfer) oder die
Dampftemperatur + 15 $^{\circ}$C (z.B. Überhitzersammler) zu verwenden. Der
Berechnungsdruck p entspricht dem Betriebsdruck bei Vollast des Kessels.

41.4 Wechselbeanspruchung

41.4.1 Natur der Lastspiele bei Kesseln

Die Natur der Wechselbeanspruchung ist bei Kesseln dadurch bemerkens-
wert, daß hier die Lastspielzahl kaum mehr als einige Tausend ausmacht.
Diese Lastspiele werden aber u.U. von großen elastisch-plastischen Verformungen begleitet. Hochstilisiert zeigt das Bild 41.3 ein Lastspiel,
wie es beim Anfahren, Lastbetrieb und Abstellen vorkommt. Die sich aus
diesem ergebende Beanspruchung ist im Bild 41.4 dargestellt. Die Mittel-
spannung

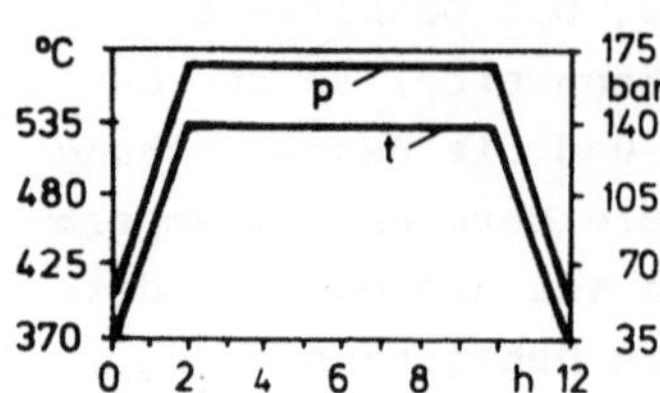

Bild 41.3. Hochidealisiertes
Lastspiel beim Anfahren und Abstellen

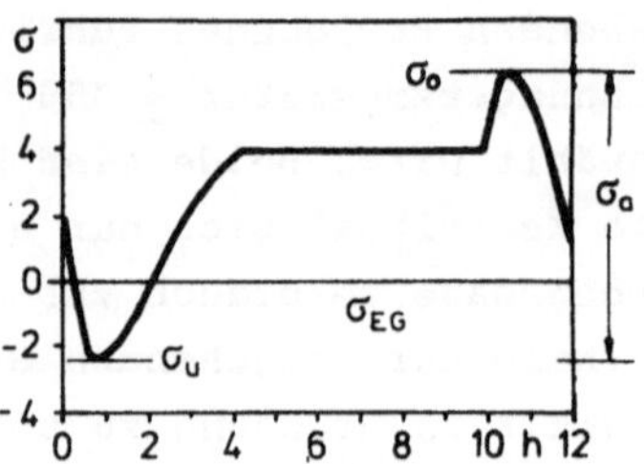

Bild 41.4. Resultierende Beanspruchung $\sigma = \sigma_p + \sigma_t$ beim
Lastspiel nach Bild 41.3

$$\sigma_m = \frac{1}{2}\,(\sigma_o + \sigma_u)$$

bzw. der Spannungsausschlag

$$\sigma_a = \frac{1}{2}\,(\sigma_o - \sigma_u)$$

sind die hier maßgebenden Größen. Diesen wird die ruhende Beanspruchung
σ_p überlagert.

Ob die Beanspruchung sinusförmig ist oder den wie im Bild 41.3 dargestellten Verlauf besitzt, soll für die Dauerfestigkeit unwesentlich
sein. Die Dauer eines Lastspieles ist für die Schwingfestigkeit ebenfalls nebensächlich. Die Wärmespannungen wirken dabei nach Bild 26.12
beim Anfahren entlastend und beim Abstellen als Mehrbelastung.

41.4.2 Kennzahlen der Wechselfestigkeit

Die Wöhlerkurve, in Bild 41.5 für verschiedene Temperaturen dargestellt,
gibt die Anrißwechselzahl N_A an und zeigt, daß die während der Lebensdauer der Anlage zu erwartende Anzahl von Lastspielen ein zusätzlicher,
entscheidender Faktor ist. Die innere Ursache des Dauerbruches bilden
hier die Wechselgleitungen in den durch deren Orientierung besonders

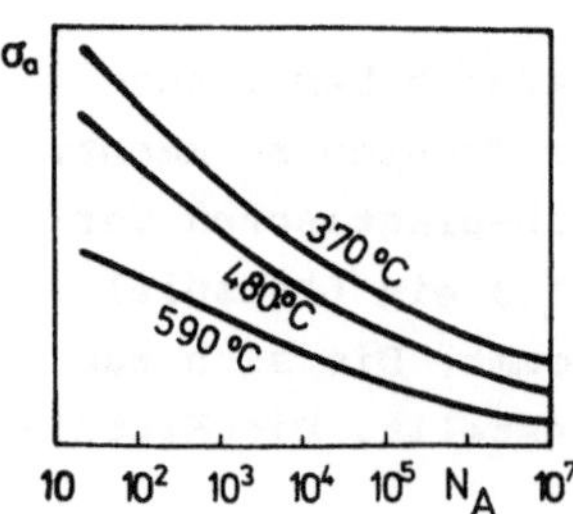

Bild 41.5. Zulässiger Spannungsausschlag als Funktion der Lastspielzahl N_A und der Temperatur

hoch beanspruchten Gitterebenen /95/. Diese Zerrüttung des Werkstoffes führt an den höchst beanspruchten Stellen zum Anriß, der sich weiter ausbreitet, bis der tragende Restquerschnitt einen Gewaltbruch erleidet.

Da die Dauerfestigkeit wieder bei zu niedrigen Werten von σ_a liegt, muß man beim Lastspiel die plastische Verformung zulassen. Folglich ist die Dimensionierung nach der Zeitfestigkeit unvermeidbar. Die Überprüfung der Schwingbeanspruchung ist für alle relevanten Stellen des Kessels vorzunehmen. Auch diese Beanspruchungsart bedarf der Einführung eines Sicherheitsbeiwertes. Nach /94/ ist die zulässige Lastwechselzahl $N = 0,2\ N_A$.

41.5 Erschöpfung der Kesselelemente

Die bei der Auslegungsrechnung angenommenen Belastungskollektive aus zügiger Beanspruchung und Wechselbeanspruchung ebenso wie deren Randbedingungen werden im Betrieb nur mit Toleranzen eingehalten. Die Erschöpfung der Kesselelemente kann deshalb früher oder später auftreten als bei der Planung vorgesehen.

Den im vorliegenden Betrieb eingetretenen Erschöpfungsanteil kann man mit Hilfe der Datenerfassung ermitteln, indem man für das betreffende Kesselelement die den Belastungszustand bestimmenden Parameter Druck und Temperatur zeitlich registriert. Wird die verfahrene Betriebszeit in Zeitabschnitte aufgeteilt, so ist bei der Ermittlung der Erschöpfung durch Zeitstandbeanspruchung so vorzugehen, daß man die in dem verfahrenen Zeitabschnitt tatsächlich eingetretene Belastung berücksichtigt und die dadurch verkürzte oder veränderte Lebensdauer $z_{B/p/t}$ nach Werkstofftabellen errechnet. Diese vergleicht man nachher mit $z_{p/t}$, die bei der Auslegungsrechnung angenommen wurde, z.B. 200000 h. Die Beziehung /94/

$$\Delta e_z = 100\ (z_{t/p}/z_{B/t/p})$$

stellt dann den Erschöpfungszuwachs für den untersuchten Auswertungszeitraum dar. Durch Summieren einzelner Zuwächse erhält man die gesamte Zustandserschöpfung

$$e_z = \Sigma\ \Delta e_z$$

Für die Erschöpfung des Bauteiles durch Wechselbeanspruchung ist bei einem Lastspiel aus der zuständigen Wöhlerkurve die zulässige Lastspielzahl zu bestimmen, welche den tatsächlich verfahrenen Temperaturbereichen und Spannungsausschlägen entspricht. Hat die gefundene Anrißwechselzahl den Wert N, der kleiner oder größer sein kann als der Auslegungswert, so läßt sich der Erschöpfungszuwachs durch Wechselbeanspruchung für das betrachtete Lastspiel aus

$$\Delta e_N = 100 \ (N_A/N)$$

ermitteln. Die gesamte Erschöpfung ist wieder die Summe der Einzelerschöpfungen

$$e_N = \Sigma \ \Delta e_N$$

Da beide Erschöpfungsmechanismen von plastischer Verformung begleitet werden, pflegt man z.Zt. deren Folgen linear zu überlagern. Daher ist die resultierende Gesamterschöpfung

$$E = e_Z + e_N \leq \frac{1}{S_D}$$

Die hier vorkommende Erschöpfungssicherheit S_D soll größer als 2 sein /97/.

41.6 Durch den Werkstoff gestellte Parametergrenzen

Über technisch ausführbare Blockgrößen und Dampfparameter entscheidet der verfügbare Werkstoff. Dabei kann beim Kessel, bei der Dampfleitung und auch bei der Dampfturbine des Kraftwerksblockes begrenzend wirken, daß die Werkstoffbelastung nach (24.1) dem Durchmesser der druckführenden Bauteile direkt proportional ist. Beim Dampferzeuger kann auch das Kesselgerüst u.U. die ausführbare Kesselgröße bestimmen. Auch die Probleme der Feuerseite sowie die Art des Betriebes spielen hier eine Rolle. So liegt z.B. bei der in einer Eckenfeuerung verfeuerten rheinischen Braunkohle als Brennstoff die Grenzleistung des Kraftwerksblockes wegen des hohen Feuchtigkeitsgehaltes der Kohle und der deshalb sehr großen Feuerraumabmessungen bei 600 MW /104/. Dagegen ist in den USA ein Steinkohlenkessel mit Boxerfeuerung und einem länglichen Rechteck als Grundriß mit 1300 MW im Betrieb (Bild 24.9).

Was die Dampfparameter anbelangt, so liegt die Grenze bei der größten Wanddicke der druckführenden Elemente. Es scheint, als ob auch bei Anwendung hochlegierter Stähle z.Z. die obere Grenze für den Dampfdruck bei 300 bar und für die Temperatur bei 600 C liegt /105,106/.

Anhang 1 Sinnbilder in Wärmekraftanlagen

Transport- und Signalwege (Stoffe)

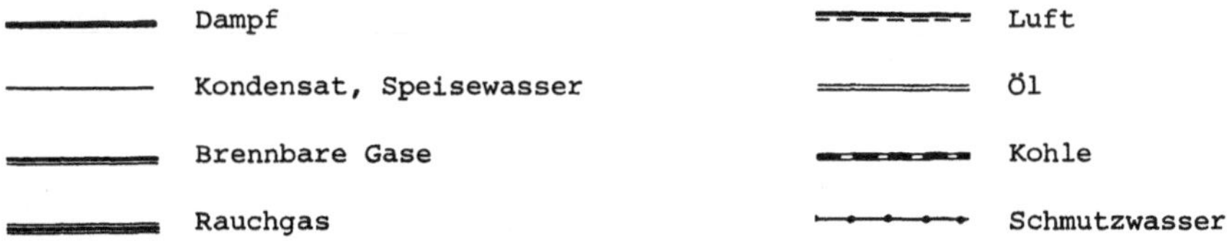

Dampf	Luft
Kondensat, Speisewasser	Öl
Brennbare Gase	Kohle
Rauchgas	Schmutzwasser

Rohrleitungen und Armaturen

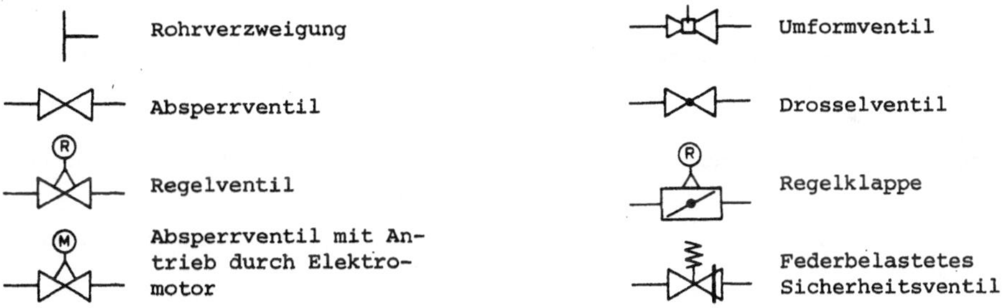

Rohrverzweigung	Umformventil
Absperrventil	Drosselventil
Regelventil	Regelklappe
Absperrventil mit Antrieb durch Elektromotor	Federbelastetes Sicherheitsventil

Kraft- und Arbeitsmaschinen

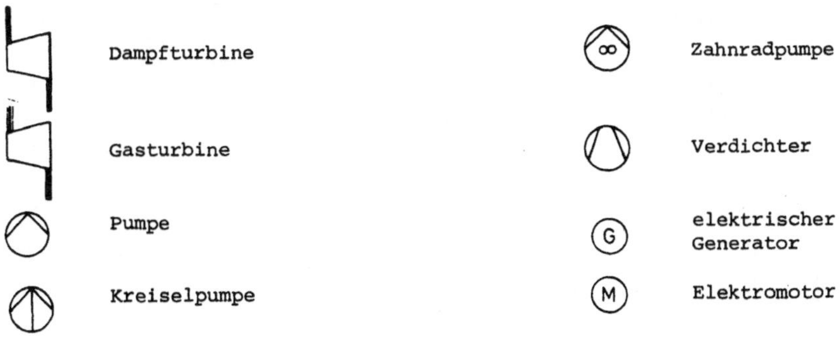

Dampfturbine	Zahnradpumpe
Gasturbine	Verdichter
Pumpe	elektrischer Generator
Kreiselpumpe	Elektromotor

Wärmetauscher und Dampferzeuger

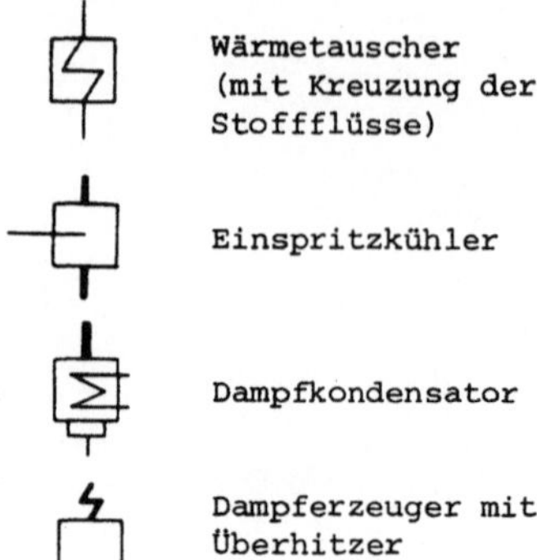

Wärmetauscher
(mit Kreuzung der
Stoffflüsse)

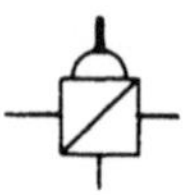

Überhitzer,
Zwischenüberhitzer

Einspritzkühler

Dampfumformer
Dampfkessel

Dampfkondensator

Naßkühlturm

Dampferzeuger mit
Überhitzer

Wärmequellen und -senken

Feuerung

Wärmeverbraucher

Aufbereitung

Kohlenstaubmühle

Feinrechen

Naßabscheider

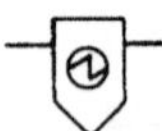

Trommelsiebmaschine

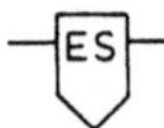

Elektrostatischer
Filter

Festbettfilter

Entschwefelung

Ionenaustauscher

Grobrechen

Mischbettfilter

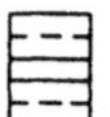

Behälter

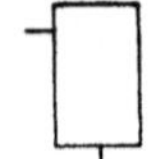

Behälter

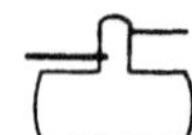

Speisewasserbehälter
mit Entgasung

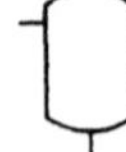

Behälter mit gewölbten
Böden

Sonstige Sinnbilder

Schalldämpfer

Anhang 2   Verzeichnis der verwendeten Symbole

A. Symbole

Symbol	Einheit	Bedeutung
a, b, H	m	Brennraumdimensionen
a	m^2/s	Temperaturleitfähigkeit
a	mg/kg	Gehalt an Gas oder Salz im Wasser
A	m^2	Querschnitt, Oberfläche
b	m	Rohrbandbreite
b	m/s^2	Beschleunigung
c	kJ/kgK	spez. Wärmekapazität
c_p	kJ/kgK	spez. Wärmekapazität bei konstantem Druck
c	m/s	absolute Geschwindigkeit
C	kg/kg	Konzentration
C	--	Umlaufzahl
$C_o = 5{,}77 \cdot 10^{-8}$	W/m^2K^4	Strahlungskonstante des absolut schwarzen Körpers
D	m	Durchmesser
D	kgm^2/s^2	Drall
D_{diff}	m^2/s	Diffusionskoeffizient
e	--	Zustandserschöpfung
$\bar{f}$	1/s	Frequenz
f	--	Formzahl
g	m/s^2	Fallbeschleunigung
h	kJ/kg	spez. Enthalpie
H	m	Höhe
H_o	kJ/kg	Brennwert
H_u	kJ/kg	Heizwert
$\dot{I}$	kgm/s^2	Impulsstrom
k	m^2/s^2	spez. Turbulenzenergie
K	- var. -	Gleichgewichtskonstante
K	N/mm^2	Festigkeitskennwert
l, L	m	Länge

Symbol	Einheit	Bedeutung
L	kJ	Arbeit
$\dot{m}$	$kg/m^2 s$	Massenstromdichte
M	kg (t)	Masse
$\dot{M}$	kg/s (t/h)	Massenstrom
n	1/s	Drehzahl
n	--	Luftzahl
n	--	Schlankheitsgrad
N	--	Lastspielzahl
p	bar	Druck
P	kW	Leistung
$\dot{q}$	kW/m^2	Wärmestromdichte
Q	kJ	Wärmemenge
$\dot{Q}$	kW	Wärmestrom
r	kJ/kg	spez. Verdampfungsenthalpie
r, R	m	Halbmesser
s	m	Wanddicke
S	--	Stabilitätsfaktor
S	--	Sicherheitsbeiwert
t, T	$^\circ C$, K	Temperatur
t_R	m	Rohrteilung
T	s	Zeitkonstante
u	m/s	Umfangsgeschwindigkeit
u, v, w	m/s	Geschwindigkeitskomponenten
U	m	Umfang
v	--	Verschwächungsbeiwert
v	m^3/kg	spez. Volumen
V	m^3	Volumen
$\dot{V}$	m^3/s	Volumenstrom
V	m^3/kg	auf Brennstoffkomponente be-zogenes Volumen
x	--	Massenanteil der Gaskomponenten
x	--	Dampfmassenanteil
y	--	Volumenanteil der Gaskomponenten
y	--	Ortskoordinate
z	--	Rohranzahl
z	h	Lebensdauer
α	$kW/m^2 K$	Wärmeübergangskoeffizient
β	Grad	Neigungswinkel
β	m/s	Stoffübergangskoeffizient
β	--	Ascheneinbindungsgrad
γ	--	Elementgewichtsanteile der Brennstoffkomponenten
δ	--	Verteilungszahl beim Salzübergang

Symbol	Einheit	Bedeutung
Δ	--	Differenz
ε	--	Absorptionsverhältnis
ζ	--	Verlustbeiwert
η	kg/sm	dynamische Viskosität
η	--	Wirkungsgrad
κ	--	Verlust
λ	kW/mK	Wärmeleitfähigkeit
Λ	m/s	Flammengeschwindigkeit
Λ	--	Kondensatzahl
μ	kg/kg	auf Brennstoffkomponenten bezogene Masse
μ	--	im Feuerraum übertragener Wärmeanteil
ν	m^2/s	kinematische Viskosität
ξ	--	Reibungsbeiwert
ρ	kg/m^3	Dichte
σ	--	Schlupf
σ	N/m	Oberflächenspannung
σ	N/mm^2	mechanische Spannung
τ	s	Zeit
τ	N/mm^2	Schubspannung
ϕ, Ψ	--	Umlaufkennzahlen
ϕ_F	--	Formfaktor

B.   Indizes

B.1 Ordnungsindizes:

1, 2, 3, ..., i, j, k, n

B.2 Elementbezogene:

B	Brenner		FL	Fallrohr
D	Drossel		G	Brenngürtel
DT	Dampfturbine		GR	Grenzschicht
E	Ekonomiser		GT	Gasturbine
EG	elektr. Generator		K	Kessel
ES	Einspritzkühler		KA	Kombianlage
F	Feuerung		KO	Kondensator
FA	Feuerraumquerschnitt		M	Mischstelle
FR	Feuerraum		R	Rohr
FL	Flamme		SP	Speisepumpe

SR	Siederohr
T	Trommel
TR	Tropfen
Ü	Überhitzer
UM	Umwälzpumpe
V	Verdampfer
V	Volumen
W	Wand
ZU	Zufuhr
ZÜ	Zwischenüberhitzer

B.3 Stoffbezogene:

AG	Abgas
ABS	Absalzung
AS	Arbeitsstoff
B	Brennstoff
C	Kohlenstoff (Koks)
D	Dampf
E	Eisen
EL	Elektrizität
FD	Frischdampf
FL	Fluid
K	Kondensat
K	Kohle
L	Luft
M	Metall
ÖL	Öl
R, RG	Rauchgas
S	Schlacke
SW	Speisewasser
TA	Turbinenabdampf
U	Unverbranntes
ZD	Zwischendampf
1 =	kalter Massenstrom
2 =	heißer Massenstrom

B.4 Zustandsbezogene:

ad	adiabatisch
HD,MD,ND	Hoch-, Mittel-, Niederdruck
kr	kritisch

KP	krit. Punkt
l	laminar
m	Mittel-
n	normal

B.5 Vorgangsbezogene:

AU	Auftrieb
AB	Wärmeabfuhr
AR	Salzanreicherung
EB	Eigenbedarf
K	Konvektion
S	Strahlung
S	Schlupf
U	Umlauf
VE	Verlust
W	Widerstand
WS	Wärmespannung
ZU	Wärmezufuhr
ad	adiabatisch
th	thermisch
st	statisch
dyn	dynamisch

B.6 Ortsbezogene:

a	axial
a	außen
a	Anfangs-
b	Bezugs-
e	End-
g	Gesamt-
i	Innen-
m	Mitten-
o	Feuerraumaustritt-
o	obere
r	radial
u	Umfangs-
u	untere
w	Wand-
x	Verdampfungsanfang im Siederohr

C. **Dimensionslose Kennzahlen**

Ko	Konakow-Zahl		Pr	Prandtl-Zahl
Nu	Nusselt-Zahl		Re	Reynolds-Zahl
			Sh	Sherwood-Zahl

Literaturverzeichnis

/ 1/ Schwarz, O.: 60 Jahre VGB - Gedanken zur Gemeinschaftsarbeit. VGB-Kraftwerkstech-
     nik 60 (1980), H. 11, S. 829-836.

/ 2/ Ledinegg, M.: Dampferzeugung. Wien: Springer 1966.

/ 3/ Doležal, R.: Durchlaufkessel. Essen: Vulkan Verlag 1962.

/ 4/ Doležal, R.: Großkesselfeuerungen. Berlin: Springer 1961.

/ 5/ Fröhlich, P., Reidick, H.: Überlegungen zu Dampferzeugungsanlagen mit Kohlen-
     staubfeuerung für kombinierte Gas-Dampfturbinen-Anlagen. VGB-Kraftwerkstechnik
     57 (1977), H. 5, S. 302-306.

/ 6/ Combustion-Fossil Power Systems, Windsor, Conn: Combustion Engineering Inc., 1981.

/ 7/ Doležal, R.: Entwicklung des Modells des Dampferzeugers. Wiesbaden: VDI-Berichte
     276 Prozeßmodelle 1977.

/ 8/ Profos, P.: Regelung von Dampfanlagen. Berlin: Springer Verlag 1962.

/ 9/ Doležal, R.: Vorgänge beim Anfahren von Dampferzeugern. Essen: Vulkan Verlag 1977.

/10/ Doležal, R., Klug, M.: Mathematisches Modell zur Simulation der beim konventionel-
     len Block vorkommenden Störfälle. Ludwigshafen, Essen: VGB-Fachtagung 1982.

/11/ Doležal, R.: Energetische Verfahrenstechnik. Stuttgart: B.G. Teubner Verlag 1983.

/12/ Thomas, H.J.: Thermische Kraftanlagen. Berlin: Springer Verlag 1975.

/13/ Wasserdampftafeln. Berlin: Springer Verlag 1981

/14/ Schröder, K.: Große Dampfkraftwerke. Band 1, 2 und 3. Berlin: Springer Verlag
     1968.

/15/ Kuese, S.: Die energiewirtschaftliche Optimierung von Dampfkraftwerken. Essen:
     Vulkan Verlag 1964.

/16/ Seefeldt, K.F.: Großdampferzeuger für kombinierte Kraftwerke. VGB-Kraftwerkstech-
     nik 56 (1976), H. 12, S. 750-756.

/17/ Haller, K.H.: Große kohlenstaubgefeuerte Dampferzeuger. VGB-Kraftwerkstechnik 63
     (1983), H. 1, S. 19-28.

/18/ Wachter, J.: Thermische Strömungsmaschinen. Skriptum Universität Stuttgart 1978.

/19/ Baumüller, F., Richter, R.: Sind Sammelschienenkraftwerke noch zeitgemäß? VGB-
     Kraftwerkstechnik 63 (1983), H. 5, S. 381-388.

/20/ Günther, R.: Verbrennung und Feuerungen. Berlin: Springer Verlag 1974.

/21/ FDBR-Handbuch: Wärme- und Strömungstechnik. Essen: Vulkan Verlag 1975.

/22/ Brandt, F.: Brennstoffe und Verbrennungsrechnung. FDBR-Handbuch. Essen: Vulkan
     Verlag 1981.

/23/ Dampferzeugertechnik. Steinmüller-Taschenbuch, 23. Ausgabe 1974.

/24/ Rotta, J.: Turbulente Strömungen. Stuttgart: B.G. Teubner Verlag 1972.

/25/ Knorre, G.: Feuerungstechnik. Berlin: VEB Verlag Technik 1958.

/26/ Alvermann, A., Ulken, R.: Strömungsuntersuchung in Brennräumen mit aerodynami-
scher Flammenhaltung. DLR-Forschungsbericht 67-36, 67-77, 68-03 (1967/1968).

/27/ Beér, J.M., Chigier, N.A.: Combustion Aerodynamics. Applied Science Publishers,
London 1972.

/28/ Richter, W.: Mathematische Modelle technischer Flammen. Dissertation Universität Stuttgart 1978.

/29/ Schmidt, E.: Thermodynamik, 6. Ausgabe. Berlin: Springer Verlag 1956.

/30/ Hartmann, V.: Geschwindigkeits- und Turbulenzmessungen in eingeschlossenen
Diffusionsflammen mit Hilfe der LDA. Dissertation Universität Stuttgart 1983.

/31/ Giovanni, D.V., Carr, R.C.: Umweltschutzmaßnahmen für Kohlenkraftwerke in
den USA. VGB-Kraftwerkstechnik 62 (1982), H. 6, S. 460-473.

/32/ Gumz, W., Kirsch, H., Mackowsky, M.T.: Schlackenkunde. Berlin: Springer Verlag 1958.

/33/ Doležal, R.: Auswirkung der periodischen Heizwertschwankungen auf die Planung
der Kohlenaufbereitungsanlagen im Dampfkraftwerk. VGB-Mitteilungen 1962,
H. 81, S. 426-432.

/34/ VGB: Fachkunde für den Dampfkraftwerkbetrieb, Dampferzeugung 1. Essen: Vulkan
Verlag 1962.

/35/ EVT: Wärmetechnisches Taschenbuch. Stuttgart 1981.

/36/ Eckert, E.: Wärme- und Stoffaustausch. Berlin: Springer Verlag 1966.

/37/ Leikert, K.: Stand und Entwicklung der Kohlenstaubfeuerung. BWK 34 (1982),
Nr. 3, S. 123-131

/38/ Doležal, R.: Schmelzfeuerungen. Berlin: VGB-Verlag Technik 1954.

/39/ Bitterlich, E.: Die Wirbelschichttechnologie als Prozeß zur umweltfreundlichen
Energieerzeugung. VGB-Kraftwerkstechnik 60 (1980), H. 5, S. 366-376.

/40/ Plass, L., Daradimos, G., Beissenger, H., Koch, W., Wargalle und G. Schmitz:
Die zirkulierende Wirbelschichtfeuerung. VGB-Kraftwerkstechnik 63 (1983),
H. 10, S. 880-887.

/41/ Hansen, W.: Heizöl-Handbuch für Industriefeuerungen. Berlin: Springer Verlag 1959.

/42/ Bürkle, E.: KW Bexbach - Ein neues Großkraftwerk im Saarland. EVT-Register 37
(1970), S. 13-21.

/43/ Hömig, E.: Physikochemische Grundlagen der Speisewasserchemie. Essen: Vulkan Verlag 1959.

/44/ Hömig, E.: Metall und Wasser - Eine kleine Korrosionskunde. Essen: Vulkan Verlag 1961.

/45/ Kittel, H., Schlizio, H.: Neuere Untersuchungsergebnisse aus Wasseraufbereitungs-
anlagen und Wasserdampfkreisläufen. VGB-Kraftwerkstechnik 57 (1977), H. 10,
S. 684-695.

/46/ Freier, K.: Kesselspeisewasser. Berlin: Verlag W. de Gruyter 1958.

/47/ VGB: Richtlinien für Kesselspeisewasser, Kesselwasser und Dampf von Wasserrohrkesseln bei Druckstufen ab 64 bar. VGB Kraftwerkstechnik 60 (1980), H. 10,
S. 793-800.

/48/ Schuhmacher, A., Waldmann, H.: Wärme- und Strömungstechnik im Dampferzeugerbau.
Essen: Vulkan Verlag 1972.

/49/ Mayinger, F.: Strömung und Wärmeübertragung in Gas-Flüssigkeitsgemischen.
Wien: Springer Verlag 1982.

/50/ Thom, J.R.S.: Prediction of Pressure Drop during Forced Circulation Boiling of Water. Int. J. Heat Mass Transf. Vol. 7, 1964, S. 709-724.

/51/ Kütükcüoglu, A.: Strömungsform, Dampfvolumenanteil und Druckabfall bei Zweiphasenströmung von Wasser-Wasserdampf in Rohren. VDI-Fortschrittberichte, Reihe 7 Nr. 18, 1969.

/52/ Lausterer, G.K., Franke, T., Eitelberg, G.: Mathematical Modelling of a Steam Generator. IFAC/IFIP Conference, Düsseldorf 1980.

/53/ Dorostschuk, V.E., Lewitan, L.L., Lautsman, F.P.: Anleitung für die Ermittlung des Burn-outs in gleichmäßig beheizten, runden Rohren. Teploenergetika 22 (1975), Nr. 12, S. 66-70.

/54/ Konkov, A.S.: Experimentelle Untersuchung des verschlechterten Wärmeübergangs beim Naßdampf. Teploenergetika 13 (1965), Nr. 12, S. 77.

/55/ Drescher, G., Köhler, W.: Die Ermittlung kritischer Siedezustände im gesamten Dampfgehaltsbereich für innendurchströmte Rohre. BWK 33 (1981), Nr. 12, S. 416-422.

/56/ Kessler, G.W.: Die Entwicklung von Dampferzeugern in USA. VGB-Mitteilungen 49 (1969), H. 4, S. 244-262.

/57/ Wiener, M.: Latest developments in Natural Circulation Boiler. Design, Amer. Power Conference Chicago 1977.

/58/ Bonton, G.W., Haller, K.H., Smith, H.K.: Ten Years Experience with Large Pulverized-Coal fired Boiler for Utility Service. Amer. Power Conference Chicago 1982.

/59/ Doležal, R.: Druckverlust bei Zweiphasenströmung in den beheizten Siederohren. VGB-Kraftwerkstechnik 52 (1972), Heft 1, S. 11-15.

/60/ Doležal, R.: Vereinfachte Methode zur Berechnung des Naturumlaufes bei Dampfkesseln. VGB-Kraftwerkstechnik 51 (1971), H. 3, S. 181-187.

/61/ Doležal, R.: Die Kesselgeometrie und die Grenzmöglichkeiten des Naturumlaufes. BWK 34 (1982), Nr. 7, S. 344-350.

/62/ Schoch, W.: 100 Jahre Kraftwerkstechnik. VGB-Kraftwerkstechnik 63 (1983), H. 7, S. 614-634.

/63/ Doležal, R.: Hochdruck-Heißdampf. Essen: Vulkan Verlag 1956.

/64/ Doležal, R.: Über die günstigste Lage der letzten Überhitzerstufe. VGB-Mitteilungen 1957, H. 47, S. 95-101.

/65/ Doležal, R.: Voraussetzungen zur Erzielung gleicher Austrittsenthalpie bei druckseitig in mehrere Stränge aufgeteilten Kesseln. VGB-Mitteilungen 1963, H. 85, S. 239-248.

/66/ Doležal, R.: Zeitverhalten des Verdampfers eines Wasserrohrkessels mit Umlauf bei Druckänderungen. Wärme 75 (1969), H. 2/3, S. 44-46.

/67/ Doležal, R.: Betriebsverhalten des Zwangsdurchlaufkessels mit unterkritischem Druck bei Laständerungen. VGB-Mitteilungen 1960, H. 69, S. 413-423.

/68/ Vorkauf, H.: Der Zwangsumlaufkessel im Wasserrohrkesselbau. VGB-Mitteilungen 1965, H. 95, S. 77-91.

/69/ Thelen, F.: Strömungsstabilität in Verdampfern von Zwangsdurchlaufdampferzeugern. VGB-Kraftwerkstechnik 1981, H. 5, S. 375-367.

/70/ Doležal, R.: Die Umlaufzahl als Kriterium der dynamischen Stabilität bei Verdampfern von Zwangsumlaufkesseln. BWK 1975, H. 7, S. 287-290.

/71/ Michel, R.: Probleme des Durchlaufkessels unter besonderer Berücksichtigung des strömungstechnischen Verhaltens. VGB-Mitteilungen 1959, H. 63, S. 402-414.

/72/ Schnackenberg: Wasserverteilung in Zwangslaufheizflächen. Wärme 1937, H. 63, S. 481-484.

/73/ Profos, P.: Die Stabilisierung der Durchflußverteilung in Zwangslaufheizflächen. Energie 1959, Nr. 6, S. 241-247.

/74/ Doležal, R.: Hochdruck-Dampferzeuger als SiO_2-Filter. VGB-Mitteilungen 1958, H. 55, S. 289-296.

/75/ Martin, H.: Die Unterstützung schraubenförmig berohrter Verdampferwände. VGB-Kraftwerkstechnik 1981, H. 5, S. 368-374.

/76/ Pich, R.: Der Zusammenhang zwischen der Last-, Druck- und Temperaturänderungsgeschwindigkeit im Verdampfungssystem von Dampferzeugern beim Gleitdruckbetrieb. Wärme 81, Nr. 2, S. 17-25.

/77/ Doležal, R., Hönig, O., Hübner, H., v.d. Kammer, G.: Nicht lineares Modell des Dampferzeugers. Prozeßmodelle 1977. Wiesbaden, VDI-Berichte 276.

/78/ Doležal, R., Rolf, A.: Nichtlineare Simulation von dynamischen Vorgängen mit und ohne Phasenumwandlung in Oberflächen-Wärmetauschern aller Art. Regelungstechnik 29 (1981), H. 9, S. 312-318.

/79/ Rettemeier, W.: Ein mathematisch-physikalisches Modell für Kraftwerksblöcke zur Simulation von Leistungserhöhungen. Dissertation Universität Stuttgart 1982.

/80/ Berndt, G.: Mathematisches Modell eines Naturumlaufdampferzeugers zur Störfallsimulation und dessen experimentelle Überprüfung. Dissertation Universität Stuttgart 1984.

/81/ Ecabert, R., Miszak, P.: Vergleich zwischen Zangsumlaufkesseln mit vertikaler und schraubenförmiger Berohrung der Brennkammer. VGB-Kraftwerkstechnik 58 (1978), H. 12, S. 877-883.

/82/ Fröhlich, P., Linzer, V., Schmidt, K.: Zwangsdurchlauf-Dampferzeuger mit überlagertem Umlauf. Auslegung - Konstruktion - Betriebserfahrungen. VGB-Kraftwerkstechnik 52 (1972), H. 7, S. 311-318.

/83/ Jeglic, F.A., Wietelmann, F.W.: Der Geradrohrzwangsdurchlauf-Dampferzeuger im BBR-Reaktor. VGB-Kraftwerkstechnik 56 (1976), H. 1, S. 1-7.

/84/ Jahrbuch der Dampferzeugungstechnik 2. Aufl. 1972 und 3. Aufl. 1976/77, Vulkan Verlag Essen.

/85/ Gericke, B.: An- und Abfahrprobleme bei Abhitzesystemen insbesondere hinter Gasturbinen. BWK 32 (1980), Nr. 11, S. 502-512.

/86/ Schäck, R., Franz, B.: Erweiterung des Kraftwerkes Süd-München um eine Gas-/Dampfturbinen-Heizkraftanlage. VGB-Kraftwerkstechnik 59 (1979), H. 11, S. 857-861.

/87/ Bugla, N., Steczek, M.: Zwei 35 MW-Gasturbinen im Kombinationsbetrieb. VGB-Kraftwerkstechnik 63 (1983), H. 6, S. 491-497.

/88/ Kahlert, W.: Erfahrungen beim Bau und Inbetriebnahme von sechs Kombiblöcken. VGB-Kraftwerkstechnik 1974, H. 8, S. 537-547.

/89/ Vorträge der VGB-Sondertagung "Modellkraftwerk Völklingen", Saarbrücken. Völklingen 1983, VGB-Kraftwerkstechnik 64 (1984), H. 6, S. 481-529.

/90/ Jahrbuch der Dampferzeugungstechnik, 1. Auflage 1970 und 3. Auflage. Essen: Vulkan Verlag 1976/77.

/91/ Melan, E., Parkus, H.: Wärmespannungen. Wien: Springer Verlag 1953.

/92/ Pich, R.: Die Berechnung der elastischen instationären Wärmespannungen in Platten, Hohlzylindern und Hohlkugeln mit quasistationären Temperaturfeldern. VGB-Mitteilungen H. 87, S. 373-383 und H. 88, S. 53-59.

/93/ FDBR-Handbuch: Festigkeitsberechnung. Essen: Vulkan Verlag 1976.

/94/ TRD-Technische Regeln für Dampfkessel (Taschenbuchausgabe). Berlin: Verlag Heymanns-Beuth 1980.

/95/ Wellinger, K., Dietmann, H.: Festigkeitsberechnung (3. Aufl.). Stuttgart: Kröner Verlag 1976.

/96/ Dubbel-Taschenbuch für den Maschinenbau, 14. Aufl.. Berlin: Springer Verlag.

/97/ VGB - Das thermische Verhalten von Dampfturbinen. Essen: VGB Dampftechnik 1977.

/ 98/ Bienz, J., Sharan, H.N.: HGE/HGK, ein neues Verbrennungssystem für Dampf- und Wärmeerzeugung. VGB-Kraftwerkstechnik 52 (1972), H. 1, S. 1-8.

/ 99/ Brunclik, Z.: Vergleich verschiedener Berechnungsmethoden für Reibungsdruck-abfall des Dampfwasserstromes mit den experimentell gefundenen Werten. (Tschechisch), Strojirenstvi 32 (1982), Nr. 11, S. 613-629.

/100/ Doležal, R.: Unterdrückung der regellosen Schwankungen des Luftüberschusses im Feuerraum als Weg zur Verminderung der rauchgasseitigen Korrosionen. Mitt. VGB 48 (1968), H. 5, S. 344-348.

/101/ Juzzi, H.: Untersuchung der statischen Schwankungen der Feuerraumstrahlung in Dampferzeugern. Dissertation ETH Zürich 1970.

/102/ Leithner, R., Herrmann, W., Trautmann, G.: Rauchgasschwankungen im Dampfer-zeuger bei Ausfall der Feuerung. VGB-Kraftwerkstechnik 59 (1979), H. 4, S. 305-316.

/103/ Doležal, R.: Leittechnik. Skriptum Universität Stuttgart 1983.

/104/ Seefeldt, K.F., Waldmann, H.: Grenzleistungsprobleme bei fossil gefeuerten Großdampferzeugern. VGB-Kraftwerkstechnik 55 (1975), H. 8, S. 498-505.

/105/ Bald, A., Wittchow, E., Charlier, J.: Steinkohlenbefeuerte Kraftwerke - Heutiger Stand und zukünftige Möglichkeiten der Auslegung. VGB-Kraftwerks-technik 63 (1981), H. 1, S. 7-18.

/106/ Hoffmann, J.: Rohrleitungen für Kraftwerke mit hohen Dampfzuständen. VGB-Kraftwerkstechnik 63 (1983), H. 1, S. 53-57.

/107/ Seippel, C., Bereuter, R.: Zur Technik kombinierter Dampf- und Gasturbinen-anlagen. BBC-Mitteilungen 47 (1960), Nr. 12, S. 783-799.

/108/ Adrian, F., Meyer-Kahrweg, H.: Allgemeine Vorteile aufgeladener Dampfer-zeuger. VGB-Kraftwerkstechnik 56 (1976), H. 2, S. 76-83.

/109/ Wied, E.: Dampferzeuger mit Wirbelschichtfeuerung unter atmosphärischen und Überdruckbedingungen. VGB-Kraftwerkstechnik 58 (1978), H. 8, S. 554-561.

/110/ Bülbring, J., Meier, J., Bunthoff, D.: Umweltkraftwerk mit Druckwirbel-schichtfeuerung. BWK 36 (1984), Nr. 10, S. 405-409.

/111/ Brandt, F.: Wärmeübertragung in Dampferzeugern und Wärmeaustauschern. FDBR-Handbuch. Essen: Vulkan Verlag 1984.

H.-J. Thomas
Thermische Kraftanlagen

Hochschultext

1975. 278 Abbildungen. VI, 386 Seiten
Broschiert DM 64,-. ISBN 3-540-06779-5

Inhaltsübersicht: Einleitung und Übersicht. –
Grundlagen und Grundbegriffe. – Thermische
Kreisläufe. – Konventionelle Dampferzeuger. –
Kernreaktoren. – Thermische Turbomaschinen.
– Entwicklungsprobleme und -tendenzen. –
Gesichtspunkte für Planung und wirtschaftlichen
Einsatz der Kraftanlagen. – Anhang: Einheiten,
Formelzeichen, Sinnbilder, statistische Verbren-
nungsgleichungen.

Dieses Buch behandelt den maschinentech-
nischen Teil von Wärmekraftwerken, die überra-
gende Bedeutung in der Energieversorgung
haben. Ausgehend von Grundbegriffen werden
wichtige thermische Kreisläufe dargestellt. Als
wesentliche Baugruppen werden Dampferzeuger,
Kernreaktoren, Dampf- und Gasturbinen behandelt. Entwicklungsprobleme führen auch auf
Fragen der Sicherheit, des Umweltschutzes und
des Einsatzes neuer Verfahren. Schließlich wird
die Wirtschaftlichkeit der Anlagen erörtert. Der
Verfasser war bemüht, Wesentliches herauszu-
stellen und Verständnis für Wirkungszusammen-
hänge zu wecken. Dabei wird der Leser so weit
geführt, grundlegende Überlegungen und Rechnungen zur Entwicklung und Ausführbarkeit
thermischer Kraftanlagen anstellen zu können.

Springer-Verlag
Berlin
Heidelberg
New York
Tokyo

R. Laufen

Kraftwerke

Grundlagen, Wärmekraftwerke, Wasserkraftwerke

1984. 160 Abbildungen. XVI, 202 Seiten
Broschiert DM 64,–. ISBN 3-540-13218-X

Inhaltsübersicht: Historische Entwicklung. – Energieversorgung. – Wärmekraftwerke auf der Basis fossiler Brennstoffe. – Wärmekraftwerke auf der Basis von Kernbrennstoffen. – Wasserkraftwerke. – Weitere Reserven und Verfahren für die Energieversorgung. – Anhang. – Literaturverzeichnis. – Sachverzeichnis.

Das Buch behandelt die Wärmekraftwerke auf der Basis von fossilen Brennstoffen oder Kernbrennstoffen sowie die Wasserkraftwerke. Ein historischer Rückblick und einige Ausführungen zur Energieversorgung bilden den Auftakt. Kurze Abschnitte über Möglichkeiten zur Nutzbarmachung bisher wenig genutzter Energiereserven und über weitere Methoden zur Energieumwandlung sowie für Transport und Speicherung von Energie runden den Themenkreis ab.

Entwurf und Gestaltung der Kraftwerke verknüpfen verschiedenartige naturwissenschaftlich-technische Disziplinen, darunter Thermodynamik, Kernphysik, Wasserwirtschaft, Dampferzeugerbau, Strömungsmaschinenbau und Elektromaschinenbau. Das Buch will den im Kraftwerksbereich tätigen Ingenieuren und Naturwissenschaftlern eine knappe, ausgewogene Gesamtschau dieser Disziplinen vermitteln, darunter vorrangig derjenigen, die nicht unmittelbar Teilgebiete der Elektrotechnik sind. Es kann zugleich Auskunft geben zu Fragen im Zusammenhang mit der aktuellen Energiediskussion.

Hauptanliegen des Autors war es jedoch, den Studenten von Universitäten und Fachhochschulen ein modernes Lehrbuch anzubieten.

Springer-Verlag
Berlin
Heidelberg
New York
Tokyo